普通高等教育"十二五"规划教材（高职高专教育）

ZIDONG KONGZHI YUANLI

自动控制原理

（第二版）

张志钢　卢　晓　编

邹本国　主审

中国电力出版社
CHINA ELECTRIC POWER PRESS

内 容 提 要

本书为普通高等教育“十二五”规划教材（高职高专教育）。

全书共分八章，主要内容包括自动控制的基本概念、控制系统的数学模型、线性控制系统的时域分析、根轨迹分析、频域分析方法、控制系统的常规校正方法、离散控制系统和现代控制理论等。

本书可作为高职高专院校自动化类、电力技术类等相关专业的教材，也可作为从事控制领域工作的科研人员作为参考用书。

图书在版编目（CIP）数据

自动控制原理/张志钢，卢晓编．—2版．—北京：中国电力出版社，2011.1（2018.1重印）

普通高等教育“十二五”规划教材．高职高专教育

ISBN 978-7-5123-1181-7

Ⅰ.①自…　Ⅱ.①张…②卢…　Ⅲ.①自动控制理论—高等学校：技术学校—教材　Ⅳ.①TP13

中国版本图书馆CIP数据核字（2010）第245576号

中国电力出版社出版、发行

（北京市东城区北京站西街19号　100005　http://www.cepp.sgcc.com.cn）

航远印刷有限公司印刷

各地新华书店经售

*

2007年2月第一版

2011年1月第二版　2018年1月北京第六次印刷

787毫米×1092毫米　16开本　15.5印张　377千字

定价 **26.00** 元

前　言

工业生产过程控制是一个重要的应用领域，自动控制技术正是以此为背景，为适应复杂对象、更好地完成控制任务而发展起来的一门新技术。自动控制原理现已成为我国高等院校各类自动化、电子与电气工程、计算机应用、机电一体化等专业的主干专业基础课。

本书全面地阐述了自动控制的基本理论，系统地介绍了对控制系统进行分析、设计的研究方法，并力求能全面反映过程控制中新技术、新方法的应用。重点讨论经典控制理论，也涉及现代控制理论的初步知识。本书以基本概念为先导，以反馈设计的方法为主线，注重控制理论的工程应用背景。在内容的编排上，既照顾到理论体系的完整性，又坚持少而精的原则，具有系统性、逻辑性及实用性强的特点，便于读者自学。

全书共分八章。第一章介绍了自动控制的基本概念和常用术语，对自动控制的发展历程进行了简要回顾，对研究的对象和任务进行了分析，并给出控制系统的分类方法。

第二章介绍了控制系统数学模型的含义和建立方法，数学建模方法有机理分析法和实验建模法，数学模型主要有微分方程和传递函数两种形式，并着重对热工被控对象与自动控制器进行分析，对基于方框图、信号流图的模型简化方法进行详细讨论。

第三章介绍了线性控制系统的时域分析方法，详尽地分析了一阶及二阶系统的时域响应，并着重研究了控制系统的稳定性分析与稳态误差的计算方法。

第四章介绍了根轨迹分析方法，对于开环传递函数中有待定参数的情形下，能快速、简捷地得到闭环系统特征根的运动轨迹，进而确定系统的动态特性。

第五章介绍了控制系统的频域分析方法，主要有奈氏图分析、伯德图分析方法，给出了稳定裕度的频域性能指标，讨论了开环频率特性与闭环频率特性的分析方法。

第六章介绍了线性系统的校正方法，重点介绍了工程上常用的频域法校正，也讨论了针对复杂过程的串级校正、复合校正及纯迟延校正等内容。

第七章介绍了离散控制系统理论，引入了Z变换作为分析的基础，对采样系统理论进行了叙述。通过与连续系统对照，给出了离散系统数学模型及控制稳定性、精确性的分析方法，重点介绍了以数字PID控制器为代表的连续化控制器设计方法和以最少拍设计为代表的离散化控制器设计方法。

第八章介绍了现代控制理论的初步知识，初步介绍了状态空间分析方法。引入状态及状态的可控性、可观性等重要概念，着重介绍了基于极点配置技术的状态反馈设计和状态观测器设计方法。

本书由山东电力高等专科学校张志钢教授和山东科技大学卢晓副教授编写。在本书的编写过程中，王付生教授给予了大力支持并提供了大量参考资料，在此表示衷心感谢。本书由山东电力研究院邹本国教授主审，对本书的框架及内容提出了宝贵的修改意见，在此表示感谢。

由于自动控制技术发展迅速，有些在生产过程中得到应用的新技术、新方法未能在本教材中有所体现，加之编者水平的限制，书中难免存在不当和疏漏之处，恳请各位同行和广大读者不吝批评指正。

作　者

2010 年 10 月

目　录

第一章 绪 论

自动控制技术在工业生产中被广泛采用，能完成各种复杂的控制任务，如锅炉水位和压力的控制、电机转速的控制、卫星的运行轨道的控制、导弹飞行轨道的控制等。18世纪，瓦特（J. Watt，1736—1819）为控制蒸汽机速度而设计的离心调节器，被公认是自动控制领域的首项重大成果。之后，自动控制技术广泛地应用于各个领域。到目前为止，从天上宇宙飞船、地面电气机车到水下机器人，从军事武器、工农业生产到家用电器，我们都可以看到自动控制技术的应用。

自动控制技术是通过自动控制系统来实现其应用的，自动控制理论是关于自动控制系统建模、分析和设计方法的一般性理论。自动控制理论和实践的不断发展，为人们提供了获得动态系统最佳性能的方法。因此，大多数工程技术人员和科学工作者都必须具备一定的自动控制知识。自动控制理论有非常强的应用背景，它来源于生产实践，并对人们参加社会生产有强大的指导作用。由于自动控制技术的广泛应用，在工农业生产领域劳动生产率得到大幅提高，生产的高安全性和产品的高质量有了可靠保障，工人劳动强度大幅降低。21世纪以后，随着经济、科技、国防事业的发展和人们生活水平的提高，自动控制技术所起的作用更为重要，自动控制技术也正不断取得新的发展。

自动控制技术的发展历程，按时间先后可分经典控制与现代控制两个阶段。经典控制又分萌芽期、发展期、成熟期。在20世纪20～40年代，涌现出许多经典控制理论的先驱。1922年，迈纳斯基（Minorsky）研制出船舶操纵自动控制器，并且证明了如何从描述系统的微分方程中确定系统的稳定性。1932年，奈奎斯特（Nyquist）提出了频域分析方法，能根据对正弦输入的开环稳态响应，来确定闭环系统的稳定性。1934年，黑曾（Hezen）提出了用于位置控制系统的伺服机构的概念，讨论了可以精确跟踪变化的输入信号的继电式伺服机构。从20世纪40年代末到50年代初，伊凡思（Evans）提出并完善了根轨迹法。他们的工作为经典控制理论奠定了坚实的基础，同时促进了二次大战中许多武器和通信系统自动化水平的提高。

频率响应法和根轨迹法是经典控制理论的核心。由这两种方法设计出来的系统是稳定的，并且在一定程度上满足某些性能要求。一般来说，这些系统是令人满意的，但它不是某种意义上的最佳系统。从20世纪50年代末期开始，控制系统设计问题的重点，从设计许多可行系统中的一种系统，转变到设计在某种意义上的一种最佳系统。实际的工程系统朝着更加复杂的方向发展，这主要是由于控制任务的复杂性、高精度的要求、性能指标要求的多元化等因素所引起的。复杂系统可能具有多输入量和多输出量，并且可能是时变的。

到20世纪60年代初期，出现了划时代意义的状态空间方法、极大值原理、Kalman滤波技术及Bellman动态规划等。这样，经典控制理论的发展与现代控制理论接轨。现代控制系统主要研究的对象是更为复杂的多输入多输出随机的非线性时变大系统，研究的内容主要有系统辨识与自适应控制、最优估计、最优控制、鲁棒控制、非线性控制、模式识别、智能控制等内容。利用状态变量、基于时域分析的现代控制理论应运而生，并不断取得新的进展。这就适应了现代设备复杂性日益增加的需要，同时也满足了军事、空间技术和工业应用领域对精确度、质量和成本方面的严格要求。现代控制理论近期的应用已经推广到非工程系统，如生物医学系统、经济系统和社会经济系统等研究领域。从1960年开始，随着大规模、超大规模集成电路技术等硬件技术的飞速发展，以DCS为代表的计算机控制系统造价大幅降低，并在工业生产过程中迅速普及，为全面提高过程控制自动化水平创造了条件，也为设计复杂系统提供了可能性。离散控制系统，即计算机数字控制系统，是工业过程自动控制的一种主要形式，随着计算机的出现应运而生，其理论进展基本上与连续系统控制理论的发展同步。

现代控制理论与传统控制理论形成鲜明的对照，前者适用于多输入、多输出系统，系统可以是线性的或非线性的，也可以是定常的或时变的；后者则仅仅适用于线性时不变、单输入、单输出系统。此外，现代控制理论本质上是一种时域方法，而传统控制理论则是一种复频域方法。经典控制系统的基本数学工具就是拉氏变换，采用的数学模型就是微分方程及传递函数。而现代控制理论的数学工具是工程矩阵理论，其数学模型是状态空间方程。

现代控制理论是在经典控制理论的基础上发展起来的。二者从产生到发展，在诸多方面都相互渗透。尽管两种方法从模型描述到设计方法各有不同，但二者的设计结果可借用拉氏变换及反变换在一定条件下相互转化。

第一节　人工控制与自动控制

控制任务可由人工控制或自动控制两种方式来完成，而自动控制已完全取代人工控制方式。自动控制实际上也是借助人工控制的思想来完成控制任务的，其控制流程和任务完全一致，只是执行任务的是控制装置，而不是完全靠人来执行。自动控制技术的核心内容就是反馈控制，主要包括信息获取、信息分析计算、控制输出等重要环节。信息获取要依靠传感器和变送器，信息的分析计算要依靠控制器，控制量的输出则用于驱动执行机构。下面就通过实例具体说明自动控制与人工控制的区别和联系，并给出实现自动控制的条件。

生产过程中，为了保证产品质量和保证生产过程的正常进行，需要对某一些可测的物理量参数进行控制。以电厂汽包炉的水位控制为例，锅炉的任务主要是对汽包内部的给水进行加热，产生一定规格的蒸汽，供给汽轮机。锅炉控制的任务是保持汽包水位在正常值，并维持在一个很小的误差范围内，使机组安全运行。而汽包水位又要随外界电网负荷（用电量）的变化而经常变动，负荷增加时，必须增大蒸汽流量，同时也要相应地增大给水流量，否则汽包水位会降低，甚至有烧干锅的危险；反之，蒸汽流量减小时，给水流量也要相应减小，否则会造成汽包水位升高，甚至造成满水事故。汽包水位是反映锅炉是否正常运行的主要参数之一。为了维持汽包水位在正常值，就需要不断调整给水量的大小。汽包水位控制可以用如图1-1所示两种方法实现。

当水位的给定值信号不变，且给水输入量与蒸汽输出量相当时，汽包水位处于平衡状态。而当蒸汽流量D发生变化或者水位的给定值信号H_0发生变化，就需要对给水量大小W进行调整。

1. 人工控制

人工控制的过程是通过人的三个器官来完成的：

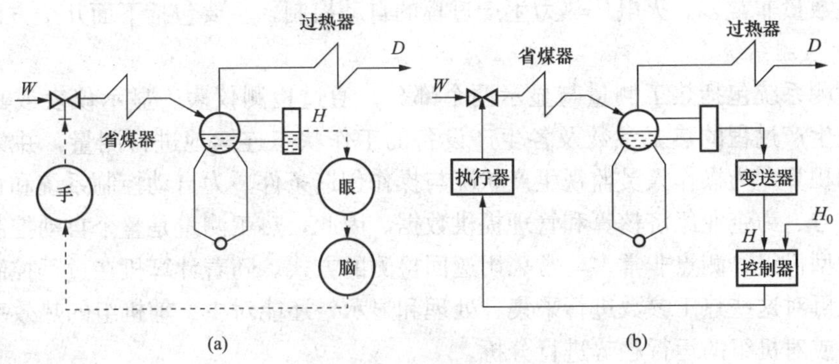

图 1-1　汽包水位控制

(a) 汽包水位人工控制；(b) 汽包水位自动控制

眼——用来观察水位的变化情况，并将观察结果送到大脑；

脑——对眼传送过来的水位信息进行思考、分析、比较，并作出判断，确定给水阀门的开关方向与幅度，然后向手发出控制阀门的命令；

手——执行由大脑发送的控制命令，操作给水阀门，调整阀门的开度，以改变给水流量 W，经过反复操作，最终使水位 H 稳定在给定值上。

在整个调节过程中，人的眼睛起观察作用，脑起运算作用，手起执行作用。三者相互协调，共同完成对水位的调节任务。人工控制的效果好坏取决于操作人员的熟练程度，缺点是由于人有思考时间而造成的控制不及时和存在操作误差，控制的精确度较低，调节时间延长，而且操作人员的劳动强度非常大。汽包水位的人工控制如图 1-1 (a) 所示。

2. 自动控制

上述的控制过程可以设计一套仪表（自动控制装置），在无人参与的情况下来全自动实现。这种在没有人直接参与的情况下，利用自动控制装置使整个生产过程的某些物理量按预定要求变化的过程称为**自动控制**。自动控制是在人工控制的基础上发展起来的。

汽包水位自动控制如图 1-1 (b) 所示，这里用测量元件（传感器、变送器）取代人的眼睛，起到观察作用，用来检测水位情况，并向控制器发出检测结果，即水位信号（例如电信号）；用控制器取代大脑，起运算作用，即通过比较得到水位测量信号 H 与正常水位信号 H_0 的偏差，确定控制信号的大小和方向，向执行器（如给水阀门）发出控制指令信号；用执行器取代手，起执行命令的作用，即控制给水阀开度。这一过程不断地自动进行重复，通过不停地改变给水流量大小，最终使汽包水位在给定值。由汽包、给水系统与控制装置构成的系统，就是一个典型的自动控制系统。

当然，在锅炉容量较小的时候，汽包水位变化较慢，采用人工控制时效果还可以。随着机组容量增大，锅炉的蒸发速度加快，仅靠人力，凭经验调整汽包水位，几乎无法实现。这就要求采用自动控制技术，用自动仪表或装置来代替人工操作，既保证了生产的安全、可靠，又能提高劳动生产率，改善操作人员的劳动条件及减轻劳动强度。

第二节　热工过程自动控制

生产过程中需要施加控制的热工参数主要类型有温度、压力、流量、液位、化学成分等物理量，且数量非常多。火电厂热力生产过程的自动控制，主要包括下面几个方面内容。

1. 自动检测系统

自动检测系统包括热工测量与显示两个部分。通过检测仪表、显示仪表或其他自动装置，将反映生产过程的热工参数及各生产设备的工作状态连续地进行测量，并集中加以显示、记录和积算，为操作人员监视生产状况与操作创造条件、为自动控制系统和自动保护提供所需的信号、为企业经济核算和管理提供数据。因此，热工测量是整个自动控制系统的基础。对于大型机组，测点非常多，常采用巡回检测的方式。随着计算机在过程控制中的广泛应用，不仅可对这些热工参数进行采集、处理和显示，还能对主、辅机组的热效率等二次参数进行计算或对机组的运行趋势进行分析。

2. 自动控制系统

自动控制是指利用自动化装置，使被控对象的某些被控量自动地保持在规定范围内的过程，这些被控量是时间连续的模拟信号。热力生产过程经常受到各种因素的干扰，使运行工况偏离期望值。自动控制系统的任务就是自动地对生产过程施加控制，使之回到规定的工况。在复杂工况及连续生产条件下，自动控制是应用最为普遍的一种手段，控制系统性能的优劣对生产过程的经济、安全运行有极大的影响。

3. 顺序控制系统

顺序控制是利用自动化仪表或设备，使被控对象按照生产过程的顺序和条件，有条不紊地、有步骤地自动按照顺序动作的控制过程。自动控制与顺序控制的区别是，前者是连续物理量的控制，而后者是开关量的控制。火电厂的顺序控制系统主要用于主、辅机的启停和主辅设备的切换，以及某些经常性的工作循环，如补给水的化学处理、锅炉点火和烟道吹灰等。顺序控制可简化操作步骤、避免误操作、加快机组启停速度，极大地提高火电厂的自动化水平。

4. 自动报警和自动保护系统

自动报警系统又称热工信号系统，是监视机组异常情况的工具。当机组的热工参数、主辅机或各自动装置出现异常情况时，该系统利用灯光和音响发出报警信号，以引起运行人员的注意。

当机组出现危急情况时，自动保护系统会迅速采取措施，关停某些设备的运行，以保护主辅机系统，避免设备损毁及事故范围扩大。自动报警和自动保护系统也都是对开关量的控制，是自动控制系统的必要组成部分。

第三节　自动控制的基本概念

在详细讨论控制系统之前，先对一些常用术语加以定义。

1. 被控量、给定值、控制量、偏差量

被控量是表征生产过程进行情况是否正常而需要加以调节的物理量，是连续时间的信号，通常是系统的输出量。如图 1-1 中的汽包水位就是被控量。常见的被控量有温度、压力、位移、转速、流量、液位等过程变量。**给定值**也称为期望值或设定值，它是系统的输入量，被控量只有在给定值附近变化，才能保证整个系统安全正常运行。**控制量**是一种由控制器决定的量值或状态，它要通过驱动执行器（如阀门等）的动作来影响被控量的值。**偏差量**

是指给定值与被控量测量值之间的偏差，可作为确定控制量大小的依据。

2. 被控对象

被控对象也称为受控对象，简称对象，它可能是一个设备，多数由一些机器零件有机地组合在一起，其作用是完成一种特定的操作。在本书中，任何被控物体（如一段过热器、一台锅炉、一台汽轮机、一台化学反应器、一架飞机等）均称为一个对象。如图 1-1 所示的系统中，锅炉汽包就是被控对象。

3. 过程

韦伯斯特（Merriam-Webster）字典对“过程”的定义是：一种自然的逐渐进行的运行或发展，其特征是有一系列逐渐变化，以相对固定的方式相继发生在运行或发展过程中，并且最后导致一种特定的结果或目标；或者也可以定义为人为地或自发地连续进行的运行状态，这种运行状态由一系列被控制的动作和一直进行到某一特定结果或目标的有规则的运动构成。

一个自动控制过程的实现，要求先确定出控制回路合适的给定值，再对系统被控量的大小进行测量，经控制器分析得到控制量，最后使控制量作用于系统的被控对象，以修正或限制测量值对期望值的偏差。图 1-2 中的 $y(t)$就是被控量，$r(t)$表示给定值，$e(t)$为偏差量，$u(t)$表示控制量。在本书中，任何被控制的运行状态（如化学过程、经济学过程和生物学过程）称为过程。

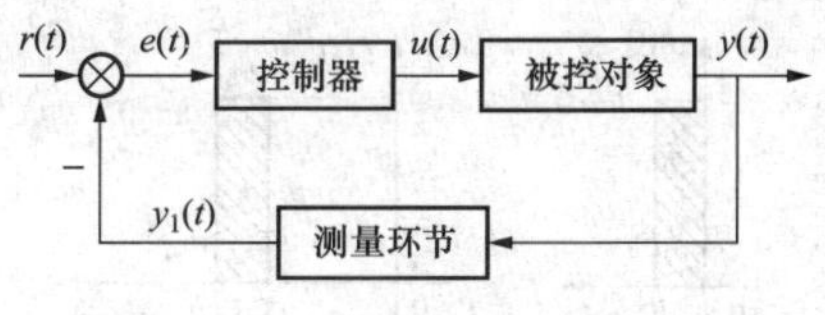

图 1-2 典型的控制系统示意图

4. 系统

系统是由内部互相联系的部件按照一定规律组成，能够完成一定功能的有机整体。系统是一些部件的组合，这些部件组合在一起，完成一定的任务。系统不限于物理系统。系统的概念可以应用于抽象的动态现象，如在经济学中遇到的一些现象。因此，**系统**这个词，应当理解为包含了物理学、生物学和经济学等方面的系统。

在进行数学处理时，常将系统视为黑箱，只关心其外部特性。系统的输出量必定会随输入量的变化而变化，即输入量是因、输出量是果，整个系统就可以看成是一个因果系统。

5. 扰动

除给定值外，能对被控量产生影响的物理量就称为扰动。扰动量通常会对系统的输出量产生不利影响。如果扰动产生在系统的内部，就称为内部扰动；当扰动产生在系统的外部时，则称为外部扰动。外部扰动也是系统的输入量。例如，在图 1-1 中，能引起水位信号变化的干扰因素有多种，除负荷变化外，还有测量噪声等。对于可测量的扰动，或者可预测的扰动，总是可以在系统中通过人为地设计前馈或局部反馈校正环节而加以补偿。对于随机或不可测量的扰动，可以考虑设计硬件滤波或软件滤波等措施加以抑制。

6. 反馈控制

被控量的变化反过来会影响偏差值的变化，这种作用就称为反馈。反馈控制能够在存在扰动的情况下，力图减小系统的输出量与某种参考输入量之间的偏差，并且其控制原理也正是基于这种偏差。这种反馈作用不断进行，使被控量与给定值之间的偏差逐渐减小。例如，使汽包较高的水位逐渐降低或使较低的水位逐渐升高，这种反馈作用称为负反馈；若使偏高的水位继续升高，或使偏低的水位继续降低，这种反馈作用称为正反馈。

显然，只有当控制器与被控对象之间构成一个闭环负反馈系统，才可能构成一个稳定的自动控制系统。反馈控制的应用不只局限于单回路控制系统，也适用于多变量控制、鲁棒控制、智能控制等系统。

第四节 典型输入信号及其拉氏变换

工程上，可以假定 $t<0$ 时，所有物理量信号大小均为 0，即处于零初始状态。这个零状态，可以理解为生产过程处于某种平衡状态；信号为 0 状态，并不一定表明其物理量大小为 0，而是取平衡状态的物理量值。

1. 脉冲信号

$$f(t)=\begin{cases}+\infty & t=0\\ 0 & t\neq 0\end{cases},\text{且}\int_{-\infty}^{\infty}f(t)\mathrm{d}t=A \tag{1.1}$$

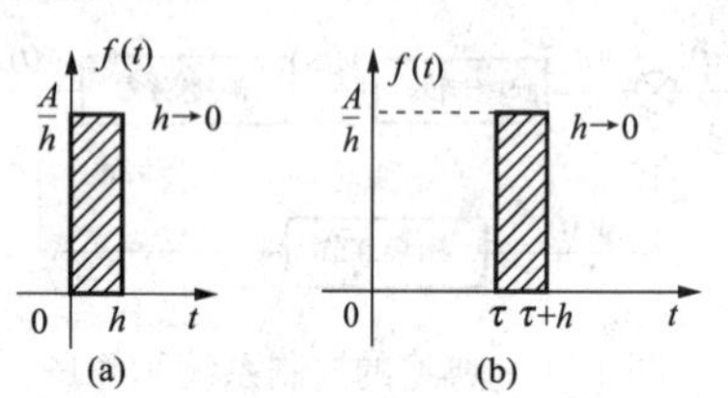

图 1-3 脉冲信号

(a) 不带时滞；(b) 带时滞

可以看出，脉冲的面积等于 A。应当指出的是，当描述脉冲输入时，脉冲的面积大小是非常重要的，而脉冲的精确形状通常并不重要。脉冲信号如图1-3。

当持续时间 h 趋近于零时，高度 A/h 趋近于无穷大，但是脉冲下包围的面积仍然等于 A。对图 1-3所示的脉冲信号运用罗必塔法则，可以计算其拉氏变换为

$$\mathscr{L}[f(t)]=\lim_{h\to 0}\int_{0}^{h}\frac{A}{h}\mathrm{e}^{-st}\mathrm{d}t=A \tag{1.2}$$

面积等于 1 的脉冲函数称为**单位脉冲函数**，也称为狄拉克(Dirac)$-\delta$ 函数，记为 $\delta(t)$。

发生在 $t=\tau$ 的单位脉冲函数通常写成 $\delta(t-\tau)$。$\delta(t-\tau)$满足下列条件

$$\delta(t-\tau)=\begin{cases}0 & t\neq\tau\\ \infty & t=\tau\end{cases},\quad \int_{-\infty}^{\infty}\delta(t-\tau)\mathrm{d}t=1 \tag{1.3}$$

其拉氏变换为

$$\mathscr{L}[\delta(t-\tau)]=\mathrm{e}^{-\tau s} \tag{1.4}$$

需要注意的是，量值为无穷大且持续时间为零的脉冲函数，只是纯数学意义上的一种假定，在实际的物理系统中不存在。但是，如果系统的脉动输入量值很大，而持续时间与系统的时间常数相比非常小时，可用脉冲函数去近似表示脉动输入。例如，当力或者力矩输入量 $f(t)$在很短的持续时间内$(0<t<h)$作用到系统上，并且 $f(t)$的量值充分大，致使积分 $\int_{0}^{h}f(t)\mathrm{d}t$ 不能忽视时，这个输入量就可以看作是一个脉冲输入。脉冲输入量能在一个无限小的时间内向系统提供能量。

2. 阶跃信号

$$f(t)=\begin{cases}A & t\geqslant 0\\ 0 & t<0\end{cases} \tag{1.5}$$

式中，A 为常数。可以看出：该函数是指数函数 $A\mathrm{e}^{-at}$ 在 $a=0$ 时的特殊情况，其拉氏变换为

$$\mathscr{L}[f(t)]=\frac{A}{s} \tag{1.6}$$

当 $A=1$ 时的阶跃函数称为**单位阶跃函数**。发生在 $t=0$ 时刻的单位阶跃函数通常写成 $1(t)$，高度为 A 的阶跃函数，发生在 $t=0$ 时，则可写成 $A\cdot 1(t)$。

发生在 $t=\tau$ 的单位阶跃函数通常写成 $1(t-\tau)$，其拉氏变换为

$$\mathscr{L}[1(t-\tau)]=\frac{1}{s}\mathrm{e}^{-\tau s} \tag{1.7}$$

3. 斜坡信号

$$f(t)=\begin{cases}At & t\geqslant 0\\ 0 & t<0\end{cases} \tag{1.8}$$

式中，A 为常数。其拉氏变换为

$$\begin{aligned}\mathscr{L}[f(t)] &= \int_0^{\infty} At\mathrm{e}^{-st}\,\mathrm{d}t = A\int_0^{\infty}\left(-\frac{1}{s}\right)t\,\mathrm{d}\mathrm{e}^{-st}\\ &= \left(-\frac{A}{s}\right)\left[t\mathrm{e}^{-st}\big|_0^{\infty}-\int_0^{\infty}\mathrm{e}^{-st}\,\mathrm{d}t\right]=\frac{A}{s^2}\end{aligned} \tag{1.9}$$

当 $A=1$ 时，称为单位斜坡函数或单位速度函数。

4. 指数信号

$$f(t)=\begin{cases}A\mathrm{e}^{-at} & t\geqslant 0\\ 0 & t<0\end{cases} \tag{1.10}$$

式中，A 和 a 为常数。其拉氏变换为

$$\mathscr{L}[f(t)] = \int_0^{\infty} A\mathrm{e}^{-at}\mathrm{e}^{-st}\,\mathrm{d}t = A\int_0^{\infty}\mathrm{e}^{-(s+a)t}\,\mathrm{d}t = \frac{A}{s+a} \tag{1.11}$$

可以看出，指数函数在复平面产生了一个极点。

5. 正弦信号和余弦信号

考虑正弦信号

$$f(t)=\begin{cases}A\sin\omega t & t\geqslant 0\\ 0 & t<0\end{cases} \tag{1.12}$$

式中，A 和 ω 为常数。由欧拉公式可知

$$\sin\omega t=\frac{1}{2\mathrm{j}}(\mathrm{e}^{\mathrm{j}\omega t}-\mathrm{e}^{-\mathrm{j}\omega t}) \tag{1.13}$$

其拉氏变换为

$$\begin{aligned}F(s) = \mathscr{L}[f(t)] &= \frac{A}{2\mathrm{j}}\int_0^{\infty}(\mathrm{e}^{\mathrm{j}\omega t}-\mathrm{e}^{-\mathrm{j}\omega t})\mathrm{e}^{-st}\,\mathrm{d}t\\ &=\frac{A}{2\mathrm{j}}\,\frac{1}{s-\mathrm{j}\omega}-\frac{A}{2\mathrm{j}}\,\frac{1}{s+\mathrm{j}\omega}\\ &=\frac{A\omega}{s^2+\omega^2}\end{aligned} \tag{1.14}$$

类似地，可求出余弦信号 $f(t)=A\cos\omega t$ 的拉氏变换为

$$F(s)=\mathscr{L}[f(t)]=\frac{As}{s^2+\omega^2} \tag{1.15}$$

第五节 自动控制系统的构成

总的来看，自动控制系统是由被控对象和广义控制器两个部分组成的。其中，广义的控制器又是由一些基本的部件或元件构成。各元件都有自己的作用，也都是自动控制系统正常工作所不可或缺的。在通常的模拟控制系统中，常见的控制部件有下面几种。

1. 测量元件

测量元件的作用是将被控量的大小检测出来。如果该物理量是非电量，还要将它转化为与之对应的电信号（如 4～20mA 的电流或 1～5V 的电压）。例如，可用热电偶或热电阻测量温度信号；用电位器或自整角机或旋转变压器等测量角度；用差压变送器来检测与处理流量信号。测量元件的特性应该准确、稳定，不受环境条件变化的影响。随着检测技术的发展，新的测量元件和部件也不断被研制出来。

2. 整定元件

整定元件的作用就是为控制系统提供给定值信号，以保证系统能正常工作。整定元件给出的信号也必须准确、精确、稳定。

3. 比较器

比较器的作用是将整定元件得到的给定值信号和测量元件给出的实际生产过程的被控量信号进行比较，求出它们之间的偏差。常用差动放大器或机械的差动装置作为比较器。

4. 放大器和控制器

由比较器给出的偏差量信号可能过于微弱，无法直接带动执行机构。因此要通过放大器对偏差信号进行放大，保证输出有足够的功率，完成控制。针对各种被控对象，通常要引入控制器这一装置来改善系统的动态和稳态特性，使产生的控制作用足够强、足够快，能与被控对象的动态特性相适应，更好地发挥控制效果。这些装置就是控制器，也称校正器或补偿器。

5. 执行器

执行器的作用是接受控制器给出的控制量信号，并将其作用于被控对象上，影响被控量，使之较快地趋近于整定元件发出的给定值信号，使偏差量趋于 0。

通常，上述职能元件都是电气元件，整个系统都是电的系统。在电装置无法使用时，也可用气动或液动的控制系统。但从控制的角度来看，它们之间并无本质的不同。

在实际的控制系统中，同一元件可能具备上述多种元件职能。以计算机控制系统为例，作为控制核心的计算机，能完成上述整定元件、比较器、放大器与控制器等多项功能。狭义的控制器则专指放大器与控制器。

第六节 自动控制的基本方式

自动控制的基本方式有开环控制、闭环控制和复合控制三种。

一、开环控制

如果控制作用不受被控量的影响，即控制信号只取决于给定值，这种控制方式称为开环控制。由于从给定值到被控信号只有正向作用而无反馈作用，因此开环控制又称为前馈控制或顺馈控制。开环控制系统如图 1 - 4 所示。

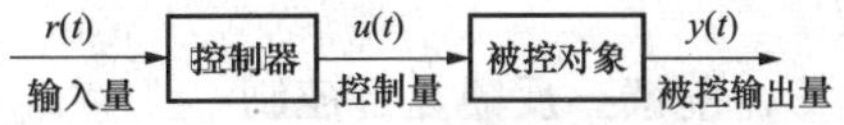

图 1 - 4 开环控制系统

开环控制系统有两种常见形式，一种是如图1 - 4所示的**按给定值操作**的开环控制系统。显然，当系统受到某种干扰而使被控量偏离其期望值时，这种类型的控制系统无法实现全自动补偿，系统的控制精度难以得到很好保证。常要由人工监控系统与之相配合才能正常工作，并非真正意义上的自动控制。当系统的结构参数稳定，干扰极弱或控制精度要求不高时，可采用这种开环控制方式。

另一种是如图 1 - 5 所示的**按干扰补偿的**开环控制系统。分析可知：要想稳定被控量 $y(t)$，就要在干扰信号 $n(t)$ 出现时，改变控制量 $u(t)$，使之对被控量的影响与干扰量对被控量的影响互相抵消，以保持被控量不变。该方法针对可测量的干扰，专门设计出干扰补偿通道克服干扰对系统的不利影响。对不可测干扰，无法对其直接设计补偿，可考虑设计硬件滤波电路或用软件滤波等方法对其进行抑制。

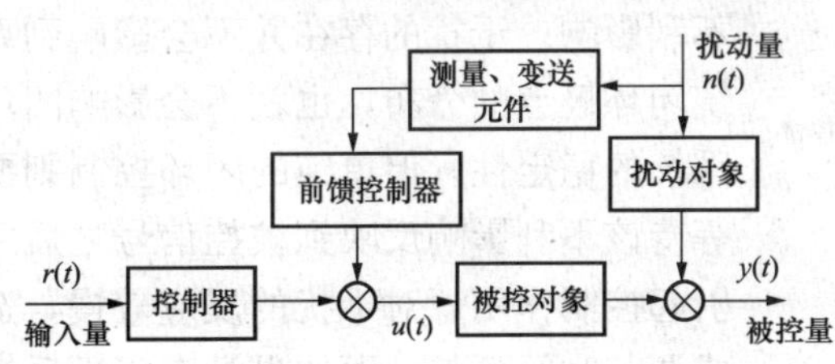

图 1 - 5 按干扰补偿的开环控制系统

开环控制的优点是结构简单、系统成本低，缺点是控制精度差、被控量不能得到准确控制。开环控制的实例很多，如小型机组的微机监控系统、加热炉温度的控制等。

二、闭环控制

如果控制量不仅取决于给定值，还与被控量的大小有关，这种控制方式称为**闭环控制**。闭环控制系统如图 1 - 6 所示，被控量信号 $y(t)$ 通过测量、变送元件后被反馈回来与参考输入信号 $r(t)$ 比较，所得误差信号 $e(t)$ 送入控制器，进而产生控制信号 $u(t)$。在这种方式下，由于被控输出与参考输入的路径是闭合的，称为闭环控制；又因输出信号被反馈到输入端，故又称为**反馈控制**。这里，由于偏差信号是参考信号 $r(t)$ 与被控输出信号测量值 $y_1(t)$ 之差，故又称负反馈控制。如果送入控制器的信号是参考信号 $r(t)$ 与被控输出信号测量值 $y_1(t)$ 之和，则这种反馈称为正反馈。按正反馈方式构成的闭环控制系统，通常是不能正常稳定工作的，工程中较少采用。

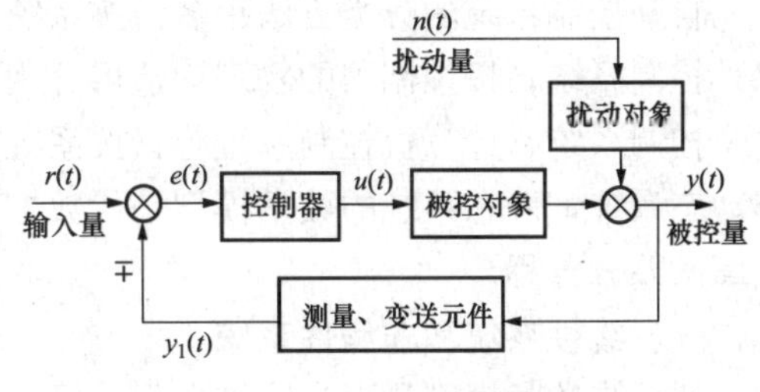

图 1 - 6 闭环控制系统

闭环控制系统的结构较开环系统复杂，但能实现被控量的精确控制，应用也极其广泛。在工业生产中，按照偏差控制的闭环系统种类繁多，尽管它们完成的控制任务不同，具体结构不一样，但是，从检测被控量、计算偏差量、再利用偏差量求出控制量，并对控制对象施加控制，使偏差减小的这一控制过程却是相同的。

需要注意的是：即使是闭环系统，仍可能出现被控量不衰减甚至渐扩振荡问题，即存在所谓稳定性问题。产生稳定性问题的原因在于闭环控制系统的组成环节可能存在大惯性、大时滞等特性，例如被控对象存在较大的惯性与延时，那么被控信号将不能及时反映出控制信号的变化，从而产生过度控制与振荡。自动控制系统设计的重要任务之一就是要解决稳定性问题。

三、前馈—反馈复合控制

复合控制是闭环控制和开环控制相结合的一种控制方式。它是在闭环控制的基础上增加一个干扰信号的补偿控制，以提高控制系统的抗干扰能力。前馈—反馈复合控制系统如图1-7所示。

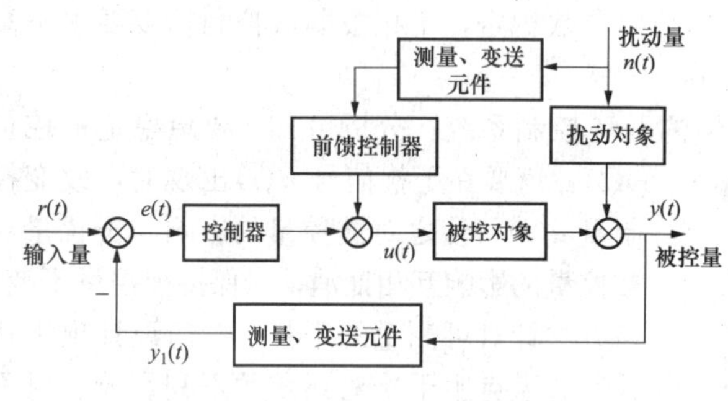

图1-7 前馈—反馈复合控制系统

由于增加了对干扰信号的补偿控制作用，可以在干扰对被控量产生不利影响的同时，及时提供控制作用以抵消此不利影响。干扰的存在并不会影响到系统闭环极点的分布，也就不会影响闭环系统的稳定性。但单纯的闭环控制则要等待该不利影响反映到被控信号之后才引起控制作用，对干扰的反应较慢，造成调节时间延长；而如果没有闭环反馈通道，只按干扰进行补偿控制时，因只有前馈控制作用，控制方式相当于开环控制，被控量又不能得到精确控制。两者的结合，既能得到较高的控制精度，同时又能提高系统抗干扰能力，因此获得广泛的应用。当然，采用这种复合控制的前提是干扰信号能测量到。

第七节 控制系统的分类

自动控制系统的分类方法很多：按系统参考输入的特征可分为常值控制系统和随动（跟踪）控制系统；按控制器的物理构造可分为液压控制系统、气动控制系统、电气控制系统、电子控制系统、计算机控制系统等；按系统数学模型的参数是否与时间有关可分为静态系统与动态系统，静态系统的数学模型是代数方程，而动态系统的数学模型可以是连续微分方程或离散差分方程。

一、线性系统和非线性系统

按系统数学模型是否为线性方程，可将控制系统分为线性系统与非线性系统。

1. 线性系统

自动控制系统的简化数学模型通常是一个线性微分（或差分）方程。当控制系统各组成环节的输入/输出关系都可用线性微分方程模型来描述时，这类控制系统就称为**线性系统**。线性系统满足叠加原理，即多个不同的信号同时作用于系统的响应，等于各个信号单独作用的响应之和。因此，线性系统对几个输入量同时作用的响应可以一个一个地处理，然后对响应结果进行叠加。由于这一原理，使我们有可能由一些单解，构造出线性微分方程的复杂解。

在动态系统的实验研究中，如果输入量和输出量成正比，意味着满足叠加原理，因而可以把系统看成线性系统。

线性定常系统和线性时变系统：如果微分方程的系数是常数，则该微分方程是线性的。由线性定常集中参数元件构成的动态系统，可以用线性定常（常系数）微分方程描述，这类系统称为**线性定常系统**或**线性时不变系统**。如果微分方程的系数是关于时间的函数，则称这类系统为**线性时变系统**。线性定常系统可以看成是线性时变系统的特例。

2. 非线性系统

若控制系统中含有分布参数，则描述系统的数学模型应该用偏微分方程。如果系统中存在非线性特性，则要用非线性微分（或差分）方程来描述，这种系统称为**非线性系统**。非线性系统不符合叠加原理，也就是说，非线性系统对两个输入量的响应不能够单独地进行计算，然后将计算结果相加。

虽然许多物理关系常以线性微分方程表示，但是在大多数情况下，实际的关系并非真正线性的。对物理系统进行仔细研究后会发现，即使对线性系统来说，也只是在一定的工作范围内保持真正的线性关系。实际上，许多机械系统、液压系统和气动系统等在变量之间都或多或少地包含着一定的非线性关系。例如，放大器具有饱和特性；传动部件有间隙或死区（元件的死区是输入量的一个微小变化范围，在这个范围内，元件对输入信号不敏感）；弹性元件在变形过大时弹性系数不是常数等。有时为了获得好的控制性能，还专门采用非线性元件（如继电器或死区等）。

当系统的信号变化范围不大，非线性不明显时，为了研究方便，常常在一定范围内将系统看成是线性的，从而将非线性系统近似成线性系统，使分析过程得到简化。

二、连续时间系统和离散时间系统

按信号对于时间的连续性可分为连续时间系统与离散时间系统。当控制系统各组成环节的输入/输出信号是关于时间 t 的连续函数时，则称为**连续时间控制系统**，也称模拟控制系统。连续时间系统的动态特性可以用微分方程来描述。

当控制系统某一处或几处的输入/输出信号是关于离散时刻 $kT(k=0、1、2、\cdots)$ 的函数时，则称为**离散时间系统**。离散时间系统可以用差分方程来描述。

此外，还有连续时间和离散时间混合系统，典型的例子是连续对象的计算机控制系统。计算机控制系统如图 1-8 所示。图中，A/D、D/A 分别为模/数、数/模转换器。生产过程的被控量如流量、水位、温度等都是连续时间信号，但计算机只在采样的离散时刻才进行信号的输入与输出。这种按采样时刻工作的连续与离散混合的系统，称为**采样控制系统**或**数字控制系统**。

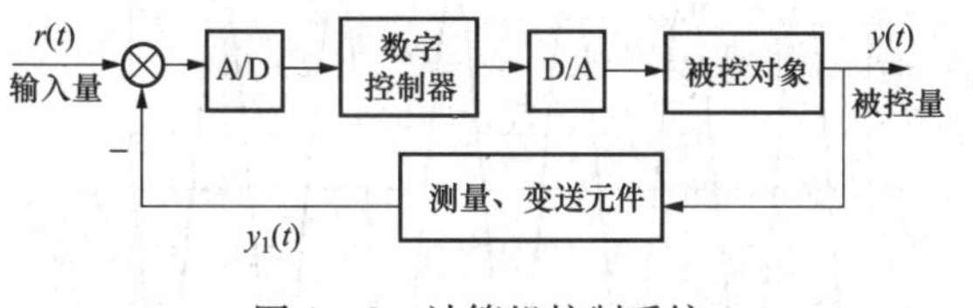

图 1-8 计算机控制系统

三、单变量系统与多变量系统

按输入/输出信号的数量，可将控制系统分为单变量系统（SISO）与多变量系统（MIMO）。当控制系统各组成环节的输入/输出信号都只有一个时，称为单输入/单输出系统或单变量系统。

当控制系统各组成环节输入/输出信号有多个时，称为多输入/多输出系统或多变量系统。很多控制系统是多变量系统。

四、确定性系统和不确定性系统

当控制系统的结构和参数是确定的且输入信号（包括参考输入信号和干扰信号）也是确定的函数时，称为确定性系统；当控制系统本身或输入信号有不确定性时，称为不确定性系统。如果被控对象本身输入输出关系不是用一个确定的数学模型来描述而是用一类数学模型集合来描述时，就称为对象不确定性的系统。如果输入信号具有随机性（例如负荷干扰或量测噪声具有随机性）时，就称为随机控制系统；如果系统本身数学模型或输入信号具有模糊性时，就称为模糊控制系统。

本书的内容以经典控制理论为主，因此主要针对单输入单输出的线性连续定常的确定性系统进行研究。但是得到的重要结论经某种形式的推广后，可适用于离散控制系统，也适用于多输入多输出的随机时变系统。

第八节　对控制系统的基本要求

控制系统的性能分析是指系统输出信号的变化是否符合生产过程所要求的性能指标，这些指标可以是时域指标或频域指标。假定自动控制系统起初是处于一个平衡状态，在 $t=0^+$ 时刻，输入端受到阶跃扰动信号影响，则输出信号肯定要随之发生变化。控制系统的典型过渡过程曲线如图 1-9 所示。

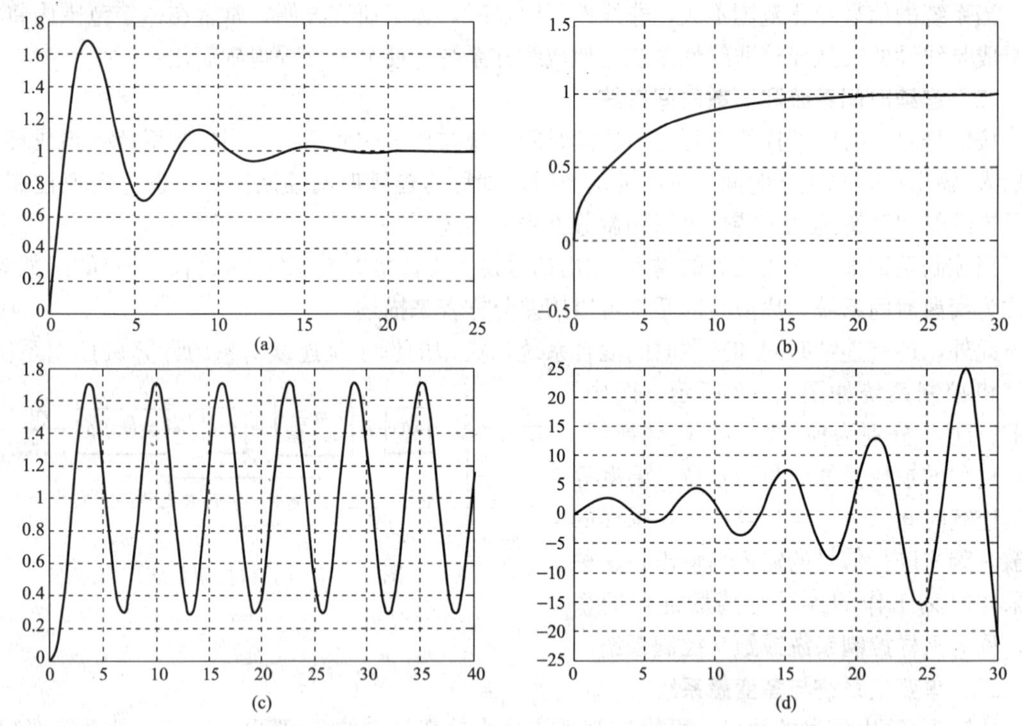

图 1-9　控制系统的典型过渡过程曲线

(a) 衰减振荡过程；(b) 单调过程；(c) 等幅振荡过程；(d) 发散振荡过程

在图 1-9(a)、(b)中，被控量经过一次或多次波动后能回到给定值上，这是一种逐渐衰减的稳定调节过程。而在图 1-9(c)、(d)中，被控量周而复始地来回波动，其幅度呈现出等幅振荡或发散振荡的形式，一旦被控量超过工程上的允许值，就容易发生事故，在热工生产过程中是决不允许的。图 1-9(c)的系统处于临界稳定状态（有时也将其归为不稳定），图 1-9(d)的系统是不稳定的。

一、控制系统的性能分析

当系统的模型确定以后，就可以对系统的性能进行分析。在反馈控制系统中，当输入量（给定值或扰动量）发生改变时，被控量与给定值发生偏离。通过负反馈控制回路的作用，经过一段时间的变动调整后，被控量又稳定在新的给定值附近，达到新的平衡状态。被控量处于变动的过渡过程时，称为瞬态过程或暂态过程；将被控量处于相对稳定的状态称为稳态或静态。衡量系统控制品质好坏主要从三个方面考虑：稳定性、快速性、准确性。

1. 稳定性

稳定性是对控制系统性能的基本要求，不稳定的系统是无法正常工作的。分析连续系统稳定性时，在系统的结构参数能确切得到时，常会用到代数判据（劳斯—古尔维茨稳定判据）或频域判据（奈奎斯特稳定判据）。更一般的稳定性判别方法是采用李雅普诺夫方法。在电厂热力生产过程中，不但要求控制系统是稳定的，而且还要具有一定的稳定裕量。

2. 快速性

任何一个调节过程都需要经历一定时间。当给定值发生变化后，系统的被控量要很快地趋于给定值，所花的时间要尽可能短，调节时间越短，系统的快速性越好。衡量一个系统对输入响应的快速性时，常用到的动态性能指标有上升时间、峰值时间、调节时间等。

3. 准确性

准确性是指被控量的偏差大小，主要是指稳态偏差。在给定值发生变化后，经过足够长的调节时间，调节过程结束，此时系统被控量的稳态值与给定值之间的偏差称为稳态误差。误差的这个稳态值要小于预先设定的规定值。如果稳态误差为 0，称为无差调节；如果稳态误差不为 0，则称为有差调节。

此外，系统还要满足一定的经济性及鲁棒性的要求。经济性是指要对系统的成本进行分析，具有同样控制功能的系统，成本越低越好。对控制系统鲁棒性的要求是指当被控对象参数或模型出现摄动时，仍能保持较好的控制性能。

二、控制系统的设计步骤

（1）了解控制系统的任务、被控对象的特性、对控制系统的性能要求等。

（2）根据上述信息设计控制器的物理结构和控制规律。

（3）绘制控制系统方框图，确定控制系统各个组成环节的数学模型，主要是要得到测量环节、控制器、被控对象、执行器的数学模型。

（4）用定量或定性的方法分析系统，考虑在给定值输入作用下和干扰输入作用下是否满足要求。选择合适的控制器，并确定其参数以求得到满意的性能，并利用计算机对控制效果进行仿真。

（5）如果控制系统性能已达到要求，则设计控制器样机或编制数字控制器算法，在实验、应用中进一步完善控制系统。如果无论如何改变控制器参数均无法满足控制系统性能要求，则返回第（4）步，重新设计控制器结构与控制规律。

小　　结

自动控制系统就是在无人直接参与的情况下，利用控制装置调节被控对象，经闭环负反馈调节，最终使偏差量趋于零，被控量趋于给定值。

自动控制的调节方式有开环和闭环两种。开环控制实现简单、硬件成本低，但抗干扰能力差、控制精度低。而采用负反馈的闭环控制方案，其优点是抗干扰能力强、控制精度高，在工程领域得到广泛应用。该方案的设计难度较大，首先要保证控制系统的稳定性，在此基础上，还要保证一定的动态性能（快速性）和稳态性能（精确性）。此外，为提高系统抑制外部干扰的能力，在反馈的基础之上可增加前馈控制作用。

拉氏变换能将求解微分方程的过程转化为求解代数方程的问题，从而简化分析过程。拉氏变换是经典控制理论的重要数学工具。

习 题

1.1 什么是自动控制？试分析自动控制技术对人类活动有何重要意义？

1.2 名词解释：给定值，被控量，控制量，控制器，被控对象，偏差量。

1.3 衡量控制系统的性能指标有哪些？常见的动态过程有哪些？

1.4 自动控制系统通常由哪几部分组成？各自的作用是什么？

1.5 什么是开环控制？什么是闭环控制？试比较各自的优缺点。

1.6 什么是反馈控制系统？什么是前馈控制系统？什么是前馈—反馈控制系统？

1.7 试列举火电厂热工自动控制系统中的定值调节系统和程控调节系统实例。

1.8 试列举几个日常生活中的开环和闭环控制系统的例子，并简要说明其工作原理。

第二章　控制系统的数学模型

无论对控制系统进行分析还是综合，都要设法先建立起较为精确的生产过程数学模型。要建立系统或环节的数学模型，通常要选用合适的数学工具和方法，得到一个能清晰地表示出各物理量之间关系的表达式。建立模型的过程中，常常要忽略系统的一些固有特性，特别是在考虑非线性特性的线性化、分布参数的集中处理时，得到的模型也不可避免地具有一定的近似性，但只要它能反映系统的运动本质并具有一定的精度，就可以认为是合适的。

在研究控制系统时，必须建立动态系统的数学模型，并在此基础上分析系统的动态特性。连续系统的数学模型是一组微分方程，它能精确或至少相当好地描述出系统的动态特性。应当看到，对于给定的系统，数学模型不是唯一的，一个系统可以用不同的方式来表示。

第一节　微　分　方　程

自动控制理论主要研究（线性）系统状态的运动规律和改变这种规律的可能性和方法，建立和揭示系统结构、参数、行为和性能间的确定的和定量的关系。我们将研究系统运动规律的问题称为系统的**分析**问题；研究改变运动规律的可能性和方法的问题称为系统**综合**或**设计**问题。前者属于认知系统，后者则是改造系统。

一、关于数学模型

1. 概念

模型是对于对象和过程的某一方面本质属性的一种表述。通常模型只具有原系统的部分属性，也可以说模型是原系统的简化形式。控制系统的数学模型是一种抽象模型，常见的数学模型分时域模型和频域模型两大类，有微分方程、传递函数、状态空间方程，也包括图形模型、计算机程序模型等。另外，通过实验得到的测试数据与曲线、方框图、信号流图、SAMA 图等也可看作是特殊形式的数学模型。

2. 数学模型的构造方法

建立数学模型的方法主要有**机理分析法、实验建模法**等。前者通过分析系统的机理，直接运用物理原理来建立表征系统动态过程的数学描述；后者则是先通过实验取得响应数据，然后按照相应准则和经验处理实验数据，得到最接近实际情况的简化数学模型。建模问题是系统研究中的一项非常基本和重要的问题，现已形成系统理论中的一个独立分支。

控制系统的数学模型，就是根据系统的动态特性，即通过分析决定系统特征的物理学定律，如机械、电气、热力、液压等方面的基本物理定律而写成的。它能代表系统在运动过程中各变量之间的动态关系，既定性又定量地描述了整个系统的动态过程。机理分析法就是通过分析利用具体系统的物理或化学规律来得到微分方程。建立系统数学模型还可以通过做实验的方法，通过得到的实验曲线，分析输入变量如何影响输出变量，找到二者之间的动态关系，即数学模型，这就称为实验建模法。导出一个合理的数学模型是整个控制系统分析过程中最重要的工作。在实际中，这两种方法常常又是相辅相成的。

一般来说，在求解一个新问题时，常常需要建立一个简化模型，对问题的解有一般的了解。再建立比较完善的数学模型，并用来对系统进行比较精确的分析。

3. 控制系统的数学模型

控制系统的数学模型是系统输入、输出变量，及各内部物理量之间关系的数学描述。在静态条件下（所有变量的各阶次导数均为零），描述各变量之间关系的数学方程，称为静态模型；描述各变量在动态过程中的关系，就要用到动态模型。微分方程中各变量的导数表示了它们随时间变化的特性，如一阶导数表示速度、二阶导数表示加速度等。可以看出：微分方程可以完整地描述系统的动态特性，是一种动态模型，静态模型可视为动态模型的特殊情形。

获得了系统的数学模型，就可以采用各种分析方法和计算机仿真相结合，对具体系统进行分析和综合。

通过增加数学模型的复杂程度，可以改善数学模型的精确性，但这也不是绝对的。在构造这种模型及求解过程往往需要耗费大量的精力和时间，有时还需要高速、大容量计算机进行辅助计算。在推导数学模型时，必须在模型的简化性与分析结果的精确性之间做出一个折中考虑。在保证必要精度的情况下，构造出尽可能简单的模型来。如果我们能够构造出一个较合理的简化数学模型，有足够的准确性，由数学模型的分析结果与物理系统的实验研究结果将较好地吻合，便于对系统进行分析与设计，就可以认为达到了系统建模的目的。

在推导合理的简化数学模型时，通常要忽略事物的具体特点而仅抽象出它们的共同性质。因此，只能说，建立起来的数学模型仅在一定程度上是正确的，这种正确程度依赖于数学模型对给定动态系统的逼近程度。

当然，如果这种近似处理对系统的影响较大，用简化数学模型分析的结果与实际系统的结果有很大的出入，则这个简化数学模型就不是很合适。例如，在低频范围工作时，弹簧的质量可以忽略，但是在高频范围工作时，弹簧的质量却可能变成系统的重要性质。

对包含非线性系统的问题进行求解，其过程通常是非常复杂的。因为非线性微分方程求解非常困难，所以常常需要引入等效线性系统来代替非线性系统，这种等效线性系统仅在有限的工作范围内是正确的。常采用的方法是对系统附加一定的前提条件，在一定工作范围内用线性系统模型来近似，然后再用线性控制理论对系统进行研究，这种方法称为非线性系统的局部线性化方法。工程上，常将非线性特性在工作点附近用泰勒级数展开的方法进行线性化。求解线性微分方程则相对要容易得多，研究线性系统有其重要的应用价值。

二、建立系统的微分方程

采用机理分析法建立控制系统的微分方程描述，一般要采取如下步骤：

（1）根据实际工作情况，确定系统和各元件的输入、输出变量；

（2）从输入信号开始，按照信号的前进顺序，依据各变量遵循的物理或化学定律，列写出在变化过程中的动态方程，一般是微分方程组的形式；

（3）约去所有中间变量，给出仅关于输入量、输出量的微分方程；

（4）标准化，将与输入信号有关的项按导数阶次由高到低排好后列写在等号右侧，与输出量有关的各项列写在等号左侧，然后将系数归一化处理。

三、微分方程的实例

下面主要以电路系统、连通水箱系统等典型的控制系统为例，讲述微分方程的建立过程，最后给出线性系统微分方程的一般形式。

1. 电阻一电容一电感构成的电路系统

【例 2.1】　图 2 - 1（a）所示的 RC 电路中，$u_{\mathrm{i}}(t)$是输入的电压信号，输出信号是电容两端的电压 $u_{\mathrm{o}}(t)$。试建立该电路的动态方程。

解　由电路的知识，以电流 $i(t)$ 为中间变量，有如下的关系式

$$u_{\mathrm{i}}(t)=u_R(t)+u_{\mathrm{o}}(t) \tag{2.1}$$

$$u_R(t)=Ri(t) \tag{2.2}$$

$$i(t)=C\frac{\mathrm{d}u_{\mathrm{o}}(t)}{\mathrm{d}t} \tag{2.3}$$

将式（2.3）代入式（2.2），得 $u_R(t)=RC\frac{\mathrm{d}u_{\mathrm{o}}(t)}{\mathrm{d}t}$，再代入式（2.1）整理，可得该环节的微分方程为

$$RC\frac{\mathrm{d}u_{\mathrm{o}}(t)}{\mathrm{d}t}+u_{\mathrm{o}}(t)=u_{\mathrm{i}}(t) \tag{2.4}$$

【例 2.2】　图 2 - 1（b）所示的 RLC 电路中，$u_{\mathrm{i}}(t)$是输入的电压信号，$u_{\mathrm{o}}(t)$是输出信号。试建立该环节的动态方程。

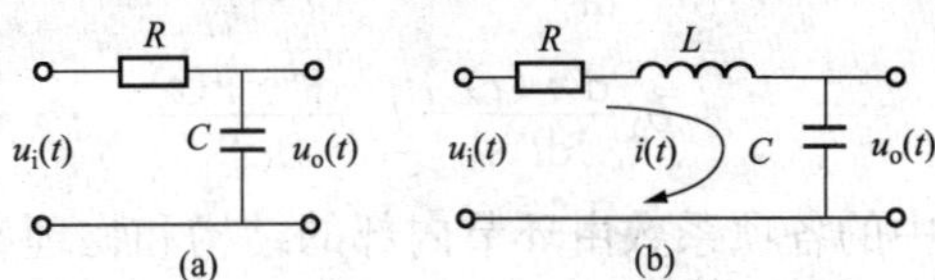

图 2 - 1　RLC 电路系统

（a）RC 电路；（b）RLC 电路

解　与［例 2.1］类似，取电流 $i(t)$ 为中间变量，有如下的关系式

$$u_{\mathrm{i}}(t)=u_R(t)+u_L(t)+u_{\mathrm{o}}(t) \tag{2.5}$$

$$u_R(t)=Ri(t) \tag{2.6}$$

$$u_L(t)=L\frac{\mathrm{d}i(t)}{\mathrm{d}t} \tag{2.7}$$

$$i(t)=C\frac{\mathrm{d}u_{\mathrm{o}}(t)}{\mathrm{d}t} \tag{2.8}$$

将式（2.8）依次代入式（2.6）和式（2.7），得

$$u_L(t)=LC\frac{\mathrm{d}^2u_{\mathrm{o}}(t)}{\mathrm{d}t^2},u_R(t)=RC\frac{\mathrm{d}u_{\mathrm{o}}(t)}{\mathrm{d}t}$$

然后将上两式全部代入式（2.5），得

$$u_{\mathrm{i}}(t)=RC\frac{\mathrm{d}u_{\mathrm{o}}(t)}{\mathrm{d}t}+LC\frac{\mathrm{d}^2u_{\mathrm{o}}(t)}{\mathrm{d}t^2}+u_{\mathrm{o}}(t)$$

整理后得到该系统的微分方程为

$$LC\frac{\mathrm{d}^2u_{\mathrm{o}}(t)}{\mathrm{d}t^2}+RC\frac{\mathrm{d}u_{\mathrm{o}}(t)}{\mathrm{d}t}+u_{\mathrm{o}}(t)=u_{\mathrm{i}}(t) \tag{2.9}$$

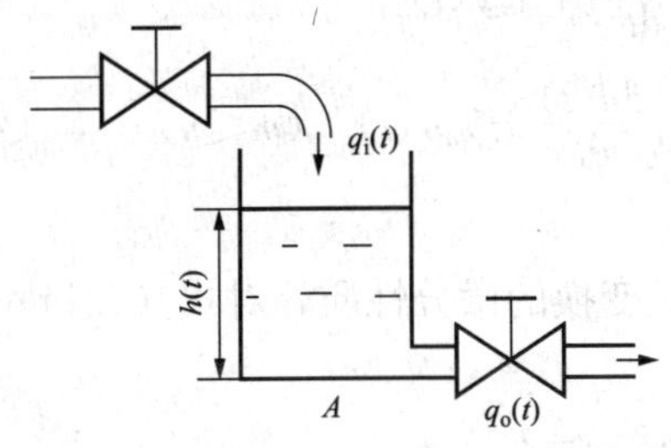

图 2 - 2　［例 2.3］单容水箱的示意图

2. 单容水箱

【例 2.3】　对于图 2 - 2 所示的水箱环节，输入量是 $q_{\mathrm{i}}(t)$，输出量是液位高度 $h(t)$。A 为水箱的横截面积，试建立该环节的动态方程。

解　首先，由流入量与流出量的物质平衡

关系，有

$$A\mathrm{d}h(t)=[q_{\mathrm{i}}(t)-q_{\mathrm{o}}(t)]\mathrm{d}t \tag{2.10}$$

式中，$q_{\mathrm{o}}(t)$为流出量，当流量变化较小时，可近似认为

$$q_{\mathrm{o}}(t)=\alpha h(t) \tag{2.11}$$

其中，α 表示阻力系数。

然后将式（2.11）代入式（2.10），并整理，可得该环节的动态方程

$$A\frac{\mathrm{d}h(t)}{\mathrm{d}t}+\alpha h(t)=q_{\mathrm{i}}(t) \tag{2.12}$$

四、微分方程的一般形式

通过上述各系统分析，可将得到的结论推广到一般的线性定常系统。如果输入量是 $r(t)$，输出量是 $y(t)$，无论内部的物理特性如何，其动态特性可由输入量、输出量之间的微分方程来描述。线性控制系统微分方程的一般形式为

$$\begin{aligned}&a_0\frac{\mathrm{d}^n y(t)}{\mathrm{d}t^n}+a_1\frac{\mathrm{d}^{n-1}y(t)}{\mathrm{d}t^{n-1}}+\cdots+a_{n-1}\frac{\mathrm{d}y(t)}{\mathrm{d}t}+a_n y(t)\\&=b_0\frac{\mathrm{d}^m r(t)}{\mathrm{d}t^m}+b_1\frac{\mathrm{d}^{m-1}r(t)}{\mathrm{d}t^{m-1}}+\cdots+b_{m-1}\frac{\mathrm{d}r(t)}{\mathrm{d}t}+b_m r(t)\quad(a_0>0,m\leqslant n)\end{aligned} \tag{2.13}$$

方程中的各项系数由环节内部的结构和物理参数决定。

若令式（2.13）中输入量和输出量对时间的各阶次导数都为 0，就可得到环节的静态方程。

建立起系统的微分方程后，为进一步研究系统的控制过程，最直接的方法就是求解微分方程，并绘制出输出变量随时间变化的响应曲线。当然在系统的阶次较高时，手工计算量偏大，分析过程显得较为繁琐，甚至无法求解。

第二节 传 递 函 数

在控制理论中，主要的研究方法并不是对微分方程直接求解。为了表示能够用线性常微分方程描述的元件或系统的输入—输出关系，还要引入传递函数这一重要概念。本节首先借助拉氏变换这一数学工具，将第一节得到的微分方程处理为输入—输出的形式，并给出传递函数的定义，然后推导几种典型环节及控制系统的传递函数。

一、传递函数的定义

考虑由下列微分方程描述的线性定常系统

$$\begin{aligned}&a_0\frac{\mathrm{d}^n y(t)}{\mathrm{d}t^n}+a_1\frac{\mathrm{d}^{n-1}y(t)}{\mathrm{d}t^{n-1}}+\cdots+a_{n-1}\frac{\mathrm{d}y(t)}{\mathrm{d}t}+a_n y(t)\\&=b_0\frac{\mathrm{d}^m u(t)}{\mathrm{d}t^m}+b_1\frac{\mathrm{d}^{m-1}u(t)}{\mathrm{d}t^{m-1}}+\cdots+b_{m-1}\frac{\mathrm{d}u(t)}{\mathrm{d}t}+b_m u(t)\quad(m\leqslant n)\end{aligned} \tag{2.14}$$

式中：$u(t)$为输入信号，$y(t)$为输出信号。

不失一般性，假定全部初始条件为零，并利用拉氏变换的微分性质，对式（2.14）两边同时进行拉氏变换后，整理出该系统的传递函数为

$$G(s)=\frac{Y(s)}{U(s)}=\frac{b_0 s^m+b_1 s^{m-1}+\cdots+b_{m-1}s+b_m}{a_0 s^n+a_1 s^{n-1}+\cdots+a_{n-1}s+a_n}\quad(m\leqslant n) \tag{2.15}$$

线性定常单输入—单输出系统的传递函数可定义为：在零初始条件下，输出量的拉氏变

换与输入信号的拉氏变换之比。

利用传递函数的概念，可以用以 s 为变量的代数方程表示系统的动态特性。如果传递函数的分母多项式中，s 的最高阶次为 n，则称该系统为 n 阶系统，即分母多项式的最高阶次 n 称为系统的阶次。若系数 $b_i(i=0,1,2,\cdots,m)$ 和 $a_j(j=0,1,\cdots,n)$ 为常数，则系统是**线性时不变**（Linear time invariant，简称 LTI）**系统**。分母多项式称为系统的**特征多项式**。由式(2.15）所描述的系统，其特征多项式为

$$B(s)=a_0s^n+a_1s^{n-1}+\cdots+a_{n-1}s+a_n \tag{2.16}$$

由 $B(s)=0$ 所构成的方程称为**特征方程**，即

$$B(s)=a_0s^n+a_1s^{n-1}+\cdots+a_{n-1}s+a_n=0 \tag{2.17}$$

可见，这是一个一元 n 次方程。特征方程的 n 个根称为系统的**特征根**，也叫系统的**极点**。因特征方程各项系数均为实数，所以控制系统的特征根要么是实数根，要么是共轭的复数根。令式(2.15)的分子多项式为 0，得到的 m 个根称为系统的**零点**。将式（2.15）改写成如下形式

$$G(s)=\frac{Y(s)}{U(s)}=K\frac{(s-z_1)(s-z_2)\cdots(s-z_m)}{(s-p_1)(s-p_2)\cdots(s-p_n)} \tag{2.18}$$

该系统有 m 个零点 $z_1,z_2,\cdots,z_m$ 和 n 个极点 $p_1,p_2,\cdots,p_n$。显然，零点与极点的取值分别取决于分子系数序列 $b_0,\cdots,b_m$ 和分母系数序列 $a_0,\cdots,a_n$。对于控制系统，z_i 和 p_i 的取值可以是实数，也可是复数，且若为复数，必以共轭复数的形式成对出现。将零点和极点在复平面标记出来，就可得到系统的零极点分布图，图中零点用“○”表示，极点用“×”表示。例如，$G(s)=\dfrac{s+1}{(s+2)(s^2+3s+6)}$ 的零极点分布图如图 2-3 所示。

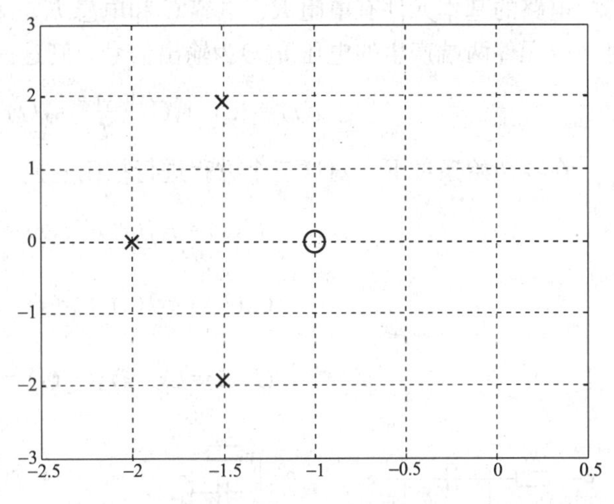

图 2-3 零极点分布图

对于物理可实现系统来说，一定会满足 $m\leqslant n$，这种情况下称系统为**正则**（proper）的。若 $m<n$，则称系统是**严格正则**的。$n-m$ 称为系统的**相对阶次**。

二、传递函数的几点说明

通过引入传递函数的概念，可以将系统的各个变量（包括中间变量和输出变量）与外作用（输入信号）联系起来。传递函数概念的适用范围限于用线性常微分方程所描述的系统，传递函数是控制系统的一种外部描述。下面给出有关传递函数的一些重要说明（说明中所涉及的均为线性常微分方程描述的系统）。

(1) 系统的传递函数是一种数学模型，它能用来表示输出变量与输入变量的动态关系，这是因为传递函数各项系数值与微分方程中各项系数都对应相等。系统的传递函数一旦被确定，就能够对系统的动态特性进行充分地描述。

（2）借助拉普拉斯变换及其反变换，在零初始条件下，系统的传递函数与微分方程之间可以相互转化。

（3）传递函数是系统本身所固有的一种属性，它与输入信号的大小和形式无关。

（4）传递函数包含联系输入量与输出量所必需的单位，但是它不提供有关系统物理结构的任何信息。许多物理上完全不同的系统，只要响应性能一致，也可能有相同的传递函数。这就为在实验室中对生产过程进行模拟仿真实验提供了理论基础。

（5）如果系统的传递函数已知，则可以针对各种不同形式的输入量研究系统的输出响应，以便掌握系统的性质。

（6）如果不清楚系统的传递函数，则可人为地在系统输入端加入合适的测试信号，并研究系统输出量或输出响应曲线，通过这样的实验方法，确定系统的传递函数。

（7）对于多变量系统（多个输入量、多个输出量），其输入—输出关系可以用传递函数矩阵的形式来描述。

三、用等效阻抗求电路的传递函数

在分析电路的动态特性时，基于拉氏变换和传递函数的关系，可以建立起等效阻抗的概念，从而简化电路系统传递函数的求解过程。

电路的基本元件有电阻 R、电容 C 和电感 L 三种，当输入信号是流过元件的电流 $i(t)$ 时，以元件两端产生的电压 $u(t)$ 为输出信号，则这三种元件环节的动态方程分别是

$$u(t)=Ri(t),C\frac{\mathrm{d}u(t)}{\mathrm{d}t}=i(t),u(t)=L\frac{\mathrm{d}i(t)}{\mathrm{d}t}$$

在零初始条件下，对这三个方程进行拉氏变换，可得到这三个环节的传递函数分别是

$$U(s)=RI(s),G_R(s)=\frac{U(s)}{I(s)}=R \tag{2.19}$$

$$CsU(s)=I(s),G_C(s)=\frac{U(s)}{I(s)}=\frac{1}{Cs} \tag{2.20}$$

$$U(s)=LsI(s),G_L(s)=\frac{U(s)}{I(s)}=Ls \tag{2.21}$$

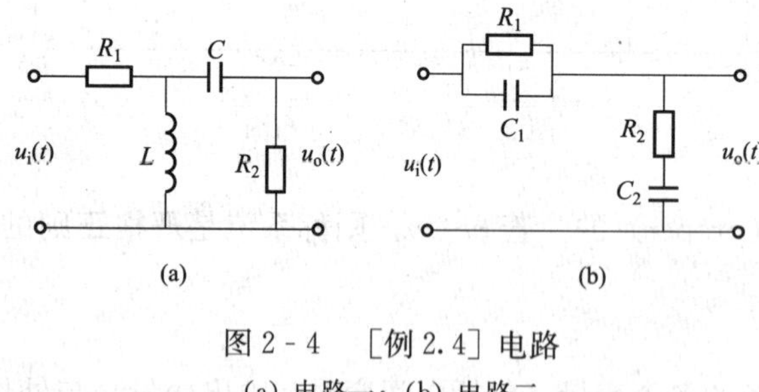

图 2-4 ［例 2.4］电路

(a) 电路一；(b) 电路二

根据拉氏变换的性质，RLC 电路的传递函数计算与直接将环节的等效阻抗串、并联计算方法相同。这样，在求取复杂电路的传递函数时，可以用等效阻抗的概念直接计算，无须事先求得微分方程。

【例 2.4】 试求图 2-4 所示的两个电路的传递函数。

解 利用等效阻抗概念直接求取传递函数。图 2-4 (a) 中

$$G(s)=\frac{U_o(s)}{U_i(s)}=\frac{\left(R_2+\frac{1}{Cs}\right)//Ls}{R_1+\left(R_2+\frac{1}{Cs}\right)//Ls}\cdot\frac{R_2}{R_2+\frac{1}{Cs}}$$

$$=\frac{R_2CLs^2}{(R_1+R_2)CLs^2+(R_1R_2C+L)s+R_1}$$

其中，用符号//表示阻抗的并联关系。图 2－4（b）中

$$G(s)=\frac{U_o(s)}{U_i(s)}=\frac{\left(R_2+\frac{1}{C_2s}\right)}{\left(R_2+\frac{1}{C_2s}\right)+R_1/\!/\frac{1}{C_1s}}$$

$$=\frac{R_1C_1R_2C_2s^2+(R_1C_1+R_2C_2)s+1}{R_1C_1R_2C_2s^2+(R_1C_1+R_2C_2+R_1C_2)s+1}$$

第三节　控制系统的方框图

控制系统通常可以由许多元件组成。为了表明每个元件在系统中的功能，并简明直观地反映控制系统各个部分之间的关系，一定要借助某种图形的形式来表示。控制系统常用的图形描述有方框图、信号流图、SAMA 图等多种类型。方框图就是控制系统中每个元件（或环节）的功能和信号流向的图解表示。

方框图可以将系统中的所有信号按照一定传递关系联系起来。用方框来代表环节，环节的传递函数写在相应的方框中；用带箭头的连线表示各个物理量信号，箭头的方向表示信号前进的方向。箭头指向环节的信号称为环节的输入信号，箭头离开环节的信号称为环节的输出信号。信号只能沿着箭头前进的方向单向传递，而不会反方向进行。因此，控制系统的方框图清楚地表示了信号传递的单向特性。

例如，蒸汽流量的扰动或给水调节阀门开度的变化，都会使汽包水位 H 发生变化，但水位 H 的变化却不会引起蒸汽流量或给水调节阀门开度的变化，这就是信号传递的单向性。此外，方框图中箭头的方向只表示信号的传递方向，并不代表物质流动的方向。例如，蒸汽流量信号方向指向汽包，但这不表示蒸汽流向汽包，而只是表示该信号的变化能引起汽包水位变化。

图 2－5 所示为一个环节的方框图。输入量为 $r(t)$，输出量为 $y(t)$。环节输出信号的拉氏变换，等于输入信号的拉氏变换与环节传递函数的乘积。方框中的传递函数，是表示对象动态特性的一种常用数学模型。

通过方框图，可以评价每一个控制元件对系统总体性能的影响；且能够更真实地表明实际系统中的信号的流动情况。总之，方框图比物理系统本身更容易体现系统的信号传递与变换功能。方框图包含了与系统动态特性有关的信息，但是它不包括与系统物理结构有关的任何信息。因此，许多完全不同和根本无关的系统甚至可能用同一个方框图来表示。

应该看到，即使同一个系统，其方框图也不唯一。这主要是由于分析的角度不同、选取的变量不同，对同一个系统就可绘制出多种不同的方框图。控制系统的方框图可简可繁，环节可大可小，只要能表示出信号正确的传递关系，其本质就是一样的。

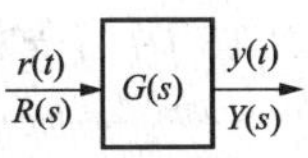

图 2－5　环节的方框图

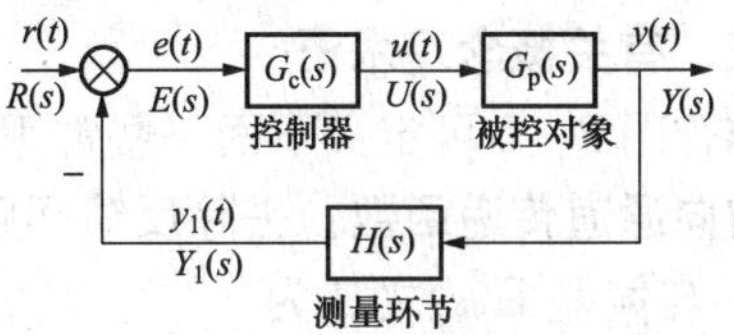

图 2－6　典型单回路控制系统方框图

例如，图 2-5 所示为一个基本环节的方框图，而图 2-6 所示的就是典型的单回路控制系统的方框图。被控对象的输入信号就是控制量，而输出信号是被控量信号；控制器的输入信号是给定信号与被控量信号的偏差量，而它的输出信号就是控制量信号。这样，控制器和被控对象就可分别用一个方框来代表。控制系统的基本元素就是环节，一个复杂的系统可能由多个相对简单的环节以一定的结构形式连接而成。

一、方框图的基本元素

任何线性控制系统都可以用方框图（又称结构图）来表示，而方框图是由方框、相加点、分支点以及连线等部分所组成的。

相加点： 又称合点、合成点，能对两个或两个以上输入信号进行相加减的元件。图2-7中的符号⊗就是相加点，它可以有多个输入，但只能有一个输出量，且输出量等于各个输入量的代数和。需要注意的是，进行相加减的量必须有相同的量纲。另外，习惯在图中只标注减号，而加号常可省略。

分支点： 又称分点，表示信号测量或引出的位置，且经同一位置引出的信号大小和性质完全相同，如图 2-8 所示。

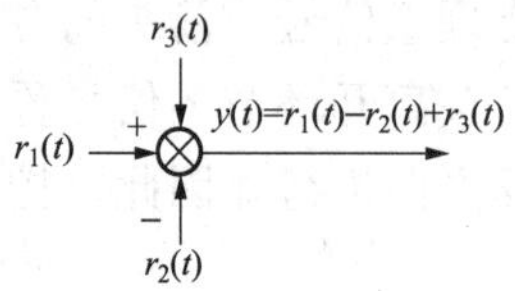

图 2-7 相加点

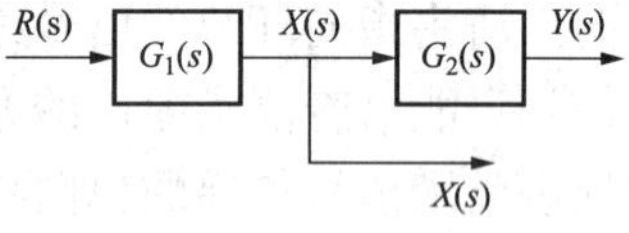

图 2-8 分支点

二、控制系统的方框图表示

图 2-6 所示的典型单回路控制系统方框图中，输出量 $y(t)$被反馈到相加点，并且在相加点上与参考输入 $r(t)$进行比较。系统的闭环性质在图上清楚地表示出来。

当输出量被反馈到相加点与输入量进行比较时，必须把输出信号转变成与输入信号相同的形式。这种转变是由反馈测量元件完成的，其作用是在输出量与输入量进行比较之前对输出量进行量测。反馈元件的传递函数为 $H(s)$，如图 2-6 所示。将传感/变送器的输出量 $y_1(t)$与系统的参考输入信号 $r(t)$进行比较，就形成控制偏差信号 $e(t)$。

如图 2-5 所示的环节中，$G(s)$表示环节的传递函数，$r(t)$为环节的输入信号，$R(s)$为其拉氏变换式；$y(t)$为环节的输出信号，$Y(s)$为其拉氏变换式。因信号与其拉氏变换有一一对应的关系，故通常在方框图中只标注其中一种。当引入传递函数的概念后，$R(s)$、$G(s)$与 $Y(s)$三者之间有如下的关系

$$Y(s)=R(s)G(s) \tag{2.22}$$

因此，只要知道 $R(s)$、$G(s)$与 $Y(s)$中的任何两个，则第三个为可求。输入信号 $r(t)$通常是人为给定的输入量，就可将 $R(s)$视为已知；如果 $G(s)$、$Y(s)$中知道一个，则另一个为可求。

三、有关概念及术语

结合图 2-6 可定义下面一些常用术语。

前向通道传递函数： 去除反馈环后，输出信号 $Y(s)$与输入信号 $R(s)$之比，也等价于输出 $Y(s)$与偏差 $E(s)$之比为

$$\frac{Y(s)}{E(s)}=G_c(s)G_p(s) \tag{2.23}$$

开环传递函数：主反馈信号 $Y_1(s)$与偏差信号 $E(s)$之比

$$\frac{Y_1(s)}{E(s)}=G_c(s)G_p(s)H(s) \tag{2.24}$$

可以看出：如果反馈传递函数 $H(s)$等于 1，则开环传递函数和前向通道传递函数是相同的。此时的系统又称为单位反馈系统。

闭环传递函数：输出信号 $Y(s)$与输入信号 $R(s)$之比

$$G(s)=\frac{Y(s)}{R(s)}=\frac{G_c(s)G_p(s)}{1+G_c(s)G_p(s)H(s)}$$
$$=\frac{\text{前向通道传递函数}}{1+\text{开环传递函数}} \tag{2.25}$$

闭环传递函数将闭环系统的前向通路元件和反馈通路元件的动态特性联系在一起。

显然，当$|G_c(s)G_p(s)H(s)|\gg 1$ 时，有

$$G(s)\approx\frac{1}{H(s)} \tag{2.26}$$

成立，此时 $G_c(s)G_p(s)$变化几乎不影响 $G(s)$。

误差传递函数：误差信号 $E(s)$与输入信号 $R(s)$之比

$$G_R(s)=\frac{E(s)}{R(s)}=\frac{1}{1+G_c(s)G_p(s)H(s)}$$
$$=\frac{1}{1+\text{开环传递函数}} \tag{2.27}$$

第四节　典型环节的动态特性

本节主要研究一些典型环节的动态特性。掌握了这些环节的特性，对分析更为复杂的控制系统有很大帮助。基本环节有比例、积分、微分三个。常见的环节有一阶惯性、二阶振荡、实际微分、时滞等，这些环节都可看成是比例、积分、微分基本环节按某种方式组合而成，而这些环节的组合又能构成更为复杂的系统。

一、比例环节

如果某环节在输入信号的作用下，输出信号与输入信号成比例变化，具有这种动态特性的环节称为比例环节。比例环节的特点是输出能不失真、不延迟、成比例地复现输入信号的变化。比例环节的动态方程为

$$y(t)=Kr(t) \tag{2.28}$$

式中：K 为常数，称为比例系数或放大倍数。

对式（2.28）两端进行拉氏变换，得 $Y(s)=KR(s)$，由传递函数的定义知

$$G(s)=\frac{Y(s)}{R(s)}=K \tag{2.29}$$

下面分析比例环节的阶跃响应特性。当输入信号为

$$r(t)=r_0 1(t)=\begin{cases} r_0 & (t\geqslant 0) \\ 0 & (t<0) \end{cases} \quad (r_0\text{ 为常数})$$

时，输出响应就称为环节的阶跃响应，为

$$y(t)=Kr_0$$

比例环节的方框图和阶跃响应曲线如图 2-9 所示。比例环节是极为常见的环节，如杠杆原理、齿轮传动装置、变阻器、单容水箱、运算放大器、弹簧受力等。

二、积分环节

如果某环节在输入信号 $r(t)$ 的作用下，输出信号 $y(t)$ 与输入信号 $r(t)$ 的积分值大小成正比，有这种特性的环节称为积分环节。积分环节的动态方程为

$$y(t)=\frac{1}{T_i}\int_0^t r(t)\mathrm{d}t \tag{2.30}$$

式中：T_i 为常数，称为积分时间。

在零初始条件下，对式（2.30）两端进行拉氏变换，并运用拉氏变换的积分性质得 $Y(s)=\frac{1}{T_i}\frac{1}{s}R(s)$。进而得到积分环节的传递函数为

$$G(s)=\frac{Y(s)}{R(s)}=\frac{1}{T_i s} \tag{2.31}$$

下面分析积分环节的阶跃响应特性。当输入信号 $r(t)=r_0 1(t)$ 时，$R(s)=r_0\frac{1}{s}$，输出量的拉氏变换

$$Y(s)=R(s)G(s)=\frac{r_0}{s}\frac{1}{T_i s}=r_0\frac{1}{T_i s^2}$$

两边同时取拉氏反变换，得输出响应信号为

$$y(t)=r_0\frac{1}{T_i}t \tag{2.32}$$

积分环节的方框图和阶跃响应曲线如图 2-10 所示。

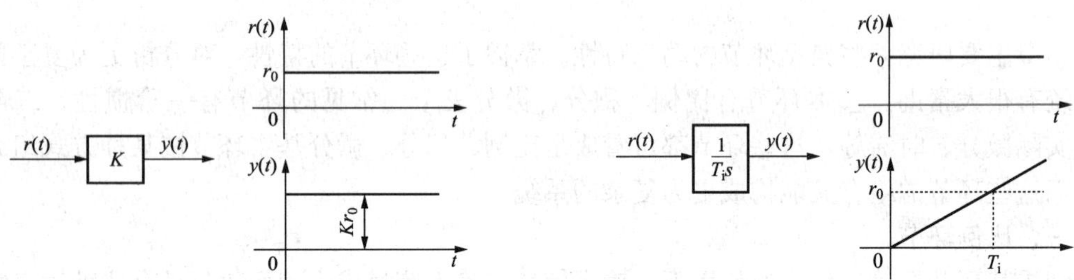

图 2-9 比例环节的方框图和阶跃响应　　图 2-10 积分环节的方框图和阶跃响应

可以看出：积分时间 T_i 表示环节容量的大小，若 T_i 大，则积分速度慢，说明环节的容量大；反之，则积分速度快，环节的容量小。积分时间 T_i 的单位通常是秒。

由积分环节的阶跃响应曲线可以看出，只要输入信号 $r(t)$ 不为零，则积分环节的输出就不断对输入进行积分累加，只有在输入信号为 0 时，输出才保持在一个常数值上不再变化。

在实际工程系统中，可将储能、储质元件，步进电机等环节视为积分环节。

三、理想微分环节

如果某环节输出的响应信号与输入量的变化率成正比，有这种特性的环节称为理想微分环节，也常简称为微分环节。之所以说它是理想微分环节，是为了与后面的实际微分环节区分开。理想微分环节的动态方程为

$$y(t)=T_{\mathrm{d}}\frac{\mathrm{d}r(t)}{\mathrm{d}t} \tag{2.33}$$

式中：T_{d} 为常数，称为微分时间常数。

在零初始条件下，对式（2.33）两端进行拉氏变换，得 $Y(s)=T_{\mathrm{d}}sR(s)$，由传递函数的定义知

$$G(s)=\frac{Y(s)}{R(s)}=T_{\mathrm{d}}s \tag{2.34}$$

下面分析微分环节的阶跃响应特性。当输入信号为单位阶跃信号时，有 $R(s)=r_0\frac{1}{s}$，输出量的拉氏变换

$$Y(s)=R(s)G(s)=\frac{r_0}{s}\cdot T_{\mathrm{d}}s=r_0T_{\mathrm{d}}$$

两端同时取拉氏反变换，得输出响应信号为

$$y(t)=r_0T_{\mathrm{d}}\delta(t)$$

式中：$\delta(t)$为单位脉冲函数。

微分环节的方框图如图 2-11（a）所示，其阶跃响应曲线如图 2-11（b）所示。可以看出：响应输出的幅值在输入信号发生跳变的瞬间由 0 趋于无穷大，又立即变回零，无法详细了解微分环节的动态特性。

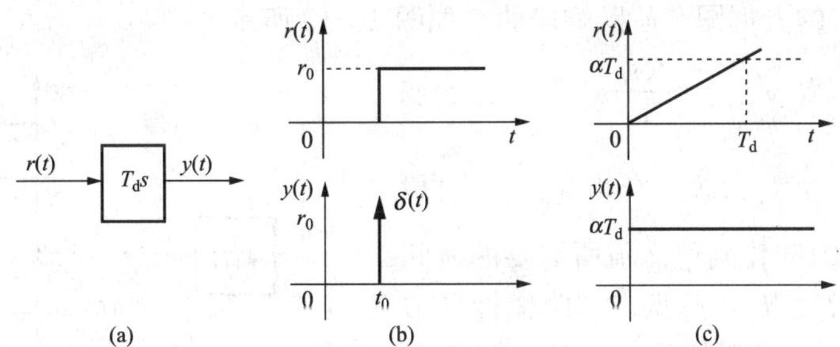

图 2-11　理想微分环节的方框图、阶跃响应和斜坡响应

（a）方框图；（b）阶跃响应；（c）斜坡响应

下面通过求取微分环节的斜坡输入响应来分析它的动态特性。斜坡输入信号的形式为

$$r(t)=\begin{cases}at & (t\geqslant 0)\\0 & (t<0)\end{cases}$$

式中：a 为常数。其拉氏变换为 $R(s)=\frac{a}{s^2}$，因此有

$$Y(s)=R(s)G(s)=\frac{a}{s^2}T_{\mathrm{d}}s=aT_{\mathrm{d}}\frac{1}{s}$$

$$y(t)=\mathscr{L}^{-1}[Y(s)]=aT_{\mathrm{d}}$$

理想微分环节的斜坡响应曲线如图 2-11（c）所示。通过分析可知，微分环节的输出仅与输入量的变化率成正比，而与输入信号的实际大小无关。输入量变化得越快，微分环节输出量就越大。只要输入发生变化，就有输出；如果输入量不变化，即使输入量的数值很大，理想微分环节的输出量也一直为 0。

在实际的生产过程中，理想微分环节是一种不常见的环节，物理实现也不方便，只在理

论分析中具有一定意义。

下面再介绍几种常见的典型环节，它们都可以看成是由基本环节连接构成的。

四、一阶惯性环节

一阶惯性环节的动态方程为

$$T_c\frac{\mathrm{d}y(t)}{\mathrm{d}t}+y(t)=Kr(t) \tag{2.35}$$

式中：K 为放大倍数；T_c 为惯性时间常数。

在零初始条件下，对式（2.35）两端进行拉氏变换，得 $Y(s)(T_cs+1)=KR(s)$，整理得到该环节的传递函数为

$$G(s)=\frac{Y(s)}{R(s)}=\frac{K}{1+T_cs} \tag{2.36}$$

由式（2.36）可以看出：其传递函数的分母项中 s 的最高幂次是 1。

下面分析一阶惯性环节的阶跃响应特性。当输入信号 $R(s)=\frac{r_0}{s}$时，有

$$Y(s)=R(s)G(s)=\frac{r_0}{s}\ \frac{K}{1+T_cs}=Kr_0\left(\frac{1}{s}-\frac{1}{s+1/T_c}\right)$$

再得到输出响应为

$$y(t)=\mathscr{L}^{-1}[Y(s)]=Kr_0(1-\mathrm{e}^{-t/T_c}) \tag{2.37}$$

一阶惯性环节的方框图和阶跃响应曲线如图 2 - 12 所示。

由式（2.37）得 $y'(t)=\frac{Kr_0}{T_c}\mathrm{e}^{-t/T_c}$，初始变化速率为 $y'(0)=\frac{Kr_0}{T_c}$。可见，在出发点（原点）处以初始速率 $y'(0)$变化到稳态值所需要的时间正好是惯性时间常数 T_c。可见，一阶惯性环节的阶跃响应曲线是按指数规律增长的非周期过程。惯性时间常数 T_c 的物理意义是：输出量以初始速率（即为最快上升速率）变化到稳态值所需要的时间。由图 2 - 12 可知，惯性环节的输出信号对输入信号有跟踪时间上的滞后。

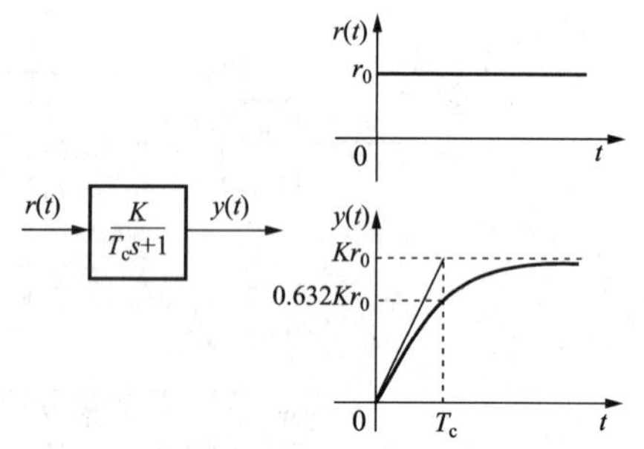

图 2 - 12　一阶惯性环节的传递函数和阶跃响应

当 $t=T_c$ 时，由式（2.36）可知，$y(t)=0.632Kr_0$；当 $t=3T_c$ 时，$y(t)=0.950Kr_0$；当 $t=4T_c$ 时，$y(t)=0.982Kr_0$，说明经过 4 倍的惯性时间常数后，系统的输出量已经非常接近稳态值。

一阶惯性环节可以看作是由积分和比例环节以反馈连接而成的，如图 2 - 13 所示，图中两种实现方法是等效的。该系统的传递函数均为

$$G(s)=\frac{K\frac{1}{T_cs}}{1+\frac{1}{T_cs}}=\frac{K}{1+T_cs} \tag{2.38}$$

一阶惯性环节是较为常见的环节，如热电偶、RC 电路、单容水箱等。

对于如图 2 - 1（a）所示的 RC 电路，其微分方程为

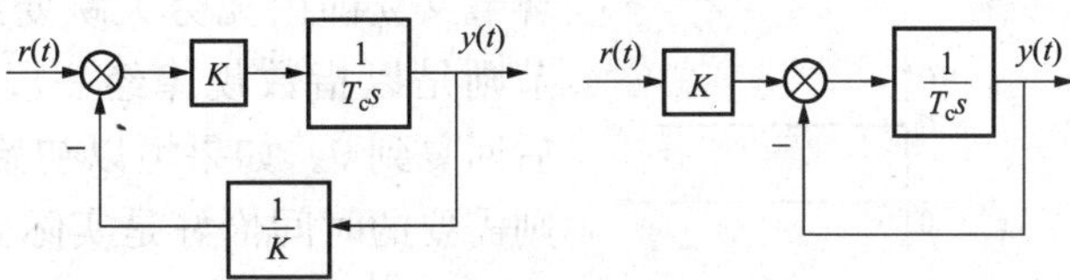

图 2-13　一阶惯性环节的构成

$$RC\frac{du_o(t)}{dt}+u_o(t)=u_i(t)$$

输入量是 $u_i(t)$，输出量是电容电压 $u_o(t)$，运用拉氏变换可得传递函数为

$$G(s)=\frac{U_o(s)}{U_i(s)}=\frac{1}{1+RCs} \tag{2.39}$$

对于如图 2-2 所示的单容水箱环节，环节的近似动态方程

$$A\frac{dh(t)}{dt}+\alpha h(t)=q_i(t)$$

输入量是 $q_i(t)$，输出量是液位高度 $h(t)$，运用拉氏变换可得其传递函数为

$$G(s)=\frac{H(s)}{Q_i(s)}=\frac{1}{As+\alpha} \tag{2.40}$$

五、实际微分环节

实际微分环节的动态方程为

$$T_d\frac{dy(t)}{dt}+y(t)=K_dT_d\frac{dr(t)}{dt} \tag{2.41}$$

式中：K_d 为实际微分放大倍数；T_d 为实际微分时间常数。

在零初始条件下，对式（2.41）两端进行拉氏变换，得 $Y(s)(T_ds+1)=K_dT_dsR(s)$，由传递函数的定义知

$$G(s)=\frac{Y(s)}{R(s)}=\frac{K_dT_ds}{T_ds+1} \tag{2.42}$$

下面分析实际微分环节的阶跃响应特性。当输入信号 $r(t)=r_0 1(t), R(s)=\frac{r_0}{s}$，有

$$Y(s)=R(s)G(s)=\frac{r_0}{s}\frac{K_dT_ds}{T_ds+1}=K_dr_0\frac{1}{s+1/T_d}$$

得到输出响应为

$$y(t)=\mathscr{L}^{-1}[Y(s)]=K_dr_0e^{-t/T_d} \tag{2.43}$$

输出量的变化率

$$y'(t)=-\frac{K_dr_0}{T_d}e^{-t/T_d} \tag{2.44}$$

当 $t=0$ 时，$y(0)=K_dr_0, y'(0)=-\frac{K_dr_0}{T_d}$；当 $t=+\infty$时，$y(+\infty)=0, y'(+\infty)=0$。

且当 $t=T_d$ 时，$y(T_d)=0.368K_dr_0$；当 $t=4T_d$ 时，$y(T_d)=0.018\,3K_dr_0$。

实际微分环节的方框图和阶跃响应曲线如图 2-14 所示。可见，实际微分环节与理想微分环节的阶跃响应特性有较大的差别。在 $t=0$ 时刻，输入量发生阶跃变化时，理想微分环节的输出在瞬间就跳变到无穷大，而实际微分环节只是跳变到 K_dr_0；在 $t>0$ 时，理想微分

环节又立即由无穷大跳变到 0，而实际微分环节则是以指数规律经一段时间（大约为 $4T_d$）后回复到 0。如果恒以初始变化速率衰减到 0，则需要的时间恰好是实际微分时间常数，因此 T_d 又称为复原时间。

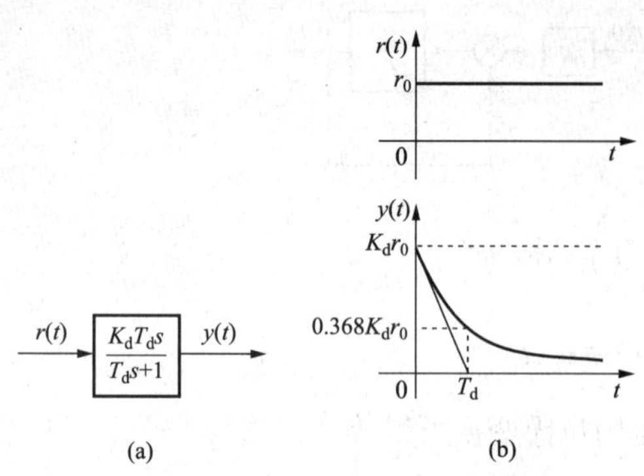

图 2 - 14　实际微分环节的方框图和阶跃响应

（a）实际微分环节方框图；（b）微分环节的阶跃响应

实际微分环节可以看作是由理想微分环节和一阶惯性环节串联而成的，即是带惯性的理想微分环节，如图 2 - 15（a）所示；也可看成是由比例环节与一阶惯性环节并联而成，如图 2 - 15（b）所示；还可看成是由比例环节与积分环节反馈连接而成，如图 2 - 15（c）所示。可见，图 2 - 15 中这三种实现是完全等效的。

$$G(s)=\frac{K_dT_ds}{T_ds+1}=T_ds\cdot\frac{K_d}{T_ds+1}=K_d-\frac{K_d}{T_ds+1}=\frac{K_d}{1+\frac{1}{T_ds}} \tag{2.45}$$

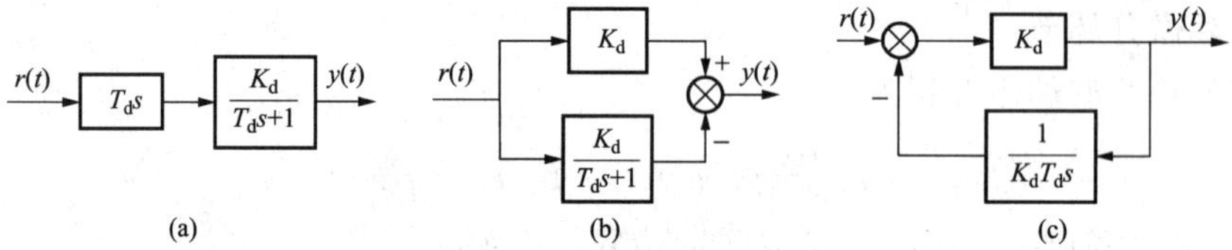

图 2 - 15　实际微分环节的构成

（a）微分环节与一阶惯性环节串联；（b）比例环节与一阶惯性环节并联；（c）比例环节与积分环节反馈连接

六、二阶振荡环节

二阶振荡环节的微分方程是

$$\frac{d^2y(t)}{dt^2}+2\xi\omega_n\frac{dy(t)}{dt}+\omega_n^2y(t)=K\omega_n^2r(t) \tag{2.46}$$

其传递函数为

$$G(s)=K\frac{\omega_n^2}{s^2+2\xi\omega_ns+\omega_n^2} \tag{2.47}$$

式中：K 为放大系数，ξ 为阻尼比($0<\xi<1$)，ω_n 为无阻尼自然振荡频率。

之所以称为二阶，是指其传递函数的分母项中 s 的最高幂次是 2。关于二阶振荡环节动态特性分析详见后续章节的相关内容，此处不详细进行讨论。RLC 电路系统、电动机位置随动系统($L_a\neq0$)等都是此环节的实例。

对于图 2 - 1（b）所示的 RLC 电路，其微分方程为

$$LC\frac{d^2u_o(t)}{dt^2}+RC\frac{du_o(t)}{dt}+u_o(t)=u_i(t) \tag{2.48}$$

式中，$u_i(t)$是输入量，$u_o(t)$是输出量。

在零初始条件下，对式（2.48）进行拉氏变换并整理，就可得到其传递函数为

$$G(s)=\frac{U_i(s)}{U_o(s)}=\frac{1}{LCs^2+RCs+1} \tag{2.49}$$

与式（2.47）的标准形比较系数可知，$K=1,\xi=\frac{R}{2}\sqrt{\frac{C}{L}},\omega_n=\sqrt{\frac{1}{LC}}$。

七、迟延环节

如果某环节的输出信号与输入信号形状完全相同，只是在时间上有一段滞后，具有这种特性的环节称为迟延环节，又称时滞环节、滞后环节或延迟环节，这是一种在工程上常见的环节。迟延环节的动态方程为

$$y(t)=r(t-\tau) \tag{2.50}$$

式中：τ为常数，称为纯迟延时间。

对式（2.50）两端进行拉氏变换，并运用拉氏变换的迟延性质得$Y(s)=e^{-\tau s}R(s)$，故迟延环节的传递函数为

$$G(s)=\frac{Y(s)}{R(s)}=e^{-\tau s}$$

下面分析迟延环节的阶跃响应特性。当输入信号为$r(t)=r_0 1(t)$时，迟延环节的输出响应为经过τ s迟延后的阶跃信号

$$y(t)=r_0 1(t-\tau)=\begin{cases} r_0 & (t\geqslant\tau) \\ 0 & (t<\tau) \end{cases} \tag{2.51}$$

迟延环节的方框图和阶跃响应曲线如图2-16所示。

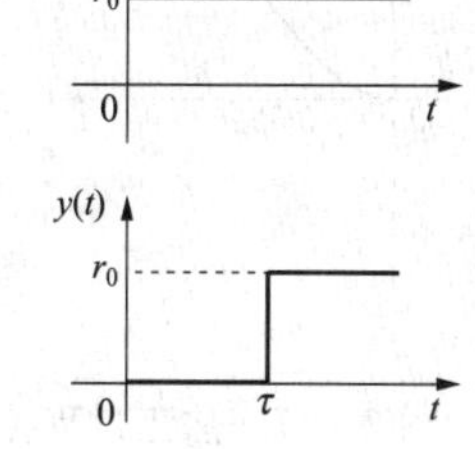

图2-16　迟延环节的方框图和阶跃响应

迟延环节可以看成是无穷多一阶惯性环节串联而成，即有

$$e^{-\tau s}=\lim_{n\to+\infty}\frac{1}{\left(1+\frac{\tau}{n}s\right)^n} \tag{2.52}$$

证明：由于

$$\left(1+\frac{\tau}{n}s\right)^n=1+\tau s+\frac{1}{2!}n(n-1)\frac{\tau^2}{n^2}s^2+\frac{1}{3!}n(n-1)(n-2)\frac{\tau^3}{n^3}s^3+\cdots$$

因此有

$$\lim_{n\to+\infty}\left(1+\frac{\tau}{n}s\right)^n=1+\tau s+\frac{1}{2!}\tau^2s^2+\frac{1}{3!}\tau^3s^3+\cdots=e^{\tau s}$$

故$\lim\limits_{n\to+\infty}\frac{1}{\left(1+\frac{\tau}{n}s\right)^n}=e^{-\tau s}$，证毕。

第五节　热工控制对象

自动控制系统大多是由控制对象和控制器构成的反馈控制系统，因此能否设计出一个能满足生产过程需要的好用的自动控制系统，必须对控制对象和自动控制器的动态特性有充分的了解。设计与研究自动控制系统主要包括下面的内容：根据生产过程的要求选择被控量和

控制作用；用分析法或试验法建立被控对象的传递函数模型；选择合适的控制规律，确定控制器参数；对控制系统进行数字仿真，最后现场投运，并根据投运结果对系统进行必要的修正，直到取得满意的控制效果。

本节主要介绍热工过程控制对象的动态特性及数学模型的建立方法。

由于热工过程机理复杂，采用解析法建立的数学模型只能定性地给出结果。实际的被控对象动态模型常采用试验的方法来建立，输入信号常用到的是阶跃信号，由此得到对象的阶跃响应曲线，再通过作图法简便处理后得到近似传递函数。

通过大量的现场测试和分析可知，尽管各种热工对象种类繁多，但从它们的单位阶跃响应曲线（飞升曲线）来看，大多数热工对象的动态特性是不振荡的，被控量常常是单调变化的。可将热工对象分为两种类型，一类是有自平衡能力的对象，另一类是无自平衡能力的对象。

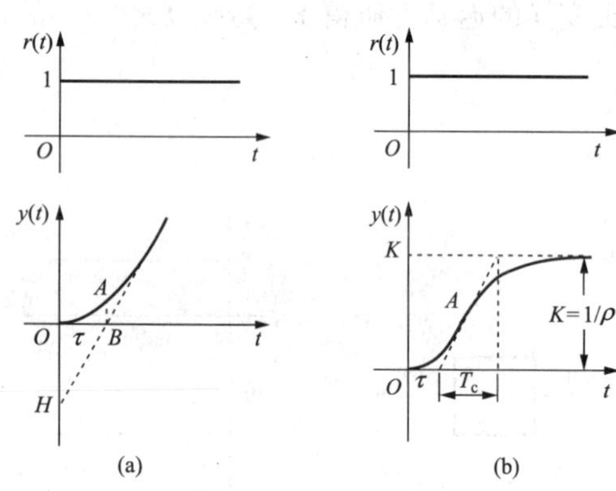

图 2-17　热工过程控制对象的阶跃响应曲线
（a）无自平衡能力的对象；（b）有自平衡能力的对象

一、无自平衡能力的控制对象

在阶跃输入扰动下，被控量不能依靠自身能力使之趋于某一稳定值，在最后阶段以一定的速度不断变化，始终无法稳定下来，这类对象称为无自平衡能力的对象，如图 2-17（a）所示。

作阶跃响应曲线渐近线的反向延长线，与横轴交于 B，与纵轴交于 H，就可以给出下列特征参数的定义：

（1）迟延时间τ：从输入信号发生阶跃变化开始至渐近线与横轴交点的距离，即$\tau=OB$，τ反映了对象在阶跃输入作用下，被控量响应的滞后时间。

（2）响应速度（飞升速度）ε，其计算式为

$$\varepsilon=\lim_{t\to\infty}y'(t)=\frac{|OH|}{\tau} \tag{2.53}$$

式中：ε表示当输入信号是单位阶跃输入时，阶跃响应曲线上被控量的最大变化速度，也常用ε的倒数定义为反应时间T_a，即

$$T_a=\frac{1}{\varepsilon} \tag{2.54}$$

可将无自平衡能力对象看成是积分环节与迟延环节串联而成，其传递函数为

$$G(s)=\frac{1}{T_a s}e^{-\tau s} \tag{2.55}$$

其中，$T_a=\frac{1}{\varepsilon}=\frac{\tau}{OH}$为反应时间。

也可将无自平衡能力对象的传递函数写成多容对象的形式，用下式表示为

$$G(s)=\frac{\varepsilon}{s(1+T_0 s)^{n-1}} \tag{2.56}$$

式中：ε、T_0、n分别为对象的飞升速度、对象的时间常数和对象的阶次，它们均与对象的阶跃响应曲线形状有关。

二、有自平衡能力的控制对象

对象受到干扰作用后，如果无须外加任何控制作用，仅依靠对象本身趋于稳定的倾向，逐渐地达到新的平衡状态，就称这类对象为有自平衡能力的对象。控制对象有无自平衡能力，取决于对象本身的结构和特性。

图 2 - 17（b）所示为有自平衡能力对象的单位阶跃响应曲线。作出响应曲线的渐近线，再经过响应曲线的拐点作切线，得时间τ和 T_c，将对象最终输出的稳态值记作 K，可据此定义下面几个特征参数。

（1）自平衡率 ρ：ρ 表示被控量每变化一个单位，能克服多大的输入不平衡。ρ 与静态放大系数 K 成倒数关系：$\rho=1/K$。K 小表示自平衡率 ρ 大，即控制对象的自平衡能力强，能自发地限制被控量的变化。如果 $K\to\infty$，即 $\rho\to0$，表示控制对象完全没有自平衡能力。

（2）时间常数 T_c、表示被控量以曲线上最大速度（即在拐点 A 处的速度）变化，则从起始值变化到最终稳态值所需的时间。

（3）响应速度 ε：表示对象在单位阶跃信号作用下，输出量可能出现的最大变化速度，显然有

$$\varepsilon=\frac{K}{T_c}=\frac{1}{T_c\,\rho} \tag{2.57}$$

通常还将对象响应速度 ε 的倒数定义为对象的响应时间 T_a，即 $T_a=\dfrac{1}{\varepsilon}=T_c\rho$。

（4）迟延时间τ，迟延时间τ表示当控制量作用于对象后，被控量要经一定时间后才能受到影响，控制效果不能及时反映到控制器，造成控制过程有较大的超调量和振荡，调节时间延长。可见，迟延时间较大将会对控制不利。因此，在设计自动控制系统时，要尽量设法减少迟延时间τ对控制过程的影响。

因此，有自平衡能力的对象可以看成是惯性环节与纯迟延环节串联而成。如果对象的阶跃响应曲线的起始段有明显迟延，可取近似的传递函数 $G(s)$ 为

$$\frac{K}{1+T_1 s}\mathrm{e}^{-\tau s}\text{或}\frac{K}{(1+T_1 s)(1+T_2 s)}\mathrm{e}^{-\tau s} \tag{2.58}$$

式中：τ 为纯迟延时间，T_1、T_2 为惯性时间常数。

也可采用 n 阶惯性环节($n\geqslant3$)来近似表示有自平衡能力对象，其近似传递函数如下

$$G(s)=\frac{K}{(1+T_0 s)^n} \tag{2.59}$$

式中：K 为放大系数，$K=1/\rho$；T_0 为时间常数；n 为对象的阶数。

有自平衡能力的对象，可由 ε(或 T_a)、ρ、τ 这三个特征参数来表示其动态特性；无自平衡能力的热工对象可用 ε(或 T_a)、τ 这两个特征参数来表示其动态特性。如果考虑到无自平衡能力对象的 ρ 等于零，则不论对象是否有自平衡能力，其动态特性都可统一用 ε(或 T_a)、ρ、τ 这三个特征参数来表示。虽然它们不能确切地表达出热工对象的全部动态特性，但在热工控制系统的工程整定中是经常用到的。

例如，在给水量扰动下的汽包水位控制系统是一个无自平衡能力的对象，而减温水扰动下的过热汽温控制系统是一个有自平衡能力的对象。

第六节　控制器的基本控制规律

工业控制器分模拟控制器和数字控制器两大类，本节主要对模拟控制器调节规律进行研究，关于数字控制器的知识请参见本书第七章的相关内容。控制器是构成热工自动控制系统的核心部分，通常包括调节单元和执行单元，因执行单元的动态特性可近似为比例环节或时间常数较小的惯性环节，控制器的调节规律主要还是指调节单元的动态特性。在单回路反馈控制系统中，控制器的输入信号是给定值与被控量之间的偏差 $e(t)$，输出量是执行机构的位移指令 $u(t)$。控制器设计得好坏将直接影响自动控制系统的控制品质。

控制器的种类繁多，结构也千差万别。在高性能的控制系统中，采用较多的还是 PID 控制器。所谓 PID 控制，就是使控制器输出的控制量按偏差量的比例、积分、微分作用规律变化，对生产过程进行控制的方法。它是一种历史悠久、技术成熟、应用广泛的控制方法。目前，生产过程自动控制系统中采用的控制器，不论是气动的、电动的或是液动的，绝大部分都采用 PID 控制规律。PID 控制有下面一些优点：

（1）原理简单，应用方便。

（2）适应能力强。PID 控制可以广泛应用于电力、航空、机械、冶金、石油化工、造纸及建材等各行各业，按 PID 控制规律设计的自动控制器早已商品化。在实现上有机械式、液动式、气动式、电动电子式等发展阶段，在具体结构上经历了基地式、单元组合式、组装式、可编程式等阶段，但始终没有脱离 PID 控制的范畴。目前在工业过程控制中得到应用广泛的过程计算机控制系统，其基本的控制功能仍然大多是采用数字 PID 控制。

（3）鲁棒性强。PID 控制的控制品质对被控对象特性参数的小幅度变化不敏感。

由于 PID 控制具有这些优点，在热工自动控制系统中，绝大部分都采用 PID 控制。例外的情况有两种：当被控对象易于控制而控制要求又不高时，可以采用更为简单的开关控制方式；此外，当被控对象特别难于控制而控制要求又比较高时，PID 控制难以胜任以上的要求，就要考虑采用专门为之设计的先进控制方法。

一、PID 控制的基本控制作用

在图 2-6 所示的自动控制系统中，$G_c(s)$就代表控制器。显然控制器的输入量是控制偏差量 $e(t)$，输出量就是控制量 $u(t)$。控制器的任务就是在尽可能短的时间内使偏差量 $e(t)$趋于零，使被控输出量跟踪上参考输入量，且动态过程满足一定的指标要求（如超调量不能太大、调节时间不能过长等）。

PID 控制器的输出（控制量）是其输入信号（偏差量）的比例、积分和微分三种基本控制作用的合成。下面先依次介绍构成 PID 控制器的三种基本调节作用，再分析典型的 PID 调节规律及其实现方法。

1. 比例作用（Proportional Action）

与前面提到的比例环节类似地，比例作用的动态方程和传递函数分别为

$$u(t)=K_pe(t)=\frac{1}{\delta}e(t) \tag{2.60}$$

$$G_c(s)=\frac{U(s)}{E(s)}=K_p \tag{2.61}$$

式中：K_p 表示控制器的**比例系数**，也称为**比例增益**或**放大倍数**；δ 称为**比例带**，是比例系数 K_p 的倒数。在现场，对控制器的比例系数（或比例带）可根据情况进行调整。

比例作用的特点是：

(1) 反应快，但存在稳态误差。由微分方程可知，执行器输出位移 $u(t)$与偏差 $e(t)$的大小成比例，且位移的变化率$u'(t)$与偏差的变化率 $e'(t)$的大小也成比例。只要偏差量不为零，就会相应产生控制作用。但由于执行器的位移与偏差有一一对应的关系，若经过足够长的调节时间，被控量稳定后，若偏差仍然存在（即被控量与给定值不相等），比例控制器不会主动使控制量变化，使控制偏差 $e(t)$趋于零。因此，单纯的比例控制，是**有差调节**。

(2) K_p 越小（δ 越大），控制作用越弱。这样，稳态误差增大，但振荡减少，对稳定性有利。K_p 越大，控制作用越强，稳态误差减少，但调节过程振荡加剧，系统稳定性变差。对象在不同负荷时，其调节结果是使被控量的稳态值有静差，这也是比例控制器的主要特点。这一点，可以通过下述实验加以说明。

假定被控对象为 $G_p(s)=\dfrac{1}{s^2+0.8s+1}$，单纯在比例控制作用下构成单回路控制系统，令比例系数 K_p 由小到大变化，系统的单位阶跃响应曲线如图 2-18 所示。

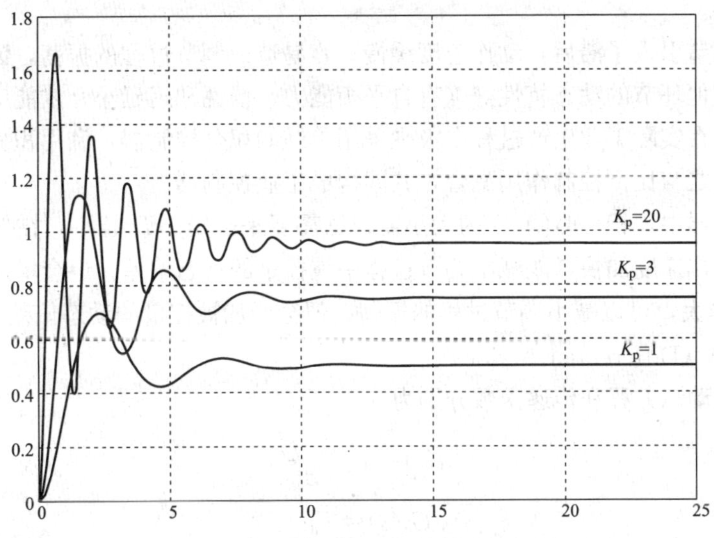

图 2-18　不同比例系数下的响应曲线

2. 积分作用（Integral Action）

积分控制作用的微分方程是

$$u(t)=\frac{1}{T_i}\int_0^t e(t)\mathrm{d}t \tag{2.62}$$

也可表示为 $e(t)=T_i\dfrac{\mathrm{d}u(t)}{\mathrm{d}t}$。其传递函数为

$$G_c(s)=\frac{U(s)}{E(s)}=\frac{1}{T_i s} \tag{2.63}$$

式中：T_i 是积分时间常数，表示在单位阶跃输入作用下，输出量从 0 变化到 1 所需要的时间。引入 T_i 的目的是使积分作用的大小可以调节。T_i 越大，积分作用越弱；T_i 越小，积分

作用越强。

积分控制器有如下的特点：

（1）能消除稳态误差。当控制器中含有积分作用时，只要偏差量不为零（被控量不等于给定值）时，控制作用$u(t)$就不断变化，直到偏差量趋于零为止。而且偏差$e(t)$越大，执行器输出的变化率$u'(t)$也越大。只有当偏差等于零时，控制量$u(t)$不再发生变化，调节过程才算结束。若调节过程能结束，最终必定是没有偏差的（被控量必等于给定值），因此积分控制器也称为无差控制器。

（2）有积分饱和现象。

（3）单纯的积分控制器动作缓慢，要与比例作用配合使用。

因积分作用而使控制器输出达到饱和的现象（即得到的控制量比执行机构允许的上限还要大，或比允许的下限还要小），称为积分饱和。应该看到，单独使用积分控制器时，往往容易造成调节动作过冲而引起调节过程的反复振荡。这是因为执行器的变化速率$\frac{\mathrm{d}u(t)}{\mathrm{d}t}$只与偏差$e(t)$的大小成正比。偏差$e(t)$越大，执行器输出的变化速率$\frac{\mathrm{d}u(t)}{\mathrm{d}t}$就越快，并没有考虑偏差的变化趋势。

由于积分调节引入了滞后，动作速度缓慢，容易造成调节过程的振荡，因此，除非热工对象和系统中其他环节的动态特性好（有自平衡能力，惯性和迟延小）才能应用单纯有积分作用的控制器。在实际工业生产过程中极少采用单纯的积分控制器。利用积分控制是无差调节的特点，可使之与比例控制作用配合，共同构成工业控制器。

在积分控制器中，积分时间T_i的大小要根据需要来确定。T_i越小，在偏差相同的情况下，执行器的动作速度加快，能减小调节过程中被控量的动态偏差，但会增加调节过程的振荡；反之，T_i越大，可以减小调节过程的振荡，但会增加被控量的动态偏差。

3. 微分作用（Differential Action）

微分作用的动态方程和传递函数分别为

$$u(t)=T_\mathrm{d}\frac{\mathrm{d}e(t)}{\mathrm{d}t} \tag{2.64}$$

$$G_\mathrm{c}(s)=T_\mathrm{d}s \tag{2.65}$$

式中：T_d为微分时间常数。

微分控制作用的特点是：控制作用$u(t)$与偏差$e(t)$的变化率$\frac{\mathrm{d}e(t)}{\mathrm{d}t}$成正比，而与偏差的大小无关；能有效减小被控量的动态偏差，但只有微分作用的控制器通常是无法正常工作的，它也要与比例作用配合使用。

任何自动控制系统，调节过程结束时，其偏差的变化率总是零（被控量稳定在某个数值上，不再发生变化），这样微分控制器的输出$u(t)$就等于零，即执行器的位置总是回复到原始位置，无法适应调节的要求。而当偏差量$e(t)$一发生变化（这时偏差刚开始发生变化，比例作用和积分作用都未动作时），微分作用立即动作。这种较比例和积分作用都超前的控制动作，能有效地限制偏差进一步变化。在控制器中适当加入微分作用的主要目的，就是缩短调节时间、减小动态偏差。但微分作用对高频噪声过于敏感，投入量不宜过大。

二、PID 控制器的动态特性

从前面的讨论可知，比例控制是控制器的主要组成部分，单纯的比例控制器已经可以执行某些控制任务了。积分作用和微分作用只能在极少数情况下可单独使用。一般情况下，它们都作为控制器的必要辅助部分，相互配合，以改善自动控制系统的稳态性能和动态性能。工业上应用的控制器，就其动态特性分主要有：

(1) 比例控制器（P 控制器）。其特点是动作迅速、控制作用的大小与偏差量成正比，但缺点是存在稳态误差，主要适用于对控制精度要求不高的场合。

(2) 比例积分控制器（PI 控制器）。由于能消除稳态误差，PI 控制器有较高的控制精度。因兼有比例作用和积分作用的优点，动作速度也较快，主要适用于生产过程对控制精度要求很高，但对调节时间没有严格要求的场合。

(3) 比例微分控制器（PD 控制器）。比例作用和微分作用都有静差，控制的最终结果也将存在稳态误差。但微分作用能使控制动作超前。只要微分作用选择得当，能有效减小系统的动态偏差，适用于要求控制过程较快结束、超调量尽量小，但对控制精度要求不高的场合。

(4) 比例积分微分控制器（PID 控制器）。PID 控制兼有 PI 和 PD 控制的优点，既能达到无稳态误差，又保证了动作的快速性。如果 K_p、T_i、T_d 三个参数配合好，就可以取得较好的调节效果。但是 PID 规律的物理实现和参数整定过程较为复杂。

在实际应用中，理想微分环节常用实际微分作用代替，这样能起到平滑微分的作用。在工业生产过程的自动控制系统中，PID 控制器得到了广泛应用。

因比例控制器、积分控制器和微分控制器的动态特性与比例、积分、微分环节的特性完全相同，且其工作特点在前面已经有详细讨论，下面主要分析 PI、PD 和 PID 这三种常见控制器的特性。

(1) PI 控制器。比例积分控制器的动态方程和传递函数分别是

$$u(t) = K_p\left[e(t) + \frac{1}{T_i}\int_0^t e(t)\mathrm{d}t\right] \tag{2.66}$$

$$G_c(s)=K_p\left(1+\frac{1}{T_i s}\right) \tag{2.67}$$

式中：K_p 为比例系数（是比例带的倒数，$K_p=\frac{1}{\delta}$）；T_i 为积分时间。PI 控制器的阶跃响应曲线如图 2-19 所示。

当输入信号阶跃变化量为 $r_0 1(t)$ 时，PI 控制器的阶跃响应曲线方程为

$$u(t)=K_p r_0\left(1+\frac{1}{T_i}t\right) \tag{2.68}$$

下面再分析 T_i 和 K_p 的意义。T_i 称为 PI 控制器的积分时间，T_i 反映了比例作用与积分作用的比值。由式（2.66）可以看出，改变 T_i 数值就是改变积分作用的大小，从而改变了控制器中比例作用和积分作用的相对大小。K_p 不变，则比例作用不变。此时，加大 T_i 值就是削弱积分作用；减小 T_i 时，积分作用增强。T_i 的量纲是时间，常用单位是秒。在 PI 控制器中，改变 K_p 的数值时，既改变比例作用大小，又改变了积分作用的大小，而两种作用的比值则保持不变（T_i 不变时）。

K_p 借用了 P 控制器的名称，仍称为比例系数。当 $T_i\to\infty$时，积分作用为零，PI 控制器就蜕化为 P 控制器，此时 $G_c(s)=K_p$。

PI 控制器兼有比例和积分作用的特点，控制系统中采用这种控制器时，由比例作用保证调节过程不致过分振荡，而由积分作用来保证调节的结果是无差的。减小 K_p，可以削弱振荡倾向；增大 T_i 也能削弱振荡倾向。但 K_p 过小或 T_i 过大将使调节时间变得太长。

（2）PD 控制器。比例微分控制器的动态方程和传递函数分别是

$$u(t)=K_p\left[e(t)+T_d\frac{\mathrm{d}e(t)}{\mathrm{d}t}\right] \tag{2.69}$$

$$G_c(s)=K_p(1+T_ds) \tag{2.70}$$

式中：K_p 为比例系数（是比例带的倒数，$K_p=\frac{1}{\delta}$）；T_d 为微分时间常数，又称导前时间。

PD 控制器的阶跃响应曲线如图 2-20（a）所示。

当输入是阶跃变化信号时，微分作用在阶跃响应曲线上不能确切表示。PD 控制器的速度响应曲线如图 2-20（b）所示，当输入斜坡信号 $e(t)=at$ 时，输出响应曲线为

$$u(t)=aK_p(t+T_d) \tag{2.71}$$

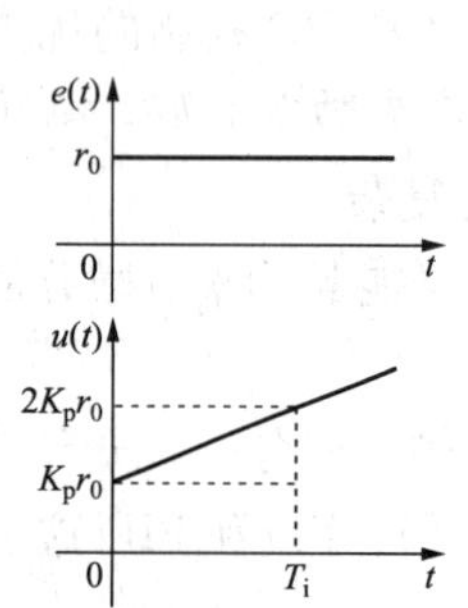

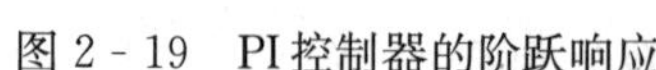

图 2-19　PI 控制器的阶跃响应

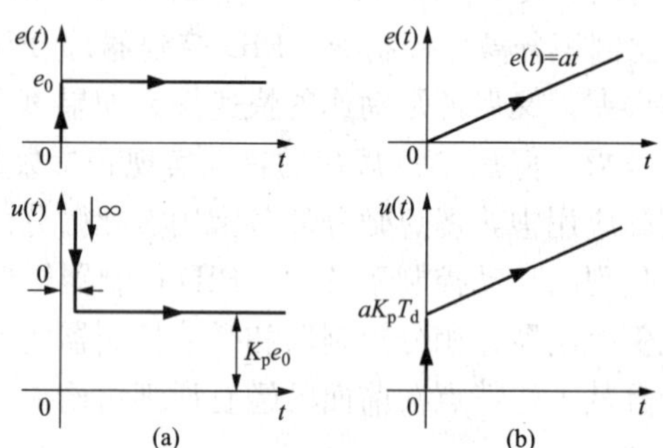

图 2-20　PD 控制器的阶跃响应与速度响应

（a）PD 控制器的阶跃响应；（b）PD 控制器的速度响应

可见，PD 控制器在一开始就有跳变输出 aK_pT_d。若没有微分作用时，单纯的 P 控制器输出要经过 T_d 时间后才能到 aK_pT_d，这也是微分时间 T_d 又称为导前时间的原因。

下面再分析 T_d 和 K_p 的意义。PD 控制器的微分时间 T_d 反映了微分作用与比例作用的比值。由式（2.69）可以看出，改变 T_d 数值就是改变微分作用的大小。T_d 越大，微分作用就越强；反之则微分作用弱，当 $T_d\to 0$ 时，微分作用为零，控制器蜕化为 P 控制器，此时 $G_c(s)=K_p$。当 T_d 不变时，控制器的比例系数 K_p 发生变化，会同时改变比例作用和微分作用的大小而二者的比值不变。

因微分作用只在偏差 $e(t)$ 变化率不为零时才起作用，因此在调节系统处于最终平衡状态时，PD 控制器只有比例调节在起作用，即调节过程结束后，被控量将是有差的。可适当地加大比例作用，使调节过程不致过分振荡，且使被控量稳态误差变小。有些控制系统中可以用有差控制器，而又希望稳态偏差较小（如汽轮发电机调速系统），如果单纯用 P 控制器时调节过程振荡剧烈，则可采用 PD 控制器。另外，在希望调节过程较快结束而被控量允许有差时，也可应用 PD 控制器。

应该看到，PD 控制器中过大的微分作用对调节反而有害。因为这时微分作用对偏差的反应过于灵敏，使调节过程的最后阶段不容易平衡，而且由于直接作用到控制器的各种干扰而使执行器可能大幅度反复动作，严重时甚至使系统失去稳定性。

（3）PID 控制器。PID 控制器是比例、积分和微分三种作用的叠加，其动态方程和传递函数分别为

$$u(t)=K_p\left[e(t)+\frac{1}{T_i}\int_0^t e(t)\mathrm{d}t+T_d\frac{\mathrm{d}e(t)}{\mathrm{d}t}\right] \tag{2.72}$$

$$G_c(s)=K_p\left(1+\frac{1}{T_i s}+T_d s\right) \tag{2.73}$$

式中：三个可调参数 K_p、T_i、T_d 分别是比例系数、积分时间常数和微分时间常数。

PID 控制器兼有比例、积分和微分作用的特点，只要三种调节作用配合得当就可取得较为满意的控制效果。

因 PID 控制器中的理想微分作用非常容易受到高频干扰的影响，而使系统的动态性能变差，工程上采用办法更多的是用实际微分作用替代理想微分，构成实际微分 PID 控制器，其传递函数为

$$G_c(s)=K_p\left(1+\frac{1}{T_i s}+\frac{T_d s}{1+\frac{T_d}{K_d}s}\right) \tag{2.74}$$

式中：T_d 为实际微分 PID 控制器的微分时间，K_d 表示微分增益。

三、连续 PID 控制器的实现

连续 PID 控制器的控制规律常采用有源方式来实现。这是由于运算放大器具有增益高、输入阻抗高、输出阻抗低的优点，不会受到负载效应的影响，可较方便地实现控制器的各种控制规律。

1. 比例（P）控制器的实现

P 控制器的实现电路如图 2-21 所示。由图可知，输出信号 $u(t)$ 与输入信号 $e(t)$ 的关系式为

$$\frac{u(t)}{e(t)}=-\frac{R_2}{R_1}=-K_p \tag{2.75}$$

式中：K_p 为比例系数，$K_p=\frac{R_2}{R_1}$；负号（—）表示输出信号与输入信号反相，反相是运算放大器的特点。对式（2.75）两边进行拉氏变换，得到该环节的传递函数为

$$G_c(s)=\frac{U(s)}{E(s)}=-\frac{R_2}{R_1}=-K_p \tag{2.76}$$

如果需要使 $U(s)$ 与 $E(s)$ 的传递函数关系是正号，则只需在比例环节后再接入一反号器即可。

2. 比例积分（PI）控制器的实现

PI 控制器的一种实现电路如图 2-22 所示。由等效阻抗的概念可以确定该环节的传递函数为

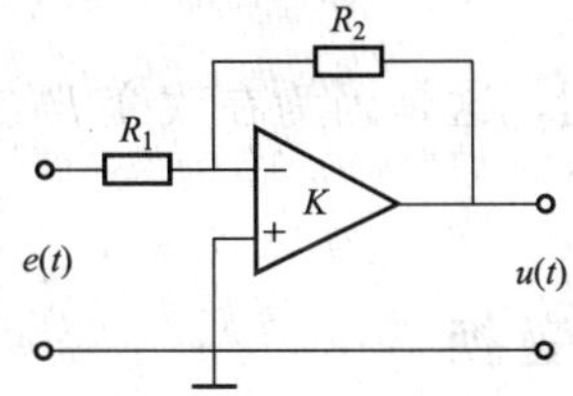

图 2-21　P 控制器的实现电路

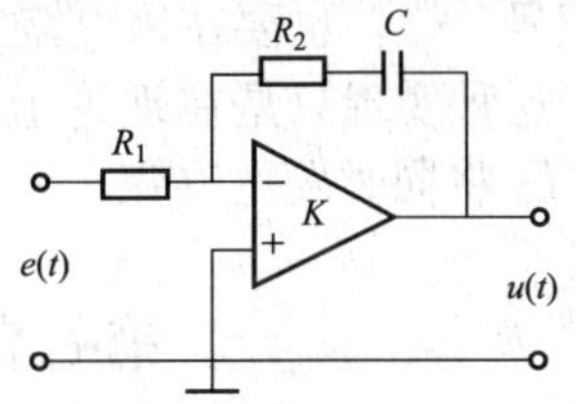

图 2-22　PI 控制器的实现电路

$$G_c(s)=-\frac{R_2+\frac{1}{Cs}}{R_1}=-\frac{R_2}{R_1}\left(1+\frac{1}{R_2C}\times\frac{1}{s}\right)=-K_p\left(1+\frac{1}{T_is}\right) \tag{2.77}$$

式中：K_p 为 PI 控制器的比例系数 $K_p=\frac{R_2}{R_1}$；T_i 为 PI 控制器的积分时间 $T_i=R_2C$。与 P 控制器的情形类似，要想使上面的传递函数关系是正号（+），还需要在该电路后再接入一反号器。

3. 比例微分（PD）控制器的实现

PD 控制器的一种实现电路如图 2 - 23 所示。由等效阻抗的概念，可以确定该环节的传递函数为

$$G_c(s)=-\frac{R_2}{R_1/\!/\frac{1}{Cs}}=-\frac{R_2}{R_1}(1+R_1Cs)=-K_p(1+T_ds) \tag{2.78}$$

式中，K_p 为 PD 控制器的比例系数，$K_p=\frac{R_2}{R_1}$；T_d 为 PD 控制器的微分时间，$T_d=R_1C$。要想使上面的传递函数关系是正号(+)，还需在该电路后再接入一反号器。

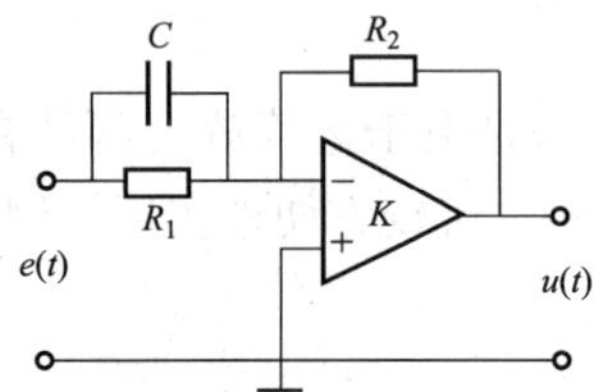

图 2 - 23 PD 控制器的实现电路

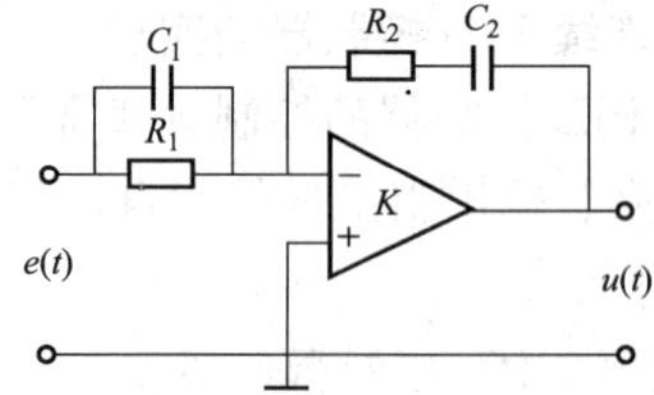

图 2 - 24 PID 控制器有误的实现电路

4. 比例积分微分（PID）控制器的实现

PID 控制器的一种有源的实现电路如图 2 - 24 所示。由等效阻抗的概念，得该环节的传递函数为

$$G_c(s)=-\frac{R_2+\frac{1}{C_2s}}{R_1/\!/\frac{1}{C_1s}}=-\frac{(1+R_1C_1s)(1+R_2C_2s)}{R_1C_2s}$$

$$=-K_p\left(1+\frac{1}{T_is}+T_ds\right) \tag{2.79}$$

式中：K_p 为 PID 控制器的比例系数，$K_p=\frac{R_1C_1+R_2C_2}{R_1C_2}$；$T_i$ 为 PID 控制器的积分时间，$T_i=R_1C_1+R_2C_2$；T_d 为 PID 控制器的微分时间，$T_d=\frac{R_1R_2C_1C_2}{R_1C_1+R_2C_2}$。要想使上面的传递函数关系是正号(+)，也要在该电路后再接入一个反号器。

显然，这种实现只是在理论上成立，实际中较少采用，这是因为在改变 R_1 或 R_2 时，K_p、T_i 和 T_d 将同时发生改变。

第七节 方框图的等效变换

控制系统的方框图是系统中各元件特性、系统结构和信号流向的一种图示法。

我们通常只关心整个控制系统的输入信号与输出信号之间的动态特性，而不关心系统内部各中间变量间的动态关系。在系统结构较复杂的情形下，需要将方框图进行简化计算，得到整个系统的传递函数。

一、方框图的基本连接方式

控制系统的结构和连接方式可能是非常复杂的，但都可视为由串联、并联和反馈三种基本方式连接而成。

1. 串联连接

相互之间无负载效应的环节串联连接，就是前面一个环节的输出作为后一个环节的输入，依次按顺序连接，其等效变换如图 2 - 25 所示。推导过程如下

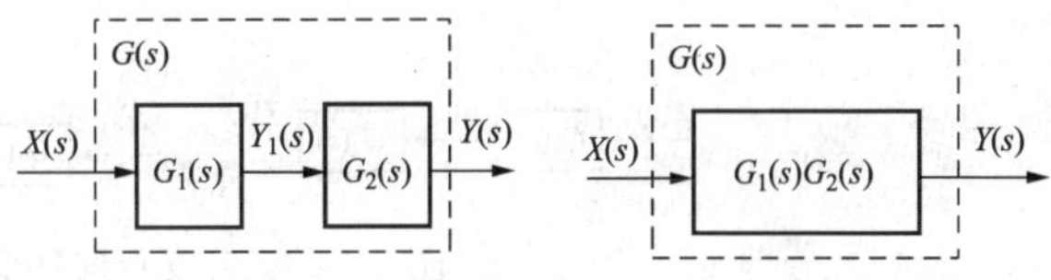

图 2 - 25 环节串联的等效变换

$$G(s)=\frac{Y(s)}{X(s)}=\frac{Y_1(s)}{X(s)}\cdot\frac{Y(s)}{Y_1(s)}=G_1(s)G_2(s) \tag{2.80}$$

可以将这个结论推广到 n 个环节相串联的情形，并可以简记为：串联相乘。

2. 并联连接

并联连接的各环节，其输入信号相同，输出量是各环节输出量的代数和，其等效变换如图 2 - 26 所示。推导过程如下

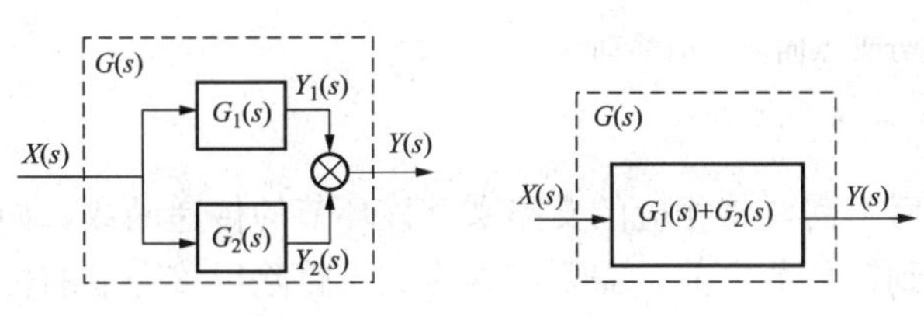

图 2 - 26 环节并联的等效变换

$$G(s)=\frac{Y(s)}{X(s)}=\frac{Y_1(s)+Y_2(s)}{X(s)}=G_1(s)+G_2(s) \tag{2.81}$$

可以将这个结论推广到 n 个环节相并联的情形，可以简记为：并联相加。

3. 反馈连接

环节反馈连接的等效变换如图 2 - 27 所示。图中是负反馈连接方式，对于正反馈的情形，只要将图中传递函数中分母项的正号变为负号即可。

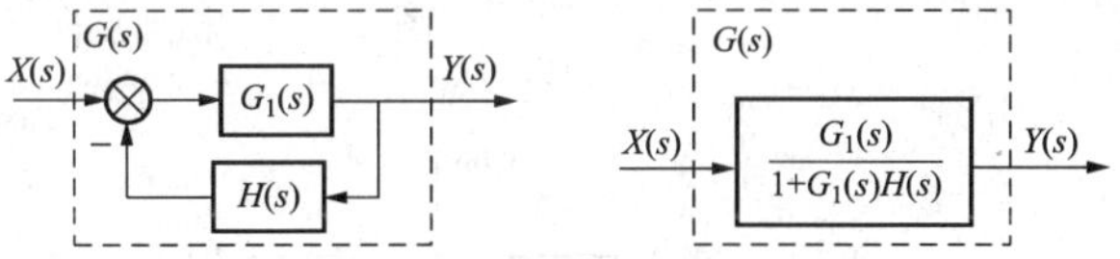

图 2 - 27 环节反馈连接的等效变换

二、方框图的化简方法

实际的控制系统，方框图可能非常复杂。为得到整个系统从输入到输出的变换关系，即传递函数，这样就需要将方框图中的局部环节基于等效的概念进行重新整理。

方框图化简的步骤可以不同，在化简的过程中应遵循的基本思路是，保持所有信号传递的数学关系不变，即同时满足：

(1) 前向通道中的传递函数乘积保持不变。

(2) 闭合回路中传递函数乘积保持不变。

要用这两个原则校验每一步变换结果的正确性，使系统方框图的结构得到简化。具体方法如下。

1. 串联、并联、反馈的处理

按前面提及的环节基本连接方式进行化简，这里不再赘述。

2. 分支点在环节前后的移动

分支点在某环节之前移动到该环节之后，需要将相应的支路除以该环节的传递函数，如图 2 - 28 所示。分支点在某环节之后移动到该环节之前，需要将相应的支路乘上该环节的传递函数，如图2 - 29所示。

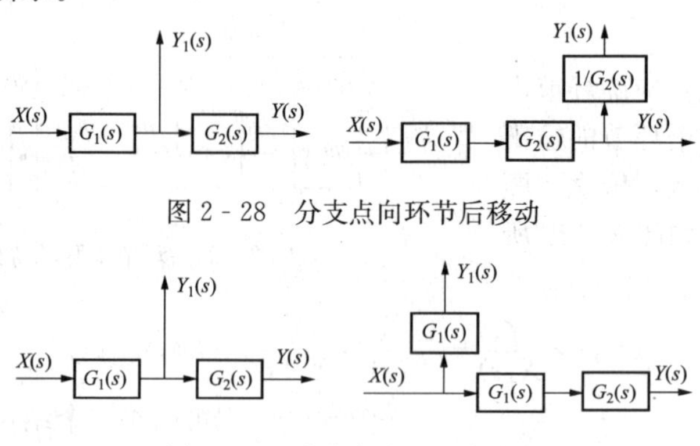

图 2 - 28　分支点向环节后移动

图 2 - 29　分支点向环节前移动

3. 相加点在环节前后的移动

相加点在某环节之前移动到该环节之后，需要将相应的支路乘上该环节的传递函数，如图 2 - 30 所示。相加点在某环节之后移动到该环节之前，需要将相应的支路除以该环节的传递函数，如图 2 - 31 所示。

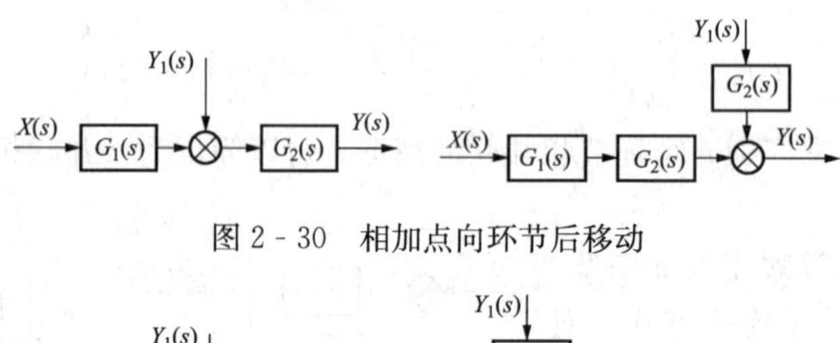

图 2 - 30　相加点向环节后移动

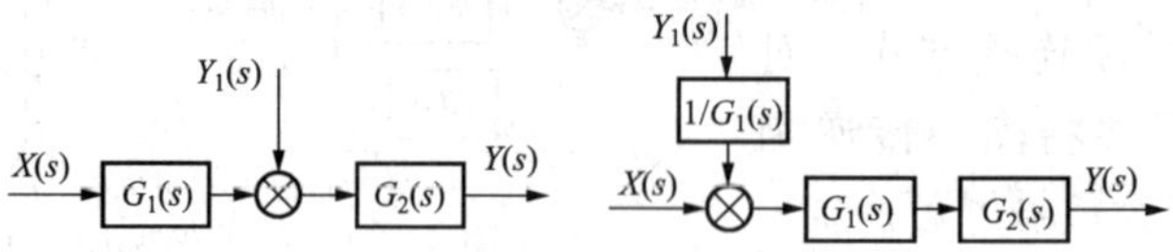

图 2 - 31　相加点向环节前移动

注意：分支点和相加点在移动时要紧临着环节进行，中间不能再有其他类型的相加点（分支点）或环节。

4. 相邻的相加点可以互换位置、相邻的分支点可以互换位置

注意：相临的分支点与相加点不能简单地互换位置。

【例 2.5】　试求图 2 - 32 所示系统的闭环传递函数。

解　按照方框图化简的规则，通过将 $G_4(s)$前面的分支点向后移动，然后按照反馈及串联、并联规则进行简化，最终求得

$$G(s)=\frac{G_1(s)G_2(s)G_3(s)G_4(s)}{1+G_3(s)G_4(s)H_2(s)-G_2(s)G_3(s)H_1(s)+G_1(s)G_2(s)G_3(s)G_4(s)H_3(s)}$$

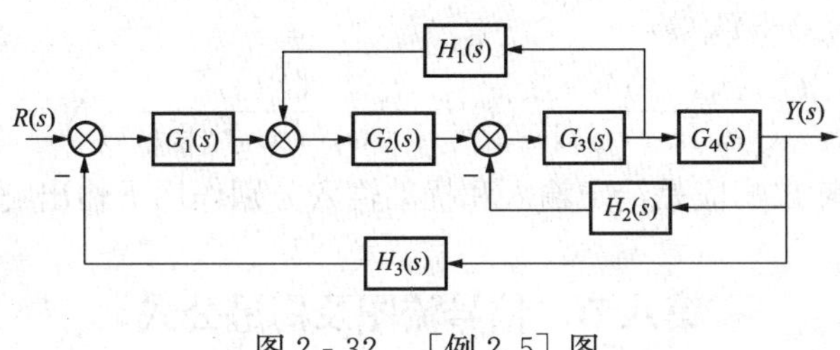

图 2-32　[例 2.5] 图

等效变换过程如图 2-33 所示，图中各环节的传递函数都省略了标记符 s。

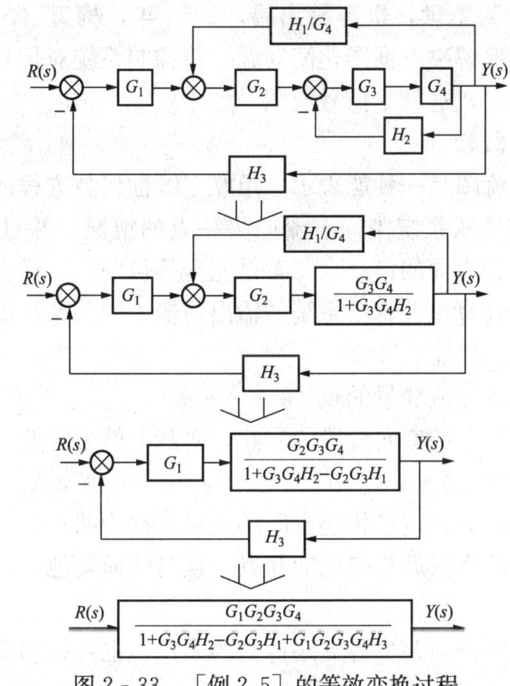

图 2-33　[例 2.5] 的等效变换过程

三、扰动作用下的闭环系统

当两个输入量（参考输入量和扰动量）同时作用于线性系统时，根据拉氏变换的线性性质，可以对每一个输入量进行单独处理，然后再将相应的输出量进行叠加，就可得到系统的总输出量。图 2-34 表示的就是一个给定值和扰动量同时起作用的系统。

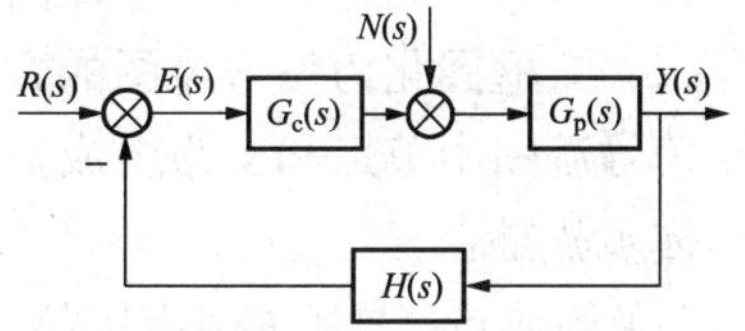

图 2-34　给定值与扰动量同时起作用的控制系统

为计算总的输出响应，假设系统给定值输入信号 $R(s)=0$，这样就可以单独计算扰动量的输出响应 $Y_N(s)$ 为

$$\frac{Y_N(s)}{N(s)}=\frac{G_p(s)}{1+G_c(s)G_p(s)H(s)} \tag{2.82}$$

再假定系统扰动输入 $N(s)=0$，单独计算出给定值的输出响应 $Y_R(s)$

$$\frac{Y_R(s)}{R(s)}=\frac{G_c(s)G_p(s)}{1+G_c(s)G_p(s)H(s)} \tag{2.83}$$

这样，在给定输入和扰动输入同时作用下，系统的输出响应可计算式

$$
\begin{aligned}
Y(s) &= Y_R(s) + Y_N(s) \\
&= \frac{G_c(s)G_p(s)}{1+G_c(s)G_p(s)H(s)}R(s) + \frac{G_p(s)}{1+G_c(s)G_p(s)H(s)}N(s)
\end{aligned}
\tag{2.84}
$$

可以看出，总的输出响应是给定输入和扰动输入分别作用下输出响应的叠加。

第八节 信号流图及梅逊公式

应用方框图化简规则固然可以求出系统的传递函数，但是在对较复杂系统方框图等效变换的求解与分析过程都较为繁琐，也容易出错。1953 年，梅逊（S. J. Mason）提出了信号流图的方法，能更为有效地解决方框图化简问题。将控制系统对信号的传递路径和传递增益完全由图解的形式表示出来，这就是信号流图。

一、信号流图的基本概念

与方框图一样，信号流图是一种能表示一组联立线性代数方程的图形表示。从描述系统的角度来看，它表示了信号从系统中一点流向另一点的情况，并且表明了各信号之间的关系。信号流图与方框图包含相同的信息，二者是完全等价的。这样，可以先将方框图化为信号流图，然后根据梅逊公式直接计算出系统的输出与输入的关系，即系统的传递函数。下面给出信号流图所涉及的几个概念。

节点： 就是用来表示信号或变量的点。

支路： 就是连接两个节点的有向线段。支路，实际上就是环节，支路的增益就是环节的传递函数。

路径： 沿支路箭头方向而穿过各相连支路的途径，称为路径。

闭合回路： 如果路径的终点就是路径的起点，且与任何其他节点相交不多于一次，就叫做闭合回路。

闭合回路增益： 是指闭合回路中各支路传输的乘积，也就是回路一次经过的所有环节传递函数的乘积。

前向通道： 从输入节点到输出节点的路径上，通过任何节点不多于一次，该路径就称为前向通道。

前向通道增益： 是指前向通道所经过所有环节的传递函数的乘积。

互不接触回路： 如果一些回路之间没有任何公共节点，就称它们为互不接触回路。

二、方框图化为信号流图的方法

信号流图由节点和支路组成，支路表示环节，节点表示信号。将方框图转化为信号流图的具体步骤是：

(1) 用节点（空心的小圆圈）表示各种变量（包括输入量、分支点、相加点、中间变量、输出量等）。

(2) 用带箭头的有向线段表示环节，箭头标在线段的中央，箭头的方向表示信号传输的方向，环节的传递函数（即增益）则标注在箭头附近。

(3) 遇有负反馈时，要相应地将反馈环节的传递函数反号，即将负号要加在传递函数项上，而不要加在节点上。

可以看出，以上工作完成了信号传递关系、函数运算关系、变量因果关系，得到了系统的信号流图。

三、梅逊增益公式

在需要确定输入量、输出量之间的关系时，就需要确定这两个节点之间的总增益，即系统的传递函数。

计算总增益的梅逊公式，可以表示为

$$G(s)=\frac{\sum_{k=1}^{n}P_{k}\Delta_{k}}{\Delta} \tag{2.85}$$

式中：n 表示所有前向通道的总条数；P_{k} 表示第 k 条前向通道的路径增益；Δ_{k} 表示第 k 条前向通道的特征式；Δ 表示系统的总特征式。

Δ 的计算公式为

$$\begin{aligned}\Delta &= 1-\sum_{a}L_{a}+\sum_{b,c}L_{b}L_{c}-\sum_{d,e,f}L_{d}L_{e}L_{f}+\cdots \\ &=1-(\text{所有回路增益之和})+(\text{两两不相交回路增益乘积之和}) \\ &\quad -(\text{三三不相交回路增益乘积之和})+\cdots\end{aligned} \tag{2.86}$$

式中：$\sum_{a}L_{a}$ 为所有不同回路增益之和；$\sum_{b,c}L_{b}L_{c}$ 为所有两两不相交回路增益乘积之和；$\sum_{d,e,f}L_{d}L_{e}L_{f}$ 为所有三三不相交回路增益乘积之和…

Δ_{k} 的计算公式与 Δ 的相同，只是要在除去与第 k 条前向通道相接触回路后的信号流图中计算。

需要注意的是，分析信号流图时，不能缺少任何一条前向通道，不能缺少任何一个闭合回路，也不能缺少两两不相交的回路、三三不相交回路等等的任何一种情形，否则计算结果就会出现错误。

【例 2.6】 试将［例 2.5］的方框图化为信号流图，并用梅逊公式求系统的闭环传递函数。

解 首先将方框图化为信号流图如图 2-35 所示。可以看出，前向通道只有一条，其增益为 $P_1=G_1G_2G_3G_4$；因去掉该通道后无闭合回路，有该通道的特征式 $\Delta_1=1$。

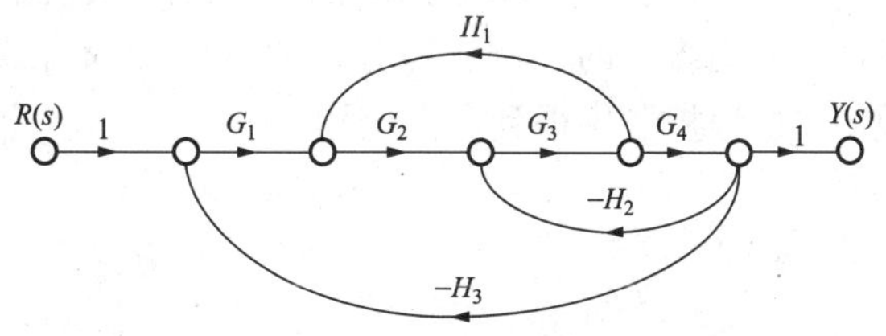

图 2-35　［例 2.6］的信号流图

闭合回路有三个：$L_1=-G_1G_2G_3G_4H_3$；$L_2=-G_3G_4H_2$；$L_3=G_2G_3H_1$，没有两两不相交的情形。可以写出系统的特征式

$$\begin{aligned}\Delta &=1-(L_1+L_2+L_3)+0 \\ &=1+G_1G_2G_3G_4H_3+G_3G_4H_2-G_2G_3H_1\end{aligned}$$

整个系统的闭环传递函数可由梅逊公式直接给出

$$G(s)=\frac{\sum_{k=1}^{n}P_{k}\Delta_{k}}{\Delta}=\frac{P_1\Delta_1}{\Delta}$$

$$= \frac{G_1(s)G_2(s)G_3(s)G_4(s)}{1+G_1(s)G_2(s)G_3(s)G_4(s)H_3(s)+G_3(s)G_4(s)H_2(s)-G_2(s)G_3(s)H_1(s)}$$

可以看出，得到的结论与方框图等效变换的结果是一致的。

小 结

无论对控制系统进行分析还是综合，首先就要建立起系统的数学模型。本章就介绍了关于数学模型的概念及类型、建立数学模型的一般方法。

（1）将实际物理系统理想化成物理模型，可得到其微分方程描述。在数学建模的过程中，要熟练运用物理学定律，仔细分析，抓住主要因素、忽略次要因素，建立起一种既便于研究，又能基本反映实际物理过程的数学模型。少数相对简单的物理系统可采用机理分析方法得到其数学模型，绝大多数系统还要通过实验辨识的方法来建模。

（2）在引入拉氏变换这一强有力数学工具后，在初始条件为零的情况下，可将线性定常系统的微分方程（时域表示）转化为传递函数（频域表示）。建立起传递函数这一概念后，就可以借助方框图等方法来表示更为复杂的系统。

（3）复杂的控制系统也可看成是由相对简单的基本环节所构成。掌握比例、积分、微分、一阶惯性、二阶振荡、纯迟延等环节的特性，有助于理解更复杂的控制系统结构。系统的基本连接方式有串联、并联和反馈三种。

（4）方框图和信号流图，都是控制系统数学模型的图形表示形式，都可看出控制系统内部各物理量的变换和信号传递关系。可通过方框图的等效变换或由梅逊公式对系统结构进行简化，得到整个系统的外部描述（即传递函数描述），这就便于进一步对控制系统进行分析和设计。

（5）总的来看，控制系统是由控制器和被控对象所组成。PID 控制器，就是其控制输出量是偏差输入量的比例、积分、微分作用的合成，这种类型的控制器因技术成熟、使用灵活，在过程控制中得到广泛应用。

习 题

2.1 试思考：控制系统常见的数学模型有哪些？建立控制系统的数学模型有哪些方法？

2.2 名词解释：微分方程，传递函数，自动控制系统，闭环特征方程，开环传递函数。

2.3 已知系统的方框图如图 2 - 36 所示，试求系统闭环传递函数 $G(s)=\dfrac{Y(s)}{R(s)}$。

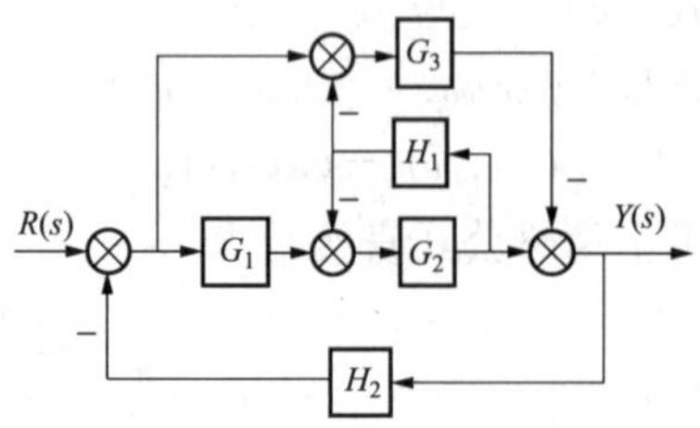

图 2 - 36 习题 2.3 图

2.4　已知系统的方框图如图 2 - 37 所示，试求系统闭环传递函数 $G(s)=\dfrac{Y(s)}{R(s)}$。

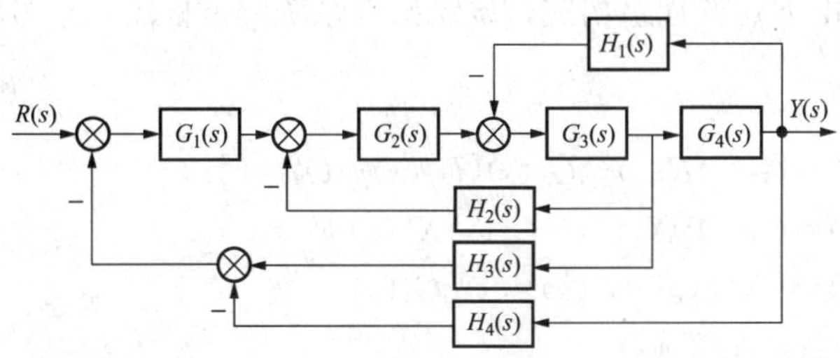

图 2 - 37　习题 2.4 图

2.5　已知系统的信号流图如图 2 - 38 所示，试求系统传递函数 $G(s)=\dfrac{Y(s)}{R(s)}$。

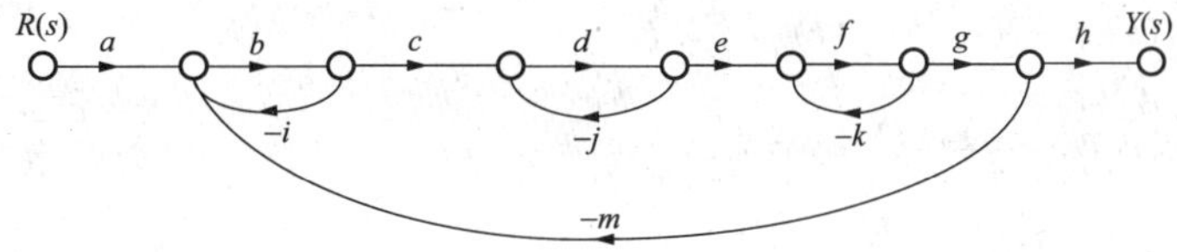

图 2 - 38　习题 2.5 图

2.6　试确定图 2 - 39 所示系统的输出 $Y(s)$。

2.7　已知线性系统方框图如图 2 - 40 所示，请先画出系统的信号流图，再求传递函数 $\dfrac{Y(s)}{R_1(s)}$和$\dfrac{Y(s)}{R_2(s)}$。

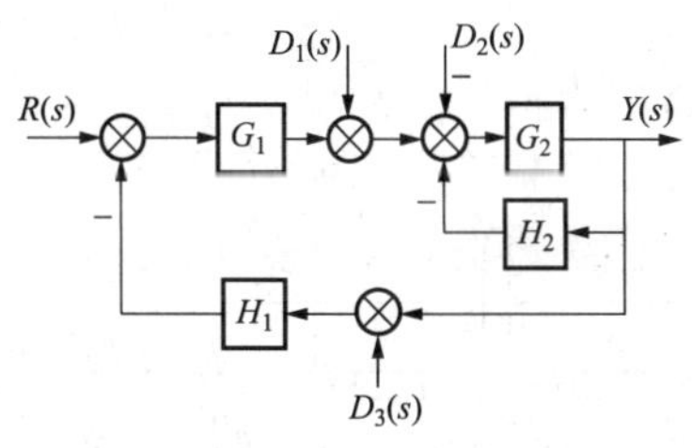

图 2 - 39　习题 2.6 图

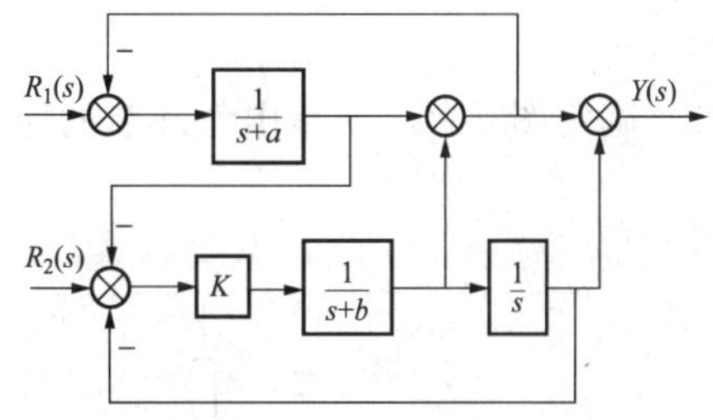

图 2 - 40　习题 2.7 图

2.8　已知系统的方框图如图 2 - 41 所示，试求传递函数$\dfrac{Y(s)}{R(s)}$和$\dfrac{Y(s)}{N(s)}$。

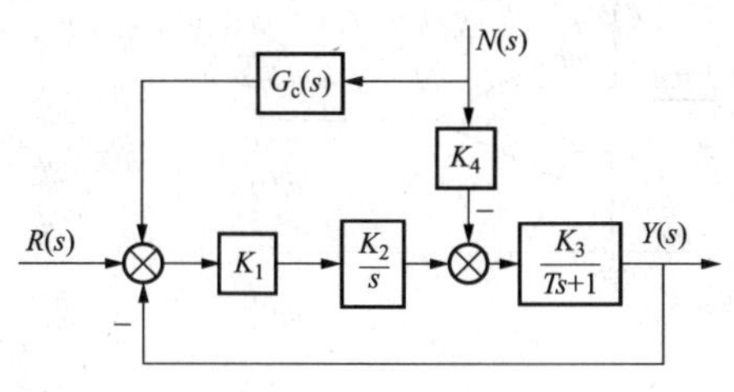

图 2 - 41　习题 2.8 图

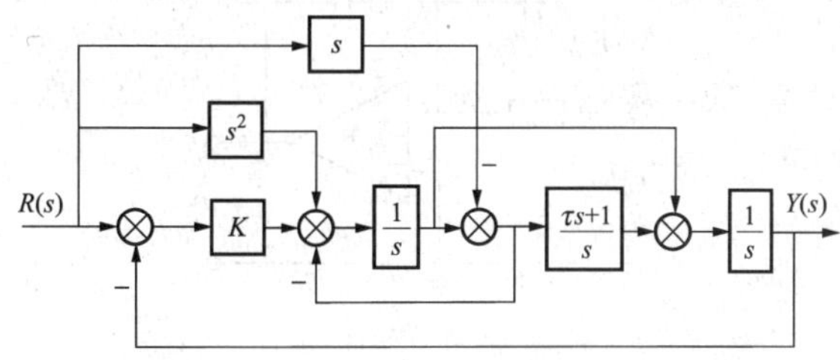

图 2 - 42　习题 2.9 图

2.9　某复合控制系统方框图如图2-42所示，试求系统的闭环传递函数$\frac{Y(s)}{R(s)}$。

2.10　已知系统由下列方程组构成，试绘出该系统的方框图和信号流图，并求取闭环传递函数$G(s)=\frac{Y(s)}{R(s)}$。

$$X_1(s)=G_1(s)R(s)-G_1(s)[G_7(s)-G_8(s)]Y(s)$$
$$X_2(s)=G_2(s)[X_1(s)-G_6(s)X_3(s)]$$
$$X_3(s)=[X_2(s)-G_5(s)Y(s)]G_3(s)$$
$$Y(s)=G_4(s)X_3(s)$$

2.11　设系统由下列微分方程组成

$$x_1(t)=r(t)-y(t)-n_1(t)$$
$$x_2(t)=K_1x_1(t)$$
$$x_3(t)=x_2(t)-x_5(t)$$
$$T\frac{\mathrm{d}x_4(t)}{\mathrm{d}t}=x_3(t)$$
$$x_5(t)=x_4(t)-K_2n_2(t)$$
$$K_0x_5(t)=\frac{\mathrm{d}^2y(t)}{\mathrm{d}t^2}+\frac{\mathrm{d}y(t)}{\mathrm{d}t}$$

其中，$r(t)$、$n_1(t)$、$n_2(t)$是系统的三个输入信号，$y(t)$是输出量，K_0、K_1、K_2、T是正的常系数。试绘出该系统的方框图，并求传递函数$G(s)=\frac{Y(s)}{R(s)}$、$G_1(s)=\frac{Y(s)}{N_1(s)}$、$G_2(s)=\frac{Y(s)}{N_2(s)}$。

2.12　确定图2-43所示电气环节的传递函数$G(s)=\frac{U_o(s)}{U_i(s)}$。

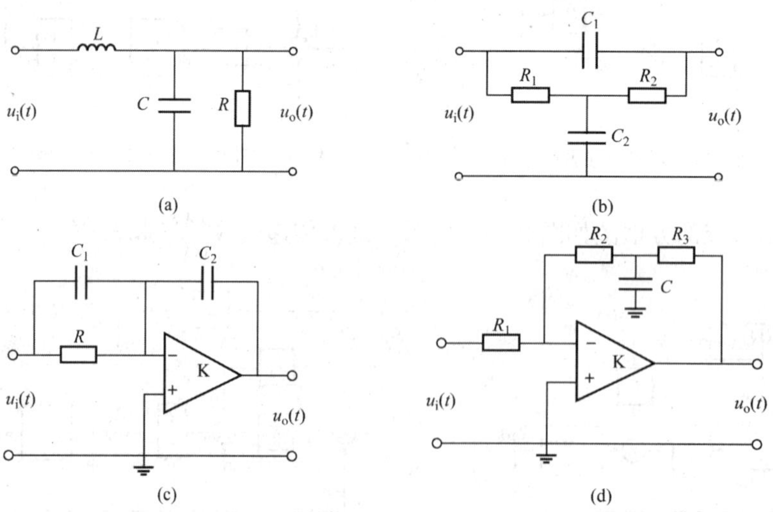

图2-43　习题2.12图

2.13　试求图 2－44 所示系统的传递函数 $G_r(s)=\dfrac{Y(s)}{R(s)}$ 和 $G_n(s)=\dfrac{Y(s)}{N(s)}$，并说明在什么条件下 $Y(s)$ 不受 $N(s)$ 的影响。

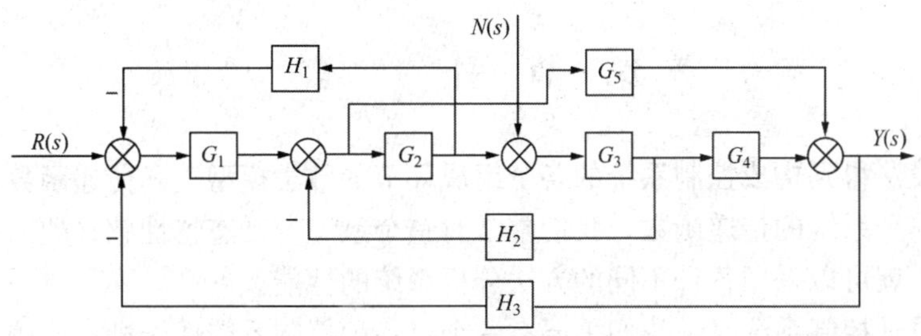

图 2－44　习题 2.13 图

第三章 线性控制系统的时域分析

第一节 引 言

我们可以设法得到构成控制系统的各个组成环节的数学模型——传递函数，绘制出方框图，就可得出整个系统的传递函数，我们常常对整个系统的动态特性感兴趣。一旦得到了系统的数学模型，就可以采用各种不同的方法分析系统的性能。

在分析和设计控制系统时，我们需要有一个对各种控制系统性能进行比较的依据。可以预先规定一些特定的试验输入信号，然后比较各种系统对这些输入信号的输出响应。在得到这些输出响应后，再绘制出相应的输出曲线，即可对不同系统进行性能比较。可见，时域分析方法有较好的直观性。

一、典型试验信号

用于系统响应的输入信号应具有下列特性：能使系统的输出有足够显著的变化；在存在其他外扰作用下，能从系统的输出中分离出输入信号影响；易于实现；能激发系统特性的所有模态，包括低频和高频特性；对生产过程的影响要小。

输入信号有非周期函数、周期函数、非周期随机函数、周期随机函数等类型。常用的周期函数有正弦函数、方波函数，周期函数可以得到系统的频率特性曲线，但要在不同频率下检测系统的输入输出，费时且后期数据处理工作量大。

经常采用的试验输入信号是非周期函数，有阶跃函数、斜坡函数、加速度函数、脉冲函数等。因为这些信号都是很简单的时间函数，所以利用它们可以容易地对控制系统进行数学上的和实验上的分析。

究竟采用哪一种典型输入信号来分析系统特性，取决于该系统在正常工况下最常见的输入信号形式。如果控制系统的输入量是随时间逐渐变化的函数，则斜坡时间函数可能是比较好的试验信号。同样，如果系统的输入信号是突然跳变的扰动量，则阶跃时间函数可能是比较好的试验信号；而当系统的输入信号是脉冲型输入量时，脉冲函数可能是最好的试验信号。利用试验信号，人们就能够在同一基础上比较各种系统的性能。本书所涉及的动态系统响应分析，都假定初始条件为零。

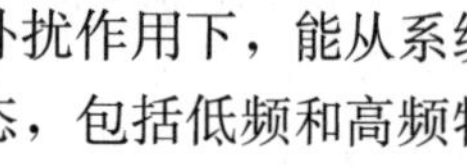

r(t) → G(s) → y(t)
R(s)　　　　Y(s)

图 3-1 系统环节的时域响应分析

对如图 3-1 所示的系统环节进行响应分析时，可以设已知系统的传递函数模型是 $G(s)$，输入量为 $r(t)$，则可求得输出量 $y(t)$ 的传递函数是

$$Y(s)=R(s)G(s) \tag{3.1}$$

$R(s)$ 为输入量 $r(t)$ 的拉氏变换。因此，输出响应为

$$y(t)=\mathscr{L}^{-1}[Y(s)] \tag{3.2}$$

1. 阶跃响应

当系统输入信号是阶跃信号时，系统的输出特性称为阶跃响应。

阶跃信号表示为 $r(t)=A\cdot 1(t)$，其拉氏变换是 $R(s)=\dfrac{A}{s}$；当 $A=1$ 时，$r(t)$ 称为单位

阶跃信号。在单位阶跃输入信号的作用下，系统的响应称为单位阶跃响应，计算式为

$$y(t)=\mathscr{L}^{-1}[Y(s)]=\mathscr{L}^{-1}[R(s)G(s)]=\mathscr{L}^{-1}\left[\frac{1}{s}G(s)\right] \tag{3.3}$$

2. 脉冲响应

系统输入信号是脉冲信号时，系统的输出特性称为脉冲响应。

脉冲信号为 $r(t)=A\delta(t)$，其拉氏变换是 $R(s)=A$；当 $A=1$ 时，此时 $r(t)$ 称为单位脉冲信号。若系统的模型是 $G(s)$，则在单位脉冲信号作用下，系统的响应称为单位脉冲响应，计算如下

$$y(t)=\mathscr{L}^{-1}[Y(s)]=\mathscr{L}^{-1}[R(s)G(s)]=\mathscr{L}^{-1}[G(s)] \tag{3.4}$$

3. 斜坡响应

系统输入信号是斜坡信号时，系统的输出特性是斜坡响应。斜坡信号为 $r(t)=At$，其拉氏变换为 $R(s)=\frac{A}{s^2}$；当 $A=1$ 时，此时 $r(t)$ 称为单位斜坡信号或单位速度信号。

控制系统的时间响应都是由暂态响应和稳态响应这两部分之和组成。暂态响应是指系统从初始状态到最终状态的响应过程；稳态响应是指当时间 t 趋于无穷大时，系统的输出最终状态。

二、时域性能指标

从时域上评价控制系统动态性能的优劣，通常是以单位阶跃响应为依据。这样，就可以定义出稳态指标（稳态误差）与动态指标（上升时间、峰值时间、调节时间、最大超调量、衰减率、振荡次数等），结合图 3-2 所示的衰减振荡系统的时域性能指标，给出各自的定义。

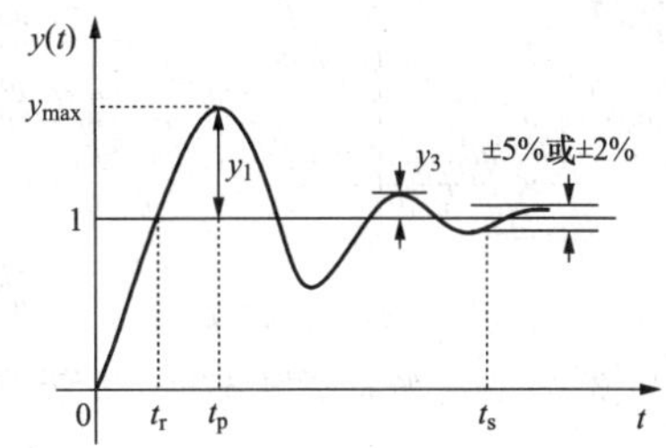

图 3-2　衰减振荡系统的时域性能指标

1. 动态性能指标

(1) 上升时间 t_r：对于有振荡的系统，上升时间是指单位阶跃响应由零首次上升到稳态值需要的时间。对于单调变化（无振荡）的系统，则是指单位阶跃响应由稳态值的 10%变化到 90%所需要的时间。

(2) 峰值时间 t_p：仅用于有振荡的系统，是指单位阶跃响应超过稳态值，并第一次达到峰值所需要的时间。

(3) 调节时间 t_s：是指单位阶跃响应 $y(t)$ 与稳态值 $y(\infty)$ 之间的偏差达到规定的允许范围（根据对系统控制精度的不同要求，这一范围常取为±5%或±2%）内，且以后不再超出此范围所需要的最短时间。调节时间又称为过渡过程时间。

(4) 超调量 $\sigma_p\%$：单位阶跃响应的最大值 y_{max} 超过稳态值 $y(\infty)$ 的百分比

$$\sigma_p\%=\frac{y_{max}-y(\infty)}{y(\infty)}\times 100\% \tag{3.5}$$

2. 稳态性能指标

在出现阶跃型给定值突变，且系统没有其他的扰动影响，经过足够长的时间后，即认为 $t\to+\infty$，系统的输出量 $y(t)$ 应该稳定在给定值 $r(t)$ 上，偏差量 $e(t)$ 为零，这也正是人们所希望的。但是，由于系统结构、参数等多种因素，可能会造成输出量稳定值不在希望的给定值上。当 $t\to+\infty$ 时，系统的给定值与系统响应的稳态值之差称为稳态误差 e_{ss}。稳态误差

是系统控制精度的标志，e_{ss}越接近 0，控制系统的精度越高。

上述性能指标中，上升时间 t_r 和峰值时间 t_p 反映了系统初始阶段响应的快慢程度；调节时间 t_s 表示系统整个过渡过程的持续时间，能从总体上反映出系统响应的快速性；超调量 $\sigma_p\%$反映了系统响应过程动态特性的好坏，超调量越大，说明系统的稳定性越差。稳态误差 e_{ss}反映出系统复现和跟踪输入信号的能力，即控制系统的最终精度。

第二节　一阶系统的时域分析

能用一阶微分方程描述的系统称为一阶系统。由一阶系统所构成的环节就是一阶惯性环节。在物理上，该系统可以是一个 RC 电路，也可能是一个液位控制系统等。系统的输入—输出关系为

$$G(s)=\frac{Y(s)}{R(s)}=\frac{1}{1+T_c s} \tag{3.6}$$

式中：T_c 为惯性时间常数，且有 $T_c>0$。

显然，一阶系统的特征根只有 1 个，$s_1=-\frac{1}{T_c}$，在复平面的分布如图 3 - 3 所示。

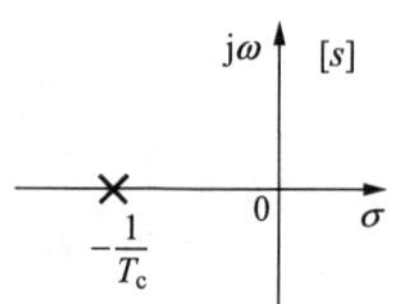

图 3 - 3　一阶系统特征根分布

假设初始条件为零，下面分析一阶系统对单位阶跃函数和单位脉冲函数等输入信号的响应。

一、单位阶跃响应

输入信号为 $r(t)=1(t)$ 时，$R(s)=\frac{1}{s}$，因此系统的单位阶跃响应输出的拉氏变换 $Y(s)$ 为

$$Y(s)=G(s)R(s)=\frac{1}{1+T_c s}\times\frac{1}{s}=\frac{1}{s}-\frac{1}{s+\frac{1}{T_c}} \tag{3.7}$$

对两边同时取拉氏反变换，得到输出响应 $y(t)$ 为

$$y(t)=\mathscr{L}^{-1}[Y(s)]=1-e^{-t/T_c} \quad (t\geqslant 0) \tag{3.8}$$

式中：1 为稳态分量；$-e^{-t/T_c}$为暂态分量，它随时间的推移不断减小而最终趋于零。一阶系统的单位阶跃响应曲线如图 3 - 4 所示。可以看出，这个响应是由零开始，按指数规律单调上升、有惯性、无超调的曲线。

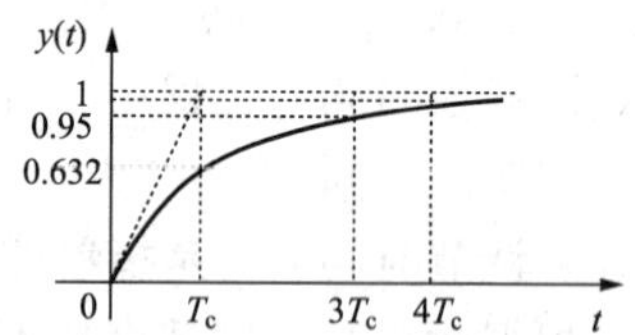

图 3 - 4　一阶系统的单位阶跃响应

令时间 t 取不同值时，对应的系统单位阶跃响应值为 $y(T_c)=0.632$，$y(2T_c)=0.865$，$y(3T_c)=0.95$，$y(4T_c)=0.98$。一阶系统的性能指标如下

$$\sigma_p\%=0 \tag{3.9}$$

$$t_r=2.2T_c \tag{3.10}$$

注：
$$y(t_1)=1-e^{-\frac{t_1}{T_c}}=0.1,\quad y(t_2)=1-e^{-\frac{t_2}{T_c}}=0.9,\quad t_r=t_2-t_1$$

$$t_s=\begin{cases}3T_c & (\Delta=\pm5\%)\\4T_c & (\Delta=\pm2\%)\end{cases} \tag{3.11}$$

$$e_{ss}=0 \tag{3.12}$$

一阶系统的性能指标，主要是由时间常数 T_c 决定，T_c 越小，系统的快速性就越好。

一阶系统阶跃响应的变化率 $y'(t)=\frac{1}{T_c}e^{-\frac{t}{T_c}}$，在 $t=0$ 处的斜率为 $y'(0)=\frac{1}{T_c}$，这说明对于一阶系统，以初始的最大速率沿直线上升到稳态值所需的时间恰好为 T_c。

二、单位脉冲响应

当 $r(t)=\delta(t)$ 时，$R(s)=1$，有 $Y(s)=G(s)\ R(s)=\frac{1}{T_c s+1}=\frac{1}{T_c}\frac{1}{s+1/T_c}$，一阶系统的单位脉冲响应为

$$y(t)=\mathscr{L}^{-1}[Y(s)]=\frac{1}{T_c}e^{-\frac{t}{T_c}} \tag{3.13}$$

变化速率为 $y'(t)=-\frac{1}{T_c^2}e^{-\frac{t}{T_c}}$；初始变化速率为 $y'(0)=-\frac{1}{T_c^2}$。

第三节　二阶系统的时域分析

由二阶微分方程所描述的系统称为二阶系统。许多高阶系统，在一定条件下忽略一些次要因素后，也可近似为二阶系统来进行分析，故分析二阶系统的时间响应过程及性能指标，就显得很重要。

一、二阶系统的数学模型

二阶振荡环节的实现框图如图 3-5 所示。

系统的输入—输出关系为

$$G(s)=\frac{Y(s)}{R(s)}=\frac{\omega_n^2}{s^2+2\xi\omega_n s+\omega_n^2} \tag{3.14}$$

式中：ξ 为阻尼系数或阻尼比；ω_n 为无阻尼振荡频率，这里仅讨论 $\omega_n>0$ 的情形。

假设初始条件为零，下面重点分析二阶系统的单位阶跃响应，也给出其对单位斜坡信号和单位脉冲信号的响应。通过分析阻尼比与振荡频率的不同对动态过程的影响，可以初步建立控制系统稳定性分析的基础概念。

二阶系统的特征方程为

$$s^2+2\xi\omega_n s+\omega_n^2=0 \tag{3.15}$$

特征根为

$$s_{1,2}=-\xi\omega_n\pm\omega_n\sqrt{\xi^2-1} \tag{3.16}$$

根据 ξ 的不同取值，二阶系统可分为以下四种状态。

(1) 当 $\xi=0$ 时，此时系统有一对虚轴上的共轭纯虚根：$s_{1,2}=\pm j\omega_n$，系统的单位阶跃响应有等幅振荡特性，处于无阻尼状态。

(2) 当 $0<\xi<1$ 时，此时系统有一对左半平面的共轭复根：$s_{1,2}=(-\xi\pm j\sqrt{1-\xi^2})\omega_n$，系统的单位阶跃响应有衰减振荡特性，处于欠阻尼状态。

(3) 当 $\xi=1$ 时，此时系统有一对左半平面相等的负实根：$s_{1,2}=-\xi\omega_n$，系统的单位阶跃响应与一阶系统类似，系统的单位阶跃响应恰好不振荡，处于临界阻尼状态。

(4) 当 $\xi>1$ 时，此时系统有一对左半平面不相等的负实根：$s_{1,2}=(-\xi\pm\sqrt{\xi^2-1})\omega_n$，系统的单位阶跃响应也与一阶系统类似，但调节时间较长，响应曲线单调上升而不振荡，处

于过阻尼状态。

二、二阶系统的单位阶跃响应分析

当阻尼比 ξ 取不同值时，二阶系统特征根在 s 平面的分布情况是不同的，从而表现出不同的单位阶跃响应特性。下面就针对特征根在 s 平面的几种分布情况分别讨论二阶系统的单位阶跃响应。

1. 欠阻尼情形（$0<\xi<1$）

当 $0<\xi<1$ 时，称二阶系统处于欠阻尼状态。欠阻尼是二阶系统最常见的情形。特征根为

$$s_{1,2}=(-\xi\pm \mathrm{j}\sqrt{1-\xi^2})\omega_n=-\xi\omega_n\pm \mathrm{j}\omega_d \tag{3.17}$$

式中：ω_d 为有阻尼振荡频率，$\omega_d=\omega_n\sqrt{1-\xi^2}$。

可见，这两个特征根的实部均为负数，在复平面的分布如图 3 - 6 所示。

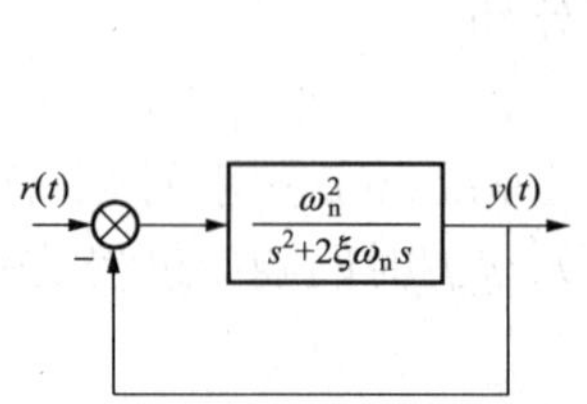

图 3 - 5 二阶振荡环节的实现框图

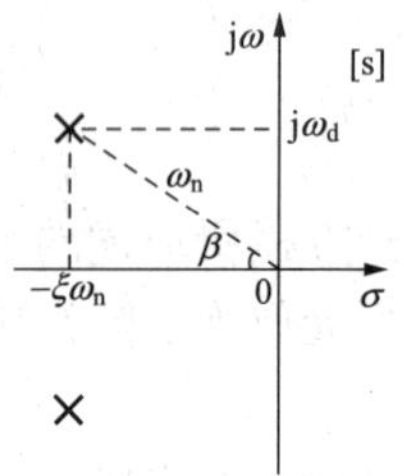

图 3 - 6 欠阻尼系统的特征根分布

当输入为单位阶跃信号 $r(t)=1(t)$ 时，有 $R(s)=\frac{1}{s}$，系统输出量的拉氏变换为

$$\begin{aligned}Y(s)&=R(s)G(s)=\frac{1}{s}\times\frac{\omega_n^2}{s^2+2\xi\omega_n s+\omega_n^2}=\frac{1}{s}-\frac{s+2\xi\omega_n}{s^2+2\xi\omega_n s+\omega_n^2}\\&=\frac{1}{s}-\frac{s+\xi\omega_n}{(s+\xi\omega_n)^2+\omega_d^2}-\frac{\xi\omega_n}{(s+\xi\omega_n)^2+\omega_d^2}\end{aligned} \tag{3.18}$$

对式（3.18）两边进行拉氏反变换，可得到二阶欠阻尼系统的单位阶跃响应为

$$\begin{aligned}y(t)&=1-e^{-\xi\omega_n t}\cos\omega_d t-\frac{\xi}{\sqrt{1-\xi^2}}e^{-\xi\omega_n t}\sin\omega_d t\\&=1-\frac{1}{\sqrt{1-\xi^2}}e^{-\xi\omega_n t}\sin(\omega_d t+\beta)\end{aligned} \tag{3.19}$$

其中，$\beta=\tan^{-1}\frac{\sqrt{1-\xi^2}}{\xi}$，且 $\sin\beta=\sqrt{1-\xi^2}$，$\cos\beta=\xi$。

由式（3.19）可知，处于欠阻尼状态的二阶系统，其单位阶跃响应由两个部分所组成：第一部分是稳态分量；第二部分为暂态分量。暂态分量是幅值按指数规律衰减的有阻尼正弦振荡，振荡角频率为 ω_d，其渐近线为 $y(t)=1+\frac{1}{\sqrt{1-\xi^2}}e^{-\xi\omega_n t}$ 和 $y(t)=1-\frac{1}{\sqrt{1-\xi^2}}e^{-\xi\omega_n t}$，响应曲线如图 3 - 7 所示，图中，$\omega_n=1$，阻尼比 ξ 从 0 变化到 1.6。显然，欠阻尼系统处于稳定状态。

2. 无阻尼情形（$\xi=0$）

当 $\xi=0$ 时，系统有两个共轭虚根 $s_{1,2}=\pm \mathrm{j}\omega_n$。下面分析其单位阶跃响应，输出响应的

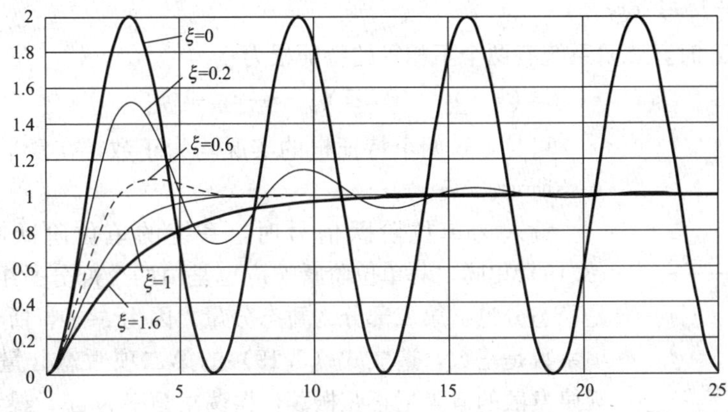

图 3-7　二阶振荡环节的阶跃响应曲线（$\xi \geqslant 0$）

拉氏变换为

$$Y(s)=\frac{1}{s}\times\frac{\omega_n^2}{s^2+\omega_n^2}=\frac{1}{s}-\frac{s}{s^2+\omega_n^2}$$

输出响应为

$$y(t)=1-\cos\omega_n t(t\geqslant 0)$$

可以看出，系统的单位阶跃响应曲线是不衰减的等幅振荡，振荡频率是 ω_n，系统处于临界稳定状态。

3. 临界阻尼情形（$\xi=1$）

当 $\xi=1$ 时，系统有两个相等的负实根 $s_{1,2}=-\xi\omega_n$，当输入为单位阶跃信号时，输出的拉氏变换为

$$Y(s)=\frac{1}{s}\times\frac{\omega_n^2}{(s+\omega_n)^2}=\frac{1}{s}-\frac{\omega_n}{(s+\omega_n)^2}-\frac{1}{s+\omega_n} \tag{3.20}$$

输出响应为

$$y(t)=\mathscr{L}^{-1}[Y(s)]=1-e^{-\omega_n t}(1+\omega_n t)(t\geqslant 0) \tag{3.21}$$

可以看出，临界阻尼状态二阶系统的单位阶跃响应是稳态值为 1 的单调上升的非周期过程，整个响应特性不产生振荡，响应曲线如图 3-7 所示。显然这种系统是稳定的。

4. 过阻尼情形（$\xi>1$）

当 $\xi>1$ 时，系统有两个不相等的负实根 $s_{1,2}=(-\xi\pm\sqrt{\xi^2-1})\omega_n$，当输入为单位阶跃信号时，输出的拉氏变换为

$$Y(s)=\frac{1}{s}\times\frac{\omega_n^2}{(s-s_1)(s-s_2)}=\frac{1}{s}+\frac{c_1}{s-s_1}+\frac{c_2}{s-s_2} \tag{3.22}$$

其中，$c_1=-\dfrac{1}{2\sqrt{\xi^2-1}(\xi-\sqrt{\xi^2-1})}$，$c_2=\dfrac{1}{2\sqrt{\xi^2-1}(\xi+\sqrt{\xi^2-1})}$

输出响应为

$$y(t)=\mathscr{L}^{-1}[Y(s)]=1+[c_1 e^{s_1 t}+c_2 e^{s_2 t}](t\geqslant 0) \tag{3.23}$$

分析可知，系统的响应有两个单调指数衰减项，其代数和不会超过 1，因此过阻尼二阶系统的单位阶跃响应也是非振荡过程，响应曲线如图 3-7 所示。显然这种系统也是稳定的。

5. 不稳定的情形（$\xi<0$）

当$-1<\xi<0$时，二阶系统有两个不相等的特征根为

$$s_{1,2}=(-\xi\pm \mathrm{j}\sqrt{1-\xi^2})\omega_n=-\xi\omega_n\pm \mathrm{j}\omega_d \tag{3.24}$$

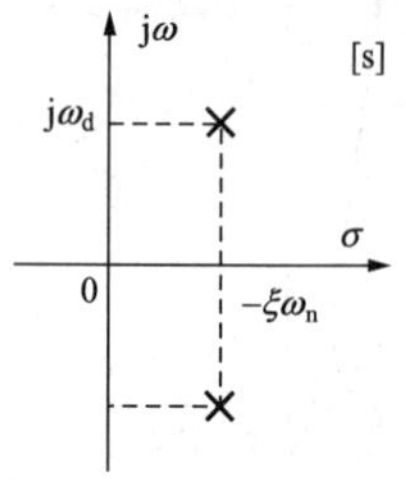

可见，这两个特征根的实况均为正数，在复平面的分布如图 3-8所示。

图 3-8 不稳定二阶系统特征根分布（$-1<\xi<0$）

输入为单位阶跃信号时，系统的单位阶跃响应输出与式（3.19）相同，其单位阶跃响应也是由两个部分所组成：第一部分是稳态分量，第二部分为暂态分量。因为$\xi<0$，所以$e^{-\xi\omega_n t}$的指数项系数是正数，造成式（3.19）的第二项暂态分量是幅值按指数规律发散的有阻尼正弦振荡，振荡角频率为ω_d，最终趋于无穷大，系统是不稳定的。响应曲线如图 3-9 所示，图中，$\omega_n=1$，阻尼比ξ从-0.3变化到 0。显然，阻尼比$\xi=0$时为临界稳定状态，而且随着ξ越来越小，系统的稳定性也越来越差。

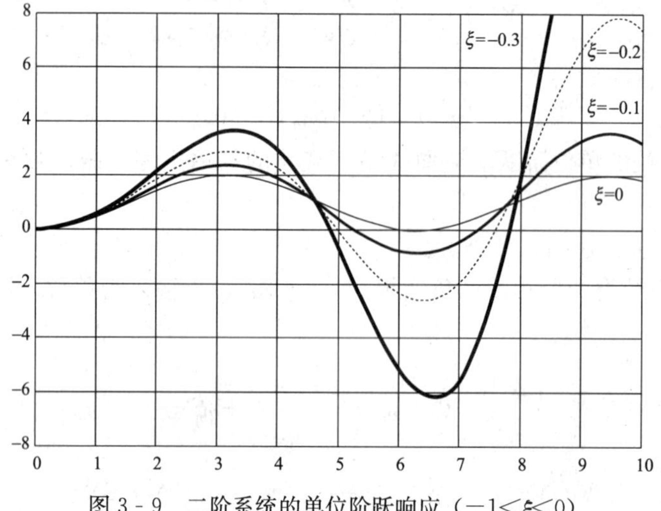

图 3-9 二阶系统的单位阶跃响应（$-1<\xi<0$）

三、欠阻尼情形的时域性能指标

工作在欠阻尼状态的二阶系统，是控制系统中典型的一种环节，其时域性能指标可根据数学模型给出，下面分别讨论计算方法。

1. 上升时间 t_r

根据上升时间的定义，当$t=t_r$时，有$y(t_r)=1$，代入式（3.19）中，得

$$y(t_r)=1-\frac{1}{\sqrt{1-\xi^2}}e^{-\xi\omega_n t_r}\sin(\omega_d t_r+\beta)=1$$

分析可知$\sin(\omega_d t_r+\beta)=0$，即$\omega_d t_r+\beta=\pi$，因此得到上升时间为

$$t_r=\frac{\pi-\beta}{\omega_d} \tag{3.25}$$

其中
$$\beta=\tan^{-1}\frac{\sqrt{1-\xi^2}}{\xi},\omega_d=\omega_n\sqrt{1-\xi^2}$$

可以看出，要减小上升时间t_r，可以增大ω_n或减小ξ，从而加快系统的初始响应速度。

2. 峰值时间 t_p

当到达峰值时间 t_p 时，输出量 $y(t)$ 到达极大值，其变化率为 0，即 $y'(t_p)=0$。将式（3.19）对 t 求导，并令其为 0

$$\frac{\mathrm{d}y(t)}{\mathrm{d}t}=-\frac{1}{\sqrt{1-\xi^2}}\mathrm{e}^{-\xi\omega_n t}[\omega_d\cos(\omega_d t+\beta)-\xi\omega_n\sin(\omega_d t+\beta)]=0$$

可解得 $\tan(\omega_d t+\beta)=\tan\beta$，得 $\omega_d t+\beta=k\pi+\beta(k=0,\ \pm1,\ \pm2,\ \cdots)$。由峰值时间定义知，峰值时刻对应着最大超调量，因此只有 $k=1$ 符合题意，故峰值时间为

$$t_p=\frac{\pi}{\omega_d} \tag{3.26}$$

3. 最大超调量 $\sigma_p\%$

当 $t=t_p$ 时，对应输出量的最大值 $y(t_p)=y_{max}$。将 $t_p=\dfrac{\pi}{\omega_d}$ 代入式（3.19）得

$$y_{max}=y(t_p)=1-\frac{1}{\sqrt{1-\xi^2}}\mathrm{e}^{-\xi\omega_n t_p}\sin(\omega_d t_p+\beta)=1+\mathrm{e}^{-\frac{\pi\xi}{\sqrt{1-\xi^2}}}$$

对于单位阶跃输入，系统的稳态值为 $y(\infty)=\lim\limits_{t\to\infty}y(t)=1$，由最大超调量的定义知

$$\sigma_p\%=\frac{y_{max}-y(\infty)}{y(\infty)}\times100\%=\mathrm{e}^{-\frac{\pi\xi}{\sqrt{1-\xi^2}}}\times100\% \tag{3.27}$$

又因为 $\tan\beta=\dfrac{\sqrt{1-\xi^2}}{\xi}$，最大超调量计算式为

$$\sigma_p\%=\mathrm{e}^{-\frac{\pi}{\tan\beta}}\times100\% \tag{3.28}$$

4. 调节时间 t_s

根据调节时间的定义，其计算式为

$$|y(\infty)-y(t_s)|=\left|\frac{1}{\sqrt{1\quad\xi^2}}\mathrm{e}^{-\xi\omega_n t_s}\sin(\omega_d t_s+\beta)\right|\leqslant\Delta$$

式中：误差范围 Δ 可根据系统对控制精度的要求取 0.05 或 0.02。

但是直接求解上式十分困难。考虑到 $\dfrac{1}{\sqrt{1-\xi^2}}\mathrm{e}^{-\xi\omega_n t}$ 是衰减正弦振荡曲线的包络渐近线，且有 $|\sin(\omega_d t+\beta)|\leqslant1$，因此可进行如下近似计算

$$\frac{1}{\sqrt{1-\xi^2}}\mathrm{e}^{-\xi\omega_n t_s}=\Delta$$

即

$$t_s=-\frac{1}{\xi\omega_n}\ln(\Delta\sqrt{1-\xi^2})$$

分析可得：调节时间 t_s 近似为

$$t_s\approx\frac{3}{\xi\omega_n}\quad(\Delta=\pm5\%)\ \text{或}\ t_s\approx\frac{4}{\xi\omega_n}\quad(\Delta=\pm2\%) \tag{3.29}$$

可以看出，t_s 近似与 $\xi\omega_n$ 成反比。在系统设计时，ξ 通常由要求的最大超调量决定，这样，调节时间 t_s 也就要由无阻尼自然振荡频率 ω_n 来决定。也就是说，在不改变超调量的情况下，可通过改变 ω_n 值来改变调节时间。

通过上面的分析，可以得出如下结论。

（1）阻尼比 ξ 是二阶系统的重要参数，由 ξ 的大小，可以判断二阶系统的动态品质。在过阻尼时，动态特性是单调变化的曲线，无超调量和振荡，但调节时间长，系统反应迟缓。当 $\xi\leqslant 0$ 时，系统的阶跃响应呈现等幅振荡或发散，系统无法正常工作。

（2）通常要使二阶系统工作在欠阻尼状态下。但 ξ 过小，则超调量大、振荡次数多、调节时间长，动态品质差。应该看到，超调量只与阻尼比 ξ 有关，因此，可根据允许的最大超调量来选择阻尼比 ξ。通常，阻尼比 ξ 一般选择在 0.4～0.8 之间，这样阶跃响应的最大超调量在 25%～1.5%之间。

（3）调节时间 t_s 近似与 $\xi\omega_n$ 成反比，在阻尼比 ξ 一定的情况下，可通过改变 ω_n 来改变动态响应的调节时间，ω_n 越大，调节时间越短。

【例 3.1】 已知某单位反馈系统的开环传递函数为 $G_k(s)=\dfrac{K}{s(1+Ts)}$，其中，$K=16$，$T=0.25$s，试求：

（1）该二阶系统的特征参数 ξ 和 ω_n。

（2）最大超调量 $\sigma_p\%$ 和调节时间 t_s。

（3）希望使最大超调量为 $\sigma_p\%=16\%$，在 K 不变时 T 的应取何值。

解 （1）该系统的闭环传递函数为

$$G(s)=\frac{G_k(s)}{1+G_k(s)}=\frac{K}{Ts^2+s+K}=\frac{K/T}{s^2+(1/T)s+K/T}$$

与二阶系统的标准形式

$$G(s)=\frac{\omega_n^2}{s^2+2\xi\omega_n s+\omega_n^2}$$

比较可知

$$2\xi\omega_n=\frac{1}{T}=4$$

$$\omega_n^2=K/T=64$$

可得 $\omega_n=8$(rad/s)，$\xi=0.25$。

（2）由式（3.27）可求得

$$\sigma_p\%=e^{-\frac{\pi\xi}{\sqrt{1-\xi^2}}}\times 100\%=44.4\%$$

由式（3.29）可得

$$t_s\approx\frac{3}{\xi\omega_n}=1.5\text{s}\quad(\Delta=\pm 5\%)\ 或\ t_s\approx\frac{4}{\xi\omega_n}=2\text{s}\quad(\Delta=\pm 2\%)$$

（3）因 $\sigma_p\%=16\%$，由式（3.27）可求得 $\xi=0.504$，而 $K=16$，由于有下面关系成立

$$2\xi\omega_n=\frac{1}{T}$$

$$\omega_n^2=K/T$$

可确定出 $T=\dfrac{1}{64\xi^2}=0.062$，$\omega_n=\dfrac{1}{2\xi T}=16.124$。

四、二阶系统的单位脉冲响应分析

输入信号为 $r(t)=\delta(t)$，其拉氏变换为 $R(s)=1$，二阶系统的输出响应为

$$y(t)=\mathscr{L}^{-1}[Y(s)]=\mathscr{L}^{-1}[R(s)G(s)]=\mathscr{L}^{-1}\left[\frac{\omega_n^2}{s^2+2\xi\omega_n s+\omega_n^2}\right]$$

(1) 欠阻尼与无阻尼情形，即：当 $0\leqslant\xi<1$ 时

$$y(t)=\frac{\omega_n}{\sqrt{1-\xi^2}}e^{-\xi\omega_n t}\sin(\omega_d t)\quad(t\geqslant0)\tag{3.30}$$

其中

$$\omega_d=\omega_n\sqrt{1-\xi^2}$$

(2) 临界阻尼情形，即：当 $\xi=1$ 时

$$y(t)=\omega_n^2te^{-\omega_n t}\qquad(t\geqslant0)\tag{3.31}$$

(3) 过阻尼时即：当 $\xi>1$ 时

$$y(t)=\frac{\omega_n}{2\sqrt{\xi^2-1}}\left[e^{-(\xi-\sqrt{\xi^2-1})\omega_n t}-e^{-(\xi+\sqrt{\xi^2-1})\omega_n t}\right]\quad(t\geqslant0)\tag{3.32}$$

假定 $\omega_n=1$，对不同的 ξ 取值，可画出如图 3 - 10 所示的单位脉冲响应曲线。由图可见，临界阻尼和过阻尼时的单位脉冲响应总是取正值。而欠阻尼情况的单位脉冲响应则是围绕横轴振荡，取值有正有负。

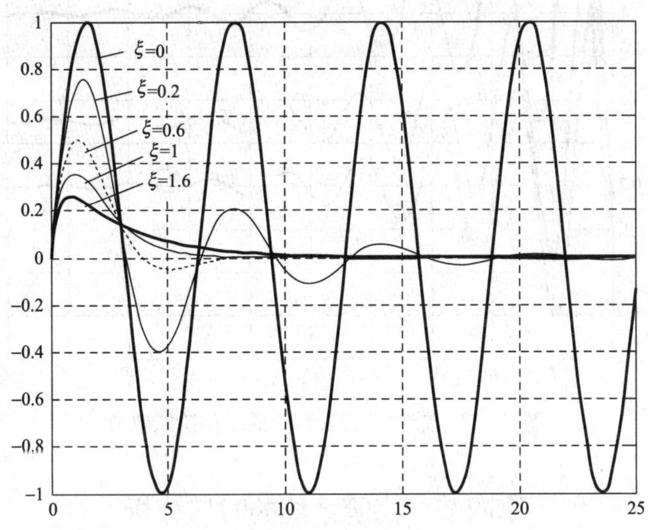

图 3 - 10　二阶系统的单位脉冲响应（$\xi\geqslant0$）

五、带零点的二阶系统单位阶跃响应分析

本节分析在闭环传递函数中含有零点的二阶系统，并分析闭环零点对其动态特性的影响。此外，计算二阶系统扰动对输出的闭环传递函数时，就常带有零点，因此分析带零点二阶系统的响应特性，就可由此来讨论系统的抗扰动性能的有关问题。下面只讨论在零初始条件下，且 $0<\xi<1$ 的情形。

与典型的二阶系统相比，在闭环传递函数中增加一个零点为 $s=-a(a>0)$，即

$$G(s)=\frac{\omega_n^2(s+a)}{s^2+2\xi\omega_n s+\omega_n^2}\tag{3.33}$$

当输入为单位阶跃信号时，$R(s)=\frac{1}{s}$，输出量的拉氏变换

$$\begin{aligned}Y(s)&=R(s)G(s)=\frac{1}{s}\times\frac{\omega_n^2(s+a)}{s^2+2\xi\omega_n s+\omega_n^2}\\&=\frac{\omega_n^2}{s^2+2\xi\omega_n s+\omega_n^2}+\frac{1}{s}\times\frac{a\omega_n^2}{s^2+2\xi\omega_n s+\omega_n^2}\end{aligned}$$

可解得

$$y(t)=\mathscr{L}^{-1}[Y(s)]=a-\mathrm{e}^{-\xi\omega_n t}\sqrt{\frac{\omega_n^2+2a\xi\omega_n+a^2}{1-\xi^2}}\sin(\omega_d t+\varphi) \tag{3.34}$$

其中

$$\varphi=\tan^{-1}\frac{a\sqrt{1-\xi^2}}{\omega_n+a\xi}$$

带零点二阶系统的单位阶跃响应曲线如图 3 - 11 所示，从响应曲线来看，附加的闭环零点，使系统的上升时间减小，快速性提高；但同时也会使超调量增大，稳定性变差。且闭环零点的位置离虚轴越近，零点的影响就越强，对系统快速性和振荡性的影响就越大。

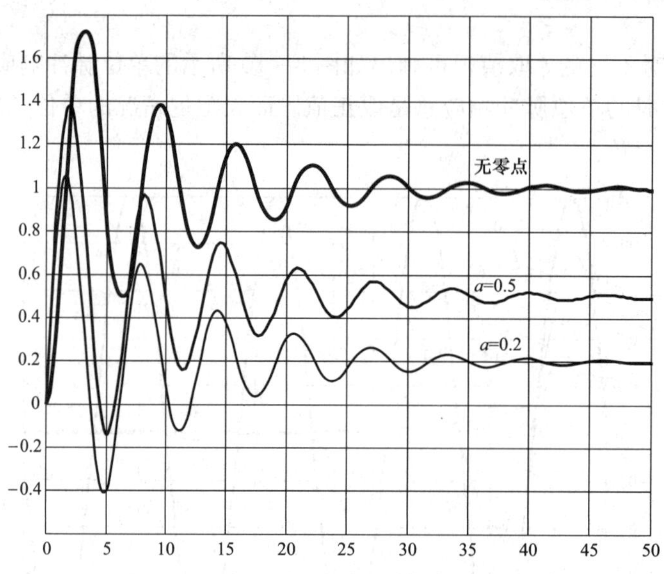

图 3 - 11 带零点二阶系统的单位阶跃响应

第四节 高阶系统的时域分析

实际的控制系统，其动态方程常呈现为高阶的微分方程，除非特殊情形，很难给出其解析形式的时域解，一般只能运用数字计算机给出近似的数值解。为使问题简化，常常需要忽略次要因素，将高阶系统降阶处理。本节主要运用第三节对二阶系统分析的结论，对高阶系统的动态特性作定性分析。然后，通过提出主导极点等重要概念，在一定条件下将高阶系统近似处理为低阶系统（通常为二阶或一阶系统）来进行定量分析。这种近似分析处理方法在实际应用中有重要的指导意义。

高阶系统闭环传递函数的一般形式为

$$G(s)=\frac{Y(s)}{U(s)}=\frac{b_0 s^m+b_1 s^{m-1}+\cdots+b_{m-1}s+b_m}{a_0 s^n+a_1 s^{n-1}+\cdots+a_{n-1}s+a_n} \quad (n>m) \tag{3.35}$$

其特征方程为

$$P(s)=a_0 s^n+a_1 s^{n-1}+\cdots+a_{n-1}s+a_n=0 \tag{3.36}$$

特征方程有 n 个特征根，系统的基本动态性能取决于这些根在 s 平面的分布情况。为讨论方便，设系统无重根，有 u 个实数根和 v 对共轭复根，有关系 $n=u+2v$。这样，系统的特征方程可以分解为 u 个一次因式项（$s+p_i$）和 v 个二次因式项（$s^2+2\zeta_j\omega_j s+\omega_j^2$）的乘积，即有

$$\begin{aligned} & a_0 s^n+a_1 s^{n-1}+\cdots+a_{n-1}s+a_n \\ & = a_0\prod_{i=1}^{u}(s+p_i)\prod_{j=1}^{v}(s^2+2\zeta_j\omega_j s+\omega_j^2) \quad (u+2v=n) \end{aligned} \tag{3.37}$$

可以看出，系统的闭环特征方程有 u 个实数根 $-p_i(i=1,2,\cdots,u)$ 和 v 对复数根

$$-\zeta_j\omega_j \pm \mathrm{j}\omega_j\sqrt{1-\zeta_j^2} \quad (j=1,2,\cdots,v)$$

系统具有 m 个互异的零点 $z_k(k=1,2,\cdots,m)$。

我们仅讨论系统稳定的情况，即 p_i，$\zeta_j\omega_j$ 都是正数。当输入为单位阶跃信号时，输出的拉氏变换式为

$$\begin{aligned} Y(s) &= \frac{b_0 s^m+b_1 s^{m-1}+\cdots+b_{m-1}s+b_m}{a_0 s^n+a_1 s^{n-1}+\cdots+a_{n-1}s+a_n}\frac{1}{s} \\ &= \frac{b_0}{a_0}\frac{\prod_{k=1}^{m}(s+z_k)}{\prod_{i=1}^{u}(s+p_i)\prod_{j=1}^{v}(s^2+2\zeta_j\omega_j s+\omega_j^2)}\frac{1}{s} \\ &= \frac{A_0}{s}+\sum_{i=1}^{u}\frac{A_i}{s+p_i}+\sum_{j=1}^{v}\frac{B_j s+C_j}{s^2+2\zeta_j\omega_j s+\omega_j^2} \end{aligned} \tag{3.38}$$

式中：A_0，A_i，B_j，C_j 都是进行部分分式展开所确定的常数。对上式进行拉氏反变换，得

$$\begin{aligned} y(t) &= A_0+\sum_{i=1}^{u}A_i\mathrm{e}^{-p_i t}+\sum_{j=1}^{v}\left[B_j\mathrm{e}^{-\zeta_j\omega_j t}\cos(\omega_{\mathrm{d}j}t)+\frac{C_j-B_j\zeta_j\omega_j}{\omega_{\mathrm{d}j}}\mathrm{e}^{-\zeta_j\omega_j t}\sin(\omega_{\mathrm{d}j}t)\right] \\ &= A_0+\sum_{i=1}^{u}A_i\mathrm{e}^{-p_i t}+\sum_{j=1}^{v}D_j\mathrm{e}^{-\zeta_j\omega_j t}\sin(\omega_{\mathrm{d}j}t+\beta_j) \end{aligned} \tag{3.39}$$

其中

$$\omega_{\mathrm{d}j}=\omega_j\sqrt{1-\zeta_j^2}$$

$$\beta_j=\tan^{-1}\frac{B_j\omega_{\mathrm{d}j}}{C_j-B_j\zeta_j\omega_j}$$

$$D_j=\sqrt{B_j^2+\left(\frac{C_j-B_j\zeta_j\omega_j}{\omega_{\mathrm{d}j}}\right)^2} \quad (j=1,2,\cdots,v)$$

可以看出，稳定的高阶系统，其单位阶跃响应曲线由稳态值 A_0、一系列衰减指数函数和指数衰减正弦振荡函数合成的。各衰减项在过渡过程中所起作用大小，完全取决于极点 p_i、由极点和零点决定的 $\zeta_j\omega_j$ 和幅值 A_i、D_j 的大小。

显然，p_i 和 $\zeta_j\omega_j$ 的取值越大，相应项衰减得就越快，反之则越慢。而 p_i 和 $\zeta_j\omega_j$ 对应着系统闭环特征根的负实部，就是系统闭环极点在 s 左半平面上离虚轴的距离。这就说明，如果某极点离虚轴越远，则相应的指数项衰减得越快，对系统动态过程的影响就越小。对系统过渡过程影响大的，是离虚轴最近的那些闭环极点。

衰减项中各项的幅值 A_i 和 D_j，则与闭环极点和闭环零点在 s 平面的分布位置都有关系。闭环零点对系统动态过程的影响就体现在这里。可以看出，极点位置离虚轴越远，相应项的幅值就越小，对系统动态过程的影响就小；如果某闭环极点与某闭环零点位置非常接

近，则对应项的幅值也很小，这一对零、极点对系统动态过程的影响也很小。

通过上面的分析，可得出如下的结论。

（1）高阶系统的动态特性，主要由系统中离虚轴很近（其他极点与虚轴的距离都是该极点与虚轴距离的5倍以上），且附近又无零点的那些闭环极点所决定。如果高阶系统有一个（或两个）这样的闭环极点，就可以近似认为，系统的动态特性主要由这一个（或两个）极点来确定，其他极点对系统的影响小到可忽略不计。这一个（或两个）极点称为高阶系统的**主导极点**。如果系统有一个主导极点，则可近似为一阶系统来处理；如果系统有两个主导极点，通常是共轭复数形式出现的，该系统可近似处理为由这一对主导极点确定的二阶系统。这样，高阶系统就近似处理为低阶系统，对其进行动态特性分析就非常方便。

（2）如果高阶系统虽然有一个或两个极点离虚轴较近，但不符合主导极点的条件，则高阶系统的动态特性只能运用经验公式来估计。可先按照主导极点的办法计算出近似值，再根据其他零、极点的情况作适当的修正。通常，零点的存在使系统的过渡过程加快，上升时间缩短，超调量加大，零点离虚轴越近，这种影响就越强。除主导极点外，其他极点会使系统的过渡过程减慢，上升时间增长而超调量减小。这些极点离虚轴越近，影响就越大。如果对系统动态特性影响大的零、极点在s平面的位置非常接近，则称为**偶极子**，因为它们的作用能相互抵消，所以总的影响可以忽略不计。

（3）如果所有的闭环极点都具有负实部，则随着时间的推移，系统的暂态分量会不断衰减，最后只剩下由极点所决定的稳态分量，这样的系统就称为稳定系统。

第五节　控制系统的稳定性分析

稳定性是控制系统设计中首先要考虑的问题。不稳定的系统根本无法正常工作，其动态特性和稳态特性更无从谈起。系统究竟在什么条件下会变成不稳定？如果系统不稳定，又应当如何调整参数或改变结构而使系统稳定下来呢？这些都是下面需要解决的问题。

一、绝对稳定性、相对稳定性和稳态误差

在控制系统的动态特性中，最重要的性能是**绝对稳定性**，即系统究竟是处于稳定的状态还是不稳定的状态。如果控制系统没有受到任何扰动，输入信号不变，系统输出量也不变地保持在某一状态上，则控制系统处于平衡状态。如果线性定常系统输入端受到有界的扰动作用，经足够长的调节时间后，其输出量最终又找到新的平衡状态，那么这种系统是稳定的，或者说系统处于稳定状态。如果线性定常系统的输出量呈现为持续不断的振荡过程，但也不发散，则称其为临界稳定。如果系统受到初始扰动作用后，其输出量无限地偏离了原来的平衡状态，则称该系统是不稳定的。处于临界稳定状态的系统，其状况也是很危险的，因为稍微受到一点干扰，系统就会失去稳定性，故多数情形也将临界稳定状态归于不稳定。

实际上，物理系统的输出量只能增大到一定的范围，此后或者受到机械制动装置的限制，或者系统遭到破坏，也可能当输出量超过一定数值后，系统变成非线性的，从而使线性微分方程不再适用。

除绝对稳定性外，对于系统的另外一些重要特性，我们也必须予以认真考虑。这些特性包括相对稳定性和稳态误差。即使是稳定的控制系统，其稳定的程度也不一样。对于稳定的

控制系统，通常也要保证有一定的稳定裕量，以免系统因扰动或模型摄动而很快趋于不稳定，这就是相对稳定性分析。当输入量作用于系统时，经足够长的时间后，系统的输出量在达到稳态时（$t\to+\infty$）如果与参考输入量不能完全吻合，则称系统具有稳态误差，它能体现控制系统的精确度。在分析控制系统时，既需要研究系统的暂态响应特性，又需要研究系统的稳态特性。

二、稳定性概念

控制系统的稳定性有多种定义，完整的运动稳定性理论是由俄国学者李雅普诺夫于1892年建立。这里仅从系统的激励与响应的关系上给出线性系统稳定性的定义。当不考虑扰动输入时，一个系统的响应可以看成是稳态响应和暂态响应两部分之和。这样，可以得到线性定常系统的稳定性、不稳定性和临界稳定性的概念。

（1）当时间趋于无穷大时，系统的暂态响应趋于零，则系统是稳定的。

（2）当时间趋于无穷大时，系统的暂态响应趋于无穷大，则系统是不稳定的。

（3）当时间趋于无穷大时，系统的暂态响应既不趋于无穷大，也不趋于零，能保持常数值或等幅振荡，则系统是临界稳定的。

通过分析可知，系统位于 s 左半开平面的极点会产生一个纯的指数衰减或有阻尼正弦振荡的暂态响应。当时间趋于无穷大时，它们会衰减为零。因此，当系统的闭环极点位于 s 左半开平面时，系统是稳定的。

在 s 右半平面的极点会产生指数增长项或振幅是指数增长的正弦振荡，当时间趋于无穷大时，这些暂态响应会趋于无穷大。因此，如果系统的闭环极点位于 s 平面的右半平面，则系统是不稳定的。考虑系统闭环极点为位于虚轴上的共轭虚根时，对应的暂态响应分量有 $A\cos(\omega t+\varphi)$ 的形式，一直呈现无阻尼振荡，这时系统是临界稳定的。故不稳定系统的传递函数，其极点至少有一个在 s 右半平面，或有在虚轴上的极点。

综上所述，只要知道系统的闭环极点在 s 平面的分布，就可以判别系统的稳定性了。也就是说，当且仅当所有闭环极点都位于左半 s 平面内时，控制系统才是稳定的；若存在虚轴上的极点，其余根都在 s 左半平面，则系统临界稳定；若存在 s 右半平面的极点，则闭环系统不稳定。

三、控制系统稳定的充分必要条件

闭环控制系统稳定的充分必要条件是：所有闭环极点的实部均为负数，或者说特征方程

$$a_0s^n+a_1s^{n-1}+\cdots+a_{n-1}s+a_n=0 \tag{3.40}$$

的 n 个特征根都位于 s 左半开平面。

四、劳斯稳定判据

用式（3.40）直接求取系统的全部特征根就可以确定闭环系统的稳定性，这是很自然的想法，但是当系统的阶次 n 较高时，确定上式的 n 个特征根不是一件容易的事情。当 $n\geqslant5$ 时，求取一元 n 次方程的 n 个根的解析解，几乎是不可能的，只能借助计算机辅助求得该方程 n 个根的数值解。

常用的判别控制系统稳定性的方法是采用代数判据，主要包括著名的劳斯稳定判据和古尔维茨稳定判据，分别是 Routh 于1877年和 Hurwitz 于1895年分别独立提出的，也常合称为劳斯—古尔维茨判据。劳斯稳定判据指出，在特征方程已知的情况下，是否存在不稳定根（即是指位于右半 s 平面内的特征根），不稳定根有几个，而不必实际求解这一方程式，只需

要根据特征方程的系数，通过代数运算，直接判别控制系统的闭环稳定性。

注意：代数判据只能处理闭环特征方程确知、且是一个代数方程的控制系统；代数判据只能用于有限维的系统中（即 n 是一个确定的正整数）。

1. 劳斯判据的内容

运用劳斯判据判别控制系统稳定性的步骤如下。

（1）写出 s 的下列多项式方程，即系统的闭环特征方程式

$$a_0 s^n + a_1 s^{n-1} + \cdots + a_{n-1} s + a_n = 0 \tag{3.41}$$

对于一个有实际物理意义的系统，特征方程的各项系数均为实数。这里还假定 $a_0 > 0$。

（2）应当保证所有系数都必须是正值。因为在至少存在一个正系数的情况下，还存在等于零或等于负值的系数，那么必然存在一个或多个具有正实部的根。因此，在这种情况下，系统是不稳定的。如果我们只对系统的绝对稳定性感兴趣，就没有必要按照下列步骤继续进行下去。

从下面的论证中可以看出，闭环特征方程所有系数都必须是正值，这是系统稳定的必要条件。一个具有实系数的 s 的多项式，总可以分解成线性的和二次的因子，如（$s+a$）和（s^2+bs+c）这种形式，式中 a、b 和 c 均为实数。线性因子产生的是实根，二次因子产生的则是共轭复根。只有当 b 和 c 都是正值时，因子（s^2+bs+c）才可能会给出有负实部的根。为了使所有的根都具有负实部，所有因子中的常数 a、b 和 c 等都必须是正值。任意个只包含正系数的线性因子和二次因子的乘积，必定也是一个具有正系数的多项式。

但这个条件，不是保证系统稳定的充分条件。也就是说，式（3.41）中的系数都存在，并且全都是正值，是系统稳定的必要但非充分条件（如果方程中的全部系数都是负的，则可以用 −1 乘方程的两边，使它们变成正的）。

（3）列写劳斯阵列表。如果所有的系数都是正的，则可以将多项式的系数排列成下列形式的行和列

$$\begin{array}{c|lllll}
s^n & a_0 & a_2 & a_4 & a_6 & \cdots \\
s^{n-1} & a_1 & a_3 & a_5 & a_7 & \cdots \\
s^{n-2} & b_1 & b_2 & b_3 & b_4 & \cdots \\
s^{n-3} & c_1 & c_2 & c_3 & c_4 & \cdots \\
s^{n-4} & d_1 & d_2 & d_3 & d_4 & \cdots \\
\vdots & \vdots & \vdots & & & \\
s^2 & e_1 & e_2 & e_3 & & \\
s^1 & f_1 & f_2 & & & \\
1 & g_1 & & & &
\end{array}$$

上述阵列称为劳斯阵列表。在劳斯阵列表中，新行形成的过程要一直持续到用完元素为止（总行数为 $n+1$）。系数 b_1，b_2，…根据下面的公式来求

$$b_1=-\frac{\begin{vmatrix}a_0 & a_2\\ a_1 & a_3\end{vmatrix}}{a_1}=\frac{a_1a_2-a_0a_3}{a_1}$$

$$b_2=-\frac{\begin{vmatrix}a_0 & a_4\\ a_1 & a_5\end{vmatrix}}{a_1}=\frac{a_1a_4-a_0a_5}{a_1}$$

$$b_3=-\frac{\begin{vmatrix}a_0 & a_6\\ a_1 & a_7\end{vmatrix}}{a_1}=\frac{a_1a_6-a_0a_7}{a_1}$$

$$\vdots$$

b 这行系数的计算要一直进行到其余的 b 值全部等于零时为止。再反复利用前两行系数由相同的方法可以计算 c、d、e 等行的系数，即

$$c_1=-\frac{\begin{vmatrix}a_1 & a_3\\ b_1 & b_2\end{vmatrix}}{b_1}=\frac{b_1a_3-a_1b_2}{b_1},\quad c_2=-\frac{\begin{vmatrix}a_1 & a_5\\ b_1 & b_3\end{vmatrix}}{b_1}=\frac{b_1a_5-a_1b_3}{b_1},\cdots$$

$$d_1=-\frac{\begin{vmatrix}b_1 & b_2\\ c_1 & c_2\end{vmatrix}}{c_1}=\frac{c_1b_2-b_1c_2}{c_1},\quad d_2=-\frac{\begin{vmatrix}b_1 & b_3\\ c_1 & c_3\end{vmatrix}}{c_1}=\frac{c_1b_3-b_1c_3}{c_1},\cdots$$

这个过程一直进行到第 $n+1$ 行算完为止，系数的完整阵列呈现为三角形。

劳斯稳定性判据指出：式（3.41）中具有正实部的根数，等于劳斯阵列中第一列系数符号的改变次数。因此，式（3.41）的所有根都位于左半 s 平面的充分和必要条件是式（3.41）的全部系数都是正值，并且劳斯阵列第一列中所有元素都为正。

因我们只关心劳斯阵列表第一列数据的正负，在阵列表的计算过程中，可以用任一个正数去除或乘某一整行，以简化其后的数值运算。因这样处理并不改变第一列元素的符号，也就不会改变稳定性结论。

【例 3.2】　设某系统闭环传递函数为 $G(s)=\frac{10}{s^5+12s^4+53.5s^3+115.5s^2+128s+65}$，判别该系统的稳定性。

解　（1）特征方程为

$$s^5+12s^4+53.5s^3+115.5s^2+128s+65=0$$

各项系数全为正数。

（2）列劳斯表为

s^5	1	53.5	128	
s^4	12	115.5	65	
s^3	526.5	1471	0	（×12）
s^2	81.97	65		
s	1053.5	0		
1	65			

可以看出，劳斯表第一列元素均为正数，闭环系统稳定。

经验证可知，该系统的特征根为-5，$-2.5\pm0.5j$，$-1\pm j$，显然所有特征根的实部都为负数，系统是稳定的。

2. 劳斯判据两种特殊情况的处理

（1）劳斯表的某行元素中第一个元素为零，其他元素不全为零。

由于第一个元素为零，劳斯表下一行的元素无法继续计算。为能继续计算下去，可选择一个无穷小的正数ε来代替这个零元素，从而使劳斯表计算进行下去。

【例 3.3】 设某系统闭环传递函数为$G(s)=\dfrac{10}{s^5+2s^4+3s^3+6s^2+5s+3}$，试判别该系统的稳定性。

解 （1）特征方程为

$$s^5+2s^4+3s^3+6s^2+5s+3=0$$

各项系数全为正数。

（2）列劳斯表为

$$\begin{array}{c|ccc}
s^5 & 1 & 3 & 5 \\
s^4 & 2 & 6 & 3 \\
s^3 & 0(\varepsilon) & 3.5 & 0 \\
s^2 & \dfrac{6\varepsilon-7}{\varepsilon} & 3 & \\
s & \dfrac{42\varepsilon-49-6\varepsilon^2}{12\varepsilon-14} & 0 & \\
1 & 3 & &
\end{array}$$

可以看出：小正数$\varepsilon>0$，而$\dfrac{6\varepsilon-7}{\varepsilon}<0$，$\dfrac{42\varepsilon-49-6\varepsilon^2}{12\varepsilon-14}>0$，劳斯表第一列元素符号改变两次，故该系统有两个极点在s右半平面，闭环系统不稳定。

（2）劳斯表某一行元素全为零。若劳斯表出现全零行，也不能继续向下计算。可以根据已构成的劳斯表部分，用全零行的上一行元素建立起辅助多项式，用该辅助多项式对s求导后的系数序列取代全零行，从而继续向下运算。

【例 3.4】 设某系统闭环传递函数为$G(s)=\dfrac{1}{s^5+7s^4+6s^3+42s^2+8s+56}$，试判别该系统的稳定性。

解 （1）该系统的特征方程为

$$s^5+7s^4+6s^3+42s^2+8s+56=0$$

各项系数全为正数。

（2）列劳斯表

$$\begin{array}{c|ccc}
s^5 & 1 & 6 & 8 \\
s^4 & 7 & 42 & 56
\end{array}$$

s^3	0（28）	0（84）	0
s^2	21	56	
s	9.33	0	
1	56		

由于第三行元素全为零，利用第二行元素，构造辅助多项式 $P(s)=7s^4+42s^2+56$，然后对 $P(s)$ 求导，得

$$\frac{\mathrm{d}P(s)}{\mathrm{d}s}=28s^3+84s$$

用上式的系数替代劳斯表内的全零行，继续向下计算劳斯表。由构造完成的劳斯表可知，因第一列全为正数，所以该系统没有极点在右半平面。但该系统并不处于稳定状态，而是呈现临界稳定状态。

之所以劳斯表出现全零行，是因为系统的特征多项式存在纯偶或纯奇的多项式因子。此时多项式的根会出现以下对称情况：① 根是实数且对称于原点；② 根是虚数且对称于原点；③ 根是复数且对称于原点。如［例 3.3］（s^4+6s^2+5）就是一个偶多项式，即多项式中仅含 s 的偶次幂。

劳斯表中出现全零行的另一个特性是全零行的上一行元素构成了特征多项式的偶多项式因子。因此，我们可以将其求导后的多项式系数来取代全零行。

五、古尔维茨代数判据

假设系统的特征多项式为

$$B(s)=a_0s^n+a_1s^{n-1}+\cdots+a_{n-1}s+a_n$$

有如下主行列式

$$H=\begin{vmatrix} a_1 & a_3 & a_5 & \cdots & a_{2n-1} \\ a_0 & a_2 & a_4 & \cdots & a_{2n-2} \\ 0 & a_1 & a_3 & \cdots & a_{2n-3} \\ \vdots & \vdots & \vdots & \ddots & \vdots \\ 0 & 0 & 0 & \cdots & a_n \end{vmatrix}$$

若系数的下标 i 为负或者大于 n 时，则 $a_i=0$。当且仅当行列式 H 及其对角线上各阶子行列式 H_i（$i=1，2，\cdots，n$）均为正，系统为稳定的；否则，控制系统不稳定。这个判据称为古尔维茨（Hurwitz）代数稳定性判据。其中，各阶子行列式为

$$H_i=\begin{vmatrix} a_1 & a_3 & a_5 & \cdots & a_{2i-1} \\ a_0 & a_2 & a_4 & \cdots & a_{2i-2} \\ 0 & a_1 & a_3 & \cdots & a_{2i-3} \\ \vdots & \vdots & \vdots & \ddots & \vdots \\ 0 & 0 & 0 & \cdots & a_i \end{vmatrix}\quad (i=1，2，\cdots，n)$$

显然有 $H_n=H$ 成立。

需要注意的是，当 n 较大时，古尔维茨稳定判据的计算量急剧增加，通常需要计算机辅助计算。

【例 3.5】 闭环系统的特征方程为 $s^4+11s^3+41s^2+61s+30=0$，用古尔维茨判据判别系统的稳定性。

解 列写主行列式为

$$H=\begin{vmatrix} 11 & 61 & 0 & 0 \\ 1 & 41 & 30 & 0 \\ 0 & 11 & 61 & 0 \\ 0 & 1 & 41 & 30 \end{vmatrix}$$

有 $H_1=|11|=11$，$H_2=\begin{vmatrix} 11 & 61 \\ 1 & 41 \end{vmatrix}=390$，$H_3=\begin{vmatrix} 11 & 61 & 0 \\ 1 & 41 & 30 \\ 0 & 11 & 61 \end{vmatrix}=20\,160$，$H_4=H=604\,800$，$H_1\sim H_4$ 均为正数，由古尔维茨判据可知该闭环系统是稳定的。

验证 $s^4+11s^3+41s^2+61s+30=(s+1)(s+2)(s+3)(s+5)=0$，闭环极点为－1，－2，－3，－5，都位于 s 左半平面，因此该闭环系统稳定。

六、谢绪恺—聂义勇稳定判据

该判据是谢绪恺于 1957 年提出，聂义勇于 1976 年加以完善的一种代数判据，它能较有效地判断系统的闭环特征根是否位于左半复数平面。

对多项式

$$F(s)=a_0s^n+a_1s^{n-1}+\cdots+a_{n-1}s+a_n \quad (n>3)$$

构造判定系数

$$C_i=\frac{a_{i-1}a_{i+2}}{a_ia_{i+1}} \quad (i=1,\ 2,\ \cdots,\ n-2)$$

则稳定的必要条件是判定系数 $C_i<1$；稳定的充分条件是 $C_i<0.465\,5$。也就是说，当有 $C_i>1$ 成立时，系统必然不稳定；当满足 $C_i<0.465\,5$ 时，系统必然是稳定的。

【例 3.6】 试用谢—聂判据判断例 3.5 的稳定性。

由构造系数 $C_1=\dfrac{1\times61}{11\times41}=0.135\,3$；$C_2=\dfrac{11\times30}{41\times61}=0.131\,9$，显然同时满足系统稳定的必要条件和充分条件，故该系统是闭环稳定的。

与劳斯判据和古尔维茨判据相比，谢—聂判据的计算量要小得多。但其缺点是若系统只满足稳定的必要条件但不满足充分条件，则无法确定系统的稳定性。但这并不能影响到谢—聂判据的重要性。因为从工程观点来看，这类系统即使是稳定的，其稳定范围也很小，闭环性能也差。人们宁可通过校正参数，使系统直接满足稳定的充分条件。

七、代数判据的应用

如果系统的闭环特征方程可设法求到，就可直接判别该闭环系统的稳定性，还可检验该系统是否满足一定的稳定裕量；如果闭环特征方程中有一个或几个待定参数，则可由判据给出参数的稳定范围或参数间应满足的关系。这就可在不求解闭环特征根的情况下，方便地讨论系统结构参数对稳定性影响。

1. 稳定裕量计算

直接运用代数判据判别稳定性，只是解决了控制系统绝对稳定性的问题。在处理实际问题的过程中，只判别系统是否稳定是不够的。如果某系统的特征根均有负实部，但有的特征根离虚轴（稳定边界）非常近，尽管满足稳定条件，但其动态性能指标较差，比如有较大的超调量和响应时间过长等。这样的系统，只要内部参数稍稍发生变化，就可能使特征根移动到虚轴或 s 右半平面，从而导致系统不稳定。因此，人们还希望知道系统闭环极点距稳定边界（虚轴）有多少裕量，这就是要解决相对稳定性的问题。代数判据在解决这一问题时，也是一种强有力的工具。

为了判别控制系统的闭环特征根是否都位于 s 平面中 $s=-a$ 的左侧，相当于进行坐标平移，将 s 平面的虚轴向左侧移动长度 a，即令

$$s=z-a \tag{3.42}$$

当 $z=0$ 时，有 $s=-a$。将 $s=z-a$ 代入系统的特征方程，得到一个新的关于 z 的特征方程，利用代数判据对这个新的特征方程进行判别，即可解决相对稳定性判别问题。这是因为新特征方程的所有根如果都位于 $z=0$ 左侧，就说明系统具有稳定裕量 a，也就保证了系统的闭环特征根都位于 s 平面中 $s=-a$ 的左侧。

【例 3.7】 已知系统的闭环特征方程为

$$s^4+8.5s^3+27.5s^2+40.5s+22.5=0 \tag{3.43}$$

试分析该系统是否所有闭环特征根都位于 $s=-1$ 的左侧。

解 令 $s=z-1$，代入式（3.43），展开并整理，得到关于 z 的特征方程为

$$z^4+4.5z^3+8z^2+7z+2=0$$

对上式用劳斯判据进行判别，列劳斯表如下

s^4	1	8	2	
s^3	4.5	7	0	
s^2	29	9		（×4.5）
s	162.5	0		（×29）
1	9			

因劳斯表第一列均大于零，因此该系统所有特征根都位于 $z=0$ 左侧，即都位于 $s=-1$ 左侧，系统具有稳定裕量 1。

2. 存在待定参数的情况下，确定使闭环系统稳定时要满足的条件

【例 3.8】 某单位反馈系统的开环传递函数为

$$G_k(s)=\frac{K}{s(1+0.1s)(1+0.2s)}$$

试求：(1) 使系统稳定的 K 值范围。

(2) 若要使闭环系统的所有特征根都位于 $s=-1$ 左侧，确定 K 的取值范围。

解 (1) 由 $1+G_k(s)=0$，整理出系统的特征方程为

$$0.02s^3+0.3s^2+s+K=0 \tag{3.44}$$

列写出该系统的劳斯阵列表

s^3	0.02	1
s^2	0.3	K

$$
\begin{array}{c|cc}
s & \dfrac{0.3-0.02K}{0.3} & 0 \\
1 & K &
\end{array}
$$

为使系统闭环稳定，只需要劳斯表的第一列全为正数，即

$$0.3-0.02K>0，K>0$$

因此，只要 $0<K<15$，该系统闭环稳定。

(2) 令 $s=z-1$，代入式（3.44）可得

$$0.02z^3+0.24z^2+0.46z+(K-0.72)=0$$

列写出该系统的劳斯阵列表

$$
\begin{array}{c|cc}
s^3 & 0.02 & 0.46 \\
s^2 & 0.24 & K-0.72 \\
s & \dfrac{0.1248-0.02K}{0.24} & 0 \\
1 & K-0.72 &
\end{array}
$$

为使系统闭环稳定，只需要劳斯表的第一列全为正数，即

$$0.1248-0.02K>0，K-0.72>0$$

因此，只要 $0.72<K<6.24$，该系统的所有特征根都位于 $s=-1$ 左侧。

第六节　控制系统的稳态误差分析

对于一个性能良好的控制系统，在稳定的基础上，不仅要求其具有比较好的动态性能，同时应兼具令人满意的稳态性能。全面分析误差的构成及其时间行为，尤其是稳态误差的计算，是评价系统的稳态性能和提高系统控制准确度的重要手段。

稳态误差是控制系统重要的时域指标，反映了控制系统控制精度的好坏。稳态误差仅对稳定的系统才有意义。经足够长的调节时间后，系统输出量的期望值与稳态值之间存在的误差，就是**稳态误差**，也称静差。影响系统稳态误差的因素很多，如系统的结构、系统的参数及输入量的形式等。稳态误差为零的系统称为**无差系统**，稳态误差不为零的系统称为**有差系统**。

为便于分析，按输入信号形式的不同，将控制系统的稳态误差分为**给定稳态误差**和**扰动稳态误差**。对于给定值不变的恒值系统，常用扰动作用下的稳态误差来衡量系统的稳态品质；对随动系统，给定值是变化的，要求输出量以一定的精度跟随给定值变化，因此给定作用下的稳态误差成为衡量随动系统稳态品质的指标。

应该看到，线性系统的稳态误差是给定稳态误差和扰动稳态误差之和。本节重点讨论计算和减少稳态误差的方法。计算稳态误差的依据是运用拉氏变换的终值定理。

一、稳态误差的概念及计算方法

带扰动输入的控制系统的典型结构如图 3－12 所示。图中，$r(t)$ 是系统的给定信号，为系统提供期望的控制规律；$n(t)$ 是系统的扰动信号。在给定和扰动的共同作用下，系统的实际输出 $y(t)$ 可能达不到其输出量的期望值。

在系统是稳定的前提下，经过足够长的调节时间后（$t\to\infty$），误差的暂态分量必然趋于

零，于是有

$$e_{ss}=\lim_{t\to\infty}e(t)$$

若 $sE(s)$ 在右半 s 平面及虚轴上解析［即 $sE(s)$ 的极点都位于左半 s 平面，包括坐标原点］，由拉氏变换的终值定理，系统的稳态误差由下式给出

$$e_{ss}=\lim_{t\to\infty}e(t)=\lim_{s\to0}sE(s) \tag{3.45}$$

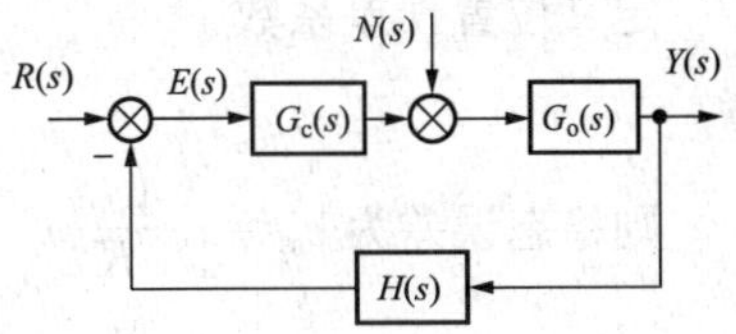

图 3-12　带扰动输入的控制系统

式（3.45）的重要性在于，要求取 $e(t)$ 的极限时，先给出 $e(t)$ 的解析表达式，求解过程很繁琐，甚至是不可能的。而求取 $e(t)$ 的拉氏变换式 $E(s)$ 则要容易得多。

分析可知，系统的控制偏差与给定值、干扰量之间有下面的关系

$$E(s)=\frac{1}{1+G_c(s)G_o(s)H(s)}R(s)-\frac{G_o(s)H(s)}{1+G_c(s)G_o(s)H(s)}N(s) \tag{3.46}$$

由式（3.46）知，在给定值和扰动量同时作用下，系统的误差由给定稳态误差 e_{ssr} 和扰动稳态误差 e_{ssn} 两部分组成，下面分别进行讨论。

二、按开环传递函数中积分个数的控制系统分类

当输入信号已经确定时，系统的稳态误差就取决于系统开环传递函数结构。下面我们按照系统跟踪不同输入信号的能力，对系统进行分类。

假定系统的开环传递函数的分子阶次为 m，分母阶次为 n，即

$$G_k(s)=\frac{K}{s^v}\frac{\prod_{j=1}^{m}(1+\tau_j s)}{\prod_{i=1}^{n-v}(1+\varphi_j s)} \tag{3.47}$$

式中：K 为开环增益；v 是系统开环传递函数中串联积分环节的个数，称为系统的型，或无差度。

按 v 取值不同，可对控制系统作如下分类：v—0，称系统为 0 型系统；v—1，称系统为 1 型系统；$v=2$，称系统为 2 型系统。因当 $v>2$ 时，系统通过难以稳定工作，这样的系统也极少见，故不对其进行讨论。

三、给定作用下的稳态误差

不考虑扰动作用时，即 $N(s)=0$，则偏差量 $e(t)$ 的拉氏变换为

$$E(s)=\frac{1}{1+G_k(s)}R(s) \tag{3.48}$$

式中：G_k 为系统的开环传递函数，$G_k(s)=G_c(s)G_o(s)H(s)$。

对稳定的控制系统，由拉氏变换的终值定理，给定输入单独作用下的稳态误差为

$$e_{ssr}=\lim_{s\to0}sE(s)=\lim_{s\to0}s\frac{1}{1+G_k(s)}R(s) \tag{3.49}$$

1. 单位阶跃信号输入

当 $R(s)=\frac{1}{s}$ 时，由式（3.49）可得到稳态误差为

$$e_{ss}=\lim_{s\to0}s\frac{1}{1+G_k(s)}\times\frac{1}{s}=\lim_{s\to0}\frac{1}{1+G_k(s)}$$

$$=\frac{1}{1+\lim_{s\to0}G_k(s)}$$

定义位置误差系数

$$K_p = \lim_{s \to 0} G_k(s) \tag{3.50}$$

则稳态误差为 $e_{ss} = \frac{1}{1+K_p}$

对 0 型系统：$v=0$，$K_p=K$，$e_{ss}=\frac{1}{1+K}$

对 1 型系统及 1 型以上的系统：$v=1, 2, \cdots$，$K_p=\infty$，$e_{ss}=0$

由此可知，对于单位阶跃输入，只有 0 型系统有稳态误差，其大小与开环增益近似成反比；而对 1 型系统及以上的系统，位置误差系数均为无穷大，稳态误差为零。

2. 单位斜坡信号输入

当 $R(s)=\frac{1}{s^2}$时，由式（3.49）可得到稳态误差为

$$e_{ss} = \lim_{s \to 0} s \frac{1}{1+G_k(s)} \times \frac{1}{s^2} = \lim_{s \to 0} \frac{1}{sG_k(s)}$$

定义速度误差系数

$$K_v = \lim_{s \to 0} sG_k(s) \tag{3.51}$$

则稳态误差为 $e_{ss} = \frac{1}{K_v}$

对 0 型系统：$v=0$，$K_v=0$，$e_{ss}=\infty$

对 1 型系统：$v=1$，$K_v=K$，$e_{ss}=\frac{1}{K}$

对 2 型系统及以上的系统：$v=2, 3, \cdots$，$K_v=\infty$，$e_{ss}=0$

由此可知，对于单位斜坡输入，0 型系统有无穷大的稳态误差，输出无法跟踪上输入信号；而对 1 型系统的输出可以跟踪输入，但有稳态误差，且误差与系统的开环增益成反比；对于 2 型及以上系统，速度误差系数为无穷大，稳态误差为零，说明输出可以很好地跟踪输入。

3. 单位抛物线信号输入

当 $R(s)=\frac{1}{s^3}$时，由式（3.49）可得到稳态误差为

$$e_{ss} = \lim_{s \to 0} s \frac{1}{1+G_k(s)} \times \frac{1}{s^3} = \lim_{s \to 0} \frac{1}{s^2 G_k(s)}$$

定义加速度误差系数

$$K_a = \lim_{s \to 0} s^2 G_k(s) \tag{3.52}$$

则稳态误差为 $e_{ss} = \frac{1}{K_a}$

对 0 型系统：$v=0$，$K_a=0$，$e_{ss}=\infty$

对 1 型系统：$v=1$，$K_a=0$，$e_{ss}=\infty$

对 2 型系统：$v=2$，$K_a=K$，$e_{ss}=\frac{1}{K}$

对 3 型系统及以上的系统：$v=3, 4, \cdots$，$K_a=\infty$，$e_{ss}=0$

由此可知，对 0 型系统和 1 型系统有无穷大的稳态误差，输出无法跟踪输入；而对 2 型

系统，输出可以跟踪输入，但有稳态误差，且误差与系统的开环增益成反比；对于3型及以上系统，加速度误差系数为无穷大，稳态误差为零。

系统的型别、稳态误差系数、稳态误差和典型输入信号间的关系见表3-1。

表3-1　系统的型别、稳态误差系数、稳态误差和典型输入信号之间的关系

系统类型	误差系数			典型输入信号下的稳态误差		
	K_p	K_v	K_a	阶跃信号 $A\cdot 1(t)$	斜坡信号 $B\cdot t$	抛物线信号 $\frac{1}{2}Ct^2$
0型系统	K	0	0	$\frac{A}{1+K_p}$	∞	∞
1型系统	∞	K	0	0	$\frac{B}{K_v}$	∞
2型系统	∞	∞	K	0	0	$\frac{C}{K_a}$

【例3.9】　如图3-13所示的系统，试计算其在不同典型输入时的稳态误差。

解　系统的开环传递函数为

$$G_k(s)=\frac{10}{s(s+2)(s+5)}=\frac{1}{s(1+0.5s)(1+0.2s)}$$

为1型系统，且开环增益为$K=1$。可得到系统的各误差系数为

$$K_p=\lim_{s\to 0}G_k(s)=\infty$$

$$K_v=\lim_{s\to 0}sG_k(s)=1$$

$$K_a=\lim_{s\to 0}s^2G_k(s)=0$$

因此有如下结论：

(1) 当输入为单位阶跃信号时，稳态误差为$e_{ss}=\frac{1}{1+K_p}=0$。

(2) 当输入为单位斜坡信号时，稳态误差为$e_{ss}=\frac{1}{K_v}=1$。

(3) 当输入为单位抛物线信号时，稳态误差为$e_{ss}=\frac{1}{K_a}=\infty$。

当然，由于系统是1型的，可利用前面的分析结果直接写出答案。

四、扰动作用下的稳态误差计算

系统除了给定输入信号之外，还有扰动信号输入。由于扰动量不会破坏系统闭环特征根的分布，因此扰动量的出现并不会破坏闭环系统原有的稳定性。但扰动信号破坏了系统输出和给定输入间的动态关系，使系统的调节时间延长、动态特性下降。控制系统一方面使输出保持与给定输入相一致，另外还要使干扰信号对输出的影响尽可能小，因此干扰对输出的影响反映了系统的抗干扰能力。计算系统扰动稳态误差的重要数学工具也是拉氏变换的终值定理。

仍以图3-12为例，当给定输入$r(t)=0$为零，扰动输入$n(t)$不为零时，偏差量的拉氏变换为

$$E(s)=-\frac{G_o(s)H(s)}{1+G_k(s)}N(s) \tag{3.53}$$

式中，$G_k(s)=G_c(s)G_o(s)H(s)$表示系统的开环传递函数。

对稳定的控制系统，由拉氏变换的终值定理，扰动输入作用下的稳态误差可由下式计算

$$e_{ssn}=\lim_{s\to0}sE(s)=-\lim_{s\to0}\frac{sG_o(s)H(s)}{1+G_k(s)}N(s) \tag{3.54}$$

由式（3.54）可知，系统的扰动误差取决于系统的结构和扰动量。

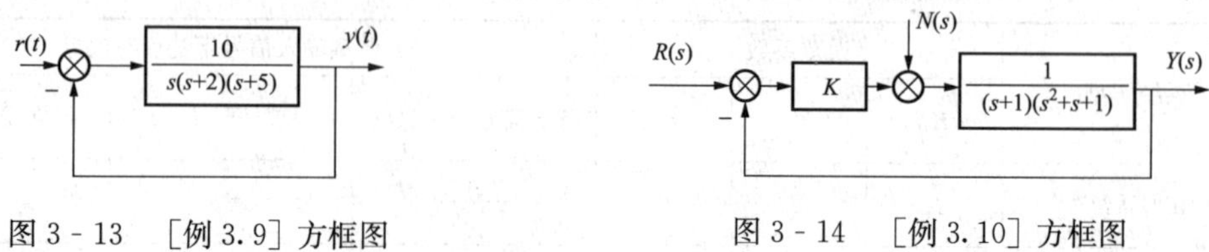

图 3 - 13 ［例 3.9］方框图　　　图 3 - 14 ［例 3.10］方框图

【例 3.10】 系统方框图如图 3 - 14 所示，$n(t)=0.5\times1(t)$，要求扰动稳态误差 $|e_{ssn}|\leqslant 0.2$，试确定 K 的取值范围。

解 运用劳斯判据，可以确定系统稳定的 K 取值范围为 $-1<K<3$。由已知扰动 $N(s)=\frac{0.5}{s}$，先求偏差的拉氏变换

$$E(s)=-\frac{N(s)\frac{1}{(s+1)(s^2+s+1)}}{1+K\frac{1}{(s+1)(s^2+s+1)}}=-\frac{0.5}{s}\frac{1}{s^3+2s^2+2s+K+1}$$

因此，扰动稳态误差为

$$e_{ssn}=\lim_{s\to0}sE(s)=-\frac{0.5}{K+1}$$

根据要求 $|e_{ssn}|\leqslant0.2$，有

$$\frac{0.5}{K+1}\leqslant0.2 \quad K\geqslant1.5$$

综上所述，可知既满足稳态误差要求，又能保证系统稳定的 K 的取值范围是 $1.5\leqslant K<3$。

五、设计补偿环节减小稳态误差

为进一步减小给定和扰动稳态误差，可以人为地引入与扰动或给定值有关的补偿信号，以提高系统的控制精度，减小误差。这种控制又称复合控制或前馈控制或顺馈控制。具体的设计方法有下面两种。

1. 对扰动的补偿设计

按扰动前馈补偿的前馈控制设计如图 3 - 15 所示。图中，$N(s)$ 为扰动，$G_2(s)$ 能表示原系统中扰动对输出的影响。前馈控制器 $G_A(s)$ 是人为加上的补偿通道，目的是抵消扰动对系统产生的影响。带补偿的系统中，扰动对输出的影响为

$$Y_n(s)=N(s)\frac{G_2(s)+G_A(s)G_1(s)G_2(s)}{1+G_1(s)G_2(s)H(s)} \tag{3.55}$$

为实现对干扰的完全补偿，因此只要

$$G_2(s)+G_A(s)G_1(s)G_2(s)=0$$

即

$$G_A(s)=-\frac{1}{G_1(s)} \tag{3.56}$$

可满足 $Y_n(s)=0$。

但从物理可实现方面来看，$G_1(s)$ 的分母阶次高于分子，因而 $G_A(s)$ 的分母阶次低于分子，物理实现难度非常大。因此只要近似处理后，实现扰动的部分补偿，满足工程的要求即可。

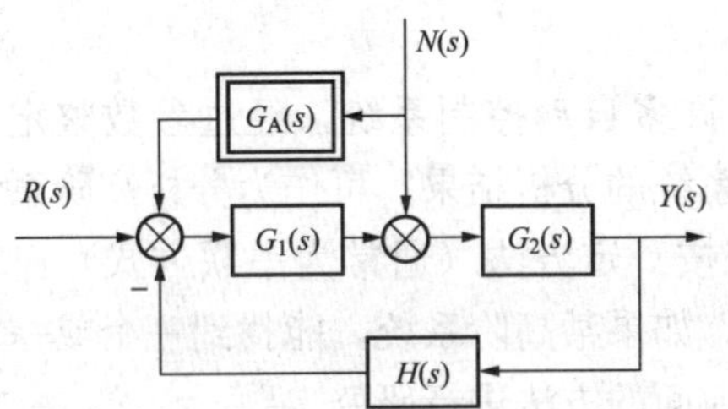

图 3 - 15　对扰动进行补偿的前馈控制设计

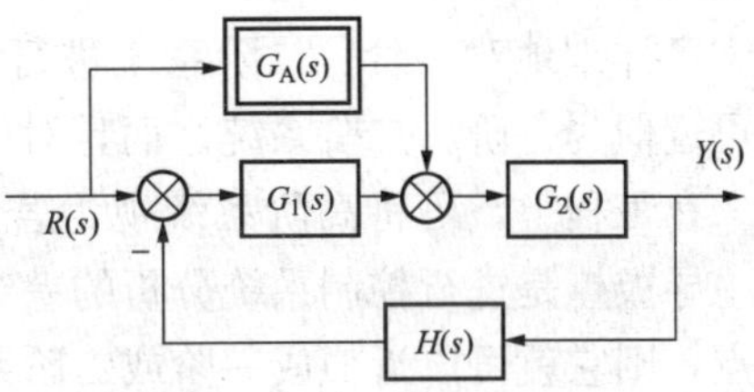

图 3 - 16　对输入进行补偿的控制系统

2. 对给定输入进行补偿设计

图 3 - 16 是对输入进行补偿的设计方案，$G_A(s)$ 是前馈装置的传递函数。输出 $Y(s)$ 为

$$Y(s)=R(s)\frac{[G_A(s)+G_1(s)]G_2(s)}{1+G_1(s)G_2(s)H(s)} \tag{3.57}$$

误差 $E(s)$ 为

$$E(s)=R(s)-Y(s)H(s)=R(s)\frac{1-G_A(s)G_2(s)H(s)}{1+G_1(s)G_2(s)H(s)}$$

要实现对误差的全补偿，可令上式的 $E(s)=0$，即

$$G_A(s)=\frac{1}{G_2(s)H(s)} \tag{3.58}$$

同样的，这也只是理想的结果，实现全补偿的难度较大。式（3.58）在工程上只要近似处理后，满足实际要求即可。

以上两种补偿方法中，补偿器都是在闭环之外。这样，在设计系统时，一般先按稳定性和动态性能要求来设计闭合回路，然后再按稳态精度要求设计补偿器，从而很好地解决稳态精度和稳定性、动态性能对系统不同要求之间的矛盾。在设计补偿器时，还要考虑到系统模型和参数的误差，以及周围环境和使用条件的变化，注意在设计前馈补偿器时要保证有一定的裕量，以便有满意的补偿效果。

小　　结

本章的时域分析法研究了单输入单输出的线性定常系统。借助拉氏变换这个数学工具，通过求解系统在典型输入信号作用下的时间响应，来直接分析动态系统性能好坏。这种方法具有直观、简便的特点。

经常用到的典型信号有阶跃信号、速度信号、加速度信号和正弦信号。时域分析法最常用的信号是阶跃信号，它能较好地代表生产现场变动剧烈的输入信号。如果系统受到阶跃输入扰动后，输出响应能满足预定的性能指标要求，则受到其他类型的输入信号后，输出响应通常也能满足一定的性能指标。正弦输入信号是对控制系统进行频域分析的主要输入信号，在第五章再加以详细讨论。

对系统性能优劣进行比较时，要通过对不同系统之间指标的计算来进行，这些指标要求是定量的、可计算的。时域性能指标主要有动态性能指标和稳态性能指标两类，还有二次型性能指标，分别适用于不同场合。稳态性能指标主要就是指稳态误差（也叫静差）e_{ss}，动态性能指标有 t_r，t_p，t_s 和 $\sigma_p\%$等。对于稳定的振荡环节，还有 ψ 和 m 等。对于一阶系统或过阻尼系统则只有 t_r，t_s 和 e_{ss}。

本章详细地对一阶、二阶系统进行时域分析。许多自动控制系统，经过参数整定、调试，可近似为一阶、二阶系统。而且对一阶、二阶系统的分析结果，可作为分析高阶系统的基础。在工程上，可将高阶系统视为若干低阶系统按一定方法（通常为串联方式）连接而成。主导极点是进行控制系统分析的一个重要概念。如果某高阶系统，能找到一个或一对主导极点，则它就可以近似成一阶或二阶系统，借助前面的方法进行研究。

对控制系统的基本性能要求是保证整个闭环系统的稳定性。在此基础上，还要分析系统的动态、稳态特性是否满足要求。

稳定性是系统正常工作的先决条件，闭环系统的极点（即系统的闭环特征根）在根平面（s 平面）的分布，决定了系统的稳定性。闭环的线性连续系统稳定的充分必要条件是：闭环极点全部位于 s 平面的左半开平面。分析控制系统的稳定性有时域的代数判据（劳斯—古尔维茨判据）和频域的奈奎斯特判据，还有李雅普诺夫方法。应该说，本章中所涉及的代数判据已经能解决很大一部分控制系统稳定性分析问题。

稳态误差是重要的一个性能指标，能分析系统控制作用的精确程度。误差信号 $e(t)$ 的解析形式通常是非常复杂，甚至是不可求的，但其拉氏变换式 $E(s)$ 则相对较容易求得。因此对系统进行稳态误差分析的要点是利用拉氏变换的终值定理，从而找到简便的求解方法。有必要记住控制系统稳态误差分析的几个重要结论，即根据系统的类型（0 型、1 型、2 型）及典型输入信号的不同，用稳态误差系数（K_p，K_v，K_a）来计算稳态误差。分析扰动稳态误差时也可按类似方法进行讨论。

习　　题

3.1 某二阶系统的传递函数为

$$G(s)=\frac{Y(s)}{R(s)}=\frac{\omega_n^2}{s^2+2\xi\omega_n s+\omega_n^2}$$

要求在单位阶跃输入信号作用下，输出响应 $y(t)$ 的最大超调量 $\sigma_p\leqslant 5\%$，并且当允许稳态误差范围 $\Delta=\pm 2\%$时的过渡过程时间 $t_s=2\text{s}$，试确定该系统的 ξ 和 ω_n 各为何值？

3.2 设系统的单位阶跃响应为

$$y(t)=1+0.2\mathrm{e}^{-60t}-1.2\mathrm{e}^{-10t}$$

试完成：

（1）求该系统的闭环传递函数。

（2）求系统的阻尼比 ξ 和自然振荡频率 ω_n。

3.3 已知单位反馈系统的开环传递函数为

$$G_k(s)=\frac{K}{s(0.1s+1)}$$

试完成：

(1) 计算 $K=10$ 的系统参数 ξ，ω_{n}。

(2) 当输入为单位阶跃信号时，计算系统的单位阶跃响应性能指标上升时间、峰值时间、最大超调量、调节时间。

3.4　当满足零初始条件时，某系统单位阶跃响应为 $y(t)=1-\mathrm{e}^{-2t}+\mathrm{e}^{-t}$，试求系统的传递函数和单位脉冲响应。

3.5　二阶系统单位阶跃响应曲线如图 3-17 所示，试确定系统开环传递函数（设系统为单位负反馈结构）。

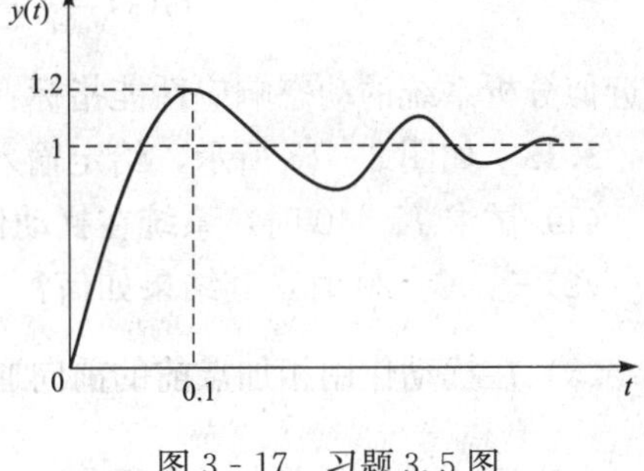

图 3-17　习题 3.5 图

3.6　已知闭环系统特征方程如下，试用劳斯判据或古尔维茨判据判定系统的稳定性及根的分布情况：

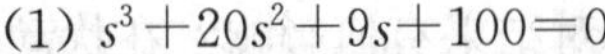

(1) $s^3+20s^2+9s+100=0$

(2) $s^4+8s^3+18s^2+16s+5=0$

(3) $s^4+s^3+0.5s^2+1.25s+1.5625=0$

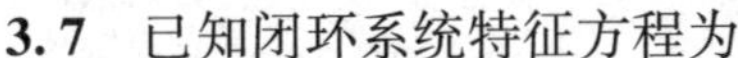

3.7　已知闭环系统特征方程为

(1) $s^4+20s^3+15s^2+2s+K=0$

(2) $s^4+4s^3+13s^2+36s+K=0$

试确定参数 K 的取值范围，确保闭环系统稳定。

3.8　已知单位反馈系统的开环传递函数为 $G_{\mathrm{k}}(s)=\dfrac{100}{s+10}$，当系统输入 $r(t)=5\times 1(t)$ 时，试计算系统的输出响应 $y(t)$ 和稳态误差。

3.9　单位负反馈系统的开环传递函数为

$$G_{\mathrm{k}}(s)=\frac{K}{s(as+1)(bs^2+cs+1)} \tag{3.59}$$

试求：

(1) 位置误差系数、速度误差系数和加速度误差系数。

(2) 当参考输入为 $R\cdot 1(t)$，$Rt\cdot 1(t)$，$Rt^2\cdot 1(t)$ 时的系统稳态误差。

3.10　设单位负反馈系统的开环传递函数为

$$G_{\mathrm{k}}(s)=\frac{15}{s(1+0.1s)(1+T_{\mathrm{c}}s)}$$

试确定系统稳定时 K 的取值范围。

3.11　设单位负反馈系统的开环传递函数为

$$G_{\mathrm{k}}(s)=\frac{K}{(s+1)(s+1.5)(s+2)}$$

试确定使系统闭环特征根都位于 $s=-1$ 线的左侧时，K 的取值范围。

3.12　已知单位反馈系统的开环传递函数为 $G_{\mathrm{k}}(s)=\dfrac{10}{s(s+1)(2s+3)}$，在输入 $r(t)=1+2t$ 时，试计算系统的稳态误差系数和稳态误差。

3.13　已知单位负反馈系统的开环传递函数为 $G_{\mathrm{k}}(s)=\dfrac{K}{s(s+10)}$，若系统单位阶跃响应

的超调量 $\sigma_p\%\leqslant 16.3\%$；误差 $e(t)=r(t)-y(t)$，当输入 $r(t)=(10+t)\cdot 1(t)$ 时，其稳态误差 $e_{ss}\leqslant 0.1$。试求：

(1) K 值。

(2) 单位阶跃响应的调节时间 t_s。

(3) 当 $r(t)=(10+t+t^2)\times 1(t)$ 时的稳态误差 e_{ss}。

3.14 已知闭环系统的传递函数为

$$G(s)=\frac{1301(s+4.9)}{(s^2+5s+25)(s+5.1)(s+50)}$$

试近似分析系统的动态响应性能指标：超调量 $\sigma_p\%$ 和调节时间 t_s。

3.15 如图 3-18 所示，给定输入 $r(t)=1(t)$，扰动输入 $n(t)=2\cdot 1(t)$。

(1) 试求 $K=40$ 时，系统在扰动作用下的稳态输出和稳态误差。

(2) 若 $K=20$ 时，其结果如何？

(3) 在扰动作用相加点前的前向通道中引入积分环节 $\frac{1}{s}$，对结果有何影响？在扰动作用相加点之后的前向通道中引入积分环节 $\frac{1}{s}$，结果又如何？

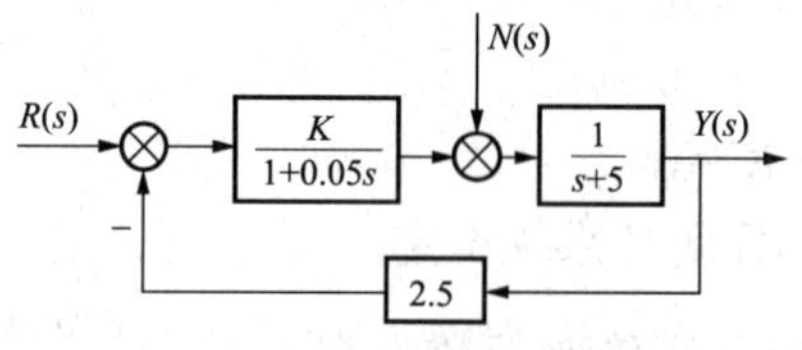

图 3-18 习题 3.15 图

第四章　控制系统的根轨迹分析

通过对前面课程的学习我们知道，系统的稳定性和动态性能与闭环极点在 s 平面上的位置密切相关。当闭环系统无零、极点相消的情况时，闭环特征方程式的根就是闭环系统传递函数的极点。能有效地确定系统闭环特征根的分布位置是十分必要的，尤其是开环传递函数中有待定参数的情形。在分析和设计控制系统时，经常要研究一个或几个参量在一定范围内连续变化时，对闭环极点位置及系统性能所产生的影响。要得到闭环极点的解析解，对于一、二阶系统来说还比较容易得到，对于三阶及以上的高阶系统就不是一件容易的事情。当某参量（如比例控制器的增益 K_p）变化时，甚至要进行反复计算，分析与设计的难度非常大。上一章并没有讨论待定参数变化（包括被控对象和控制器等）对闭环特征根的影响。

伊文思（W. R. Evans）于 1948 年提出了求解系统特征方程式根的一种实用的图解法——根轨迹法。根据这种方法，可以在已知系统开环零、极点的情况下，能绘制系统的闭环特征根在 s 平面上随待定参数变化而运动所经过的轨迹。根轨迹法具有简便、直观、物理概念清晰的特点，既适用于单回路系统，也适用于多回路系统。借助于计算机强大的运算和图形处理能力，还可大大减轻手工绘图与计算的工作量。根轨迹法是经典控制理论中一种基本的研究方法，与频域分析法互为补充，在控制工程中得到广泛应用。

第一节　根轨迹的基本概念

所谓的根轨迹，是指当系统某个参数（如开环增益 K）由零变化到无穷大时，闭环特征根在 s 平面上移动所经过的运动轨迹。下面先通过求解闭环特征方程式的根，得到一个二阶系统的根轨迹，然后再讨论一般的情况。

以如图 4 - 1 所示的带可变参数的二阶系统为例，假定其开环传递函数为

$$G_k(s)=\frac{K}{s(s+2)} \tag{4.1}$$

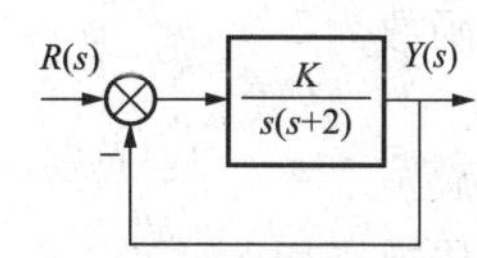

图 4 - 1　带可变参数的二阶系统

有两个开环极点 $p_1=0$，$p_2=-2$，没有开环零点；K 为可变的开环增益，其变化范围为 $0\to+\infty$。

该系统的闭环传递函数为

$$G(s)=\frac{Y(s)}{R(s)}=\frac{G_k(s)}{1+G_k(s)}=\frac{K}{s^2+2s+K} \tag{4.2}$$

于是，闭环特征方程为

$$s^2+2s+K=0 \tag{4.3}$$

由求根公式容易得到此系统的闭环特征根为

$$s_{1,2}=-1\pm\sqrt{1-K} \tag{4.4}$$

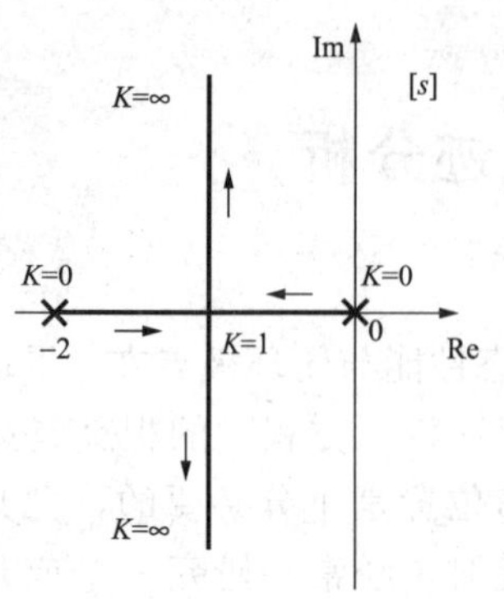

图 4-2　图 4-1 中系统的根轨迹

可见，当 K 由零到无穷大变化的过程中，控制系统的闭环特征根在 s 平面上的位置也不断随之改变。当 $0\leqslant K<1$ 时，闭环特征根是位于 0 和 -2 之间的实数；当 $K=1$ 时，是位于 -1 处的两个相同的实根；当 $K>1$ 时，则成为实部为 -1 的共轭复根，其虚部随着 K 的增加而增加。这样，随着开环增益 K 的不断变化，就可以绘制出此二阶系统闭环特征根在 s 平面上随之运动的轨迹，如图 4-2 所示，图中箭头方向就是 K 增大的方向。

从上面的例子可以看出，根轨迹就是系统闭环特征方程的根随系统中待定参数的变化在 s 平面上运动的轨迹。利用根轨迹，可以很方便地分析系统中参数变化对闭环极点分布的影响，从而掌握参数变化与系统性能的关系；另一方面，还可以根据系统性能指标要求确定参数调整的方向，使闭环极点位于期望的位置上。

注意：根轨迹中的可变参数可以是系统特征方程中的任何参数。例如上面的例子中可以将开环增益 K 固定而取其中惯性时间常数为可变参数，也可以绘制出相应的根轨迹。称以系统开环增益为可变参量绘制的根轨迹为**常规根轨迹**，以其他参量为可变参量绘制的根轨迹为**参数根轨迹**。

上述二阶系统的根轨迹是直接求解特征方程的根而得到。对于高阶系统，一般无法得到这种显式的求根公式，实际绘制根轨迹都是通过分析根轨迹应满足的条件而间接得到的。

第二节　绘制根轨迹的条件和基本规则

一、绘制根轨迹的基本条件

一般地，设负反馈控制系统的方框图如图 4-3 所示，其闭环传递函数为

$$G(s)=\frac{G_0(s)}{1+G_0(s)H(s)} \tag{4.5}$$

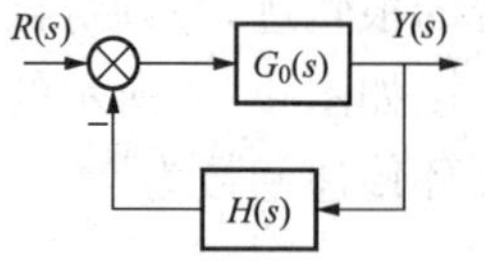

图 4-3　负反馈控制系统

令开环传递函数为

$$G_k(s)=G_0(s)H(s) \tag{4.6}$$

绘制根轨迹就是求解系统特征方程

$$1+G_k(s)=0 \tag{4.7}$$

的根。将特征方程改写为

$$G_k(s)=-1 \tag{4.8}$$

我们称式 (4.8) 为**根轨迹方程**。凡是能写出根轨迹方程的系统，就可以用根轨迹方法进行性能分析。比如对于多回路系统，可利用信号流图的概念，用梅逊公式写出其特征式

$$\Delta(s)=1-\sum_a L_a+\sum_{b,c}L_bL_c-\sum_{d,e,f}L_dL_eL_f+\cdots=1+F(s) \tag{4.9}$$

由于可将 $F(s)$ 看成是 $G_k(s)$，从而可将特征方程写成式（4.7）的形式，进而得到式（4.8）形式的根轨迹方程。我们称 $F(s)$ 为**等效开环传递函数**。

开环传递函数 $G_k(s)$ 都可写为下面的零极点模型形式

$$G_k(s)=\frac{K_g\prod_{j=1}^{m}(s+z_j)}{\prod_{i=1}^{n}(s+p_i)} \tag{4.10}$$

式中：$-z_j(j=1, \cdots, m)$，$-p_i(i=1, \cdots, n)$ 分别表示系统开环传递函数的零点和极点；K_g 表示可由开环增益 K 确定的**根轨迹增益**，与下式

$$G_k(s)=\frac{K\prod_{j=1}^{m}(1+\tau_j s)}{\prod_{i=1}^{n}(1+\varphi_j s)} \tag{4.11}$$

相比较，可得到 K_g 与开环增益 K 之间的关系为

$$K_g=K\frac{\prod_{i=1}^{n}p_i}{\prod_{j=1}^{m}z_j} \tag{4.12}$$

显然，凡满足式（4.8）的 s 值都是根轨迹上的点。根轨迹方程是一个向量方程，显然等式两边的幅值和相角应分别相等，即应同时满足下面的两个条件

（1）幅值条件

$$|G_0(s)H(s)|=1 \tag{4.13}$$

（2）相角条件

$$\angle G_0(s)H(s)=\pm(2k+1)\pi \quad k=0,1,2,\cdots \tag{4.14}$$

依据这两个条件，可以推导出根轨迹的一般性质和基本绘制规则，然后就可以在这些规则的指导下绘制根轨迹了。

二、绘制常规根轨迹的基本规则

利用前面得到的绘制根轨迹的基本条件，可将求解闭环特征根的问题转化为对开环传递函数幅值和相角的要求。为便于幅值和相角的计算，在绘制根轨迹时，开环传递函数常采用的是式（4.10）形式的零极点模型。

由 $1+G_k(s)=0$，可得到幅值条件和相角条件分别为

$$\frac{\prod_{j=1}^{m}|s+z_j|}{\prod_{i=1}^{n}|s+p_i|}=\frac{1}{|K_g|} \tag{4.15}$$

$$\sum_{j=1}^{m}\angle(s+z_j)-\sum_{i=1}^{n}\angle(s+p_i)=(2k+1)\pi \tag{4.16}$$

式中：k 为整数；Π 表示连乘的符号，Σ 表示连续求和的符号。

由式（4.16）可以看出，相角条件与系数 K_g 无关，因此 s 平面上所有满足相角条件的点都属于根轨迹。而根轨迹上各点所对应的系数 K_g 的值则可由幅值条件式（4.15）来

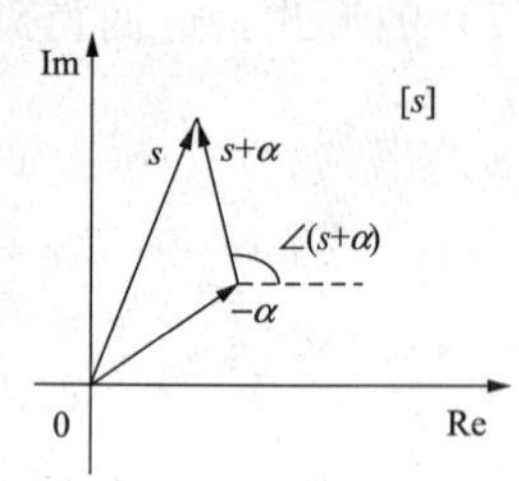

图 4-4 相角条件的几何解释

确定。

因$\angle(s+\alpha)$表示从点$(-\alpha)$指向 s 点的向量倾角，如图 4-4 所示。因此，相角条件式（4.16）的左侧各式就是从各个开环零点$(-z_j)$指向点 s 的向量倾角的总和减去从各个开环极点$(-p_i)$指向点 s 的向量倾角总和。如果这个差值等于$(2k+1)\pi$，即指向正左方，则该点 s 恰好位于根轨迹上；否则该点就不属于根轨迹。为便于记忆，相角条件式（4.16）可表示为

$$\sum \text{各零点指向轨迹点的倾角} - \sum \text{各极点指向轨迹点的倾角} = \text{指向正左方}$$

幅值条件的几何意义是：将各个开环极点$(-p_i)$指向根轨迹上 s 点的向量长度之积，除以各个开环零点$(-z_j)$指向点 s 的向量长度之积，所得的商就是点 s 所对应的系数 K_g 的值。

另外，将满足相角条件的 s 点代入幅值条件中，总可得到一个对应的 K_g 值，也就是说，满足相角条件的 s 值，必然也满足幅值条件。因此，相角条件是绘制根轨迹的充分必要条件。要想绘制出系统的根轨迹图，只需依据相角条件就可以了。当要确定根轨迹上各个点所对应的 K_g 值时，才使用到幅值条件。

下面就讨论系统闭环特征根随根轨迹增益 K_g 变化而运动生成的根轨迹。当 K_g 是从 0 连续变化到$+\infty$，这种根轨迹称为**常规根轨迹**，又称 180°**根轨迹**。通常，根轨迹的绘制步骤是：先根据绘制规则进行计算，依据计算结果，了解根轨迹的大致走向；再选择适当的坐标进行绘制，在局部区域结合试探法找到尽可能多的满足式（4.16）的根轨迹点，将这些点连成光滑曲线就得到了根轨迹曲线。

规则一 根轨迹是连续的，而且对称于实轴。

系统的开环零极点与闭环零极点都是实数或共轭复数对，它们在 s 平面上的分布也是关于实轴对称的。因如果系统的闭环复数极点不是以共轭对的形式出现时（即复数极点不对称于实轴），由此产生的特征多项式中就会出现复数系数，从而成为一种不可物理实现的无意义系统。因此，物理可实现的实际系统，其根轨迹一定是对称于实轴的。

利用这一性质，可以只绘制出实轴上侧的那一半根轨迹，实轴下侧的根轨迹则可由对称性给出。

规则二 根轨迹各分支起始于开环极点，终止于开环零点（包括无穷远处的开环零点）。根轨迹的分支数等于开环极点数。

当系统的增益改变时，每一个闭环极点都会在 s 平面移动。每一个闭环极点移动时经过的路径称为分支。根轨迹的分支数就是闭环特征方程的阶数。一般开环极点的数目不小于开环零点的数目，且闭环特征方程的阶次等于开环极点数，所以根轨迹的分支数等于开环极点数。

根轨迹的起点，就是 $K\to 0$ 时的闭环极点，而根轨迹的终点就是 $K\to\infty$ 时的闭环极点。分析可知，n 阶系统的 n 条根轨迹分别起始于各自开环极点，其中 m 条终止于有限的开环零点，其余 $n-m$ 条终止于其余的无穷远处开环零点（简称无穷零点）。

规则三 实轴上根轨迹的分布。

当实轴某处的右侧的开环实零点与实极点数目之和为奇数时，该实轴段是根轨迹的一部分。

利用幅角条件就可以推导出规则三。

注意： 在统计开环零极点个数时，一定要注意对重零点、重极点的个数计算，比如二重极点应算两个，三重极点应算为三个等。

【例 4.1】 设控制系统的开环传递函数为

$$G_k(s)=\frac{K(1+s)}{s(1+0.5s)} \tag{4.17}$$

试绘制出系统闭环根轨迹。

先将开环传递函数改写为零极点的标准模型形式如下

$$G_k(s)=\frac{2K(s+1)}{s(s+2)}=\frac{K_g(s+1)}{s(s+2)} \tag{4.18}$$

其中，根轨迹增益 $K_g=2K$。系统有一个开环零点 $z_1=-1$；有两个开环极点 $p_1=0$，$p_2=-2$。

由于系统的 $n=2$，$m=1$，可知系统以 K_g 为参变量的根轨迹有两个分支，这两个分支的起始点分别是 p_1 和 p_2；终点一个是 z_1，另一个为无穷零点处。

实轴上的根轨迹由规则三可确定为：区间（-1，0）和区间（$-\infty$，-2）两段。于是可绘制出如图 4-5 所示的根轨迹。

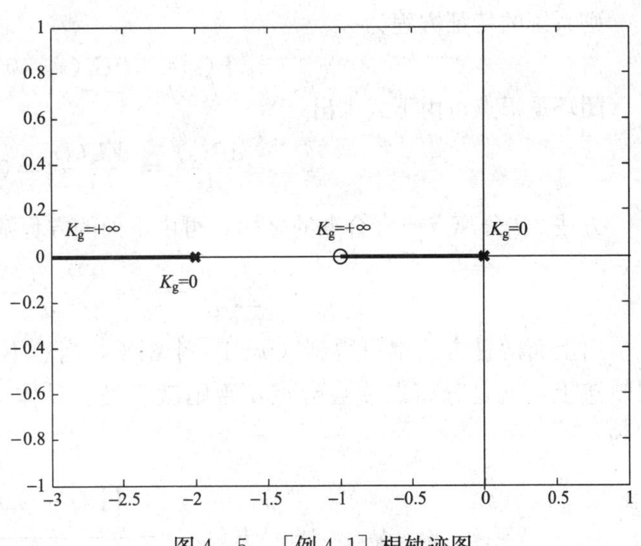

图 4-5　［例 4.1］根轨迹图

规则四　根轨迹的渐近线。

若 $n>m$，则有（$n-m$）条根轨迹分支趋向无穷远处。当 $K_g\to\infty$时，这（$n-m$）条趋向无穷远处的根轨迹分支的切线称为根轨迹的渐近线。确定了这些渐近线，也就确定了根轨迹在无穷远处的方位，有助于绘制根轨迹。由规则一可知，根轨迹是关于实轴对称的，因此其渐近线也是关于实轴对称的。根轨迹的渐近线可由它与实轴的交点和夹角来确定。

根轨迹的渐近线与实轴正向的夹角为

$$\varphi_n=\frac{\pm(2k+1)\pi}{n-m},k=0,1,2,\cdots \tag{4.19}$$

且所有渐近线都与实轴交于一点（σ_n，j0），其中

$$\sigma_n=\frac{\sum_{i=1}^{n}(-p_i)-\sum_{j=1}^{m}(-z_j)}{n-m} \tag{4.20}$$

这一点可由幅值条件来证明，证明过程从略。

为便于记忆，可将式（4.20）表达为

$$\text{渐近线与实轴交点的坐标}=\frac{\sum[\text{极点坐标}]-\sum[\text{零点坐标}]}{\text{极点数}-\text{零点数}}$$

实际的根轨迹渐近线的条数是一定的，只有（$n-m$）条。这是因为当 k 取足够多的值

后，再取其他 k 值时，式（4.19）的计算结果会出现重复。

规则五 确定根轨迹的分离点和会合点。

随着根轨迹增益 K_g 的增大，根轨迹在 s 平面相遇后又分开的点称为根轨迹的分离点或会合点，分离点与会合点的计算方法完全相同。主要有下面两种计算方法。

方法 1：根轨迹的分离点是系统闭环特征方程的重根点，可由代数方程的重根法则确定。系统的开环传递函数为

$$G_k(s)=\frac{K_g\prod_{j=1}^{m}(s+z_j)}{\prod_{i=1}^{n}(s+p_i)} \tag{4.21}$$

则系统的特征方程为

$$P(s)=1+G_k(s)=0 \tag{4.22}$$

闭环重根点可由下式求出

$$\frac{dP(s)}{ds}=\frac{dG_k(s)}{ds}=0 \tag{4.23}$$

方法 2：分离点或会合点的坐标 d 可由下面的方程解出

$$\sum_{i=1}^{n}\frac{1}{d+p_i}=\sum_{j=1}^{m}\frac{1}{d+z_j} \tag{4.24}$$

由上面两种方法都可得到（$n-1$）个根 s_j，当然不全是分离点与会合点，如果它们在根轨迹上，就是分离点或会合点，否则就不是。具体的验证方法是，将 $1+G_k(s)=0$ 整理为

$$K(s)=-\frac{\prod_{i=1}^{n}(s+p_i)}{\prod_{j=1}^{m}(s+z_j)} \tag{4.25}$$

将 $s=s_j$ 代入式（4.25），若 $K(s_j)>0$，则 s_j 是根轨迹上的点；否则 s_j 不是根轨迹上的点（因它们对应于负的 K_p 值）。

通常，如果根轨迹位于实轴上两相邻开环极点之间（该区间是根轨迹的一部分），则这两点之间至少存在一个分离点；两个相邻的开环零点之间（其中一个可能是无穷零点），则这两个零点之间至少有一个会合点。

【例 4.2】 已知系统的开环传递函数为

$$G_k(s)=\frac{K(s+3)}{(s+1)(s+2)} \tag{4.26}$$

试绘制该系统的根轨迹大致曲线。

分析知该系统有两个开环极点：$p_1=-1$，$p_2=-2$；一个开环零点：$z_1=-3$。因此 $n=2$，$m=1$，由规则二可知，该系统的根轨迹有两个分支，分别从 p_1 和 p_2 出发，其中一个分支止于 z_1，另一分支则终止于无穷零点处。

由规则三可知，实轴上的根轨迹区间为（$-\infty$，-3）和（-2，-1）。

由规则五可得到根轨迹的分离点与会合点，显然在 -1 与 -2 之间实轴上有分离点，在 $-\infty$ 与 -3 之间有会合点。

方法 1：由式（4.23）计算

$$\frac{\mathrm{d}G_{\mathrm{k}}(s)}{\mathrm{d}s}=0$$

$$s^2+6s+7=0 \tag{4.27}$$

可得到：$d_1=-3+\sqrt{2}$（分离点）；$d_2=-3-\sqrt{2}$（会合点）。

方法 2：由式（4.24）计算

$$\frac{1}{d+1}+\frac{1}{d+2}=\frac{1}{d+3} \tag{4.28}$$

同样可解得：$d_1=-3+\sqrt{2}$（分离点）；$d_2=-3-\sqrt{2}$（会合点）。

该系统的根轨迹如图 4-6 所示。

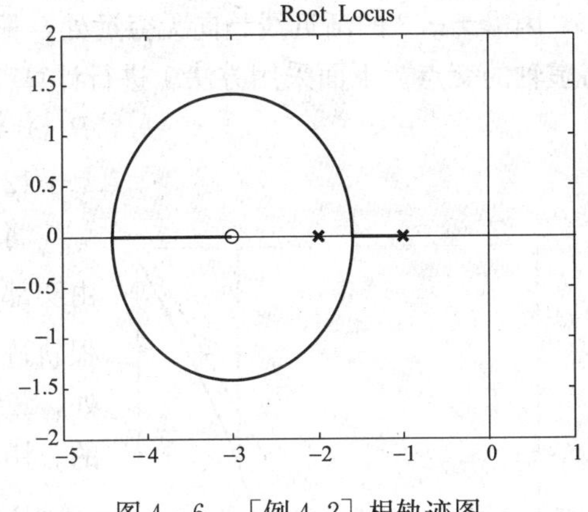

图 4-6　［例 4.2］根轨迹图

可以证明，对于 $G_{\mathrm{k}}(s)=\frac{K(s+z_1)}{(s+p_1)(s+p_2)}$形式的系统，只要零点不在两个极点中间，则系统的根轨迹通常是 s 平面上的一个圆，圆心是 $(-z_1)$，半径为$\sqrt{(z_1-p_1)(z_1-p_2)}$。在本例中，圆心在$-3$ 点，半径为$\sqrt{2}$。

规则六　根轨迹与虚轴的交点。

当控制系统的根轨迹与 s 平面的虚轴相交，说明此时系统处于临界稳定状态。当有部分根轨迹由复平面的左半平面穿越虚轴进入右半平面时，说明系统出现实部为正的闭环特征根，系统将不稳定。因此确定根轨迹与虚轴交点，并确定出此处对应的临界稳定根轨迹增益 K_{gl}，是一项非常重要的工作。

交点的坐标可由下述两种方法得到：

方法 1：在系统闭环特征方程 $P(s)=1+G_{\mathrm{k}}(s)=0$ 中，令 $s=\mathrm{j}\omega$，若 $P(\mathrm{j}\omega)=0$ 有解，得到的解就是根轨迹与虚轴的交点；

方法 2：利用劳斯稳定判据，由系统的闭环特征方程 $P(s)=1+G_{\mathrm{k}}(s)=0$ 列写劳斯表，令其出现全零行，且使第一列不变号，即使系统处于临界稳定状态。这样，求出的根就是根轨迹与虚轴的交点。

【例 4.3】　已知系统的开环传递函数为

$$G_{\mathrm{k}}(s)=\frac{K}{s(s+2)(s+10)} \tag{4.29}$$

试绘制该系统的根轨迹大致曲线形状。

分析知该系统有三个开环极点：$p_1=0$，$p_2=-2$，$p_3=-10$；没有开环零点。因此 $n=3$，$m=0$，由规则二可知，该系统的根轨迹有三个分支，分别从 p_1，p_2，p_3 出发，都终止于无穷零点处。

由规则三可知，实轴上的根轨迹区间为（$-\infty$，-10）和（-2，0）。

由规则四可求出根轨迹渐近线，渐近线的倾角为

$$\varphi_n=\frac{\pm(2k+1)\pi}{n-m}=\frac{\pm(2k+1)\pi}{3} \tag{4.30}$$

可知，φ_n 可取$-\pi/3$，$\pi/3$，π，其余都与此发生重复。

渐近线与实轴的交点为

$$\sigma_n=\frac{\sum_{i=1}^{n}(-p_i)-\sum_{j=1}^{m}(-z_j)}{n-m}=\frac{(-10-2+0)-0}{3}=-4 \tag{4.31}$$

由规则五可得到根轨迹的分离点与会合点，显然在-2与0之间的实轴上有分离点。由式（4.23），即由$\frac{\mathrm{d}G_\mathrm{k}(s)}{\mathrm{d}s}=0$有

$$3s^2+24s+20=0$$

可得到$d_1=-7.055$（不是根轨迹上的点，舍去），$d_2=-0.945$（分离点）。

因沿$\pm\pi/3$的渐近线趋向无穷远处，根轨迹必然与虚轴有交点。由规则六可确定根轨迹与虚轴的交点。下面采用方法1进行计算

$$P(s)=1+G_\mathrm{k}(s)=0$$

$$s^3+12s^2+20s+K=0$$

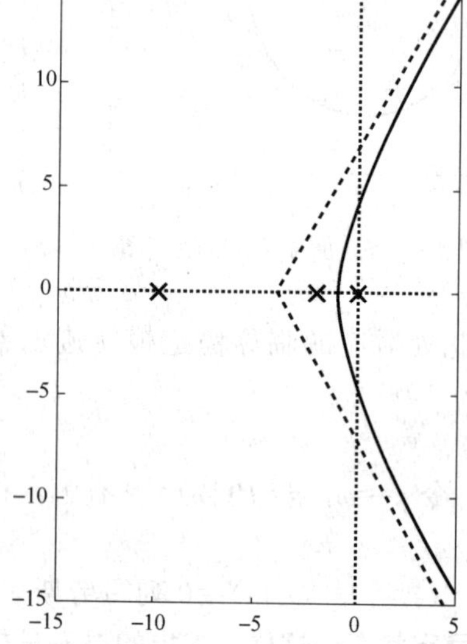

图4-7 ［例4.3］的根轨迹曲线

将$s=\mathrm{j}\omega$代入上式，得$-\mathrm{j}\omega^3-12\omega^2+\mathrm{j}20\omega+K=0$。由实部和虚部同时为零，可得$\omega=0$或$\omega=\pm\sqrt{20}$。因此根轨迹与虚轴交点有三个：0，$\pm\sqrt{20}\mathrm{j}$。在$s=\pm\sqrt{20}\mathrm{j}$处，$K=240$，说明当$0<K<240$时，闭环系统是稳定的。用劳斯判据也可得到同样的结论。

这样，就可以绘制出如图4-7所示的根轨迹曲线。

规则七 根轨迹的出射角和入射角。

控制系统可能存在共轭复数的开环极点、开环零点。在共轭开环极点上，根轨迹的切线方向与s平面实轴正向之间的夹角，称为根轨迹的出射角；在共轭开环零点上，根轨迹的切线方向与s平面实轴正向之间的夹角，称为根轨迹的入射角。根轨迹的出射角与入射角，都可由根轨迹的幅角条件求出，此处不加以证明，仅给出计算方法如下。

从开环极点p_i出发的根轨迹，其出射角为

$$\theta_{pi}=\pm(2k+1)\pi+\phi_{pi} \tag{4.32}$$

式中：ϕ_{pi}为开环零点和除开环极点p_i以外其他开环极点引向该极点的矢量幅角的代数和，$\phi_{pi}=\sum_{j=1}^{m}\angle(p_i-z_j)-\sum_{l=1(j\neq i)}^{n}\angle(p_i-p_l)$。

到达开环零点z_i的根轨迹，其入射角为

$$\theta_{zi}=\pm(2k+1)\pi-\phi_{zi} \tag{4.33}$$

式中：ϕ_{zi}为除开环零点z_i以外其他开环零点和开环极点引向该零点的矢量幅角的代数和，$\phi_{zi}=\sum_{j=1(j\neq i)}^{m}\angle(z_i-z_j)-\sum_{l=1}^{n}\angle(z_i-p_l)$。

为方便记忆，出射角可这样计算

极点的出射角$=\sum$[各零点指向本极点的方向角]

$-\sum$[其他极点指向本极点的方向角]$+$反向

入射角可这样计算

零点的入射角 $=\sum$[极点指向本零点的方向角]

$-\sum$[其他零点指向本零点的方向角]$+$反向

规则八　确定根轨迹上某点处的 K_g 值。

根轨迹上指定点的 K_g 值，可由绘制根轨迹的幅值条件来确定，即由

$$G_k(s)=\frac{K_g\prod_{j=1}^{m}(s+z_j)}{\prod_{i=1}^{n}(s+p_i)}=-1 \tag{4.34}$$

两边取幅值，得

$$K_g=\frac{\prod_{i=1}^{n}|s+p_i|}{\prod_{j=1}^{m}|s+z_j|} \tag{4.35}$$

几种典型开环零极点分布与闭环根轨迹的关系如图 4-8 所示。

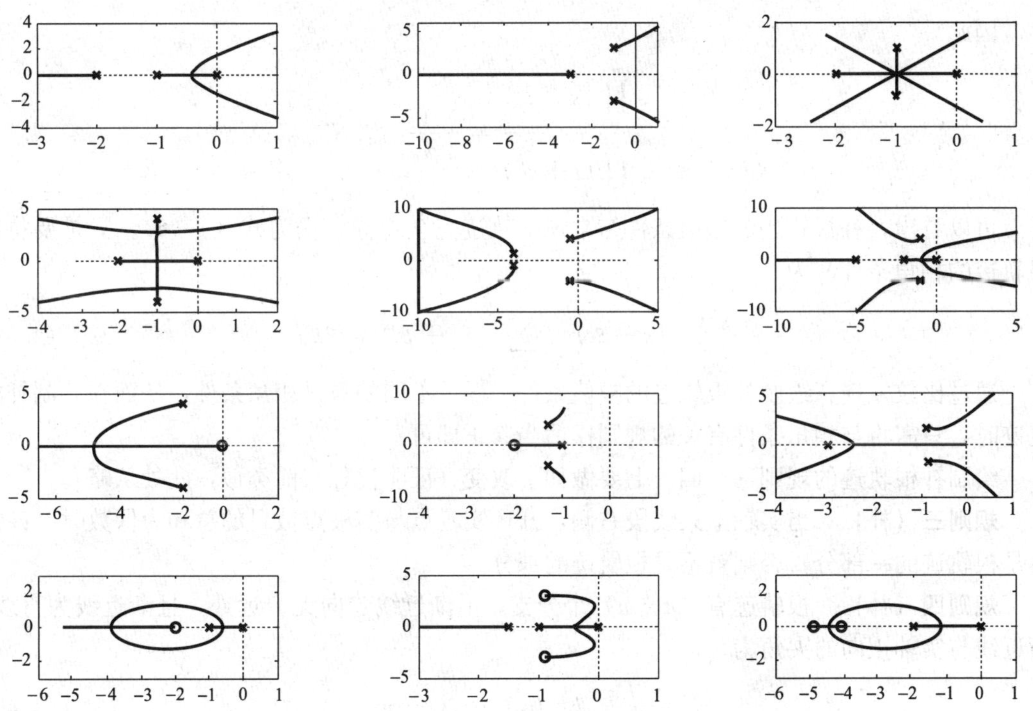

图 4-8　几种典型开环零极点分布与闭环根轨迹的关系

在控制系统的初步设计中，得到根轨迹的大致图形，就可以对系统性能作出初步分析和大致评价。要想准确确定系统性能，就必须得到准确的根轨迹，再由幅值条件确定与所确定 K_g 值对应的闭环极点，来作为计算的依据。为获得准确的根轨迹，就要在绘制根轨迹图形时取更多的满足相角条件的点，将之连接成光滑的根轨迹曲线。

三、绘制补根轨迹的法则

在较复杂的控制系统中，有时由于对象本身的特性或为了满足系统高性能的要求，而含有正反馈回路。对于这样的系统，也可研究可变参数在其有效取值范围内变化时，系统闭环特征根的运动轨迹。

对于正反馈系统，其特征方程为 $1+G_k(s)=0$，其中

$$G_k(s)=\frac{K_g\prod_{j=1}^{m}(s+z_j)}{\prod_{i=1}^{n}(s+p_i)} \tag{4.36}$$

形式与常规根轨迹一样，只是 K_g 取值是从 0 到 $-\infty$。这类系统（$K_g<0$）的根轨迹，称为**补根轨迹**或**零度根轨迹**。补根轨迹和根轨迹一起构成了**全根轨迹**。下面讨论补根轨迹（对应 K_g 取值是从 0 到 $-\infty$）的绘制方法。

注意到 $K_g<0$，由式（4.36）可写出系统的特征方程为

$$1+\frac{K_g\prod_{j=1}^{m}(s+z_j)}{\prod_{i=1}^{n}(s+p_i)}=1-\frac{|K_g|\prod_{j=1}^{m}(s+z_j)}{\prod_{i=1}^{n}(s+p_i)}=0 \tag{4.37}$$

因此

$$\frac{\prod_{j=1}^{m}(s+z_j)}{\prod_{i=1}^{n}(s+p_i)}=\frac{1}{|K_g|} \tag{4.38}$$

可以看出，补根轨迹的幅值条件与常规根轨迹完全相同，仍为式（4-6）。只是要将补根轨迹的相角条件改为

$$\sum_{j=1}^{m}\angle(s+z_j)-\sum_{i=1}^{n}\angle(s+p_i)=2k\pi \tag{4.39}$$

通过比较发现，绘制补根轨迹的幅值条件一样，不同的只是相角条件，从而在绘制补根轨迹时，只需将与相角条件有关的规则作适当修正即可。

绘制补根轨迹的规则三、四、七要做如下改变（证明过程与前类似，此处从略）。

规则三（补） 当实轴上某线段右侧，开环实零点与实极点数目的总和为偶数时，该线段是根轨迹的一部分，否则就不是根轨迹的部分。

规则四（补） 根轨迹有（$n-m$）个分支，沿渐近线趋向无穷远处，且渐近线为直线。渐近线与实轴正向的夹角为

$$\varphi_n=\frac{2k\pi}{n-m},k=0,1,\cdots,(n-m-1) \tag{4.40}$$

且所有渐近线都与实轴交于一点（σ_n，j0），其中

$$\sigma_n=\frac{\sum_{i=1}^{n}(-p_i)-\sum_{j=1}^{m}(-z_j)}{n-m} \tag{4.41}$$

规则七（补） 从开环极点 p_i 出发的根轨迹，其出射角为

$$\theta_{pi}=\sum_{j=1}^{m}\angle(p_i-z_j)-\sum_{l=1(l\neq i)}^{n}\angle(p_i-p_l) \tag{4.42}$$

也就等于开环零点和除开环极点 p_i 以外其他开环极点引向该极点的向量幅角的代数和。

到开环零点 z_i 的根轨迹，其入射角为

$$\theta_{zi}=-\sum_{j=1(j\neq i)}^{m}\angle(z_i-z_j)+\sum_{l=1}^{n}\angle(z_i-p_l) \tag{4.43}$$

也就等于除开环零点 z_i 以外其他开环零点和所有开环极点引向该零点的向量幅角的代数和。

实际上，当计算了根轨迹在复极点或复零点的出射或入射角后，减去180°后，就是对同一点处的补根轨迹的出射或入射角。

对于非最小相位系统（有正实部的开环极点或开环零点），有时也具有与补根轨迹相同的相角条件，在绘制其根轨迹时可遵循相同的规则。

【例 4.4】　（本例可与［例 4.3］进行对比分析）

已知系统的开环传递函数为

$$G_k(s)=\frac{K}{s(s+2)(s+10)} \tag{4.44}$$

试绘制该系统的补根轨迹大致曲线形状。

解　图 4 - 7 已经绘制了［例 4.3］的根轨迹，即 K：0→∞。下面绘制该系统的补根轨迹时，对应的 K：−∞→0。按照规则三补可知，实轴上的根轨迹区间为（−10，−2）和（0，+∞）。

由规则四补可求出补根轨迹的渐近线。三条渐近线的倾角为

$$\varphi_n=\frac{\pm 2k\pi}{n-m}=\frac{\pm 2k\pi}{3} \tag{4.45}$$

可知，φ_n 可取 $\frac{2}{3}\pi$，$\frac{2}{3}\pi$，0。

渐近线与实轴的交点为

$$\sigma_n=\frac{\sum_{i=1}^{n}(-p_i)-\sum_{j=1}^{m}(-z_j)}{n-m}=\frac{(-10-2+0)-0}{3}=-4 \tag{4.46}$$

由规则五可得到根轨迹的分离点与会合点，显然在−2与0之间的实轴上有分离点。由式（4.23）计算

$$\frac{dG_k(s)}{ds}=0$$

$$3s^2+24s+20=0$$

可得到：$d_1=-7.055$（会合点），$d_2=-0.945$（不是补根轨迹上的点，舍去）。

这样，就可以绘制出如图 4 - 9 所示的补根轨迹曲线。

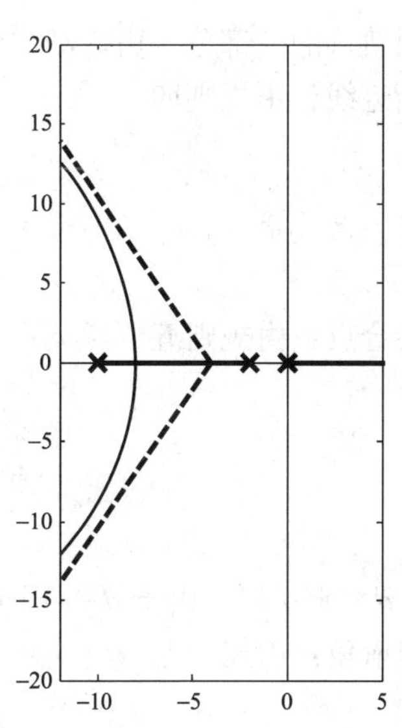

图 4 - 9　［例 4.4］的补根轨迹图

第三节　几类特殊根轨迹分析

一、参数根轨迹

在分析控制系统时，除了解开环增益对性能的影响之外，还可能要了解开环零、极点或其他位置的参数对系统性能的影响。这种情况下，系统的根轨迹绘制问题称为系统的**参数根轨迹**。从理论上讲，可以选择系统中任何参数作为参变量来绘制根轨迹。用参数根轨迹可以分析系统中的各种参数对系统性能的影响，比如开环零极点的位置、时间常数或反馈系数等。

要绘制参变量系统的根轨迹，也要先写出特征方程，再将参变量进行分离处理，将特征方程整理成为式（4.10）的形式，只是用所选择的参变量 α 替换 K_g 所在的位置，这样就可以按照前面的规则来绘制参变量系统根轨迹了。下面通过实例说明参数根轨迹的绘制方法。

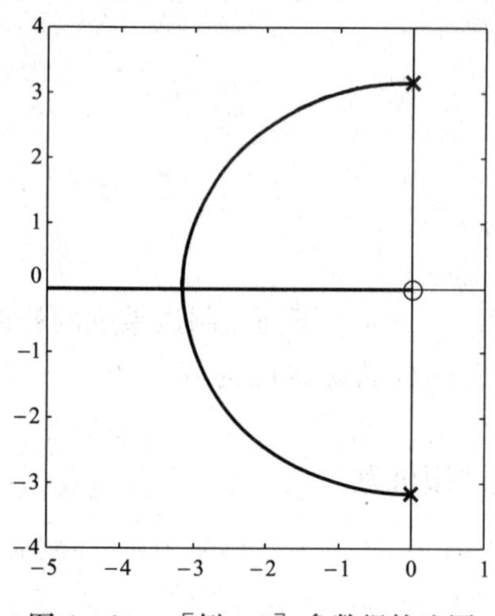

图 4-10　［例 4.5］参数根轨迹图

【例 4.5】　已知反馈系统的开环传递函数为

$$G_k(s)=\frac{10}{s(s+a)} \tag{4.47}$$

试绘制系统以 a 为参变量的参数根轨迹。

解　给定系统的特征方程为

$$1+\frac{10}{s(s+a)}=0$$

经过代数变换，可将上式化为标准根轨迹即式（4.10）的形式

$$1+\frac{as}{s^2+10}=0$$

可以看出，$n=2$，$m=1$；开环零点有 1 个，$z_1=0$；开环极点有两个，$p_{1,2}=\pm \mathrm{j}\sqrt{10}$。

根轨迹的分支有两条。实轴的（$-\infty$，0）区间是根轨迹的一部分（由规则二和规则三）。

渐近线：由规则四

$$\sigma_a=\frac{(\mathrm{j}\sqrt{10}-\mathrm{j}\sqrt{10})+0}{2-1}=0$$

$$\varphi_n=\frac{\pm(2k+1)\pi}{n-m}=\pi$$

会合点：由规则五

$$\sum_{i=1}^{n}\frac{1}{d-p_i}=\sum_{j=1}^{m}\frac{1}{d-z_j}$$

$$\frac{1}{d+\sqrt{10}\mathrm{j}}+\frac{1}{d-\sqrt{10}\mathrm{j}}=\frac{1}{d}$$

解得：$d=\pm\sqrt{10}$，由于 $d=\sqrt{10}$ 不是根轨迹上的点，故只有一个会合点 $d=-\sqrt{10}$。

出射角：由规则七

$$\theta_{p1}=(2k+1)\pi+\frac{\pi}{2}-\frac{\pi}{2}=\pi$$

$$\theta_{p2}=-\pi$$

与虚轴交点：由规则六，因特征方程为 $s^2+as+10=0$，代入 $s=\mathrm{j}\omega$，并令实部和虚部同时为零，即

$$-\omega^2+10=0$$
$$a\omega=0$$

有：$\omega_{1,2}=\pm\sqrt{10}\mathrm{j}$，这就是根轨迹与虚轴的交点。最后得到系统以 a 为参变量的根轨迹如图 4-10 所示。

二、广义根轨迹

以上所讨论的根轨迹只限于一个可变参数 K_g，但在许多控制问题中需要研究两个或更多参数变化对系统性能的影响。比如，在设计一个传递函数有几个极点和零点的控制器时，就要研究这些极点和零点的不同取值对整个系统性能的影响。当两个或更多参数连续地从 0 到∞变化（或从 $-\infty$ 到 $+\infty$ 变化）时，系统的特征根的运动轨迹称为**广义根轨迹**。

多个可变参数的问题是通过**嵌套法**来研究的。绘制广义根轨迹时（多个参数连续地从 0 到 $+\infty$ 变化），常规根轨迹的绘制规则同样是适用的。下面讨论有两个可变参数系统的广义根轨迹的绘制方法，该方法可推广到两个以上可变参数的情形。

假定系统的特征方程为如下的形式

$$Q(s)+K_1P_1(s)+K_2P_2(s)=0 \tag{4.48}$$

其中，K_1 与 K_2 是可变参数；$Q(s)$、$P_1(s)$、$P_2(s)$ 是关于 s 的多项式，且不含任何待定参数。

第一步：设其中一个参数为零。这里假设 K_2 为零（当然也可先假设 K_1 为零），于是式 (4.48) 就化为

$$Q(s)+K_1P_1(s)=0 \tag{4.49}$$

$$1+K_1\frac{P_1(s)}{Q(s)}=0 \tag{4.50}$$

相当于开环传递函数为

$$G_{k1}(s)=K_1\frac{P_1(s)}{Q(s)} \tag{4.51}$$

第二步：根据式 (4.51)，绘制当 $0<K_1<+\infty$ 时的根轨迹。

第三步：设 K_1 取大于 0 的某个值，将 K_2 作为可变参量，对式 (4.48) 进行代数变换处理，可得

$$1+K_2\frac{P_2(s)}{Q(s)+K_1P_1(s)}=0 \tag{4.52}$$

等效传递函数为

$$G_{k2}(s)=K_2\frac{P_2(s)}{Q(s)+K_1P_1(s)} \tag{4.53}$$

第四步：根据 $G_{k2}(s)$ 的零、极点分布，绘制式 (4.48) 当 $0<K_2<+\infty$ 时的根轨迹。

第五步：继续不断增大 K_1 为另一定值，反复重复第三步、第四步，就可以得到式 (4.48) 的广义根轨迹。可以看出，广义根轨迹实际上是形成了一个根轨迹簇。

注意： 因 $G_{k2}(s)$ 的极点与式 (4.49) 的根是相同的，也就是说 $0<K_2<+\infty$ 根轨迹的全部起点（当 $K_2=0$ 时）也必然都位于由式 (4.50) 确定的根轨迹上。这也说明了广义根轨迹问题可看成是根轨迹的嵌套问题，并可将两个可变参数推广到更多可变参量的情形。在上述求解的过程中，K_2 是连续变化的，而 K_1 的取值是间断的，K_1 在我们关心的取值范围

内时应该多取几个测试绘图点，以期望更能确定多个可变参数的范围，使系统达到很好的性能。下面通过实例说明广义根轨迹的绘制过程。

【例 4.6】 绘制式（4.54）的广义根轨迹

$$s^3+K_2s^2+K_1s+1=0 \tag{4.54}$$

解 第一步：令 $K_2=0$，式（4.54）化为

$$s^3+K_1s+1=0$$

改写为

$$1+\frac{K_1s}{s^3+1}=0 \tag{4.55}$$

第二步：等效开环传递函数为

$$G_{k1}(s)=\frac{K_1s}{s^3+1} \tag{4.56}$$

绘制出根轨迹如图 4-11（a）所示。

第三步：令 K_2：0→∞连续变化，保持 K_1 为非零常数，将式（4.54）改写为

$$1+\frac{K_2s^2}{s^3+K_1s+1}=0 \tag{4.57}$$

第四步：根据等效开环传递函数

$$G_{k2}(s)=\frac{K_2s^2}{s^3+K_1s+1} \tag{4.58}$$

绘制广义根轨迹如图 4-11（b）所示。图中，K_1 取离散值：0，1，2，2.5，…可见，随着 K_1 的取值趋于无穷大，最终形成的广义根轨迹实际上形成了一个根轨迹簇。当然，K_1 的取值越密集，表现出来的广义根轨迹越贴近实际情形。

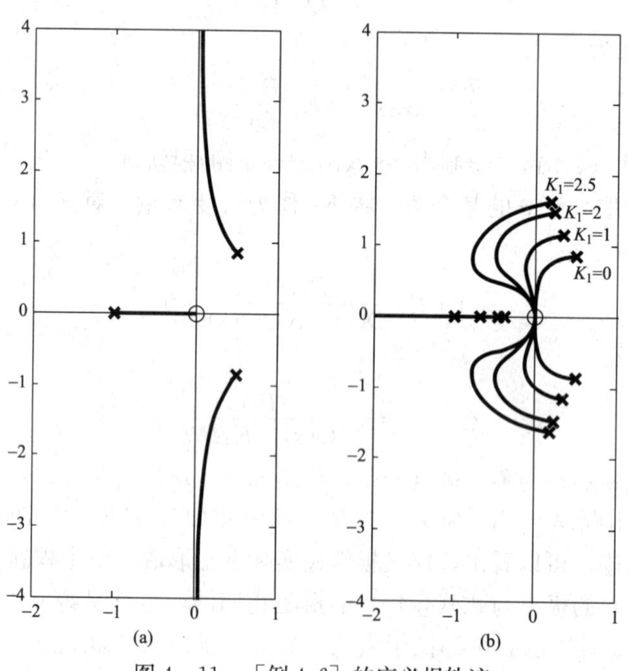

图 4-11 ［例 4.6］的广义根轨迹

（a）$K_2=0$，K_1：0→∞时的根轨迹；（b）K_2：0→∞，K_1 取多个离散值时，系统的广义根轨迹

第四节　开环零极点变化对根轨迹的影响

一个控制系统根轨迹，完全是由该系统的开环传递函数的零、极点在 s 平面的位置所共同决定的。因此，开环零、极点的变化，必然引起根轨迹的改变，从而系统的性能也会发生变化。在控制系统的设计中，一般就是用改变系统的零、极点位置的方法以改善系统的性能。

下面分别研究了开环零、极点的变化对根轨迹的影响。方法以定性分析为主，而且讨论对根轨迹和系统性能的影响的一般趋势。熟练掌握这些方法与概念在系统的校正设计有重要的作用。

一、增加开环极点对性能的影响

当开环传递函数 $G_k(s)$ 中增加极点，会使原根轨迹向右半 s 平面推移。此处不对此进行严格的论述与证明，只通过几个范例加以说明。

一般认为，当开环传递函数 $G_k(s)=KG_o(s)H(s)$ 在 s 平面的左半平面增加一个开环极点，则原根轨迹会整体向右半部移动。

设某系统的开环传递函数为

$$G_k(s)=\frac{K}{s(s+2)} \tag{4.59}$$

则图 4 - 12（a）为该系统的根轨迹图。现增加一个开环极点 $s=-a$，则开环传递函数变为

$$G_k(s)=\frac{K}{s(s+2)(s+a)} \tag{4.60}$$

当 a 取不同值 4，2，0 时得到的根轨迹如图 4 - 12（b）、（c）、（d）各图。

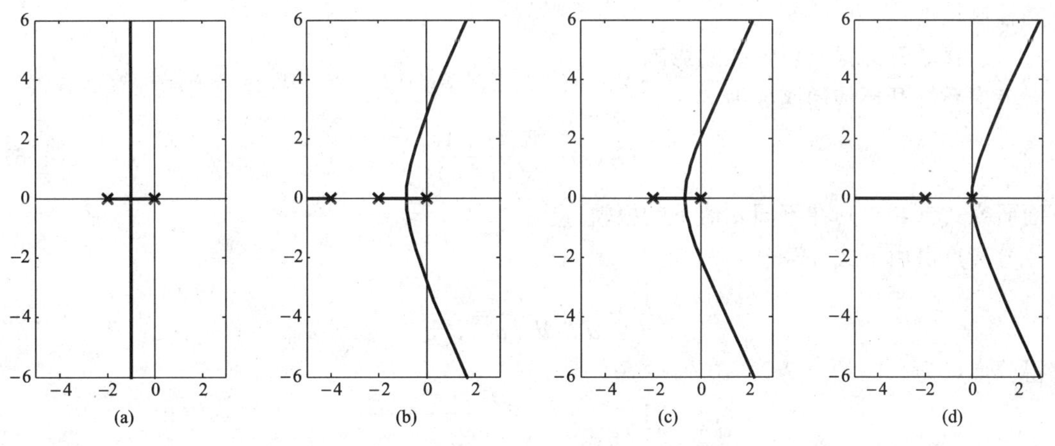

图 4 - 12　增加开环极点对根轨迹的影响

（a）原系统根轨迹；（b）$a=4$；（c）$a=2$；（d）$a=0$

可以看出，新增加的极点 $s=-a$ 引起根轨迹的整体向 s 平面的右半部弯曲，分离点也向右移动。对图 4 - 12（a）而言，系统的根轨迹总在 s 平面的左半平面，故系统总是稳定的。但对图 4 - 12（b）、（c）而言，则根轨迹有两个分支延伸到右半 s 平面。当系统增益 K 较小时，系统稳定，当系统增益 K 超出某一值时，系统就会变得不稳定。对图 4 - 12（d）

而言，则根轨迹有两个分支始终位于右半 s 平面，则属于结构不稳定的系统了。因此，在 s 平面的左半平面增加开环极点，会导致系统的稳定性下降。

同样道理，若对式（4.59）增加一对开环共轭复数极点，也会产生类似的结果。见图 4-13（b）增加一对极点 $s=-1\pm 2j$，图 4-13（c）增加一对极点 $s=-3\pm 2j$。

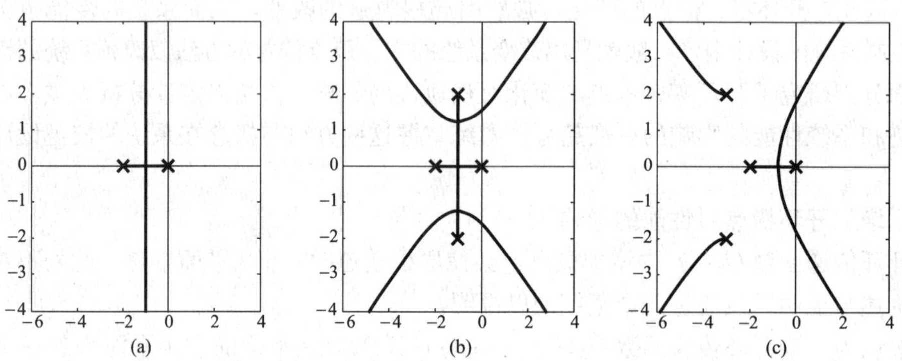

图 4-13 增加共轭复极点对根轨迹的影响

（a）原系统根轨迹；（b）增加一对共轭极点 $-1\pm 2j$；（c）增加一对共轭极点 $-3\pm 2j$

综上所述，系统中增加开环极点对原有根轨迹有如下影响：

（1）改变了根轨迹在实轴上的分布；

（2）改变了根轨迹的分支数，同时也改变了渐近线的倾角及与实轴的交点；

（3）使根轨迹向 s 平面的右侧移动，使系统的稳定性变差。开环极点对系统稳定性的影响也要视其位置的不同而异，通常开环极点的位置离虚轴越远，影响也就越小；

（4）增加开环极点对系统的静态性能可起到改善的作用，比如附加积分环节就能提高系统的控制精度。

二、移动开环极点对性能的影响

考虑系统开环传递函数为

$$G_k(s)=\frac{K_g(s+1)}{s^2(s+a)} \tag{4.61}$$

下面研究式（4.61）在不同 a 值下的根轨迹。

分离点可由下式计算

$$\frac{1}{d}+\frac{1}{d}+\frac{1}{d+a}=\frac{1}{d+1} \tag{4.62}$$

解得分离点为

$$d=-\frac{1}{4}(a+3)\pm\frac{1}{4}\sqrt{a^2-10a+9} \tag{4.63}$$

因当分离点取实数时，取 $a\geqslant 9$ 或 $a\leqslant 1$。当分别取 $a=10$，9，8 时，根轨迹曲线分别如图 4-14（a）、（b）、（c）所示。

当分别取 $a=-1.5$，-1，-0.5 时，根轨迹曲线分别如图 4-15（a）、（b）、（c）所示。可以看出，当极点向右移动时，会使系统的根轨迹整体向右移动，系统的稳定性变差。

三、增加开环零点对性能的影响

总的来看，对开环传递函数 $G_k(s)$ 在 s 平面的左半平面增加一个开环零点，则会使原系

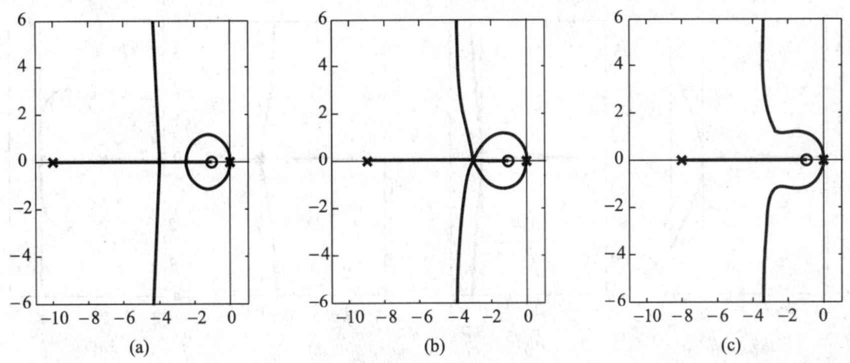

图 4-14　移动开环极点时根轨迹的变化（一）

(a) $a=10$；(b) $a=9$；(c) $a=8$

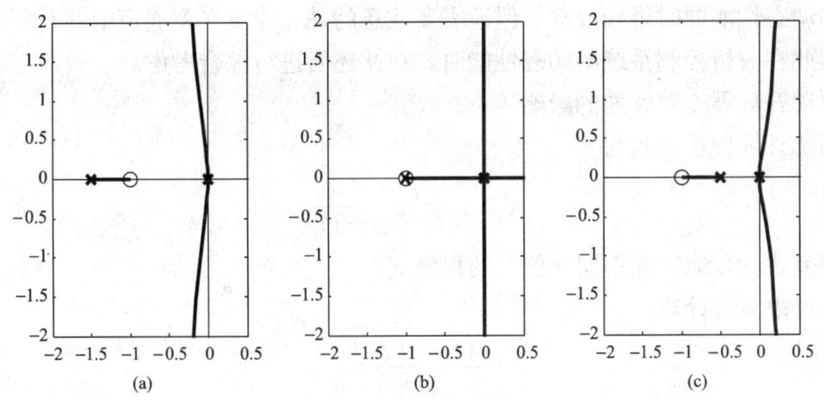

图 4-15　移动开环极点时根轨迹的变化（二）

(a) $a=-1.5$；(b) $a=-1$；(c) $a=-0.5$

统的根轨迹整体向 s 平面的左半部移动。开环零点离虚轴越近（该零点附近无开环极点），对系统性能影响越大。

下面还是考虑开环传递函数具有$\dfrac{K}{s^2(s+a)}$形式的系统。

可以知道，不论如何选取参数，系统总是不稳定的，其根轨迹如图 4-16（a）所示，图中，$a=2$。

如果增加开环零点 $s=-b$，使 $G_k(s)=\dfrac{K(s+b)}{s^2(s+a)}$，当 $b>a$ 时，根轨迹如图 4-16（b）所示（$b=3$），系统的根轨迹仍然显示系统会不稳定；但是当选择 $0<b<a$ 时，根轨迹如图 4-16（c）所示（$b=1$），系统的根轨迹全移到左半平面上了。这说明，在本例中，通过增加开环零点，并使零点较非零的那个极点更靠近虚轴，就使原来结构不稳定的系统达到稳定。

可见，通过在适当位置附加零点，可提高系统的稳定性。如果增加一对共轭复数零点，也会产生类似的效果，见图 4-16（d），图中增加的两个零点是（-1 ± 2j）。

增加开环零点，实质上就是增加一个微分型单元。开环零点离虚轴越近，微分作用越强，对系统的动态特性的影响就越大。选择合适的开环零点，可加快系统的响应速度，同时调节时间不会太长，超调量也不会太大。也就是说，增加开环零点且位置选择适当时，可以

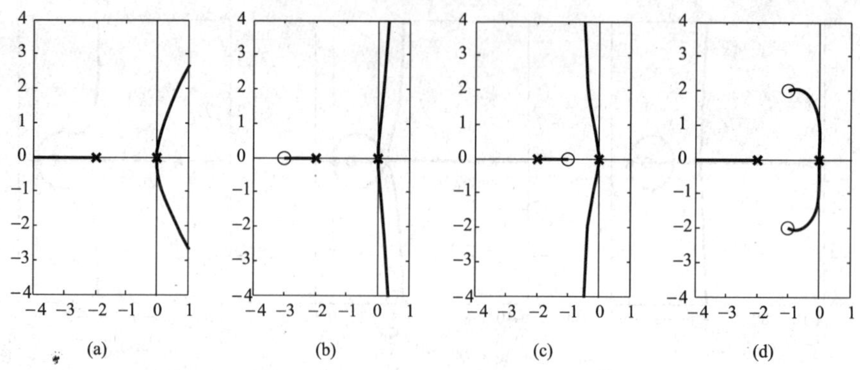

图 4-16 增加零点对根轨迹的影响之一

(a) 原系统根轨迹；(b) 附加零点−3；(c) 附加零点−1；(d) 附加共轭零点对−1±2j

使稳定性和动态性能同时得到改善。但还需要注意的是，设置在主通道中的开环零点也是闭环零点，因此在分析控制系统的动态性能时，对此还要进行综合考虑。

四、移动开环零点对性能的影响

考虑系统开环传递函数为

$$G_k(s)=\frac{K_g(s+a)}{s^2(s+1)} \tag{4.64}$$

下面研究式（4.64）在不同 a 值下的根轨迹。

分离点可由下式计算

$$\frac{1}{d}+\frac{1}{d}+\frac{1}{d+1}=\frac{1}{d+a} \tag{4.65}$$

解得分离点为

$$d=-\frac{1}{4}(3a+1)\pm\frac{1}{4}\sqrt{9a^2-10a+1} \tag{4.66}$$

因当分离点取实数时，取 $a\geqslant1$ 或 $a\leqslant1/9$。当分别取 $a=1.5$，1，0.5 时，根轨迹曲线分别如图 4-17（a）～（c）所示。可以看出，当开环零点向右移动时，会使系统的根轨迹整体向左移动，系统的稳定性会变好。

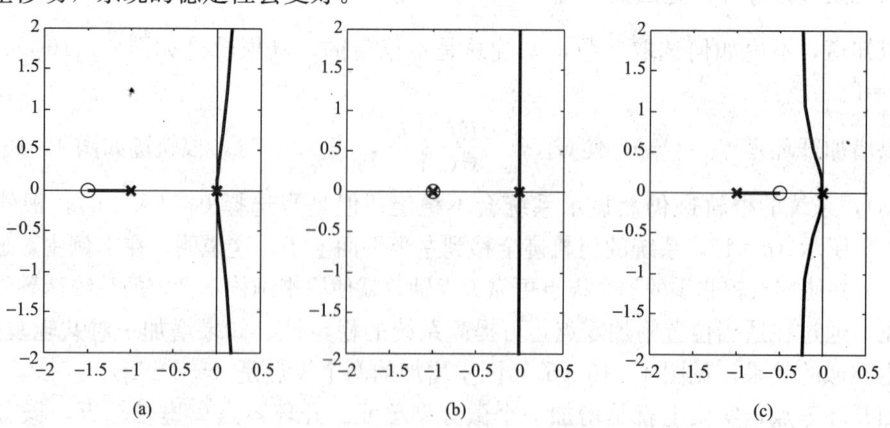

图 4-17 开环零点向右移动对系统根轨迹的影响

(a) $a=1.5$；(b) $a=1$；(c) $a=0.5$

五、增加开环偶极子

前已给出偶极子的定义，所谓偶极子就是指相距很近（和其他零、极点相比）的一个零极点对，它们在根轨迹的相角条件和幅值条件中能彼此抵消，所以偶极子不影响远处的根轨迹形状。因此它们对系统的动态特性不会产生重要影响。但需要注意的是，当这对偶极子非常靠近原点时，它们可能会对系统的稳态特性产生较大影响，需要进行具体分析。

小　　结

本章研究了控制系统根轨迹方法的概念及系统设计与分析原理。根轨迹的基本思想是在得到系统开环传递函数（或等效开环传递函数）的基础上，确定闭环极点在 s 平面的运动轨迹。分析了主导极点和偶极子的概念及对系统的影响。

（1）当系统中某个参数由 0 到 $+\infty$ 变化时，绘制闭环特征根在 s 平面上运动的轨迹（即 180°根轨迹）的基本条件：幅值条件和相角条件。

（2）给出根轨迹的绘制规则，并以此为基础，由开环传递函数绘制以根轨迹增益 K_g 为参变量的常规根轨迹。应该看到，这些规则的理论基础是根轨迹方程的幅值条件和相角条件。

（3）研究了除常规根轨迹外的几种特殊根轨迹的绘制方法，包括参数根轨迹、补根轨迹（正反馈系统的根轨迹）、滞后系统的根轨迹、广义根轨迹等，各自的绘制规则略有不同，但都以满足根轨迹方程的两个条件为基础。

（4）利用根轨迹法，能方便地确定高阶系统中某个（或某几个）参数变化闭环极点分布的规律，通过仿真，可看出参数对系统动态过程的影响。

习　　题

4.1　单位负反馈系统的开环传递函数为

$$G_k(s)=\frac{K(s+5)}{s(s^2+4s+8)}$$

试用相角条件判断下列各点是否在根轨迹上：

$(-1,j0)$，$(-1.5,j2)$，$(-6,j0)$，$(-4,j3)$，$(-1,j2.38)$。

4.2　设系统的开环零、极点分布如图 4-18 所示，试绘制相应的根轨迹草图。

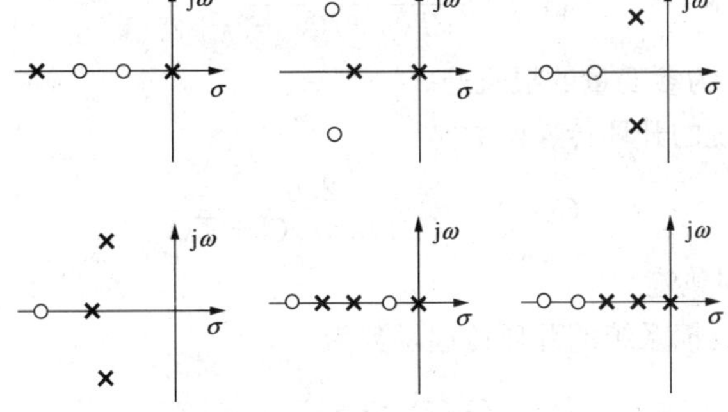

图 4-18　习题 4.2 图

4.3 已知控制系统的开环传递函数以下，绘制出 K 由 0→+∞连续变化的闭环根轨迹图。

(1) $G_k(s)=\dfrac{K}{(s+0.2)(s+0.5)(s+1)}$

(2) $G_k(s)=\dfrac{K}{s(s+1)(s+4)}$

(3) $G_k(s)=\dfrac{K(s+1)}{s(2s+1)}$

(4) $G_k(s)=\dfrac{K}{s(s+1)^2}$

(5) $G_k(s)=\dfrac{K(s+2)}{s^2+2s+5}$

(6) $G_k(s)=\dfrac{K(s^2+4)}{s^2+1}$

(7) $G_k(s)=\dfrac{K(s+1)(s-1)}{s^2+1}$

(8) $G_k(s)=\dfrac{K}{(s+1)^3(s+4)}$

4.4 某控制系统的闭环特征方程为 $s^3+3s^2+(K+2)s+10K=0$，试绘制该系统的根轨迹。

4.5 已知某单位反馈系统的开环传递函数为 $G_k(s)=\dfrac{K(s^2+1)}{(s+1)(s+2)}$，绘制该系统的根轨迹，并确定使系统稳定的 K 值范围。

4.6 某单位负反馈系统的开环传递函数为

$$G_k(s)=\frac{K}{s(s+1)(s+2)}$$

试完成：

(1) 绘制 K 由 0→+∞变化的闭环根轨迹图。

(2) 为使根轨迹通过（$-1\pm j1$）两点，拟加入串联微分校正装置（$1+\tau s$），试确定 τ 的取值。

4.7 已知反馈控制系统的开环传递函数是

$$G_k(s)=\frac{K}{s(Ts+1)(s^2+2s+2)}$$

试求当 $K=4$ 时，以 T 为参变量的根轨迹。

4.8 已知控制系统的开环传递函数是

$$G_k(s)=\frac{2.6}{s(1+0.1s)(1+Ts)}$$

试求以 T 为参变量的根轨迹。

4.9 已知单位负反馈系统的开环传递函数为

$$G_k(s)=\frac{16}{s(s+a)}$$

试完成：

（1）绘制参数 a 由 0→+∞变化的闭环根轨迹图。

（2）判断（$-\sqrt{3}$，j）是否在根轨迹上。

（3）确定使闭环系统阻尼比 $\zeta=0.5$ 时的 a 值。

4.10　已知单位负反馈系统的开环传递函数为

$$G_{\mathrm{k}}(s)=\frac{0.25(s+a)}{s^2(s+1)}$$

试完成：

（1）绘制参数 a 由 0→+∞变化的闭环根轨迹图。

（2）确定使闭环系统阻尼比 $\zeta=1$ 时的 a 值。

第五章　控制系统的频域分析

阶跃信号、斜坡信号和脉冲信号等都是典型的非周期型输入信号，而正弦信号则是一个重要的周期型输入端测试信号。前面几章重点研究了采用阶跃信号或脉冲信号等非周期型信号作为系统输入时，如何用时域分析方法对控制系统进行分析。本章则主要讨论控制系统在正弦输入信号作用下，对系统的稳态输出响应特性进行分析，这类分析方法被称为频域分析法。

频域分析法是在20世纪30年代到40年代，由Nyquist、Bode、Nichols及许多其他学者共同发展并逐步完善起来的。比较而言，时域分析法显得较为直观，而频域分析法由于方便使用，在经典控制理论中占有极为重要的地位，并广泛应用于各种不同的工程技术领域。

第一节　频率特性的基本概念

一、频率响应与传递函数的关系

获得控制系统频率响应的简单方法是在系统的传递函数$G(s)$中用$j\omega$代替s，得到系统的频率响应，这一点在后面会得到证明。

系统对正弦输入信号的稳态响应，称为**频率响应**。在频率响应方法中，我们在一定范围内改变输入信号的频率，研究其产生的响应。系统输入端加入正弦信号，连续改变输入信号的频率，可得到系统稳态输出与输入振幅之比和频率的关系；以及稳态输出与输入相位差和频率的关系，前者称为**幅频特性**，后者称为**相频特性**，这两种关系合称为系统的**频率特性**。

奈奎斯特稳定判据使我们有可能根据得到的系统开环频率响应特性，研究线性闭环系统的绝对稳定性和相对稳定性。控制系统的频率特性有明确的物理意义，因此完全可用实验的方法来测定。而且通过实验，可以测定一些难于求出数学模型或用数学方法描述的复杂元件的频率特性。也就是采用通用的正弦信号生成器和精密的测量装置，即可完成频率响应实验设计，实验过程较为简单，而且可以做得非常精确。一些复杂元件的传递函数，也常常可以通过频率响应实验予以确定。频率特性的概念经推广后，还可以应用到鲁棒系统、非线性系统、多变量系统等的分析和设计中。

控制系统的频率响应也是反映控制系统时域响应的定性描述。除了二阶系统的情况以外，频率响应和时域动态响应之间的相互关系是间接的，但是我们也可从系统开环频率响应和动态特性的关系出发，用各种设计准则去调整开环传递函数的频率响应特性，进一步分析和改进系统的控制品质。

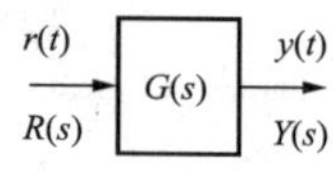

图5-1　稳定的线性定常系统

二、系统对正弦输入信号的稳态输出

考虑图5-1所示稳定的线性定常系统。系统的传递函数是$G(s)$，系统的输入量和输出量分别用$r(t)$和$y(t)$来表示。如果输入信号$r(t)$为正弦信号，则稳态输出量也是一个相同频率的正弦信号，但是可能具有不同的振幅和相角。

设输入信号为

$$r(t)=M\sin\omega t \tag{5.1}$$

其中，M 为常数。其拉氏变换为

$$R(s)=\frac{M\omega}{s^2+\omega^2} \tag{5.2}$$

又设传递函数 $G(s)$ 可以写成两个关于 s 的多项式之比，且具有 n 个互异的特征根，即

$$G(s)=\frac{A(s)}{B(s)}=\frac{A(s)}{(s+p_1)(s+p_2)\cdots(s+p_n)} \tag{5.3}$$

如果系统是稳定的，则输出量 $y(t)$ 的拉氏变换为

$$Y(s)=R(s)G(s)=\frac{M\omega}{s^2+\omega^2}\times\frac{A(s)}{(s+p_1)(s+p_2)\cdots(s+p_n)}$$

$$=\frac{a}{s+\mathrm{j}\omega}+\frac{\overline{a}}{s-\mathrm{j}\omega}+\frac{c_1}{s+p_1}+\cdots+\frac{c_n}{s+p_n} \tag{5.4}$$

其中，a，c_i（$i=1$，2，…，n）为常数，$\overline{a}$ 表示 a 的共轭复数。式（5.4）的拉普拉斯反变换为

$$y(t)=a\mathrm{e}^{-\mathrm{j}\omega t}+\overline{a}\mathrm{e}^{\mathrm{j}\omega t}+c_1\mathrm{e}^{-p_1 t}+\cdots+c_n\mathrm{e}^{-p_n t} \tag{5.5}$$

对于一个稳定的线性定常系统，$-p_1$，$-p_2$，…，p_n 的实部都是负数，因此当 $t\to+\infty$ 时，式（5.5）中，除去前两项外，其他项都趋于0，即有下式成立

$$y_{ss}=\lim_{t\to\infty}y(t)=a\mathrm{e}^{-\mathrm{j}\omega t}+\overline{a}\mathrm{e}^{\mathrm{j}\omega t} \tag{5.6}$$

事实上，当稳定的系统存在着 M_j 重极点 p_j 时，则 $y(t)$ 将包含诸如 $t^{h_j}\mathrm{e}^{-p_j t}$（$h_j=0$，1，…，$M_j-1$）这样的项，当系统稳定，且 $t\to+\infty$ 时，$t^{h_j}\mathrm{e}^{-p_j t}$ 也趋于零，式（5.6）仍然成立。

式（5.6）中，常数 a 可以由式（5.4）进行部分分式展开时计算

$$a=G(s)\frac{M\omega}{s^2+\omega^2}(s+\mathrm{j}\omega)\Big|_{s=-\mathrm{j}\omega}=-\frac{M}{2\mathrm{j}}G(-\mathrm{j}\omega) \tag{5.7}$$

$$\overline{a}=G(s)\frac{M\omega}{s^2+\omega^2}(s-\mathrm{j}\omega)\Big|_{s=\mathrm{j}\omega}=\frac{M}{2\mathrm{j}}G(\mathrm{j}\omega) \tag{5.8}$$

因为 $G(\mathrm{j}\omega)$ 是一个复数量，可以写成下列形式

$$G(\mathrm{j}\omega)=M(\omega)\mathrm{e}^{\mathrm{j}\Phi(\omega)}=R(\omega)+\mathrm{j}I(\omega)$$

其中，$M(\omega)=|G(\mathrm{j}\omega)|$ 表示 $G(\mathrm{j}\omega)$ 的幅值，称为幅频特性；$\Phi(\omega)=\angle G(\mathrm{j}\omega)$ 表示 $G(\mathrm{j}\omega)$ 的相角，称为相频特性。$R(\omega)$ 表示 $G(\mathrm{j}\omega)$ 的实部，称为实频特性；$I(\omega)$ 表示 $G(\mathrm{j}\omega)$ 的虚部，称为虚频特性。它们的频率特性如图5-2所示。

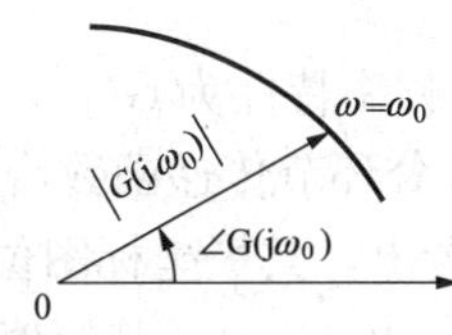

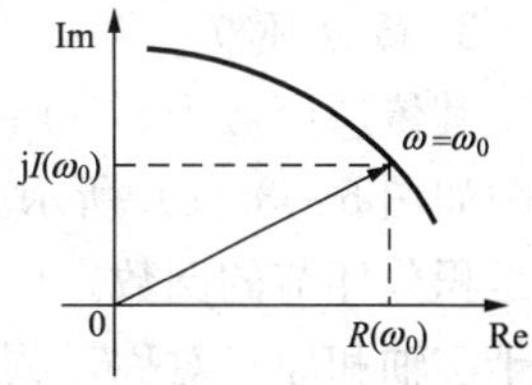

图5-2　频率特性的图示

因此有

$$G(-\mathrm{j}\omega)=|G(-\mathrm{j}\omega)|\mathrm{e}^{-\mathrm{j}\Phi}=|G(\mathrm{j}\omega)|\mathrm{e}^{-\mathrm{j}\Phi(\omega)} \tag{5.9}$$

故

$$a=-\frac{M}{2\mathrm{j}}G(-\mathrm{j}\omega)=-\frac{M}{2\mathrm{j}}|G(\mathrm{j}\omega)|\mathrm{e}^{-\mathrm{j}\Phi(\omega)} \tag{5.10}$$

$$\overline{a}=\frac{M}{2\mathrm{j}}G(\mathrm{j}\omega)=\frac{M}{2\mathrm{j}}|G(\mathrm{j}\omega)|\mathrm{e}^{\mathrm{j}\Phi(\omega)} \tag{5.11}$$

代入式(5.6)，并利用欧拉公式，即 $e^{j\theta}=\cos\theta+j\sin\theta$，整理可得

$$y_{ss}=M|G(j\omega)|\sin[\omega t+\Phi(\omega)] \tag{5.12}$$

三、频率特性的定义

可以看出，一个稳定的线性定常系统，在正弦输入信号作用下，其输出量在稳态时也必然是一个正弦信号，且频率与输入信号相同。但是，一般来说，输出信号的振幅和相位将不同于输入信号。事实上，输出信号的振幅可以由输入信号的振幅与 $|G(j\omega)|$ 的乘积给出，相角则与输入信号相差一个量值 Φ。

我们将函数 $G(j\omega)$ 称为 $G(s)$ 的**频率特性函数**，也称为**正弦传递函数**。它是一个复变量，并且以频率 ω 作为参量，可以表示成幅值和相角的形式(负相角称为相位滞后，正相角称为相位超前)。任何线性系统的频率特性都可以通过用 $j\omega$ 代替系统传递函数中的 s 得到。即

$$G(j\omega)=G(s)|_{s=j\omega} \tag{5.13}$$

注意：由式(5.13)可以看出，频率特性是传递函数模型的特例，与传递函数和微分方程一样，也表征了系统的运动规律，这就是频域分析法能够从频率特性出发研究系统的理论依据。

四、典型环节的幅相频率特性

开环传递函数通常由一些典型环节串联而成，因此有必要先分析一些典型环节的频率特性曲线的绘制方法。主要针对比例环节、积分环节、微分环节、一阶惯性环节、二阶振荡环节和迟延环节等。

1. 比例环节

其传递函数为 $G(s)=K$，频率特性为 $G(j\omega)=K$，可以看出，$\mathrm{Re}[G(j\omega)]=K$，$\mathrm{Im}[G(j\omega)]=0$，其极坐标图如图 5-3(a)所示。

2. 积分环节

其传递函数为 $G(s)=\frac{1}{s}$，频率特性为 $G(j\omega)=\frac{1}{j\omega}=-j\frac{1}{\omega}$，$\mathrm{Re}[G(j\omega)]=0$，$\mathrm{Im}[G(j\omega)]=-\frac{1}{\omega}$，其极坐标图如图 5-3(b)所示。可以看出，积分环节的相角总是 $-\frac{\pi}{2}$，所以其极坐标曲线位于复平面的负虚轴，同时随着频率 ω 由 $0\to\infty$，其幅值由 $+\infty\to0$。

3. 微分环节

其传递函数为 $G(s)=s$，频率特性为 $G(j\omega)=j\omega$，$\mathrm{Re}[G(j\omega)]=0$，$\mathrm{Im}[G(j\omega)]=\omega$，其极坐标图如图 5-3(c)所示。微分环节传递函数恰好是积分环节的倒数，因而其频率特性函数也是积分环节的倒数。可以看出，其极坐标图位于复平面的正虚轴，与积分环节的极坐标图关于实轴和原点对称，频率 ω 由 $0\to\infty$，其幅值由 $0\to+\infty$。

4. 一阶惯性环节

其传递函数为 $G(s)=\frac{1}{1+Ts}$，频率特性为 $G(j\omega)=\frac{1}{1+j\omega T}=\frac{1-j\omega T}{1+\omega^2T^2}$，可以看出，实频特性 $R(\omega)=\frac{1}{1+\omega^2T^2}$，虚频特性 $I(\omega)=\frac{-\omega T}{1+\omega^2T^2}$，二者之间有下面的关系

$$[R(\omega)-0.5]^2+I^2(\omega)=0.5^2$$

当 ω 从 $0\to\infty$ 时，$M(\omega)$ 从 $1\to0$，$\theta(\omega)$ 由 $0\to-\frac{\pi}{2}$，实际是以(0.5，0j)为圆心、0.5

为半径，位于第四象限的半圆。其极坐标图如图 5-3（d）所示。

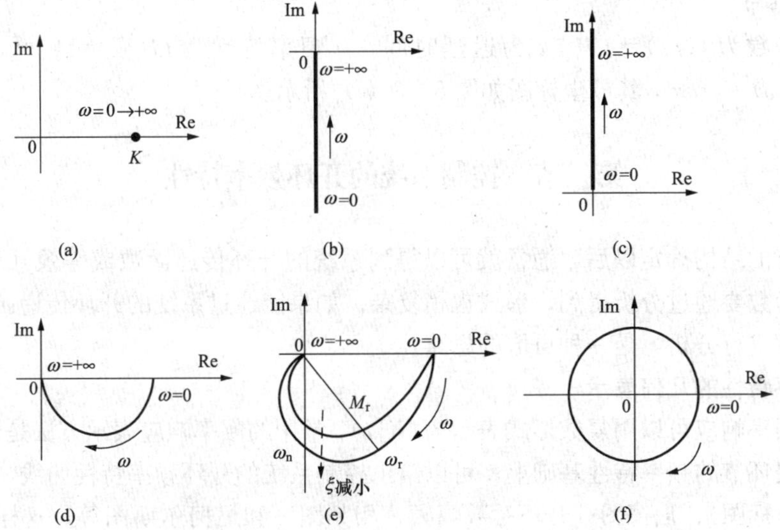

图 5-3 典型环节的幅相频率特性曲线

(a) 比例环节；(b) 积分环节；(c) 微分环节；(d) 一阶惯性环节；

(e) 二阶振荡环节；(f) 迟延环节

5. 二阶振荡环节

其传递函数为$G(s)=\dfrac{\omega_n^2}{s^2+2\xi\omega_n s+\omega_n^2}$，其频率特性为

$$G(j\omega)=\frac{\omega_n^2}{\omega_n^2-\omega^2+2\xi\omega_n\omega j}$$

可以看出，当 $\omega<\omega_n$ 时，有

$$M(\omega)=\frac{\omega_n^2}{\sqrt{(\omega_n^2-\omega^2)^2+4\xi^2\omega_n^2\omega^2}}$$

$$\theta(\omega)=-\tan^{-1}\frac{2\xi\omega_n\omega}{\omega_n^2-\omega^2}$$

当 $\omega>\omega_n$ 时，有

$$\theta(\omega)=\pi+\tan^{-1}\frac{2\xi\omega_n\omega}{\omega^2-\omega_n^2}$$

当 $\omega=0$ 时，$M(\omega)=1$，$\theta(\omega)=0$；在欠阻尼（$0<\xi<1$）情况下，当 $\omega=\omega_n$ 时，有 $M(\omega)=\dfrac{1}{2\xi}$，$\theta(\omega)=-\dfrac{\pi}{2}$；当 $\omega\to\infty$时，$M(\omega)\to 0$，$\theta(\omega)\to-\pi$，频率特性曲线恰好与实轴相切。其极坐标图如图 5-3(e)所示。

分析可知，二阶振荡环节的频率特性与阻尼比 ξ 有关，ξ 越大，幅值 $M(\omega)$变化就越小；ξ 越小，$M(\omega)$变化越大。另外，对于每个 ξ 值，频率特性曲线都有一个最大的幅值 M_r 存在，这个最大的幅值 M_r 称为谐振峰值，此处对应的频率 ω_r 称为谐振频率。

对于过阻尼（$\xi>1$）的情况，幅相频率特性曲线近似成一个半圆。这是因为过阻尼系统的特征根都是负实数，且一个离虚轴很近，另一个离虚轴很远。因此，只要 ξ 足够大，离虚

轴近的根就是系统的主导极点，就可以将此二阶环节近似为一个惯性环节来处理。

6. 迟延环节

其传递函数为 $G(s)=e^{-\tau s}$，τ 为迟延时间。其频率特性为 $G(j\omega)=e^{-j\omega\tau}$，可以看出，$M(\omega)=1$，$\theta(\omega)=-\omega\tau$，其极坐标图如图 5-3（f）所示。

第二节　控制系统的开环频率特性

控制系统的结构确定以后，通常就可以得到系统的开环传递函数或等效开环传递函数。而闭环传递函数要通过分析得到，形式也稍复杂。如果能通过系统的开环传递函数直接对系统的闭环特性进行分析，是一种可取的思路。

一、频率特性的几何表示

系统的频率响应可以用复数形式表示为 $G(j\omega)$，常用的频率响应表示方法是图形表示法。在掌握了典型环节的频率特性基础上，可以给出控制系统的开环频率特性曲线，如奈奎斯特图（开环极坐标图）、伯德图（开环对数幅频、相频图）和尼柯尔斯图等。这样，就可以利用这些图形对系统的特性进行分析了。

二、开环极坐标图（奈奎斯特图）及绘制方法

在复平面上用实部和虚部表示频率响应的图形表示方法称为极坐标图，又称幅相频率特性曲线（或幅相曲线）。奈奎斯特曲线（Nyquist Diagram）就是指控制系统的开环极坐标图。下面通过实例，说明奈奎斯特图的绘制方法。

1. 由开环幅频特性和相频特性确定奈奎斯特曲线

将 $s=j\omega$ 代入系统的开环传递函数 $G_k(s)$，就得到该系统的开环频率响应特性 $G_k(j\omega)$，再将这个频率特性分解为幅频特性 $M(\omega)$ 和相频特性 $\varphi(\omega)$，即 $G_k(j\omega)=M(\omega)e^{j\varphi(\omega)}$，在给定的频率范围内，绘制的系统幅频、相频特性关系的曲线，就能得到控制系统的开环极坐标图，即奈氏曲线。

若给定 ω 的频率范围是 $0\to+\infty$，则绘制出来的是奈氏曲线的正半段；若给定的频率范围是 $-\infty\to0\to+\infty$，则绘制的是完整的奈氏曲线。可以看出，奈氏曲线（开环极坐标图）的正半段和负半段是关于实轴对称的。

开环频率特性如果可表示为典型环节的连乘形式，通过计算相应典型环节的幅频特性和相频特性，即可得到系统的开环幅频特性和相频特性。设开环频率特性为

$$G_k(j\omega)=G_1(j\omega)G_2(j\omega)\cdots G_p(j\omega)=M(\omega)e^{j\theta(\omega)} \tag{5.14}$$

其中

$$M(\omega)=M_1(\omega)M_2(\omega)\cdots M_p(\omega)=\prod_{i=1}^{p}M_i(\omega) \tag{5.15}$$

$$\theta(\omega)=\theta_1(\omega)+\theta_2(\omega)+\cdots+\theta_p(\omega)=\sum_{i=1}^{p}\theta_i(\omega) \tag{5.16}$$

式中：$M_i(\omega)$ 和 $\theta_i(\omega)$ 分别表示 $G_i(s)$ 的开环幅频特性和开环相频特性，$i=1, 2, \cdots, p$。

【例 5.1】 已知系统的开环传递函数为

$$G_k(s)=\frac{5}{(1+s)(1+0.1s)}$$

试绘制该系统的奈氏曲线。

解　显然，本题中的开环传递函数由三个典型环节串联组成：比例环节 $G_1(s)=5$、惯性环节$\frac{1}{1+s}$和$\frac{1}{1+0.1s}$。这三个环节的幅相频率特性分别为

$$G_1(\mathrm{j}\omega)=5$$

$$G_2(\mathrm{j}\omega)=\frac{1}{1+\mathrm{j}\omega}=\frac{1}{\sqrt{1+\omega^2}}\mathrm{e}^{-\mathrm{j}\tan^{-1}\omega}$$

$$G_2(\mathrm{j}\omega)=\frac{1}{1+0.1\mathrm{j}\omega}=\frac{1}{\sqrt{1+0.01\omega^2}}\mathrm{e}^{-\mathrm{j}\tan^{-1}0.1\omega}$$

因此，系统的开环幅频特性和相频特性分别为

$$M(\omega)=M_1(\omega)M_2(\omega)M_3(\omega)=\frac{5}{\sqrt{1+\omega^2}\sqrt{1+0.01\omega^2}}$$

$$\theta(\omega)=\theta_1(\omega)+\theta_2(\omega)+\theta_3(\omega)=-\tan^{-1}\omega-\tan^{-1}0.1\omega$$

对 ω 从 0→∞取若干数值点时，由上面的式子可计算出 $M(\omega)$和 $\theta(\omega)$的值，并列于表 5-1。

表 5-1　　　　**[例 5.1]　表**

ω	0	0.5	1	2	3	4	5	6	7	8	9	10	…
$M(\omega)$	5	4.47	3.52	2.19	1.51	1.13	0.88	0.7	0.58	0.48	0.41	0.35	…
$\theta(\omega)$(℃)	0	−29.43	−50.71	−74.74	−88.26	−97.77	−105.26	−111.5	−116.86	−121.53	−125.65	−129.29	…

根据表 5-1 中的数据就可以绘制出奈氏图，如图 5-4 所示。可以看出，如果 ω 的取值越多，间距越小，则绘制出来的奈氏曲线越平滑。这一过程可借助计算机强大的计算功能进行辅助求解。

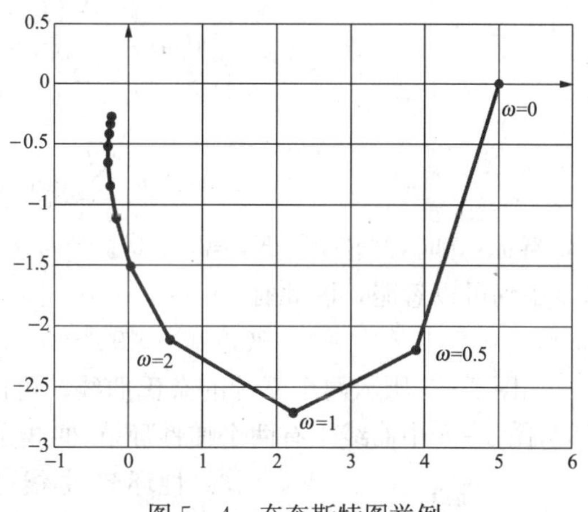

图 5-4　奈奎斯特图举例

2. 由开环实频特性和虚频特性确定奈奎斯特曲线

得到该系统的开环频率响应 $G_k(\mathrm{j}\omega)$，再将这个频率特性分解为实频特性 $R(\omega)$ 和虚频特性 $I(\omega)$，即 $G_k(\mathrm{j}\omega)=R(\omega)+\mathrm{j}I(\omega)$。然后在给定的频率范围内，绘制的系统实频、虚频特性关系的曲线，同样可得到控制系统的开环极坐标图，即奈氏曲线。这种方法的计算量要比上种方法的计算量大，尤其是当开环零极点发生变动时。采用开环实频特性和虚频特性确定奈氏曲线的方法较少采用。

三、典型系统的奈氏图

手工绘制出一幅精确的奈氏曲线是比较费时费力的。通常要先估计好曲线的大致形状，再绘制出奈氏曲线的草图，尽管不太准确，但是用于系统的定性分析还是很有用处的。具体作法就是确定奈氏曲线在起点 $\omega=0$，终点 $\omega\to\infty$的情形，以及与坐标轴相交的情况，即可定性地作出奈氏曲线的草图。

下面分别讨论 0 型系统、1 型系统和 2 型系统的开环频率特性极坐标图（奈奎斯特曲线），这对那些可得到开环传递函数（或等效开环传递函数）的系统，就可用奈氏图方法对

系统进行分析和设计了。假定系统的开环传递函数为

$$G_k(s)=\frac{K\prod_{i=1}^{m}(1+\tau_i s)}{s^v\prod_{j=1}^{n-v}(1+T_j s)} \tag{5.17}$$

其中，对于0型系统、1型系统和2型系统，v取值分别为0、1、2。

1. 0型系统的奈氏图

0型系统开环传递函数为

$$G_k(s)=\frac{K\prod_{i=1}^{m}(1+\tau_i s)}{\prod_{j=1}^{n}(1+T_j s)} \tag{5.18}$$

显然其中不含积分环节$\left(\frac{1}{s}\right)$，且有m个开环零点和n个开环极点（$m<n$），其频率特性为

$$G_k(j\omega)=\frac{K\prod_{i=1}^{m}(1+j\omega\tau_i)}{\prod_{j=1}^{n}(1+j\omega T_j)}=M(\omega)e^{j\theta(\omega)} \tag{5.19}$$

其中

$$\begin{cases}M(\omega)=\dfrac{K\prod_{i=1}^{m}\sqrt{1+(\omega\tau_i)^2}}{\prod_{j=1}^{n}\sqrt{1+(\omega T_j)^2}}\\ \theta(\omega)=\sum_{i=1}^{m}\tan^{-1}\omega\tau_i-\sum_{j=1}^{n}\tan^{-1}\omega T_j\end{cases} \tag{5.20}$$

当$\omega=0$时，$M(\omega)=K,\theta(\omega)=0°$。当$\omega\to+\infty$时，因$m<n$，有$M(\omega)=0$，式（5.18）中的1小到可以忽略，因此有

$$\theta(\omega)=m\times90°-n\times90°=(n-m)(-90°)$$

如图5-5所示两个系统的奈氏曲线。可以看出，当$\omega\to+\infty$时，二曲线切入原点的角度不同，图5-5中曲线1有两个惯性环节，曲线是从$-180°$进入坐标原点，而曲线2中有三个惯性环节，曲线是从$-270°$进入坐标原点。

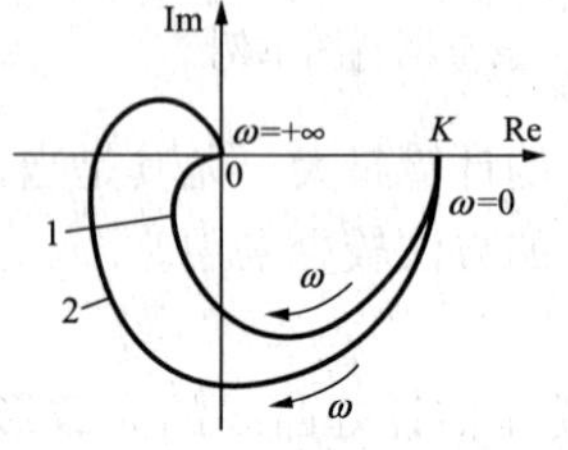

图5-5 0型系统的奈氏曲线

1—$G_k(s)=\frac{K}{(1+\tau_1 s)(1+\tau_2 s)}$；

2—$G_k(s)=\frac{K}{(1+\tau_1 s)(1+\tau_2 s)(1+\tau_3 s)}$

2. 1型系统的奈氏图

1型系统因开环传递函数中含1个积分环节$\left(\frac{1}{s}\right)$而得名，另有m个开环零点和$n-1$个开环极点（$m<n$），其开环传递函数为

$$G_k(s)=\frac{K\prod_{i=1}^{m}(1+\tau_i s)}{s\prod_{j=1}^{n-1}(1+T_j s)} \tag{5.21}$$

其频率特性为

$$G_k(j\omega)=\frac{K\prod_{i=1}^{m}(1+j\omega\tau_i)}{(j\omega)\cdot\prod_{j=1}^{n-1}(1+j\omega T_j)}=M(\omega)e^{j\theta(\omega)} \tag{5.22}$$

其中

$$\begin{cases}M(\omega)=\dfrac{K\prod_{i=1}^{m}\sqrt{1+(\omega\tau_i)^2}}{\omega\prod_{j=1}^{n-1}\sqrt{1+(\omega T_j)^2}}\\ \theta(\omega)=-90^\circ+\sum_{i=1}^{m}\tan^{-1}\omega\tau_i-\sum_{j=1}^{n-1}\tan^{-1}\omega T_j\end{cases} \tag{5.23}$$

当 $\omega=0$ 时，$M(\omega)=\infty$，$\theta(\omega)=-90^\circ$，可看出，1 型系统的奈氏曲线起点位于相角 -90° 的无穷远处。当 $\omega\to+\infty$ 时，因 $m<n$，有 $M(\omega)=0$，式（5.21）中的 1 小到可以忽略，因此有

$$\theta(\omega)=m\times90^\circ-n\times90^\circ=(n-m)(-90^\circ)$$

这与 0 型系统是一样的。

如图 5-6 所示两系统的奈氏曲线。当 $\omega\to0$ 时，两条曲线都是从 -90° 的无限远处出发；当 $\omega\to+\infty$ 时，因二者所包含惯性环节个数不同，其切入坐标原点的角度不同，图 5-6 中曲线 1 是从 -180° 进入坐标原点，而曲线 2 则是从 -270° 进入坐标原点。

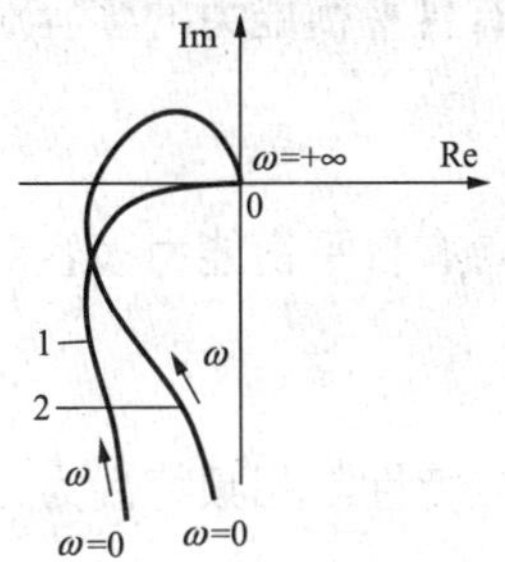

图 5-6　1 型系统的奈氏曲线

1—$G_k(s)=\dfrac{K}{s(1+\tau s)}$；

2—$G_k(s)=\dfrac{K}{s(1+\tau_1 s)(1+\tau_2 s)}$

3. 2 型系统的奈氏图

2 型系统因开环传递函数中含两个积分环节 $\left(\dfrac{1}{s}\right)$ 而得名，另有 m 个开环零点和 $n-2$ 个开环极点（$m<n$），其开环传递函数为

$$G_k(s)=\frac{K\prod_{i=1}^{m}(1+\tau_i s)}{s^2\prod_{j=1}^{n-2}(1+T_j s)} \tag{5.24}$$

其频率特性为

$$G_k(j\omega)=\frac{K\prod_{i=1}^{m}(1+j\omega\tau_i)}{(j\omega)^2\cdot\prod_{j=1}^{n-2}(1+j\omega T_j)}=M(\omega)e^{j\theta(\omega)}$$

其中

$$\begin{cases}M(\omega)=\dfrac{K\prod_{i=1}^{m}\sqrt{1+(\omega\tau_i)^2}}{\omega^2\prod_{j=1}^{n-2}\sqrt{1+(\omega T_j)^2}}\\ \theta(\omega)=-180^\circ+\sum_{i=1}^{m}\tan^{-1}\omega\tau_i-\sum_{j=1}^{n-2}\tan^{-1}\omega T_j\end{cases} \tag{5.25}$$

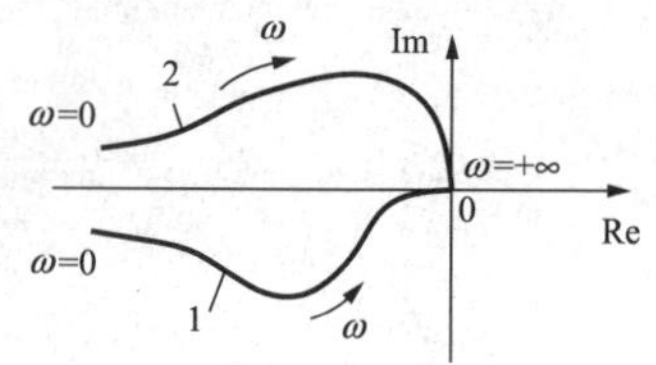

图 5-7　2 型系统的奈氏曲线

1—$G_k(s)=\dfrac{K(1+T_1s)}{s^2(1+\tau_1 s)}(T_1>\tau_1)$；

2—$G_k(s)=\dfrac{K}{s^2(1+\tau_1 s)}$

当 $\omega=0$ 时，$M(\omega)=\infty$，$\theta(\omega)=-180°$，可看出，2 型系统的奈氏曲线起点位于相角 $-180°$ 的无穷远处。当 $\omega\to+\infty$ 时，因 $m<n$，有 $M(\omega)=0$，式（5.24）中的 1 小到可以忽略，因此有

$$\theta(\omega)=m\times90°-n\times90°=(n-m)(-90°)$$

这与 0 型系统和 1 型系统都是一样的。

如图 5-7 所示两系统的奈氏曲线。当 $\omega\to0$ 时，两条曲线都是从 $-180°$ 的无限远处出发；当 $\omega\to+\infty$ 时，二者切入坐标原点的角度不同，曲线 1 是从 $-180°$ 进入坐标原点，而曲线 2 是从 $-270°$ 进入坐标原点。这是因为曲线 1 较曲线 2 多了一个比例微分环节（$1+T_1s$）。

四、热工对象的频率特性

1. 有自平衡能力多容对象的频率特性

有自平衡能力的多容对象可由下面的近似传递函数表示，即

$$G_p(s)=\frac{K}{(1+T_0s)^n}$$

这样，有自平衡能力多容对象是 0 型系统，其频率特性为

$$G_p(j\omega)=\frac{K}{(1+j\omega T_0)^n}$$

其幅频特性与相频特性为

$$M(\omega)=\frac{K}{(\sqrt{1+\omega^2T_0^2})^n},\theta(\omega)=-n\tan^{-1}\omega T_0$$

其幅相频率特性曲线如图 5-8 所示，是一条蜗壳形曲线。当 $\omega=0$ 时，起始于正实轴 K 点处，随 ω 的增大沿顺时针绕过 n 个象限，幅值越来越小，最终趋于零。可见，在正弦信号输入时，稳态输出信号在相位上总是滞后的。输入信号的频率越高，输出信号的相位滞后就越大，幅值越小。因此，有自平衡能力的多容对象具有低通滤波器的特性。

2. 无自平衡能力多容对象的频率特性

无自平衡能力的多容对象可由下面的近似传递函数表示，即

$$G_p(s)=\frac{K}{s(1+T_0s)^{n-1}}$$

可见，无自平衡能力多容对象实际上是 1 型系统，其频率特性为

$$G_p(j\omega)=\frac{K}{(j\omega)(1+j\omega T_0)^{n-1}}$$

其幅频特性与相频特性为

$$M(\omega)=\frac{K}{\omega(\sqrt{1+\omega^2T_0^2})^{n-1}}$$

$$\theta(\omega)=-\left[\frac{\pi}{2}+(n-1)\tan^{-1}\omega T_0\right]$$

其幅相频率特性曲线如图 5-9 所示。当 $\omega=0$ 时，起始于靠近负虚轴的无穷远处，即幅值为无穷大，相角为 $-90°$。随 ω 的增大，幅值逐渐减小，相位也沿顺时针变化。当 $\omega\to\infty$

时，幅值最终趋于零，相角沿顺时针绕过（$n-1$）个象限后切入原点。由图 5-9 可见，无自平衡能力的多容对象也具有低通滤波器的特性。

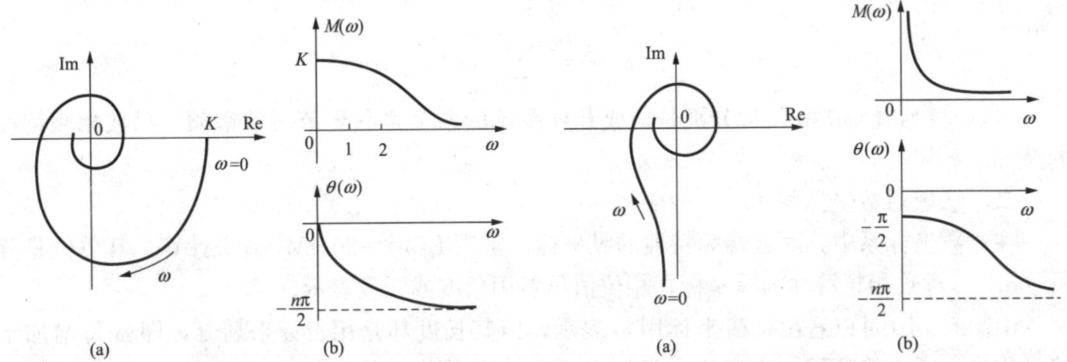

图 5-8　有自平衡能力多容对象的频率特性
（a）幅相频率特性；（b）幅频特性与相频特性

图 5-9　无自平衡能力多容对象的频率特性
（a）幅相频率特性；（b）幅频特性与相频特性

第三节　控制系统的伯德图（开环对数坐标图）

在利用奈奎斯特图分析控制系统稳定性时，存在这样的问题：当控制系统的零点或极点变动时（包括增加、减少一个或若干个），就要乘上或除上一个关于 s 的多项式，整张奈奎斯特图就要重新绘制。在手工绘图的情况下，绘制一张奈奎斯特图是一件很麻烦的事情。

为运算和分析的方便，频率特性常利用对数坐标来绘制。控制系统开环对数频率特性曲线就是常用的伯德图。伯德图由两张图来描述系统的频率响应，一张图描述系统输出与输入振幅之比与频率的关系，称为开环对数幅频图；一张图描述系统输出与输入相位差与频率的关系，称为开环对数相频图。

对数幅频特性按下式给出定义

$$L(\omega)=20\lg[M(\omega)] \tag{5.26}$$

式中：$L(\omega)$为对数幅频值，单位为 dB（分贝）。显然，幅频 $M(\omega)$每增加或减少十倍，相当于在对数幅频特性的纵坐标上增加或减少 20dB。

一、控制系统的伯德图

伯德图的频率坐标采用的是半对数坐标，其横轴采用对数坐标，纵轴采用正常的坐标刻度，构成伯德图的两幅图就是对数幅频图和对数相频图。在对数坐标图上增加或减少零、极点时，就能够变多项式的乘法或除法运算为对数环节的加法或减法运算，这样就可以在原有图形的基础上，叠加或去掉某环节的那一部分即可，从而大大减轻了手工绘图工作量。

当开环频率特性通常可表示为如下典型环节的连乘形式

$$G_k(j\omega)=G_1(j\omega)G_2(j\omega)\cdots G_p(j\omega)=M(\omega)e^{j\theta(\omega)}$$

其中，幅频特性和相频特性分别为

$$M(\omega)=M_1(\omega)M_2(\omega)\cdots M_p(\omega)=\prod_{i=1}^{p}M_i(\omega)$$

$$\theta(\omega)=\theta_1(\omega)+\theta_2(\omega)+\cdots+\theta_p(\omega)=\sum_{i=1}^{p}\theta_i(\omega)$$

开环对数幅频特性和对数相频特性分别为

$$L(\omega) = 20\lg M(\omega) = \sum_{i=1}^{p} 20\lg M_i(\omega) = \sum_{i=1}^{p} L_i(\omega)$$

$$\theta(\omega) = \sum_{i=1}^{p} \theta_i(\omega)$$

可以看出，$L(\omega)$和$\theta(\omega)$分别是构成开环系统的各个串联环节对数幅频、对数相频特性的叠加。

二、认识对数坐标图

在对数坐标系中，对数幅频特性的纵坐标，常用$L(\omega)=20\lg M(\omega)$来计算，其单位是分贝（dB）。对数相频特性的纵坐标，相位值仍然用角度或弧度表示。

由图 5 - 10 可以看出，横坐标用ω表示，但其长度却是用$\lg\omega$来划分，即ω每增加十倍，称为一个**十倍频程**，相当于在坐标上增加一个单位长度。ω从 0.1 到 1 为一个十倍频程，ω从 1 到 10 也是一个十倍频程，ω从 0.1 到 10 是两个十倍频程，并以此类推。

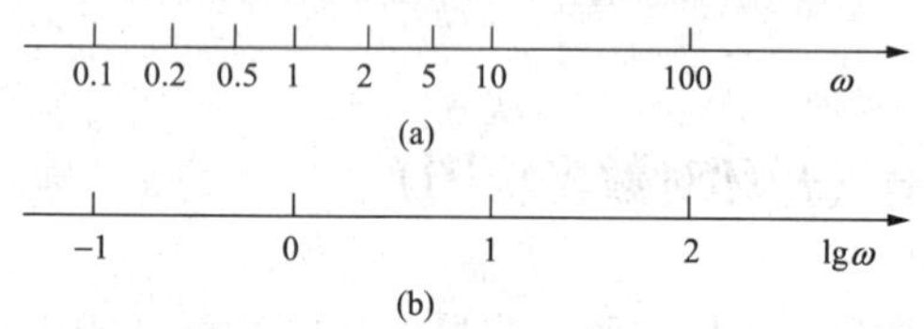

图 5 - 10　对数ω坐标与正常坐标的对应关系
（a）对数坐标；（b）普通坐标

在对数坐标中，横轴的刻度不是均匀的，以$\omega=2$不在ω从 1 到 10 区间的 0.2 个单位长度。由于$\lg 2\approx 0.3$，实际是在 0.3 个十倍频程处。由于$\lg 0\to -\infty$，ω的零点在负无穷远处。需要注意的是，在对数坐标系中，ω只取正数。显然，对数坐标系的横轴大幅度地压缩了高频段，扩展了低频段。

在对数坐标中，确定比例尺度后，不论频率的起点在何处，任一个十倍频程的线段长度均相同。为了确定在对数坐标系中直线的斜率，只需要确定每十倍频程直线上分贝数的变化量即可，其单位是分贝/十倍频程，即 dB/dec。为方便起见，我们约定用± 1表示斜率± 20dB/dec，用$\pm v$表示斜率$\pm v\cdot 20$dB/dec。

三、典型环节的对数幅频特性与相频特性

采用对数坐标时，ω值可在$0\sim+\infty$的大跨度范围内取值，便于在较宽的频带内对系统进行分析。另外，在分析由环节串联组成的系统时，可以变乘除法运算为加减法运算，这样，对由元件串联组成的系统，只要将已知元件的对数幅频、相频特性进行叠加，就可得到系统的对数幅频、相频特性曲线。如果这些元件都是典型环节，系统的对数频率特性就更容易确定。下面就分析一下典型环节的对数幅频和相频特性曲线的绘制方法。

在下面的叙述中，$M(\omega)$代表幅频特性，$\theta(\omega)$表示相频特性，$L(\omega)$表示对数幅频特性。

1. 比例环节

其传递函数为$G(s)=K$，频率特性为$G(\mathrm{j}\omega)=K$。可以看出，幅频特性$M(\omega)=K$，相频特性$\theta(\omega)=0$，对数幅频特性$L(\omega)=20\lg M(\omega)=20\lg K$，其幅频与相频特性如图 5 - 11（a），伯德图如图 5 - 11（b）所示。

2. 积分环节

其传递函数为$G(s)=\frac{1}{s}$，频率特性为$G(\mathrm{j}\omega)=\frac{1}{\mathrm{j}\omega}$，因此，幅频特性$M(\omega)=\frac{1}{\omega}$，相频特性$\theta(\omega)=-\frac{\pi}{2}$，对数幅频特性$L(\omega)=20\lg M(\omega)=-20\lg\omega$。当$\omega=1$时，$L(\omega)=0$。可以看出，

积分环节的对数频率特性是一条直线，其斜率为－20dB/dec，与 ω 轴交于 $\omega=1$ 处。且其幅频与相频特性如图 5-12（a），伯德图如图 5-12（b）所示。

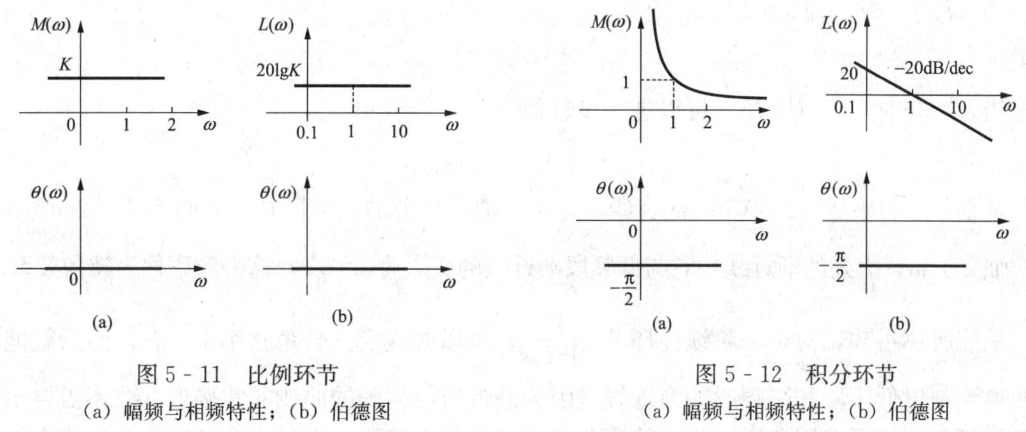

图 5-11　比例环节

（a）幅频与相频特性；（b）伯德图

图 5-12　积分环节

（a）幅频与相频特性；（b）伯德图

3. 微分环节

其传递函数为 $G(s)=s$，频率特性为 $G(j\omega)=j\omega$，因此，幅频特性 $M(\omega)=\omega$，相频特性 $\theta(\omega)=\frac{\pi}{2}$，对数幅频特性 $L(\omega)=20\lg M(\omega)=20\lg\omega$。当 $\omega=1$ 时，$L(\omega)=0$。可以看出，微分环节的对数频率特性是一条直线，其斜率为＋20dB/dec，与 ω 轴交于 $\omega=1$ 处。且其幅频与相频特性如图 5-13（a），伯德图如图 5-13（b）所示。

4. 一阶惯性环节

一阶惯性环节的传递函数为 $G(s)=\frac{1}{1+T_c s}$，频率特性为 $G(j\omega)=\frac{1}{1+j\omega T_c}$，因此幅频特性 $M(\omega)-\frac{1}{\sqrt{1+\omega^2 T_c^2}}$，相频特性 $\theta(\omega)=-\tan^{-1}(\omega T_c)$，对数幅频特性为

$$L(\omega)=20\lg M(\omega)=-20\lg\sqrt{1+\omega^2 T_c^2} \tag{5.27}$$

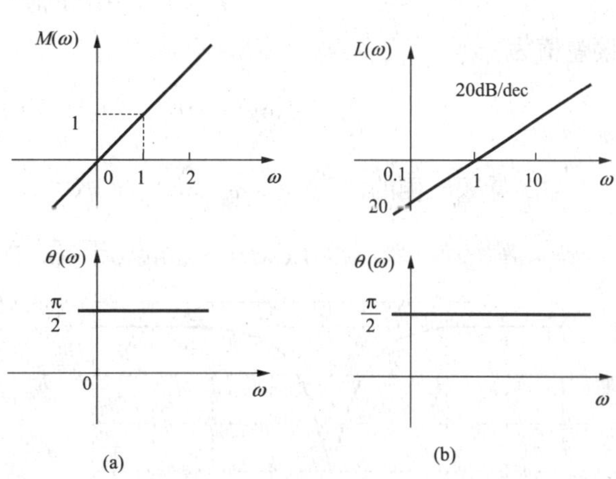

图 5-13　微分环节

（a）幅频与相频特性；（b）伯德图

当然可以使 ω 在 $0\to\infty$ 取不同值，利用上面各式逐点计算。但还有更为简洁的方法，就是先用近似的方法绘制出曲线的大致形状，有必要时再加以精确化。下面就介绍这种处理方法，主要分 $0<\omega T_c\ll 1$ 和 $\omega T_c\gg 1$ 两种情况讨论。

（1）当 $0<\omega T_c\ll 1$ 时（低频段），即 $\omega\ll\frac{1}{T_c}$，由式（5.27）可知

$$L(\omega)\approx 0\ (\text{dB})$$

这说明，惯性环节的低频段是一条 0 分贝的渐近线，它与横轴重合。

（2）当 $\omega T_c\gg 1$ 时（高频段），即 $\omega\gg\frac{1}{T_c}$，由式（5.27）可知

$$L(\omega)\approx -20\lg\omega T_c = -20\lg\omega + 20\lg\frac{1}{T_c}(\text{dB}) \tag{5.28}$$

当 $\omega T_c=1$ 时，即 $\omega=1/T_c$，有

$$L(\omega)=0$$

当 $\omega\gg\frac{1}{T_c}$ 时，式（5.28）可以进一步近似为

$$L(\omega)=-20\lg\omega$$

这是一条斜率是 -20dB/dec 的直线。显然，惯性环节的高频段是一条斜率为 -20dB/dec，与横轴交于 $\omega=\frac{1}{T_c}$ 处的渐近线，它与低频段渐近线的交点为 $\omega=\frac{1}{T_c}$，这一频率称为**转角频率**。

综前所述可知，对于一阶惯性环节 $\frac{1}{1+T_c s}$，可以先确定其转角频率 $\omega=\frac{1}{T_c}$，然后就能很方便地绘制出低频段和高频段的渐近线。因为渐近线与精确的曲线非常接近，在不需要十分精确的场合，就可以用渐近线代替精确曲线进行分析。在要求得到十分精确曲线的场合，只需对渐近线进行适当修正即可，下面就介绍修正的具体方法。

（1）高频段侧的修正。在 $\omega=\frac{K}{T_c}$（$K>1$）处对数幅频特性的精确值为

$$L(\omega)=-20\lg\sqrt{1+\omega^2T_c^2}=-10\lg(1+K^2)$$

而近似值为

$$L(\omega)=-20\lg\omega T_c=-10\lg K^2$$

偏差值为

$$-10\lg(1+K^2)-(-10\lg K^2)=-10\lg\frac{1+K^2}{K^2}$$

（2）低频段侧的修正。在 $\omega=\frac{K}{T_c}$（$0<K<1$）处对数幅频特性的精确值为

$$L(\omega)=-20\lg\sqrt{1+\omega^2T_c^2}=-10\lg(1+K^2)$$

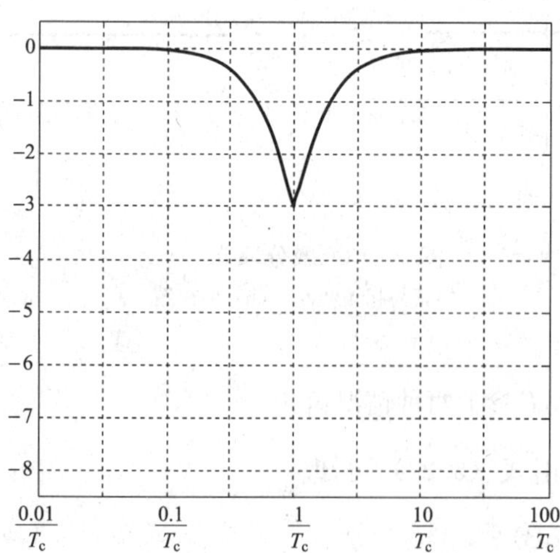

图 5-14　惯性环节精确对数幅频特性与近似特性之间的偏差

而近似值为

$$L(\omega)=0$$

偏差值为

$$-10\lg(1+K^2)-0=-10\lg(1+K^2)\ (\text{dB})$$

可见，当 $K=1$，即 $\omega=\frac{1}{T_c}$ 时，该偏差最大，为

$$-10\lg 2=-3.01(\text{dB})$$

惯性环节精确对数幅频特性与近似特性之间的偏差如图 5-14 所示。显然，该偏差曲线关于转角频率 $\frac{1}{T_c}$ 左右两侧是对称的。

将图 5-14 的偏差加到渐近线上，就可得到图 5-15 中精确的对数幅频特性曲线（粗实线）。

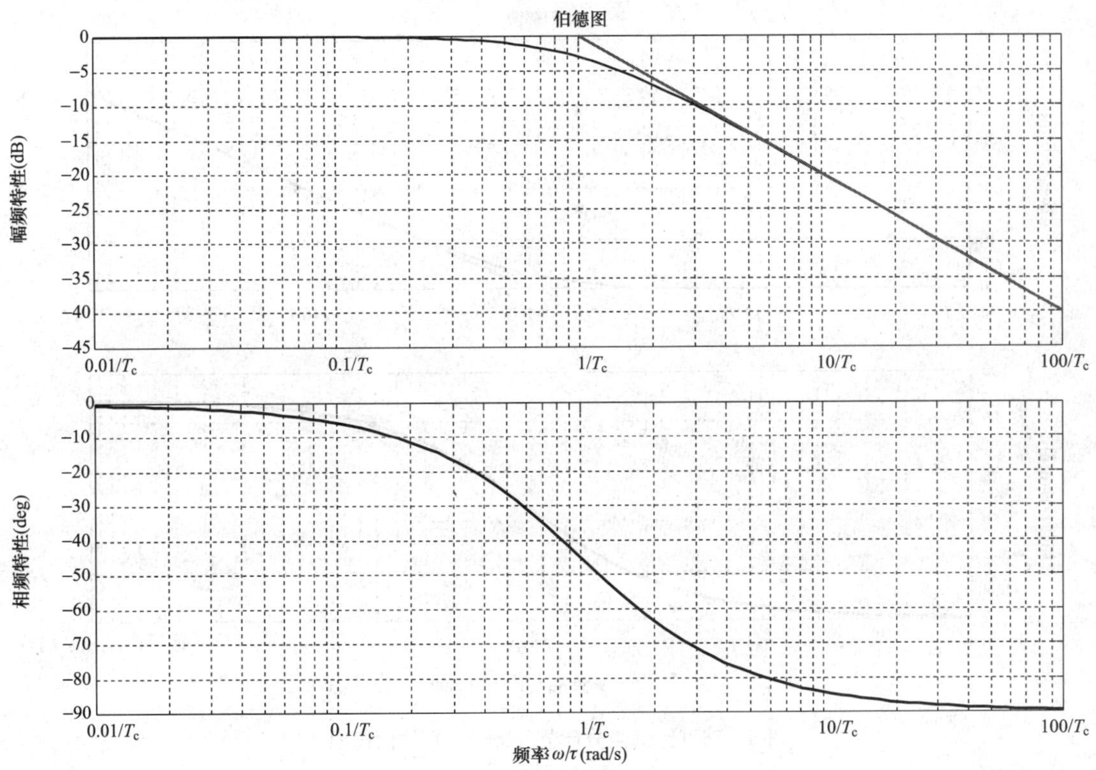

图 5 - 15　惯性环节的伯德图

5. 比例微分环节

比例微分环节（$1+T_c s$）的对数幅频特性和相频特性为

$$L(\omega)-20\lg\sqrt{1+\omega^2 T_c^2}\ (\mathrm{dB}) \tag{5.29}$$

$$\theta(\omega)=\tan^{-1}\omega T_c \tag{5.30}$$

与一阶惯性环节比较可知，比例微分环节与惯性环节的对数幅频特性和相频特性只相差一个负号，因此比例微分环节的伯德图与惯性环节的伯德图关于 ω 轴对称。转角频率为 $\omega=\frac{1}{T_c}$，低频段为 0 分贝线，高频段是斜率为 20dB/dec 的直线；相角的变化范围为 0°～90°，在转角频率 $\omega=\frac{1}{T_c}$处，$\theta(\omega)=45°$，如图 5 - 16 所示。

6. 二阶振荡环节

二阶振荡环节传递函数为

$$G(s)=\frac{\omega_n^2}{s^2+2\xi\omega_n s+\omega_n^2}$$

如果阻尼比 $\xi\geqslant1$，则可用惯性环节代替来近似处理。如果 $0<\xi<1$，则成为欠阻尼的二阶振荡环节。下面只讨论欠阻尼状态下的二阶振荡系统的对数频率特性。

二阶振荡环节的频率特性为

$$G(\mathrm{j}\omega)=\frac{\omega_n^2}{-\omega^2+2\xi\omega_n\mathrm{j}\omega+\omega_n^2}=\frac{1}{1-\left(\frac{\omega}{\omega_n}\right)^2+2\xi\frac{\omega}{\omega_n}\mathrm{j}} \tag{5.31}$$

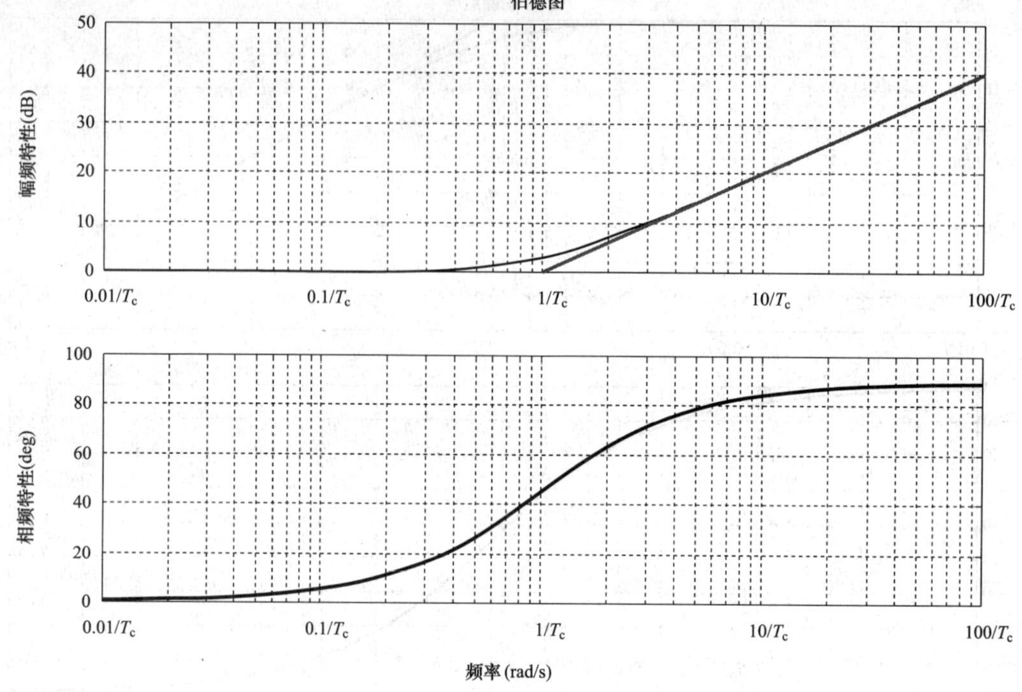

图 5－16　比例微分环节（$1+T_c s$）的伯德图

幅频特性　　$$M(\omega)=\frac{1}{\sqrt{\left(1-\frac{\omega^2}{\omega_n^2}\right)^2+\left(2\xi\frac{\omega}{\omega_n}\right)^2}}$$

相频特性　　$$\theta(\omega)=-\tan^{-1}\frac{2\xi\frac{\omega}{\omega_n}}{1-\left(\frac{\omega}{\omega_n}\right)^2}$$

对数幅频特性　　$$L(\omega)=-20\lg\sqrt{\left(1-\frac{\omega^2}{\omega_n^2}\right)^2+\left(2\xi\frac{\omega}{\omega_n}\right)^2} \tag{5.32}$$

与惯性环节的处理方法类似，可绘制二阶振荡环节的近似对数幅频特性曲线。分 $\omega\ll\omega_n$ 和 $\omega\gg\omega_n$ 两种情况进行讨论：

（1）$\omega\ll\omega_n$（低频段），即 $\frac{\omega}{\omega_n}\ll 1$，近似有 $\frac{\omega}{\omega_n}\approx 0$，由式（5.32）可得

$$L(\omega)\approx -20\lg 1=0$$

即低频段的渐近线是一条 0 分贝的直线，它与横轴重合；

（2）$\omega\gg\omega_n$（高频段），即 $\frac{\omega}{\omega_n}\gg 1$，不妨忽略式（5.32）中的 1 和 $\left(2\xi\frac{\omega}{\omega_n}\right)^2$，近似得

$$L(\omega)\approx -20\lg\frac{\omega^2}{\omega_n^2}=-40\lg\left(\frac{\omega}{\omega_n}\right) \tag{5.33}$$

这说明，高频段的渐近线是一条斜率为 －40dB/dec 的直线，它与横轴相交于点 $\omega=\omega_n$。交点处频率值 ω_n 称为二阶振荡环节的**转角频率**。

如果需要得到二阶振荡环节的精确对数幅频特性曲线，则要对上面得到的近似伯德图按

如下方法进行修正。

(1) 高频段侧的修正。在 $\omega=K\omega_n$ （$K>1$）处，由式（5.32）可得对数幅频特性的精确值为

$$L(\omega)=-20\lg\sqrt{(1-K^2)^2+(2\xi K)^2}$$

而近似值为

$$L(\omega)=-40\lg\left(\frac{\omega}{\omega_n}\right)=-20\lg K^2$$

偏差值为

$$-20\lg\sqrt{(1-K^2)^2+(2\xi K)^2}-(-20\lg K^2)=-20\lg\sqrt{\left(1-\frac{1}{K^2}\right)^2+\left(\frac{2\xi}{K}\right)^2}\ (\text{dB})$$

(2) 低频段侧的修正。在 $\omega=K\omega_n(0<K<1)$处，由式（5.32）可得对数幅频的精确值为

$$L(\omega)=-20\lg\sqrt{(1-K^2)^2+(2\xi K)^2}$$

而近似值为

$$L(\omega)=0$$

偏差值为

$$-20\lg\sqrt{(1-K^2)^2+(2\xi K)^2}\ (\text{dB})$$

可见，当 $K=1$，即 $\omega=\omega_n$ 时，该偏差较大，为

$$-20\lg 2\xi\ (\text{dB})$$

可见，偏差的大小还与 ξ 的取值的不同而不同。绘制出偏差曲线如图 5-17 所示。显然，该偏差曲线关于转角频率 ω_n 左右两侧是对称的。由图可看出，渐近线的偏差随 ξ 的不同而不同，ξ 值越小，偏差有变大的趋势。当 $\xi\to0$ 时，偏差趋于无穷大。其伯德图如图 5-18所示。

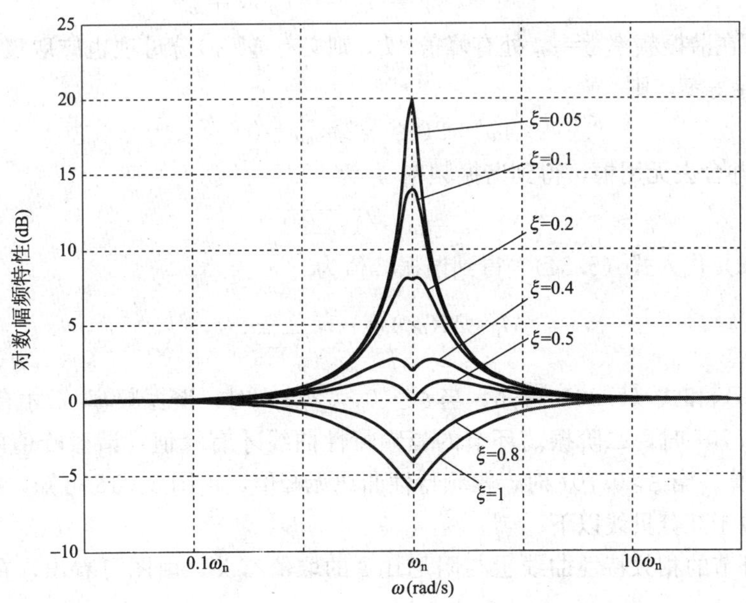

图 5-17　二阶振荡环节对数幅频特性的偏差曲线

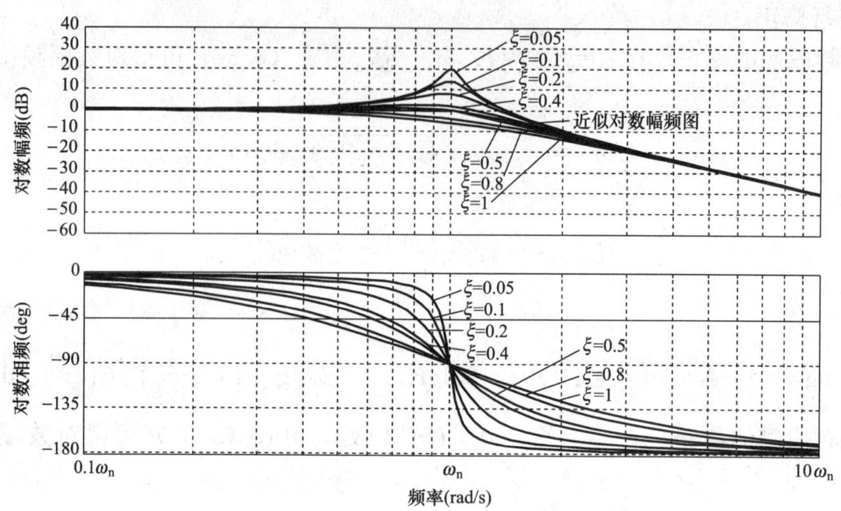

图 5 - 18　二阶振荡环节的伯德图

当 ξ 在一定范围内取值时，相应的精确 Bode 图有峰值，下面就讨论二阶振荡环节的谐振频率 ω_r 和谐振峰值 M_r 的计算。

二阶振荡环节的幅频特性为

$$M(\omega)=\frac{1}{\sqrt{\left(1-\frac{\omega^2}{\omega_n^2}\right)^2+\left(2\xi\frac{\omega}{\omega_n}\right)^2}}$$

$$=\frac{\omega_n^2}{\sqrt{(\omega_n^2-\omega^2)^2+(2\xi\omega_n\omega)^2}}$$

$$=\frac{\omega_n^2}{\sqrt{\omega^4+(4\xi^2-2)\omega_n^2\omega^2+\omega_n^4}} \tag{5.34}$$

假设 $M(\omega)$ 在谐振频率 $\omega=\omega_r$ 处有峰值 M_r，则必有 $M(\omega)$ 分母项也应取极值，用根号里的内容对 ω 求导得零，则

$$4\omega^3+2(4\xi^2-2)\omega_n^2\omega=0$$

因 $\omega>0$，并舍去无用根，得到谐振频率 ω_r 为

$$\omega_r=\omega_n\sqrt{1-2\xi^2} \tag{5.35}$$

将式（5.35）代入式（5.34），得到谐振峰值为

$$M_r=M(\omega_r)=\frac{1}{2\xi\sqrt{1-\xi^2}} \tag{5.36}$$

由式（5.35）和式（5.36）可知，当 $\xi\in(0,\sqrt{2}/2)$ 时，谐振频率 ω_r 才有意义。因此，只有当 $0<\xi<0.707$ 时，二阶振荡环节的幅频特性曲线才有峰值，谐振峰值的大小则由式（5.36）进行计算。当 $\xi>0.707$ 时，幅频特性曲线无峰值，由图 5 - 18 可知，此时的对数幅频特性曲线都位于 0 分贝线以下。

二阶振荡环节的相频特性曲线也与阻尼比 ξ 的取值有关，由图可看出，在转角频率 ω_n 处，相角为 $-\frac{\pi}{2}$，低频段的相频特性曲线渐近线是 0°线，高频段的渐近线是 $-\pi$ 线。在转角

频率左右两侧的相频特性曲线是斜对称的。

7. 迟延环节

迟延环节的传递函数为$G(s)=e^{-\tau s}$，τ为迟延时间。其频率特性为

$$G(j\omega)=e^{-j\omega\tau}$$

其幅频和相频特性为

$$M(\omega)=1;\ \theta(\omega)=-\omega\tau$$

对数幅频和相频特性为

$$L(\omega)=20\lg1=0,\ \theta(\omega)=-\omega\tau\ (\mathrm{rad})$$

对应的伯德图如图 5－19 所示。

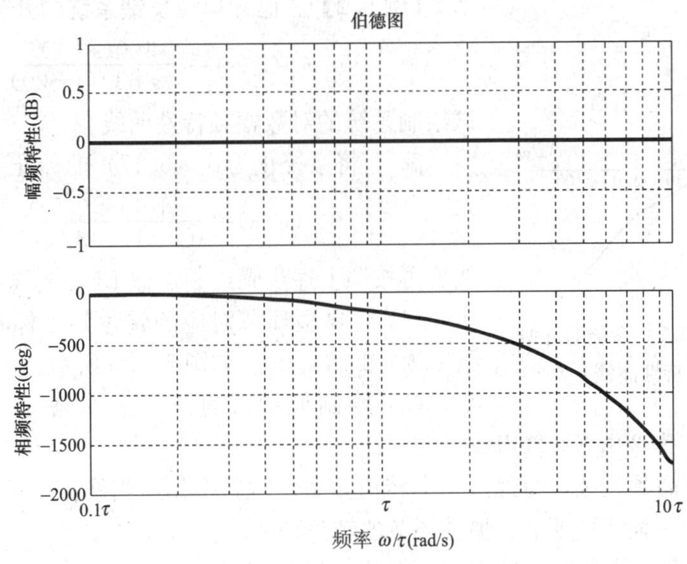

图 5－19　迟延环节的伯德图

四、控制系统伯德图的绘制方法

已知控制系统的开环传递函数，就可按照下面的步骤手工绘制系统的近似伯德图（开环对数幅频特性和开环对数相频特性曲线）。

(1) 将开环频率特性改写为典型环节频率特性的串联形式。

(2) 将比例环节和积分环节排在前面，其余环节按转角频率从小到大的顺序依次排好。

(3) 绘制近似对数幅频特性曲线。按照先绘制低频段，再由低频段向高频段绘制。低频段的斜率$-n\cdot 20$dB/dec 完全由积分环节$\frac{1}{s}$的个数n确定，在$\omega=1$处的幅频值$20\lg K$由比例环节K来确定。渐近线按照由左向右的顺序绘制，每遇到一个转角频率，渐近线的斜率就改变一次，斜率的改变量等于该转角频率所在环节的高频段渐近线斜率。

具体地，每遇到一个比例微分环节$(1+T_c s)$，转角频率为$\omega=\frac{1}{T_c}$，高频段斜率改变$+20$dB/dec；每遇到一个惯性环节$\left(\frac{1}{1+T_c s}\right)$，转角频率为$\omega=\frac{1}{T_c}$，高频段斜率改变$-20$dB/dec；每遇到一个二阶振荡环节$\left(\frac{\omega_n^2}{s^2+2\xi\omega_n s+\omega_n^2}\right)$，转角频率为$\omega=\omega_n$斜率改变$-40$dB/dec；如果

开环传递函数中含有迟延环节 $e^{-\tau s}$，因 $L(\omega)=0$，可不考虑其对对数幅频特性曲线的影响。这样，通过叠加就得到了近似的对数幅频特性曲线。

（4）如果需要得到精确的对数幅频特性曲线，需要在转角频率、转角频率的二倍频、1/2倍频处加上偏差值修正。对一阶典型环节，在转角频率处修正值为±3dB，二倍频与1/2倍频处修正值为±1dB。对于二阶典型环节，可按照图5-17来进行修正。

（5）绘制各个环节的相频特性曲线，并对它们进行叠加起来，求代数和，就得到整个系统的开环相频特性曲线。

通过上述步骤，就可以得到系统完整的开环对数幅频特性曲线和开环相频特性曲线，即系统完整的伯德图。

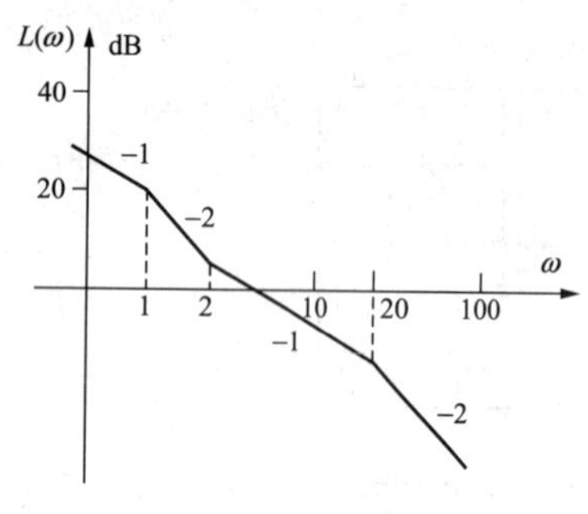

图5-20 ［例5.2］系统的近似对数幅频特性曲线

【例5.2】 已知单位反馈系统的开环传递函数为

$$G_k(s)=\frac{100(s+2)}{s(s+1)(s+20)}$$

试绘制系统的对数幅频特性曲线。

解 将系统化为式（5.17）的标准形式

$$G_k(s)=\frac{10(1+0.5s)}{s(s+1)(1+0.05s)}$$

然后再按照上述步骤绘制近似 $L(\omega)$ 曲线：

（1）将典型环节对应的转角频率标在 ω 轴上，转角频率为：1，2，20。如图5-20所示。

（2）绘制低频段直线（最左侧）：斜率为-20dB/dec；当 $\omega=1$ 时，为 $20\lg K=20$dB。

（3）由低频向高频延续，每经过一个转角频率，对斜率作适当修正。可知 $\omega=1$，2，20分别为惯性环节、一阶PD环节、惯性环节的转角频率。

在 $\omega=1$ 处，直线斜率由-20dB/dec变成-40dB/dec；

在 $\omega=2$ 处，直线斜率由-40dB/dec变成-20dB/dec；

在 $\omega=20$ 处，直线斜率由-20dB/dec变成-40dB/dec。这样，就可绘制出控制系统的开环对数幅频特性曲线如图5-20所示，图中用-1代表-20dB/dec，-2代表-40dB/dec，以此类推。

（4）如果要得到精确的对数幅频特性曲线，可在近似伯德图上加以修正。

五、最小相位系统和非最小相位系统

如果控制系统的开环传递函数中，没有位于 s 右半平面的开环极点和开环零点，且不含有纯迟延环节，就称为最小相位系统，否则就称为非最小相位系统。已知最小相位系统的近似伯德图，就可确定该系统的传递函数。

【例5.3】 已知三个系统的开环传递函数分别为

$$G_1(s)=\frac{1+0.5s}{1+s},G_2(s)=\frac{1-0.5s}{1+s},G_3(s)=\frac{1+0.5s}{1-s}$$

绘制这三个系统的伯德图。

解 由定义知，$G_1(s)$对应的系统是最小相位系统，而 $G_2(s)$和 $G_3(s)$对应的系统是非最小相位系统。频率特性分别为

$$G_1(j\omega)=\frac{1+0.5j\omega}{1+j\omega},G_2(s)=\frac{1-0.5j\omega}{1+j\omega},G_3(s)=\frac{1+0.5j\omega}{1-j\omega}$$

对数幅频特性依次为

$$L_1(\omega)=20\lg\frac{|1+0.5j\omega|}{|1+j\omega|}=20\lg\sqrt{1+0.25\omega^2}-20\lg\sqrt{1+\omega^2}$$

$$L_2(\omega)=20\lg\frac{|1-0.5j\omega|}{|1+j\omega|}=20\lg\sqrt{1+0.25\omega^2}-20\lg\sqrt{1+\omega^2}$$

$$L_3(\omega)=20\lg\frac{|1+0.5j\omega|}{|1-j\omega|}=20\lg\sqrt{1+0.25\omega^2}-20\lg\sqrt{1+\omega^2}$$

可见三个系统的对数幅频特性是相同的。相频特性为

$$\theta_1(\omega)=\tan^{-1}0.5\omega-\tan^{-1}\omega$$

$$\theta_2(\omega)=-\tan^{-1}0.5\omega-\tan^{-1}\omega$$

$$\theta_3(\omega)=\tan^{-1}0.5\omega+\tan^{-1}\omega$$

这三个系统所对应的伯德图如图 5 - 21 所示。

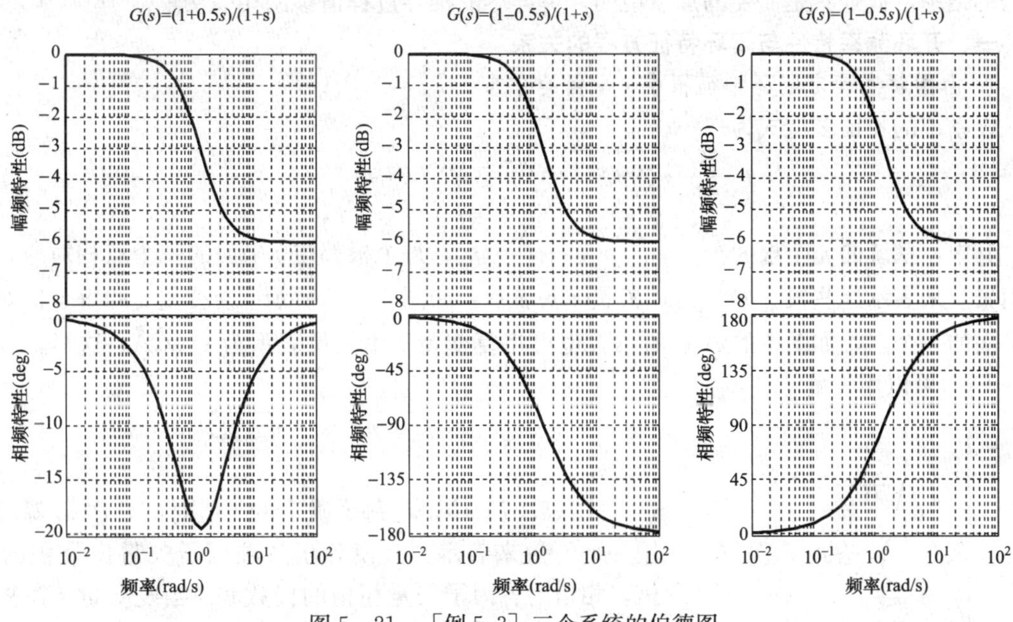

图 5 - 21　[例 5.3] 三个系统的伯德图

最小相位这一术语来源于通信科学。其含义是：对稳定的几个控制系统，如果它们的开环对数幅频特性完全相同，则右半平面没有零、极点的系统，其相频特性绝对值最小。也就是说，输出稳态的正弦信号相对于输入正弦信号的相位变化量最小。含有纯迟延环节的系统不属于最小相位系统。应该看到，开环频率特性的相角滞后越大，闭环系统就越难稳定，因此要尽量避免在系统中包含非最小相位性质的元件或环节。

对于任何的最小相位系统，$G(j\omega)$的相频特性与幅频特性之间有唯一确定的关系：

(1) 若对数幅频特性的斜率为$-v\cdot 20$dB/dec，则对应的相频特性为$-90°\cdot v$。这种关系在转角频率处的误差较大，要进行适当修正。

(2) 由于最小相位系统的幅频特性和相频特性之间存在上述对应关系，因此在工程上通常只画出其对数幅频特性即可，当需要相频特性时，可依据上述的对应关系，只绘制出其大致形状。

第四节 奈奎斯特稳定判据

奈奎斯特稳定判据（简称奈氏判据）是根据开环传递函数提供的信息来判断闭环系统稳定性的一种方法。频域稳定判据有以下特点。

(1) 运用开环频率特性曲线判断闭环稳定性。开环频率特性曲线可以按开环频率特性绘制，也可以全部或部分由实验方法绘制。

(2) 便于研究系统参数和结构改变对稳定性的影响。

(3) 能用来研究包含延迟环节系统的稳定性，而代数判据则对带纯迟延环节的系统无法直接处理，只能近似处理。

(4) 可用代数判据判别稳定性的系统，都可运用奈氏判据来判别。奈氏判据稍加推广还可用来分析某些非线性系统的稳定性。

奈氏判据的推导过程主要依据是复变函数的映射定理，因只要求重点掌握奈奎斯特稳定判据的结论，此处只是简要的加以说明，更详尽的推导过程请参阅相关文献。

一、开环频率特性与闭环特征方程的关系

1. 由图解法确定闭环特征根在 s 平面的分布

设系统的特征多项式为

$$\begin{aligned}P(s)&=a_0s^n+a_1s^{n-1}+\cdots+a_{n-1}s+a_n\\&=a_0(s+p_1)(s+p_2)\cdots(s+p_n)\end{aligned}\tag{5.37}$$

其中，系统的 n 个根为 $-p_1$，$-p_2$，…，$-p_n$，每个根都与 s 平面的一个点相对应，我们用矢量来表示这些根。如 $-p_i$ 用矢量 $-\overrightarrow{p_i}$ 表示，如图 5-22 所示。复变量 s 的每个值对应复平面的一个点，如图中的 A 点所示，也可将复变量 s 用矢量表示为 $\overrightarrow{s}=\overrightarrow{OA}$，这样，复变量 $(s+p_i)$ 可以用矢量

$$\overrightarrow{s+p_i}=\overrightarrow{s}-\overrightarrow{(-p_i)}\tag{5.38}$$

来表示。

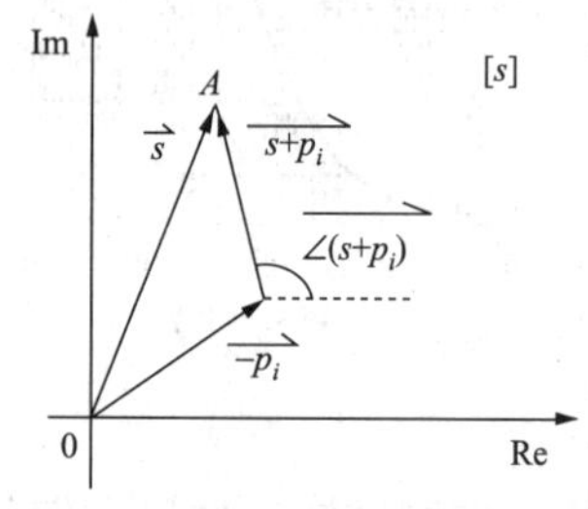

图 5-22 复变量的矢量表示

式 (5.37) 中，与每个确定的 s 值对应，$P(s)$ 就可以用一个矢量来表示，其模等于各项因子矢量模乘积的 a_0 倍，相角为各因子矢量相角的代数和。当复变量 s 在复平面上取值发生变化时，$P(s)$ 的矢量模和相角都随之而变化。

设变量 s 在虚轴上取值，即令 $s=\mathrm{j}\omega$，则 $P(s)$ 为

$$P(\mathrm{j}\omega)=a_0(\mathrm{j}\omega+p_1)(\mathrm{j}\omega+p_2)\cdots(\mathrm{j}\omega+p_n)\tag{5.39}$$

式中，各因子矢量 $(\mathrm{j}\omega+p_i)(i=1,2,\cdots,n)$ 的起点均在 $(-p_i)$，而终点 A 在虚轴上移动，如图 5-23 所示。则 $P(\mathrm{j}\omega)$ 的模和相角可由下式表示

$$|P(\mathrm{j}\omega)|=a_0|\mathrm{j}\omega+p_1||\mathrm{j}\omega+p_2|\cdots|\mathrm{j}\omega+p_n|\tag{5.40}$$

$$\angle P(\mathrm{j}\omega)=\varphi_1+\varphi_2+\cdots+\varphi_n\tag{5.41}$$

若 $s=\mathrm{j}\omega$ 点在虚轴上移动，ω 由 $-\infty\to+\infty$ 变化，则每个因子矢量的终端也在虚轴上由 $-\infty\to+\infty$ 变化。在这个变化过程中，位于虚轴两侧的矢量相角变化方向是不同的。当 ω 由 $-\infty\to+\infty$ 变化时，位于虚轴左侧的根对应的矢量，将逆时针旋转 π 弧度；而位于虚轴右侧

根所对应的矢量相角将会顺时针旋转 π 弧度；位于虚轴上的根所对应的矢量，当 ω 由 $-\infty \to +\infty$ 变化时，将穿过根所在的点（如 $s=j\omega_1$），且在穿越时虚根的矢量为 0。

由上面的分析过程可知，当 ω 由 $-\infty \to +\infty$ 变化时，如下结论成立：

(1) 当系统的 n 个闭环特征根都位于虚轴左侧时，$P(j\omega)$ 的相角总变化为

$$\Delta\angle P(j\omega)=n\pi \tag{5.42}$$

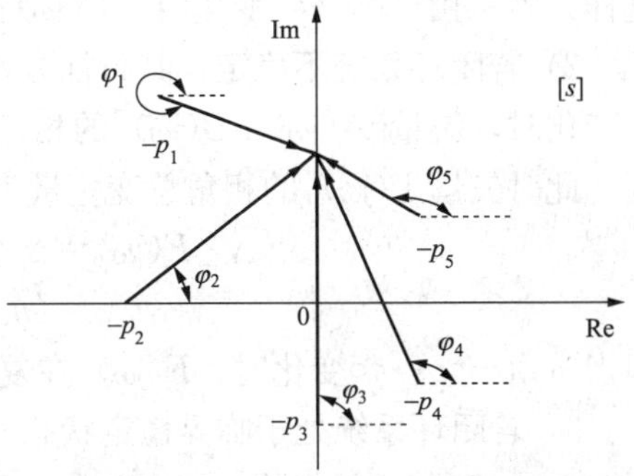

图 5-23　闭环特征根在 s 平面分布数目的计算

(2) 当系统的 n 个闭环特征根中，有 k 个位于虚轴右侧时，其余（$n-k$）个根位于虚轴左侧，则 $P(j\omega)$ 的相角总变化为

$$\Delta\angle P(j\omega)=(n-k)\pi-k\pi=(n-2k)\pi \tag{5.43}$$

这样，只需将 $P(j\omega)$ 矢量随 ω 变化（ω 由 $-\infty \to +\infty$ 变化）时，将矢量轨迹绘制在 s 平面上，根据 $P(j\omega)$ 轨迹的相角变化 $\Delta\angle P(j\omega)$，就可计算出位于虚轴两侧的特征根分布情况。

此外，当 ω 由 $-\infty \to +\infty$ 变化时，$P(j\omega)$ 的模值 $|P(j\omega)|$ 的变化情况，可由式（5.40）和图 5-23 中看出，只要特征根不在虚轴上（如纯虚根或零根），则在 ω 任意取值时，$|P(j\omega)|\neq 0$ 都成立；如果在虚轴上有根存在，如 $s=\pm j\omega_1$ 或 $s=0$，则当 $\omega=\pm\omega_1$ 或 $\omega=0$ 时，才有 $|P(j\omega)|=0$ 成立，否则 $|P(j\omega)|\neq 0$。

2. 由系统开环频率响应特性确定闭环特征根在虚轴两侧的分布数目

当已知控制系统的开环频率特性时

$$G_k(j\omega)=\frac{A(j\omega)}{B(j\omega)} \tag{5.44}$$

其中，$A(j\omega)$ 的阶次为 m，$B(j\omega)$ 的阶次为 n，且有 $m\leqslant n$，则闭环特征多项式由下式给出

$$F(j\omega)=1+G_k(j\omega)=\frac{A(j\omega)+B(j\omega)}{B(j\omega)} \tag{5.45}$$

易知，$F(j\omega)$ 的分子、分母阶次均为 n。

式（5.45）中的 $F(j\omega)$ 可以用复平面上的矢量来表示，幅值为

$$|F(j\omega)|=\frac{|A(j\omega)+B(j\omega)|}{|B(j\omega)|} \tag{5.46}$$

相角为

$$\angle F(j\omega)=\angle[A(j\omega)+B(j\omega)]-\angle B(j\omega) \tag{5.47}$$

当 ω 由 $-\infty \to \infty$ 变化时，$|F(j\omega)|$ 和 $\angle F(j\omega)$ 都随之变化。

因 $B(j\omega)$ 与系统开环特征方程的矢量相对应，而 $[A(j\omega)+B(j\omega)]$ 与闭环系统特征方程的矢量相对应，现对此系统进行如下分析：

(1) 若控制系统是开环稳定的，即 $B(j\omega)$ 中没有虚轴右侧的根，则 ω 由 $-\infty \to \infty$ 变化时，矢量 $B(j\omega)$ 的相角将沿逆时针方向绕过坐标原点 $n\pi$ 弧度。此时：

1) 若闭环系统也稳定，则矢量 $[A(j\omega)+B(j\omega)]$ 的相角变化量也是沿逆时针方向绕过坐标原点 $n\pi$ 弧度，此时矢量 $F(j\omega)$ 的相角总变化量为

$$\Delta\angle F(j\omega)=\Delta\angle[A(j\omega)+B(j\omega)]-\Delta\angle B(j\omega)=n\pi-n\pi=0 \tag{5.48}$$

这样，当 ω 由 $-\infty\to\infty$ 变化时，$F(\mathrm{j}\omega)$ 在复平面的轨迹将不包围坐标原点。

2）若闭环系统不稳定，其特征方程的 n 个根中有 k 个位于虚轴右侧，则当 ω 由 $-\infty\to\infty$ 变化时，矢量 $[A(\mathrm{j}\omega)+B(\mathrm{j}\omega)]$ 的相角变化量也是沿逆时针方向绕过坐标原点 $(n-2k)\pi$ 弧度，此时矢量 $F(\mathrm{j}\omega)$ 的相角总变化量为

$$\begin{aligned}\Delta\angle F(\mathrm{j}\omega)&=\Delta\angle[A(\mathrm{j}\omega)+B(\mathrm{j}\omega)]-\Delta\angle B(\mathrm{j}\omega)\\&=(n-2k)\pi-n\pi=-2k\pi\end{aligned}\tag{5.49}$$

即当 ω 由 $-\infty\to\infty$ 变化时，$F(\mathrm{j}\omega)$ 在复平面的轨迹将沿顺时针围绕坐标原点 k 圈。

3）若闭环系统处于临界稳定状态，则有闭环特征根位于虚轴上，假定有一对纯虚根为 $s=\pm\mathrm{j}\omega_1$，而其余的根均位于 s 左半平面，$|A(\mathrm{j}\omega)+B(\mathrm{j}\omega)|$ 在频率 $\omega=\omega_1$ 处等于零，此时有 $|F(\mathrm{j}\omega)|=0$，即 $F(\mathrm{j}\omega)$ 在复平面的轨迹将恰好穿过坐标原点，穿过坐标原点时的 ω 值就是闭环系统特征方程虚根的值。

上述几种情形下，$F(\mathrm{j}\omega)$ 在复平面的轨迹分别如图 5 - 24 所示。

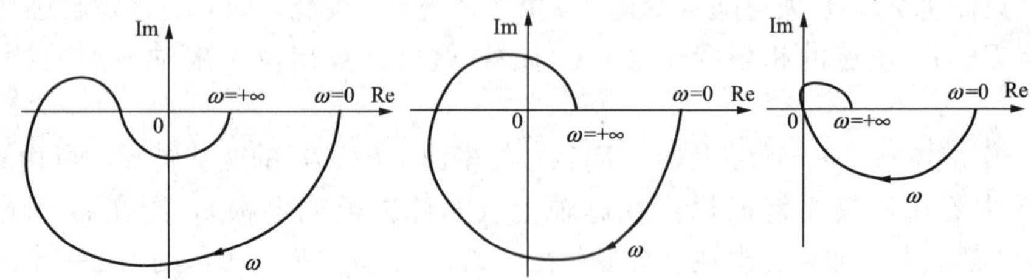

图 5 - 24　$F(\mathrm{j}\omega)$ 在复平面上的运动轨迹

(2) 如果开环系统不稳定，开环系统有 P 个根位于虚轴右侧，其余 $(n-P)$ 个根位于虚轴左侧，则由前面的结论可知，当 ω 由 $-\infty\to\infty$ 变化时，矢量 $B(\mathrm{j}\omega)$ 的相角变化为

$$\Delta\angle B(\mathrm{j}\omega)=(n-2P)\pi\tag{5.50}$$

如果闭环系统是稳定的，所有闭环特征根均位于虚轴左侧，则当 ω 由 $-\infty\to\infty$ 变化时，矢量 $F(\mathrm{j}\omega)$ 的相角总变化量为

$$\begin{aligned}\Delta\angle F(\mathrm{j}\omega)&=\Delta\angle[A(\mathrm{j}\omega)+B(\mathrm{j}\omega)]-\Delta\angle B(\mathrm{j}\omega)\\&=n\pi-(n-2P)\pi=2P\pi\end{aligned}\tag{5.51}$$

也就是说，$F(\mathrm{j}\omega)$ 在复平面的轨迹要沿逆时针围绕坐标原点 P 圈。

总之，有如下结论成立：

(1) 若系统开环稳定，且当 ω 由 $-\infty\to\infty$ 变化时，$1+G_{\mathrm{k}}(\mathrm{j}\omega)$ 的频率特性曲线不包围坐标原点，则闭环系统稳定。

(2) 若系统开环不稳定，有 P 个根位于虚轴右侧，那么，要想使闭环系统也稳定，就必须满足：当 ω 由 $-\infty\to\infty$ 变化时，$1+G_{\mathrm{k}}(\mathrm{j}\omega)$ 的频率特性曲线沿逆时针包围坐标原点 P 圈。

(3) 若 $1+G_{\mathrm{k}}(\mathrm{j}\omega)$ 的频率特性曲线恰好穿越坐标原点，则闭环系统处于临界稳定状态，穿过坐标原点时的 ω 值就是闭环系统特征方程虚根值的大小。

二、奈氏判据的内容

运用代数判据进行控制系统稳定性分析时，前提是系统的特征方程为代数方程，且要确切知道。另外，运用代数判据分析系统的相对稳定性时显得不太方便。1932 年，由奈奎斯

特提出奈氏稳定性判据，利用控制系统的开环幅相频率特性曲线（Nyquist 曲线，也称极坐标图）来判别控制系统的闭环稳定性。如果已经得到系统的开环传递函数，当然可以按照前面的方法绘制出奈氏曲线；如果无法得到系统的开环传递函数，还可通过实验来测出系统的开环频率特性。还可由奈氏曲线方便地观察系统的稳定程度，并能由此给出改善系统稳定性的方法。具体的步骤如下所述。

在复平面上，将控制系统的开环频率特性 $G_k(j\omega)$ 沿负实轴方向平移一个单位，就可得到 $1+G_k(j\omega)$ 的频率特性曲线（当 ω 从 $-\infty\to0\to+\infty$ 变化时）。而 $1+G_k(j\omega)$ 的频率特性曲线对其原点的包围，与开环频率特性 $G_k(j\omega)$ 对（−1，j0）点的包围完全等价。这样就可得出由系统开环频率特性来判别系统闭环稳定性的奈氏判据。奈氏判据的具体内容如下：

(1) 若开环传递函数在 s 右半平面无极点时，当 ω 从 $-\infty\to0\to+\infty$ 连续变化时，如果 Nyquist 曲线不包围临界点（−1，j0），即包围（−1，j0）点的周数为 0，则闭环系统稳定；如果 Nyquist 曲线包围（−1，j0）点的周数不为 0，则闭环系统不稳定；如果系统的 Nyquist 曲线刚好穿过临界点（−1，j0），则系统临界稳定。

(2) 系统在 s 右半平面有 P 个开环极点时，当 ω 从 $-\infty\to0\to+\infty$ 连续变化时，奈氏曲线包围（−1，j0）点的周数是 N（沿逆时针为正，顺时针为负），则不稳定闭环特征根的个数 Z 可由下式确定

$$Z=P-N \tag{5.52}$$

式中，Z 表示闭环系统在右半平面的特征根个数；P 表示不稳定开环极点个数；N 表示奈氏曲线包围（−1，j0）点的周数，并规定沿逆时针方向周数为正，沿顺时针方向为负。显然，只有当 $Z=0$，即 $P=N$ 时，闭环系统才稳定；当 $Z\neq0$，即 $P\neq N$ 时，闭环系统不稳定。

(3) 当控制系统不是 0 型系统时，假定开环传递函数包含有 n 个积分环节，则需要绘制奈氏曲线的增补段。此时，可先将零根视为稳定根（左根）。奈氏曲线的增补段，是频率 ω 从 0^- 处开始，以原点为圆心，无穷大为半径，沿顺时针补画 $n\pi$ 角度，至 ω 为 0^+ 为止。这一补充也称为**增补频率特性**。

(4) 应该指出，完整的奈氏曲线是指频率 ω 从 $-\infty\to0\to+\infty$，即由负半段（频率 ω 从 $-\infty\to0$）和正半段（频率 ω 从 $0\to+\infty$）所组成，而正半段和负半段形状完全相同，且关于横轴对称。因此，我们通常只要绘制出奈氏曲线的正半段即可。奈氏曲线正半段围绕（−1，j0）点的周数恰好是完整奈氏曲线围绕（−1，j0）点周数的一半。

综上所述，奈氏判据可如下叙述：

闭环系统稳定的充分必要条件是，当角频率 ω 由 $-\infty\to0\to+\infty$ 连续变化时，开环频率特性 $G_k(j\omega)$ 的极坐标图（即系统的奈氏曲线）围绕（−1，j0）点的周数 N，等于开环不稳定极点的个数 P。或者说，当且仅当奈氏曲线不通过 s 平面的（−1，j0）点，且逆时针围绕（−1，j0）点 P 圈时，闭环控制系统稳定。

【例 5.4】 已知系统的开环传递函数为

$$G_k(s)=\frac{K}{s^2(1+Ts)}$$

其中，已知 $K=50$，$T=0.1\text{s}$，试用奈氏判据判断闭环系统的稳定性。

解 由开环频率特性可知，系统共有三个开环极点，其中两个零根，也视为稳定根。因

系统开环稳定，有 $P=0$。开环频率特性为

$$G_k(j\omega)=\frac{50}{(j\omega)^2(1+0.1j\omega)}$$

可得幅频特性和相频特性为

$$M(\omega)=\frac{50}{\omega^2\sqrt{1+0.01\omega^2}}$$

$$\theta(\omega)=-\pi-\tan^{-1}0.1\omega$$

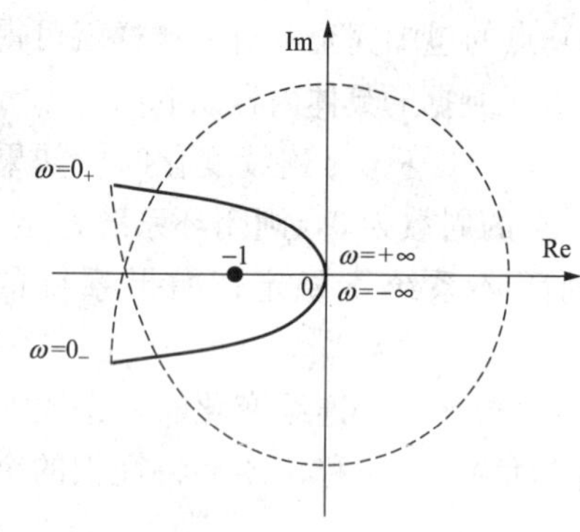

图 5-25 ［例 5.4］的奈氏曲线

绘制该系统的奈氏曲线如图 5-25 中粗线所示，因该系统不是 0 型系统，要绘制增补段曲线，就是 ω 从 0^- 开始，以原点为圆心，无穷大为半径，沿顺时针补画 2π 角度，至 ω 为 0^+ 为止。由奈氏图可知，$N=-2$，因 $N\neq P$，故闭环系统不稳定。

三、对数频域判据

根据伯德图分析闭环系统稳定性时的奈氏判据可叙述如下。

闭环系统稳定的充分必要条件是，在开环对数幅频特性大于 0dB 的所有频段内，相频特性曲线对 $-180°$线的正、负穿越次数之差等于$\frac{P}{2}$，其中，P 是实部为正的开环极点个数。

如果闭环系统不稳定，则系统闭环极点在 s 右半平面的数目为

$$Z=2(n^+-n^-)+P$$

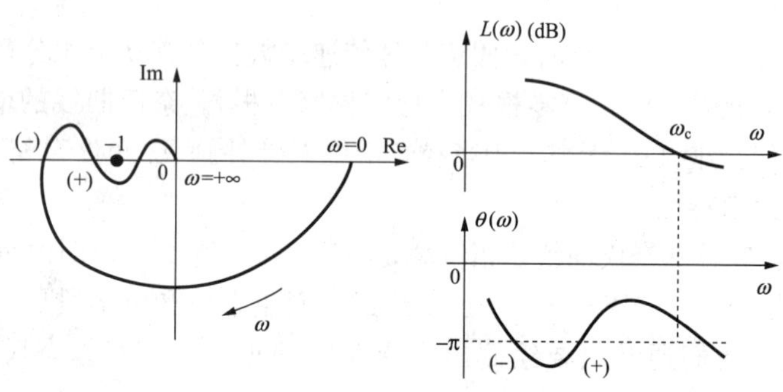

图 5-26 伯德图中相频特性的正负穿越与奈氏图对比

在伯德图中，相角 $\theta(\omega)$ 向下穿越$-\pi$ 线时是负穿越，而相角 $\theta(\omega)$ 向上穿越$-\pi$ 线时是正穿越。

需要注意的是，当开环系统含有 r 个积分环节时，相频特性应在 $\omega=0^+$ 处补画一条从相角$\angle[\theta(j0^+)+r\cdot 90°]$ 到$\angle\theta(j0^+)$ 的虚线，在计算正、负穿越时，应该将该线段也视为相频特性曲线 $\theta(\omega)$ 上的一部分。

第五节 稳 定 裕 度

控制系统的稳定性可通过各种稳定性判据进行判别，如基于时域分析的劳斯—古尔维茨

判据，以及基于频域分析的奈奎斯特判据。但这些工作只能判别控制系统的绝对稳定性问题，还不能判断系统稳定的程度，即相对稳定性问题。通常，单纯保证控制系统的稳定是不够的，还要求系统具有一定的稳定裕度，或者满足一定的动态性能指标。

基于频域分析法对控制系统进行分析和设计时，可以用幅值裕量和相角裕量来对系统的相对稳定性进行定量分析。本节就这介绍两个表征系统相对稳定性的指标：相角裕量 γ 和幅值裕量 K_g，其几何表示如图 5-27（a）所示。

由奈氏判据可知，系统开环幅相曲线临界点（-1，j0）附近的形状，对系统闭环稳定性的影响很大，曲线越是接近临界点，系统的稳定程度就越差。

（1）幅值裕量 K_g。定义相角为 $-180°$ 时对应的频率为**相角穿越频率** ω_g。在频率 $\omega=\omega_g$ 处所对应的幅值 $M(\omega_g)$ 的倒数，称为**幅值裕量** K_g，即

$$K_g=\frac{1}{M(\omega_g)}=\frac{1}{|0B|} \tag{5.53}$$

或

$$20\lg K_g=-20\lg M(\omega_g)\ (\mathrm{dB}) \tag{5.54}$$

K_g 具有如下含义：如果系统是稳定的，在奈奎斯特曲线上将系统的开环增益放大到原来的 K_g 倍时，原来的系统就会处于临界稳定状态；或者在伯德图上，开环对数幅频特性再向上移动多少分贝，系统就恰好是临界稳定状态。如果系统是不稳定系统，与上述描述相反。

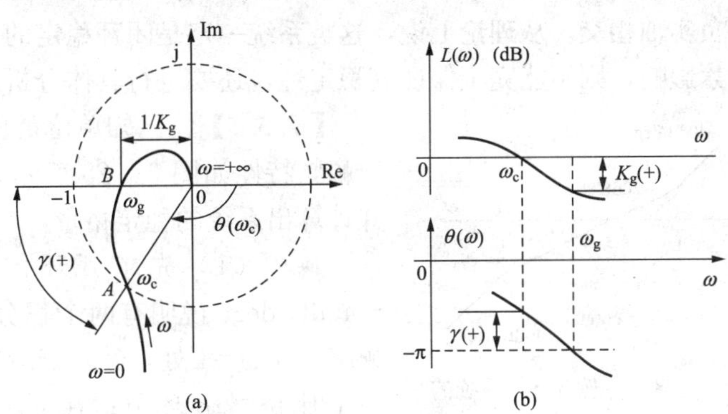

图 5-27　稳定系统的奈氏图和伯德图

（a）奈氏图；（b）伯德图

（2）相角裕量 γ。定义频率特性曲线恰好穿过零分贝时的频率值为**幅值穿越频率** ω_c，定义**相角裕量** γ 为

$$\gamma=180°+\theta(\omega_c) \tag{5.55}$$

相角裕量作为定量指标，说明了如果系统是不稳定系统，则系统的开环相频特性还要改善多少度就可成为稳定的。如果系统是稳定的，则与上述描述相反。

相角裕量 γ 和幅值裕量 K_g 在伯德图上的几何表示如图 5-27（b）所示。**相角穿越频率** ω_g 所对应的是相角为 $-\pi$ 的穿越点。可以看出，对于稳定系统，$|OB|<1$，有 $20\lg|OB|<0$，由式（5.54）可知，此时的幅值裕量是正的，用 $K_g(+)$ 来表示，即对数幅频特性曲线上对应 ω_g 的点位于横轴的下侧。

幅值穿越频率 ω_c 在伯德图中是穿过零分贝线的点，如图 5-27（b）所示。可知，对于稳定系统，幅值穿越频率 ω_c 位于 $-\pi$ 水平线的上方，即 $|\theta(\omega_c)|<\pi$，此时相位裕量是正的，用 γ（+）表示。

对于最小相位系统，相角裕量 $\gamma>0$，且幅值裕量 $K_g>1$，系统稳定。γ 和 K_g 越大，系统的稳定程度越好；$\gamma<0$，且 $K_g<1$，则系统不稳定。

幅值裕量 K_g 和相角裕量 γ 是重要的控制系统开环频域性能指标。如果系统有较大的幅

值裕量和大的相角裕量，说明系统非常稳定，但通常这类系统的响应速度很慢；若幅值裕量 K_g 越接近 1，或相位裕量接近 0，则系统相对稳定性差，是超调量大、振荡强的系统。实践表明，当幅值裕量和相位裕量在下述范围内取值时，控制系统可得到较满意的动态性能。

$$K_g > 6(\mathrm{dB})$$

$$\gamma = 30^\circ \sim 60^\circ$$

通过减小开环增益 K，可获得满意的过渡过程，但这也会增大稳态误差。必要时可采用校正技术，使系统兼顾稳态误差和过渡过程响应的要求。

需要注意的是：单独采用幅值裕量或单独采用相角裕量都不足以说明系统的相对稳定性。在多数情形下，具有大的幅值裕量的控制系统能自动保持较大的相位裕量，反之亦然。工程上有时仅使用一个裕量指标，如经常使用的是相角裕量 γ。这对系统绝对稳定性的分析几乎没有什么影响。但在 γ 较大而 K_g 较小的情况下，对系统动态性能的影响是很大的。

具有最小相位特征的一阶或二阶系统的幅值裕量为无穷大，是因为这类系统的奈氏曲线不与负实轴相交。从理论上说，这类系统一定是闭环稳定的。但如果考虑到建模误差及干扰等因素影响，则不能完全保证其稳定性，还要进行具体分析。

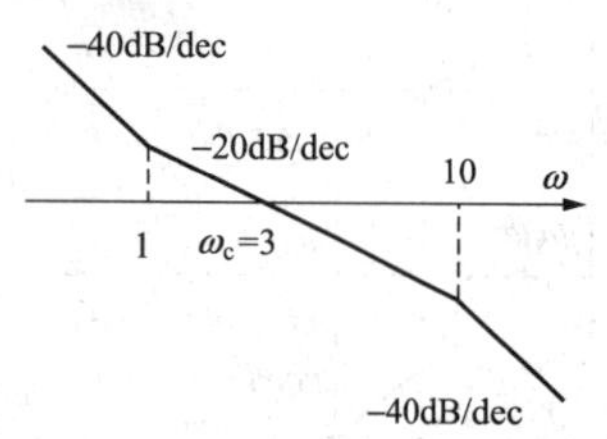

图 5-28 ［例 5.5］系统的开环对数幅频特性

【例 5.5】 已知单位负反馈的最小相位系统，其开环对数幅频特性如图 5-28 所示，试确定系统的开环传递函数，并计算出系统的稳定裕量。

解 （1）先求开环传递函数。因低频段的斜率为 $-40\mathrm{dB/dec}$，说明有两个积分环节和比例环节。有两个转角频率，在 $\omega=1$ 处，经转折后斜率变化为 $+20\mathrm{dB/dec}$，说明有一个比例微分环节；在 $\omega=10$ 处，经转折后斜率变化为 $-20\mathrm{dB/dec}$，说明有一个惯性环节。因此开环传递函数有如下的形式

$$G_k(s)=\frac{K(1+s)}{s^2(1+0.1s)}$$

下面确定 K 的取值。因 $\omega_c=3$，确定 $\omega=1$ 处的对数幅频特性值为

$$20\lg K=20(\lg 3-\lg 1)$$

解得 $K=3$，故开环传递函数为

$$G_k(s)=\frac{3(1+s)}{s^2(1+0.1s)}$$

（2）下面计算系统的稳定裕量。开环频率特性为

$$G_k(\mathrm{j}\omega)=\frac{3(1+\mathrm{j}\omega)}{(\mathrm{j}\omega)^2(1+0.1\mathrm{j}\omega)}$$

因 $\omega_c=3$，且有

$$\theta(\omega_c)=-\pi+\tan^{-1}\omega_c-\tan^{-1}0.1\omega_c$$

故相角裕量为

$$\gamma=\pi+\theta(\omega_c)=\tan^{-1}\omega_c-\tan^{-1}0.1\omega_c=54.87(℃)$$

又因

$$\theta(\omega_g)=-\pi+\tan^{-1}\omega_g-\tan^{-1}0.1\omega_g=-\pi$$

有 $\omega_g \to \infty$，这说明该系统的幅值裕量为无穷大。

【例 5.6】　已知系统的开环传递函数为

$$G_k(s)=\frac{K}{s^2(1+Ts)}$$

其中，已知 $K=50$，$T=0.1$s，试用奈氏判据判断闭环系统的稳定性。如果在开环传递函数中增加一个环节 $(1+\tau s)$，讨论 τ 分别取 0.2 和 0.05 时，分析闭环系统的稳定性。

解　由开环频率特性可知，因系统开环稳定，有 $P=0$。开环频率特性为

$$G_k(j\omega)=\frac{50}{(j\omega)^2(1+0.1j\omega)}$$

因低频段有比例环节和两个积分环节，对数幅频特性曲线在 $\omega=1$(rad/s) 时，过 $L(\omega)=20\lg K=34$(dB)点，低频段为斜率为 -40(dB/dec)的直线。在转角频率为 $\omega=\frac{1}{T}=10$ 处，因增加一个惯性环节，斜率的变化为 -20(dB/dec)。绘制该系统的伯德图如图 5-29（a）所示。幅值穿越频率 ω_c 由下式计算

$$40(\lg\omega_c-\lg 1)=34$$

得 $\omega_c=7.07$rad/s。相频特性为

$$\theta(\omega)=-\pi-\tan^{-1}0.1\omega$$

可见，不论 ω 取何值，总有 $\theta(\omega)<-\pi$ 成立，即相角裕量 $\gamma<0$，显然闭环系统不稳定。这与上面例题的结论是一致的。下面分析加入环节 $(1+\tau s)$ 后，闭环系统的稳定性。

（1）$\tau=0.2$ 时，加入环节 $(1+0.2s)$ 后，系统的开环频率特性为

$$G_k(j\omega)=\frac{50(1+0.2j\omega)}{(j\omega)^2(1+0.1j\omega)}$$

在 $\omega=1/\tau=5$ 处，直线斜率变化为 $+20$(dB/dec)，斜率由 -40dB/dec 变为 -20dB/dec，在 $\omega=10$ 处再转折为 -40dB/dec 的直线。可计算出此时的幅值穿越频率恰好为 $\omega_c=10$rad/s，如图 5-29（b）所示。相频特性为

$$\theta(\omega)=-\pi-\tan^{-1}0.1\omega+\tan^{-1}0.2\omega$$

在 $\omega_c=10$ 处有

$$\theta(\omega_c)=-\pi-\tan^{-1}1+\tan^{-1}2=-161.57(^\circ)$$

因此相位裕量为

$$\gamma=180^\circ+\theta(\omega_c)=18.43(^\circ)$$

闭环系统是稳定的。

（2）$\tau=0.05$ 时，加入环节 $(1+0.05s)$ 后，系统的开环频率特性为

$$G_k(j\omega)=\frac{50(1+0.05j\omega)}{(j\omega)^2(1+0.1j\omega)}$$

在 $\omega=1/\tau=20$ 处，直线斜率变化为 $+20$(dB/dec)，斜率由 -60dB/dec 变为 -40dB/dec。因低频段形状不变，此时的幅值穿越频率仍为 $\omega_c=7.07$rad/s，如图 5-29（c）所示。相频特性为

$$\theta(\omega)=-\pi-\tan^{-1}0.1\omega+\tan^{-1}0.05\omega$$

在 $\omega_c=7.07$rad/s 处有

$$\theta(\omega_c)=-\pi-\tan^{-1}0.707+\tan^{-1}0.354=-195.77(^\circ)$$

因此相位裕量为

$$\gamma=180^{\circ}+\theta(\omega_c)=-15.77(^{\circ})$$

闭环系统是不稳定的。

可见，系统的稳定性和稳定裕度可通过改变开环增益和增加新的环节来进行调整，这也是后面讨论系统校正设计的基础。

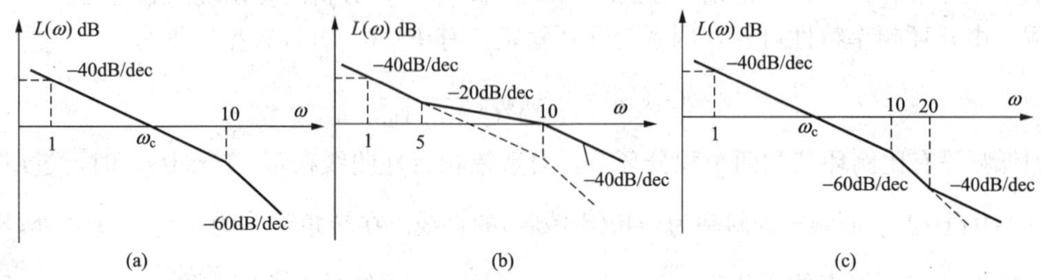

图 5-29 ［例 5.6］对数幅频特性图

(a) 原系统；(b) 加入环节（1+0.2s）；(c) 加入环节（1+0.05s）

第六节 开环频率特性分析

系统的频率特性与动态性能之间存在密切的关系，但直接绘制闭环频率特性图很困难。而开环频率特性的各环节都与较为明确的实际物理装置相对应，因此我们经常使用开环系统的频率特性来分析闭环系统的动态性能。

对于实际的系统，其性能与构成系统的典型环节密切相关。由于大多数系统是最小相位系统，这样，通过分析系统的开环对数幅频特性，就可全面地反映出系统的动态性能和稳态性能。常常将 ω 从 0 到∞的整个频段以幅值穿越频率 ω_c 为基准分为三个频率段，并分别进行讨论。

一、低频段

低频段通常是指 $0\sim0.1\omega_c$ 之间的频率区间。在开环对数频率特性中，低频段特性完全取决于积分环节的个数和开环增益大小。我们知道，系统的稳态误差 e_{ss} 正好取决于系统的开环传递函数中积分环节数目和开环增益。因此，低频段的开环频率特性，可以定量地反映出系统的稳态误差。一般控制系统的输入信号都是低频频谱，系统要保证对这些信号有足够精度的稳态输出。下面就按开环系统的型次分别进行讨论。

1.0 型系统

0 型系统的对数幅频特性如图 5-30（a）所示。低频段为 $L(\omega)=20\lg K$ 的水平线。

对于 0 型系统来说，可由对数幅频特性曲线确定相应的稳态位置误差系数、速度误差系数、加速度误差系数分别为 $K_p=K$、$K_v=0$、$K_a=0$；位置稳态误差 $e_{ss}=\dfrac{1}{1+K}$，而速度稳态误差与加速度稳态误差都趋于无穷大。

2.1 型系统

1 型系统的开环对数幅频特性如图 5-30（b）所示。低频段为斜率为 -20dB/dec 的直线。

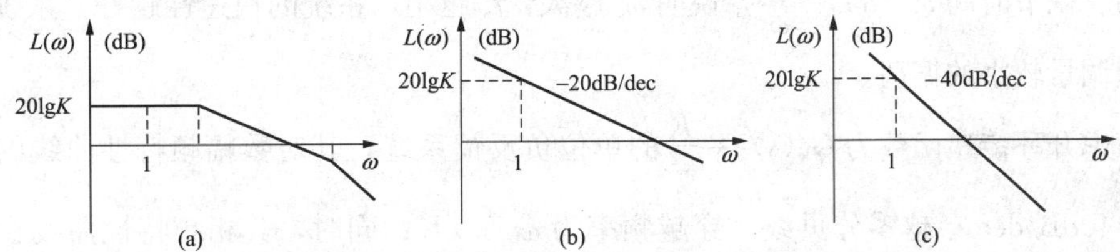

图 5 - 30　控制系统的对数幅频特性

(a) 0 型系统；(b) 1 型系统；(c) 2 型系统

在开环对数幅频特性曲线上，可由 $\omega=1$ 处，$L(\omega)=20\lg K$ 来确定 K 值。另外，由于 $\omega=K$ 时，有 $L(\omega)=0$ 可知，低频段的直线或其延长线与横轴必相交于 $\omega=K$ 点，也可这样来确定 K 值。

对于 1 型系统来说，可由对数幅频特性曲线确定相应的稳态位置误差系数、速度误差系数、加速度误差系数分别为 $K_p=\infty$、$K_v=K$、$K_a=0$；位置稳态误差 $e_{ss}=0$，而速度稳态误差 $e_{ss}=\dfrac{1}{K}$，加速度稳态误差趋于无穷大。

3. 2 型系统

2 型系统的开环对数幅频特性如图 5 - 30（c）所示。低频段为斜率为 −40dB/dec 的直线。

在开环对数幅频特性曲线上，也可由 $\omega=1$ 处，$L(\omega)=20\lg K$ 来确定 K 值。另外，由于 $\omega=\sqrt{K}$ 时，有 $L(\omega)=0$ 可知，低频段的直线或其延长线与横轴必相交于 $\omega=\sqrt{K}$ 点，也可这种方法来确定 K 的取值。

对于 2 型系统来说，可由对数幅频特性曲线确定相应的稳态位置误差系数、速度误差系数、加速度误差系数分别为 $K_p=\infty$、$K_v=\infty$、$K_a=K$；位置稳态误差和速度稳态误差 $e_{ss}=0$，加速度稳态误差为 $\dfrac{1}{K}$。

二、中频段

指 ω 由 $0.1\omega_c \sim 10\omega_c$ 之间的频率段，此时对数幅频特性曲线将穿越零分贝线，相频特性曲线将穿越 $-\pi$ 线，系统的稳态性能和动态性能集中体现在这一频率区间内。

考虑单位负反馈系统，其开环传递函数为 $G_k(s)=\dfrac{K}{s}$，其对数幅频特性曲线的中频段是一直线，以斜率 −20dB/dec 穿越零分贝线，穿越频率为 $\omega_c=K$；同时，其相频特性曲线在这一区间内趋于 $-\dfrac{\pi}{2}$，故相位裕量 $\gamma=\pi+\theta(\omega_c)$ 有较大的正值，闭环系统稳定。其闭环传递函数为

$$G(s)=\frac{G_k(s)}{1+G_k(s)}=\frac{1}{1+T_c s}$$

式中，$T_c=\dfrac{1}{K}=\dfrac{1}{\omega_c}$。

这时，系统相当于是一个惯性环节，其阶跃响应曲线按指数规律变化，没有振荡，稳定

裕量较高。调节时间 $t_s=3T_c=\frac{3}{\omega_c}$，说明 ω_c 越大，t_s 越小，系统的快速性越好，系统呈现非振荡或超调量较小的振荡。

再考虑开环传递函数为 $G_k(s)=\frac{K}{s^2}$ 的单位负反馈系统，其对数幅频特性曲线的中频段以斜率－40dB/dec 穿越零分贝线，穿越频率为 $\omega_c=\sqrt{K}$；同时，其相频特性曲线在这一区间趋于$-\pi$，故相位裕量 $\gamma=\pi+\theta(\omega_c)$ 非常小或者几乎为零，系统呈现振荡剧烈、有较大的超调量。其闭环传递函数为

$$G(s)=\frac{G_k(s)}{1+G_k(s)}=\frac{\omega_c^2}{s^2+\omega_c^2}$$

其中，$\omega_c=\sqrt{K}$。系统相当于是一个 $\xi=0$ 的二阶等幅振荡系统，处于临界稳定状态，动态性能差。

为使闭环系统有良好的稳态性能和动态性能，必须要保证开环对数幅频特性曲线以斜率－20dB/dec 穿越零分贝线，并有一定的宽度，以得到良好的稳态性能，并加大幅值穿越频率 ω_c 保证快速性。

三、高频段

高频段通常是指 $\omega>10\omega_c$ 的频率区间。构成高频段 $L(\omega)$ 的环节通常都是系统中那些时间常数很小的环节，它们对系统的动态性能影响不大，但有明显的抑制干扰能力。因为干扰信号的频率一般都比较高，所以这部分的对数幅频特性值越负，说明幅值衰减程度越大，系统抗干扰能力越强。

四、开环频域指标与闭环频域指标的关系

控制系统最为重要的时域性能指标是超调量 $\sigma_p\%$ 和调节时间 t_s，下面就讨论这两种时域性能指标与相角裕量 $\gamma(\omega_c)$ 之间的关系。

1. 相角裕量 $\gamma(\omega_c)$ 与超调量 $\sigma_p\%$

当高阶系统有一对主导极点时，可近似为二阶系统进行分析，并能大大简化分析过程。下面就分析二阶系统的频域性能指标与时域性能指标的关系，其结论也能推广到这样的高阶系统中去。

二阶系统开环传递函数的标准形式为

$$G_k(s)=\frac{\omega_n^2}{s(s+2\xi\omega_n)}$$

其开环频率特性为

$$G_k(j\omega)=\frac{\omega_n^2}{j\omega(j\omega+2\xi\omega_n)}$$

其幅频特性和相频特性分别为

$$M(\omega)=\frac{\omega_n^2}{\omega\sqrt{\omega^2+4\xi^2\omega_n^2}},\ \theta(\omega)=-\frac{\pi}{2}-\tan^{-1}\frac{\omega}{2\xi\omega_n} \tag{5.56}$$

当 $\omega=\omega_c$（幅值穿越频率）时，$M(\omega)=1$，即

$$\frac{\omega_n^2}{\omega\sqrt{\omega^2+4\xi^2\omega_n^2}}=1$$

可解得

$$\omega_c=\omega_n\sqrt{\sqrt{4\xi^4+1}-2\xi^2} \tag{5.57}$$

相角裕量为

$$\gamma(\omega_c)=\pi+\theta(\omega_c)=\frac{\pi}{2}-\tan^{-1}\frac{\omega_c}{2\xi\omega_n}=\tan^{-1}\frac{2\xi\omega_n}{\omega_c}$$

$$=\tan^{-1}\frac{2\xi}{\sqrt{\sqrt{4\xi^4+1}-2\xi^2}} \tag{5.58}$$

这就是相角裕量 $\gamma(\omega_c)$ 与阻尼比 ξ 的定量关系。

又因为超调量 $\sigma_p\%$ 的计算公式为

$$\sigma_p\%=e^{-\frac{\pi\xi}{\sqrt{1-\xi^2}}}\times 100\% \tag{5.59}$$

按式（5.58）和式（5.59）绘制出相角裕量 $\gamma(\omega_c)$、超调量 $\sigma_p\%$ 与阻尼比 ξ 的定量关系曲线如图 5-31 所示。可见，相角裕量较大时，系统的超调量较小。

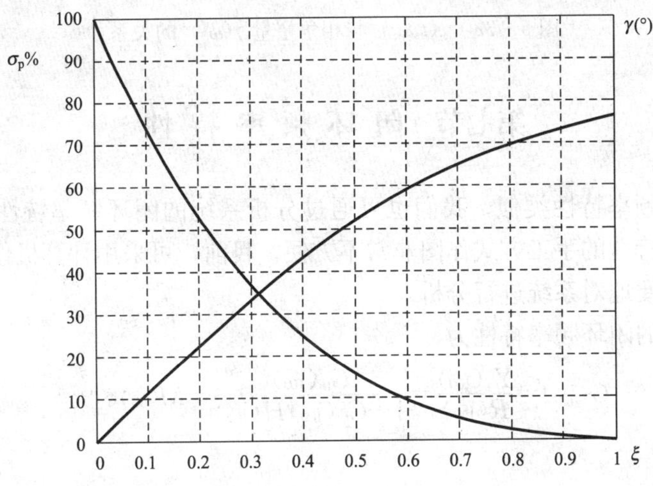

图 5-31　二阶系统 $\gamma(\omega_c)$、$\sigma_p\%$ 与阻尼比 ξ 的关系

2. 相角裕量 $\gamma(\omega_c)$ 与调节时间 t_s

当考虑误差带为±5%时，调节时间 t_s 的计算公式为

$$t_s=\frac{3}{\xi\omega_n}$$

又考虑到式（5.57）和式（5.58），有下式成立

$$\omega_c t_s=\frac{3}{\xi}\sqrt{\sqrt{4\xi^4+1}-2\xi^2}=\frac{6}{\tan\gamma(\omega_c)} \tag{5.60}$$

以相角裕量 $\gamma(\omega_c)$ 为横坐标，$t_s\omega_c$ 为纵坐标绘制出如图 5-32 所示的关系曲线。

当考虑误差带为±2%时，式（5.60）应修改为

$$\omega_c t_s=\frac{8}{\tan\gamma(\omega_c)}$$

如果有两个系统，其相角裕量相同，则它们的最大超调量大致相同，但调节时间 t_s 却不一定相同。由式（5.60）可知，t_s 与增益穿越频率 ω_c 成反比，即 ω_c 越大，则 t_s 越短。因此增益穿越频率 ω_c 不仅影响系统的相位裕量，还会影响动态过程的调节时间。

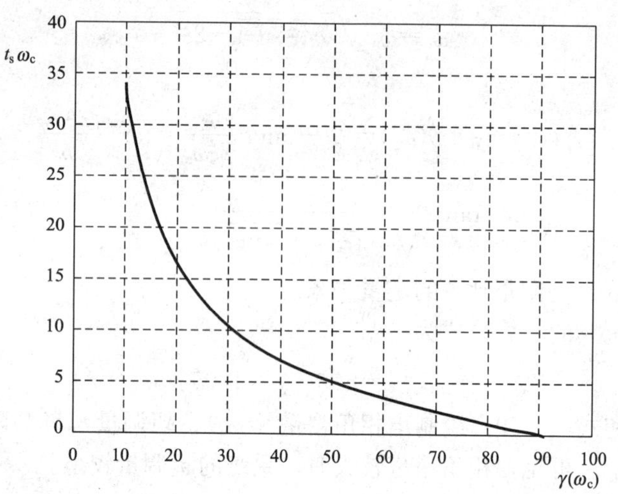

图 5 - 32 （$t_s\omega_c$）与相角裕量 $\gamma(\omega_c)$ 的关系

第七节 闭环频率特性

与系统的开环频率特性类似，我们也可通过分析系统的闭环频率特性来对系统进行研究。但是闭环频率特性的手工方式作图非常不方便。目前，可采用计算机作为辅助工具来完成绘图任务，很方便地对系统进行分析。

考虑一个系统的闭环频率特性为

$$G(j\omega)=\frac{Y(j\omega)}{R(j\omega)}=\frac{G_0(j\omega)}{1+G_0(j\omega)H(j\omega)}=M(\omega)e^{j\phi(\omega)}$$

其中

$$M(\omega)=\left|\frac{G_0(j\omega)}{1+G_0(j\omega)H(j\omega)}\right|$$

$$\phi(\omega)=\angle\frac{G_0(j\omega)}{1+G_0(j\omega)H(j\omega)}=\angle G_0(j\omega)-\angle[1+G_0(j\omega)H(j\omega)]$$

确定控制系统闭环频率特性的方法主要有下面四种：

(1) 若已知系统的闭环传递函数 $G(s)$，可将 $s=j\omega$ 代入后，直接求得闭环系统的频率特性 $G(j\omega)$。分析系统的闭环频率特性时，完全可采用与前面分析开环频率特性同样的方法。

(2) 若已知系统的开环传递函数 $G_k(s)$，可通过传递函数综合计算后，得到系统的闭环传递函数 $G(s)$，进而得到系统的闭环频率特性 $G(j\omega)$。

(3) 如果能得到闭环控制系统的开环频率特性 $G_k(j\omega)$ 的奈氏图，可将奈氏曲线叠加到标注有等 M 圆和等 N 圆的奈氏图上，即可由奈氏图推算出闭环频率特性 $G(j\omega)$ 的曲线。

(4) 如果能得到闭环控制系统的开环频率特性 $G_k(j\omega)$ 的伯德图，可将伯德图给出的开环对数幅频特性和相频特性合并为对数幅相图，并将之叠加到标注有等 M 线和等 N 线的尼柯尔斯图上，即可由尼氏图推算出闭环频率特性 $G(j\omega)$ 的曲线。

前两种方法适用于已知控制系统的数学模型的情况，而后两种方法则要求得到系统的开环频率特性曲线。当开环频率特性曲线可由实验获得时，就不要求知道系统的数学模型，后两种方法更贴近工程实际。

一、闭环频率特性与时域性能指标的关系

1. 闭环频率特性的性能指标

大多控制系统具有如图 5－33 所示的低通滤波器特性，评价这些系统的动态性能常用的品质指标有下面这些：

(1) 谐振峰值 M_r。$M(\omega)$ 的最大值就称为谐振峰值。M_r 给出了系统的相对稳定性，它常常与系统阶跃响应的最大超调量相对应。

(2) 谐振频率 ω_r。产生谐振峰值处的角频率值就是谐振频率 ω_r。

(3) 截止频率和频带宽度 ω_b。当系统的幅值 $M(\omega)$ 降到零频率时幅值 $M(0)$ 的 70.7%（或－3dB）时的频率值，称为截止频率 ω_b。由图 5－33 可知，高于截止频率 ω_b的信号分量将被衰减，而在 $0\sim\omega_b$范围内的信号可以通过，所以 ω_b又称为频带宽度或带宽。

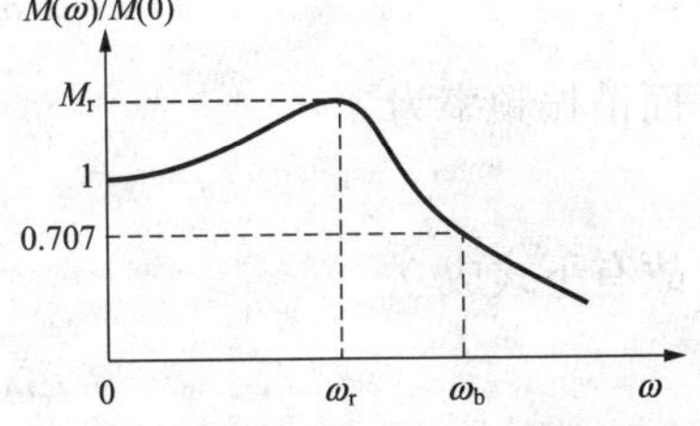

图 5－33　控制系统闭环频率特性

通常谐振峰值 M_r 不允许过大，因 M_r 过大时系统振荡剧烈、稳定性差。对大多数控制系统而言，M_r 应该取在 1.1 到 1.5 之间。带宽 ω_b则希望尽可能大些，因为 ω_b大的系统具有较快的响应。

2. 闭环频域性能指标与时域性能指标的关系

闭环系统的时域性能常用标准二阶系统的时域性能指标来衡量。下面就对三种常用时域性能指标与频域指标之间的关系进行分析。

(1) 谐振峰值 M_r 和超调量 $\sigma_p\%$的关系。在前面典型环节的伯德图分析时已经讨论了二阶系统谐振峰值 M_r 的计算公式为

$$M_r=\frac{1}{2\xi\sqrt{1-\xi^2}}(0<\xi\leqslant 0.707) \tag{5.61}$$

将式（5.61）改写成

$$\xi=\sqrt{\frac{1-\sqrt{1-M_r^{-2}}}{2}} \tag{5.62}$$

而超调量的计算公式为

$$\sigma_p\%=e^{-\pi\xi/\sqrt{1-\xi^2}}\times 100\% \tag{5.63}$$

这样，将式（5.62）代入式（5.63），就可得到谐振峰值 M_r 和超调量 $\sigma_p\%$ 的关系为

$$\sigma_p\%=e^{-\pi\left[\frac{M_r-(M_r^2-1)^{1/2}}{M_r+(M_r^2-1)^{1/2}}\right]^{1/2}}\times 100\% \tag{5.64}$$

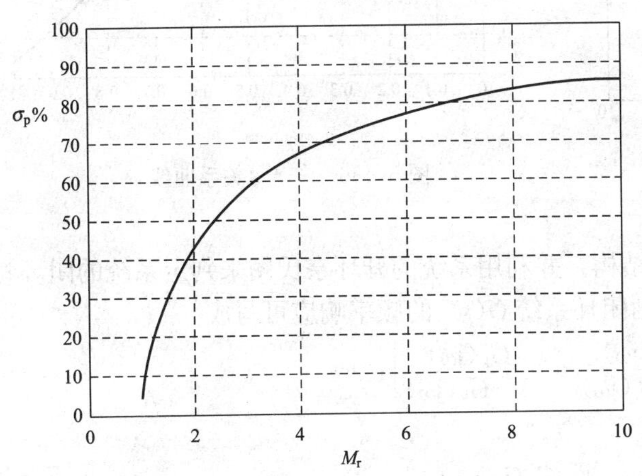

图 5－34　$M_r-\sigma_p\%$关系曲线

按式（5.64）可得 $M_r-\sigma_p\%$关系如图 5－34 所示。由图可见，当 M_r 为 1.2～1.5 时，$\sigma_p\%$为 20%～30%，动态性能较好。而当 $M_r>2$ 时，$\sigma_p\%$超

过 40%，一般不可取。

(2) 谐振峰值 M_r 和调节时间 t_s 的关系。当误差带 $\Delta=\pm5\%$时，二阶系统的调节时间为

$$t_s=\frac{3}{\xi\omega_n} \tag{5.65}$$

将式（5.62）代入式（5.65），可得到

$$t_s\omega_n=\frac{3}{\xi}=3\sqrt{2M_r(M_r+\sqrt{M_r^2-1})} \tag{5.66}$$

而谐振频率为

$$\omega_r=\omega_n\sqrt{1-2\xi^2}$$

故有下式成立

$$t_s\omega_r=3\sqrt{2(M_r^2-1)(1+\sqrt{1-M_r^{-2}})} \tag{5.67}$$

绘制出 $t_s\omega_r-M_r$ 关系如图 5－35 所示。可见，M_r 与 t_s 近似成正比关系，而 ω_r 与 t_s 成反比。

(3) 频带宽度 ω_b 与阻尼比 ξ 的关系。将 $\omega=\omega_b$ 代入二阶系统的幅频特性中，有

$$\left|\frac{\omega_n^2}{(j\omega_b)^2+2\xi\omega_n(j\omega_b)+\omega_n^2}\right|=0.707$$

解得

$$\omega_b=\omega_n\sqrt{1-2\xi^2+\sqrt{2-4\xi^2+4\xi^4}} \tag{5.68}$$

因此可绘制出$\frac{\omega_b}{\omega_n}-\xi$ 关系曲线如图 5－36 所示。由图可知，当 ω_n 不变时，ω_b 与 ξ 近似成反比关系。也就是说，带宽 ω_b 越大，则系统的阻尼比越小，振荡加剧，响应变快。

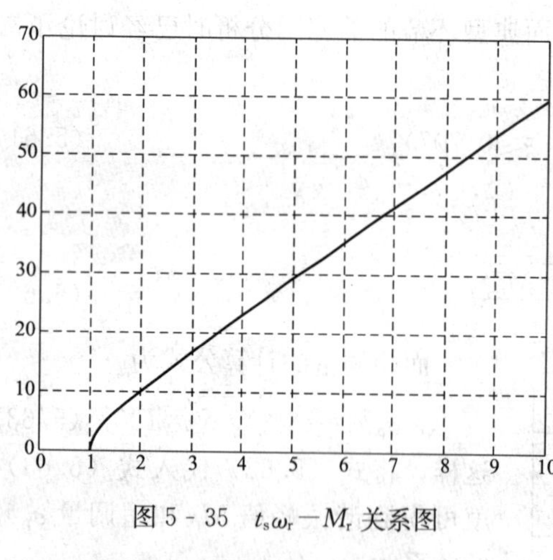

图 5－35　$t_s\omega_r-M_r$ 关系图

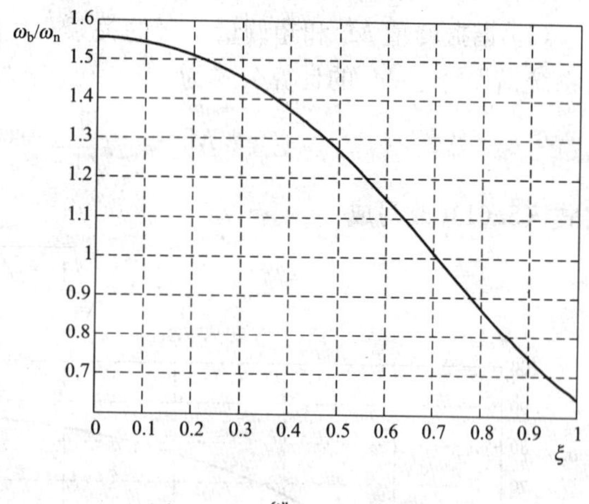

图 5－36　$\frac{\omega_b}{\omega_n}-\xi$ 关系曲线

二、等 *M* 圆和等 *N* 圆

本节研究的系统具有单位负反馈的结构，并利用系统的开环奈氏图来判定系统的闭环特性。若系统的开环传递函数为 $G_k(s)$，则闭环系统 $G(s)$ 的频率响应可写成

$$G(j\omega)=\frac{G_k(j\omega)}{1+G_k(j\omega)}=\left|\frac{G_k(j\omega)}{1+G_k(j\omega)}\right|e^{-j\alpha(\omega)}$$

可以看出，闭环系统的幅频特性为

$$M(\omega)=\left|\frac{G_k(j\omega)}{1+G_k(j\omega)}\right|$$

若令 $G(\mathrm{j}\omega)=x+\mathrm{j}y$，则有

$$M^2=\frac{x^2+y^2}{(1+x)^2+y^2}$$

整理为

$$\left(x-\frac{M^2}{1-M^2}\right)^2+y^2=\left(\frac{M}{1-M^2}\right)^2 \tag{5.69}$$

可以看出，当 M 为不变的常数时，该轨迹实际上是以 $\left(\frac{M^2}{1-M^2},\ \mathrm{j}0\right)$ 为圆心，以 $M/|1-M^2|$ 为半径的圆。对 M 取不同的值，就可以得到一系列这样的圆，这些圆就称为等 M 圆。由一组不同 M 值组成的等 M 圆如图 5 - 37 所示。由图可知，等 M 圆簇分为两个部分，分布在 $x=-0.5$ 直线的两侧。当 $M<1$ 时，等 M 圆随着 M 值减小而缩小，最后收敛于原点。当 $M>1$ 时，等 M 圆随着 M 值增大而缩小，最后收敛于（-1，j0）点。两部分的等 M 圆簇既对称于实轴，又对称于直线 $x=-0.5$。

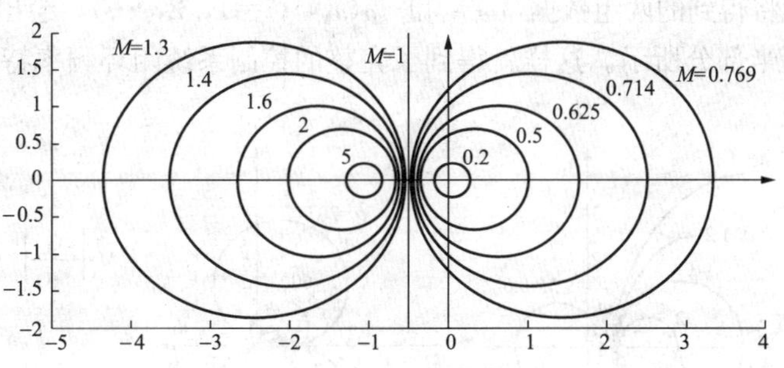

图 5 - 37　极坐标图中的等 M 圆

等 M 圆反映的是闭环频率特性的幅值，下面分析闭环频率特性的相角 α 变化。

如果要得到具有同样闭环系统相位角的（x，y）轨迹，可根据

$$\alpha(\omega)=\tan^{-1}\frac{y}{x}-\tan^{-1}\left(\frac{y}{1+x}\right)$$

上式两边同时求正切，并且定义 $N=\tan(\alpha(\omega))$，整理为

$$(x+0.5)^2+\left(y-\frac{1}{2N}\right)^2=\frac{1+N^2}{(2N)^2} \tag{5.70}$$

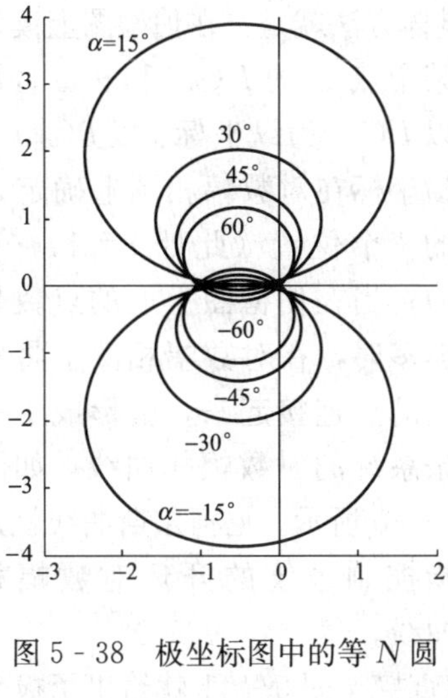

由上式可知，得到的轨迹是以 $\left(-\frac{1}{2},\ \mathrm{j}\frac{1}{2N}\right)$ 为圆心，以 $\frac{\sqrt{N^2+1}}{|2N|}$ 为半径的圆。对 N 取不同的值，也可以得到一系列圆，这些圆就称为等 N 圆，也称为等 α 圆。一组不同 N 值组成的等 N 圆如图 5 - 38 所示。图中等 N 圆的标记为相角 α 值，$\alpha=\tan^{-1}N$。由图可知，所有等 N 圆都通过原点和点（-1，j0）。这是因为无论 N 取何值，当 $x=y=0$ 或 $x=-1$，$y=0$ 时，式（5.70）总是成立的。

图 5 - 38　极坐标图中的等 N 圆

由 $N=\tan\alpha$ 可知，对于同一 N 值，α 是多值的，即图 5 - 38 中标出的 α 值可理解为

$$\alpha\pm180^\circ\cdot K \qquad K=0,1,2,\cdots$$

将系统的开环幅相特性曲线（即奈氏曲线）作在等 M 圆和等 N 圆上，幅相曲线与等 M 圆和等 N 圆交点所对应

的M和N即为系统闭环频率特性值。

将开环频率特性曲线$G_k(j\omega)$叠加在等M圆上，如图5-39（a）所示。$G_k(j\omega)$曲线与等M圆簇依次相交于ω_1，ω_2，…，由这些交点可对应的闭环频率特性幅值$M(\omega_1)$，$M(\omega_2)$，…。由得到的两组数据序列｛ω_i｝和｛$M(\omega_i)$｝（$i=1，2，\cdots$），绘制出闭环幅频特性曲线如图5-39（c）上半部分所示。

将开环频率特性曲线$G_k(j\omega)$叠加在等N圆上，如图5-39（b）所示。$G_k(j\omega)$曲线与等N圆簇依次相交于ω_1，ω_2，…，由这些交点可对应的闭环频率特性幅值$\alpha(\omega_1)$，$\alpha(\omega_2)$，…。最后将得到的两组数据｛ω_i｝和｛$\alpha(\omega_i)$｝（$i=1，2，\cdots$），绘出闭环相频特性曲线如图5-39（c）下半部分所示。这样就得到了完整的控制系统闭环频率特性曲线。

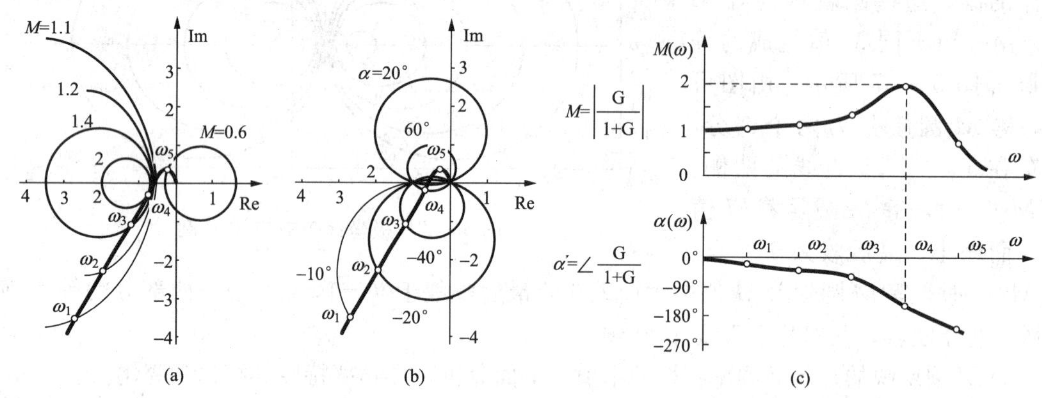

图5-39 由等M圆和等N圆确定系统闭环频率特性

（a）奈氏曲线与等M圆叠加；（b）奈氏曲线与等N圆叠加；（c）由等M圆和等N圆确定闭环频率特性

三、尼柯尔斯图

由于绘制伯德图比绘制奈氏图要容易，特别是当增加或减少典型环节、改变开环增益时，显得尤为方便。下面引入一种新的图示形式，就是以对数频率特性为纵坐标，以对数相频特性为横坐标而形成的**对数幅相图**。对数幅相图可视为是伯德图对数幅频特性图和对数相频特性图的合并。当伯德图已知时，对数幅相图就可得到。具体方法就是：在伯德图上读取某个点ω_i的$L(\omega_i)$和$\theta(\omega_i)$，再以$L(\omega_i)$为纵坐标、以$\theta(\omega_i)$为横坐标在对数幅相图上确定ω_i的一个位置（此处$i=1，\cdots，5$）；当在伯德图上取的点数足够多时，在对数幅相图上将对应的点连接起来，就形成了一条系统的对数幅相曲线，如图5-40所示。尼柯尔斯曲线就是指控制系统的开环对数幅相曲线。

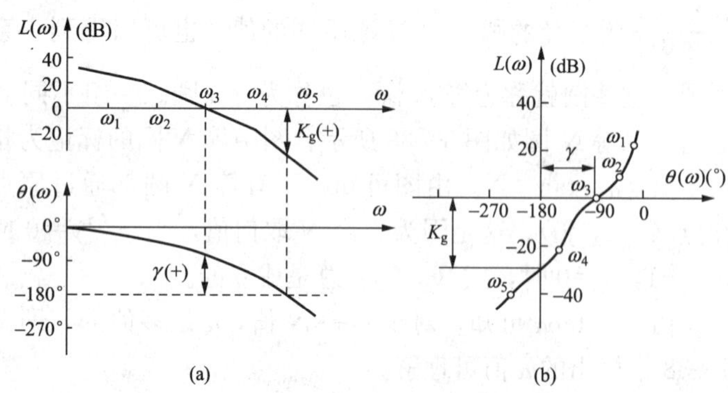

图5-40 由伯德图得到对数幅相图

(a)伯德图；(b)对数幅相图

在对数幅相图上，读取相角裕量γ和幅值裕量K_g就更加直接。图5-41就给出了极坐标图（a）、对数坐标图（b）和对数幅相图（c）下的相位裕量和幅值裕量的表示。可见，采用对数幅相图时，相角裕量就是曲线与横轴交点到原点的距离（以交点在原点右侧时为正值），而幅值裕量就是曲线与纵轴交点到原点的距离（以交点在原点下方时为正）。

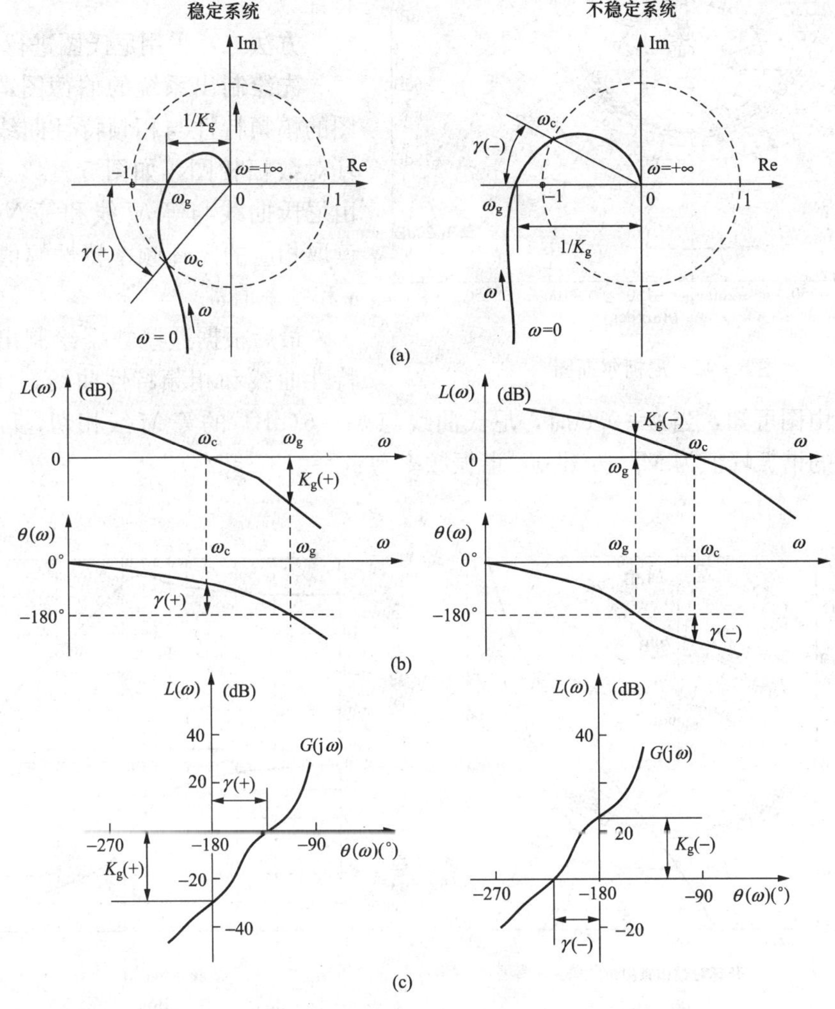

图 5－41　相位裕量和幅值裕量的表示

（a）极坐标图（奈氏图）；（b）对数坐标图（伯德图）；（c）对数幅相图（尼氏图）

在对数幅相图上，等 M 曲线和等 α 曲线如图 5－42 所示，已经不是圆了。

利用开环系统的对数幅相曲线（尼氏图），将之叠加到带有等 M 线和等 N 线的尼氏图上，则开环幅相频率特性曲线与等 M 线和等 N 线的交点就给出了各频率下的闭环系统频率特性的幅值 M 和相角 α。如果开环幅相曲线与某一等 M 线相切，则切点就是闭环系统的谐振峰值 M_r，切点对应的频率就是谐振频率 ω_r。

【例 5.7】　某单位负反馈系统的开环传递函数为

$$G_k(s)=\frac{1}{s(1+s)(1+0.5s)}$$

试求闭环系统的频率特性。

解　方法一：先确定系统的闭环传递函数为

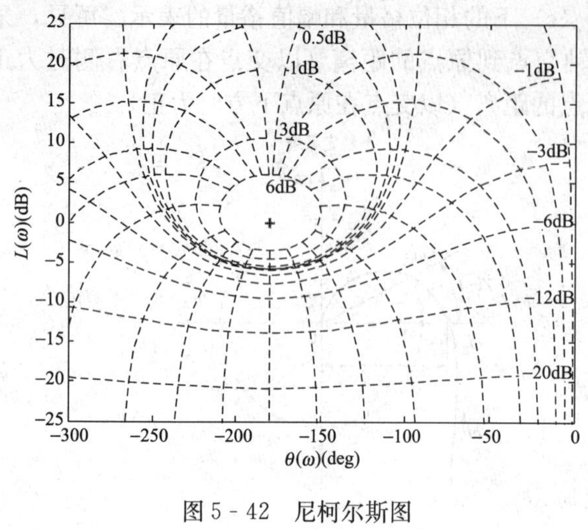

图 5－42　尼柯尔斯图

$$G(s)=\frac{G_k(s)}{1+G_k(s)}=\frac{1}{0.5s^3+1.5s^2+s+1}$$

然后令 $s=j\omega$ 来确定系统的闭环频率特性。

方法二：采用尼氏图进行分析。

先绘制出系统的伯德图，再将伯德图的幅频特性与相频特性曲线合并成开环对数幅相图，如图 5－43（a）所示。由尼氏曲线与等 M 线和等 N 线的交点读取相应的闭环频率特性幅值 M、相角 α 和频率值 ω。

最后根据这些数据绘制出闭环幅频特性曲线和相频特性曲线，如图 5－43（b）所示。由图可知，当 $\omega=0.8$ 时，尼氏曲线与 $M=6(\text{dB})$ 的等 M 线相切，因此闭环幅频特性曲线的谐振峰值为 $M_r=6(\text{dB})$，谐振频率为 $\omega_r=0.8(\text{rad/s})$。

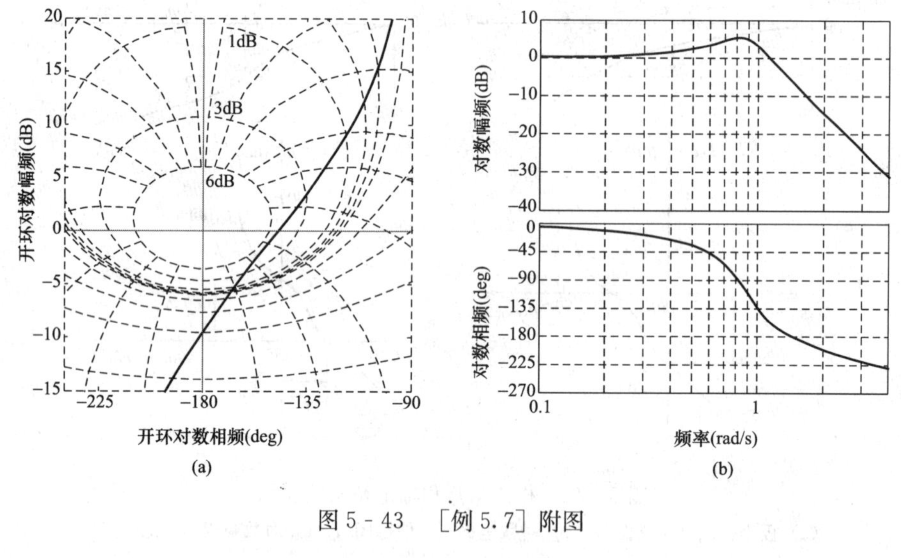

图 5－43　［例 5.7］附图

小　结

频域分析法研究的是线性系统在正弦信号作用下的稳态响应，是经典控制理论最基本、最常用的方法。频域法的核心内容是奈奎斯特稳定判据，围绕这个判据，可以利用系统的开环幅相频率特性—奈氏图、伯德图及尼氏图来分析闭环系统的各种性能，如稳定性、稳态性能、动态性能和稳定裕量等。

（1）线性系统的频率特性是指在正弦输入信号作用下，稳态输出信号与输入的幅值、相角与频率之间的关系，概括而言就是同频、变幅、相移。因其能反映动态过程的性能，故可视为动态数学模型。频率特性是传递函数的一种特殊形式，将传递函数中的 s 用 $j\omega$ 代替，就可得到该系统的频率特性。系统的频率特性可由实验来确定，这在难以得到系统数学模型时非常有用。

(2) 开环频率特性可以写成多个因式乘积的形式，而这些因式通常就是典型环节，所以典型环节的频率特性是系统开环频率特性的基础。典型环节有比例、积分、微分、一阶惯性、一阶微分、二阶振荡、二阶微分和纯迟延等环节。对典型环节频率特性及其特征点应该非常熟悉。

(3) 开环频率特性的几何图形表示方法有开环极坐标图（奈氏图）、开环半对数坐标图（伯德图）和开环对数幅相图（尼氏图）。

绘制奈氏图时，可由开环零极点分布情况，正确地确定起点、终点及与坐标轴交点等特征点，即可得到开环极坐标草图。

绘制伯德图时，通常只要绘制出伯德图草图。近似对数幅频曲线绘制时，要将构成开环系统的典型环节按转角频率顺序由小到大排好；先确定低频段斜率和位置；再由低频段向高频段延伸，每经过一个转角频率，只要对斜率作相应改动即可。得到近似对数幅频曲线后，要得到较精确的曲线，只要在此基础上进行适当修正。在绘制近似对数相频曲线时，要根据其表达式，确定出 $\omega=0$ 及 $\omega\to+\infty$ 时的相角，再在频率段内适当求出某几处频率（如转角频率）所对应的相角，用光滑曲线连接起来即可。

要绘制精确的奈氏图、伯德图或尼氏图，可由计算机辅助绘图来完成。

(4) 频域法是运用开环频率特性研究闭环动态响应的一套完整的图解分析方法。开环频率特性和闭环频率特性都是表征闭环系统控制性能的有力工具。

奈氏判据是根据开环频率特性曲线来判别闭环系统稳定性的一种频域稳定判据。其内容是：若已知开环极点在 s 右半平面的个数为 P；当 ω 由 $0\to\infty$ 时，开环频率特性曲线在复平面沿逆时针包围（-1，$j0$）点的圈数为 $\frac{1}{2}R$，则闭环系统特征根分布在 s 右半平面的个数为 $Z=P-R$。若 $Z=0$，说明闭环特征根都在 s 左半平面，闭环系统稳定；若 $Z\neq0$，说明有闭环特征根在 s 右半平面，闭环系统是不稳定的。

(5) 开环频域指标 K_g，γ，ω_c 及闭环频域指标 M_r，ω_b 反映了系统的动态性能，本章给出了这些性能指标之间的换算关系，使频域分析法能够在工程实践中得到广泛应用。γ、M_r 反映了系统的平稳性，γ 越大，M_r 越小，系统的平稳性越好；ω_c、ω_b 反映了系统的快速性，ω_c、ω_b 越大，系统响应速度就越快。

(6) 开环对数幅频特性的三频段概念。三频段对分析系统参数影响及对系统设计都是很有用的。

低频段的斜率应取 $-20v$(dB/dec)，而且曲线要保持足够的高度，以满足系统的稳态精度。

中频段的截止频率不能过低，而且附近应有 -20dB/dec 的斜率，以满足系统的快速性和平稳性。-20dB/dec 斜率段所占频程越宽，稳定裕度越大。

高频段幅频特性应尽量低，以便保证系统有较好的抗干扰性。

习　题

5.1　什么是频率特性？频率特性与传递函数之间有什么关系？

5.2　单位负反馈系统的开环传递函数为 $G_k(s)=\frac{5}{s+1}$，求当系统输入量为下面的信号时，系统的稳态输出。

(1) $r(t)=\sin\left(t+\frac{\pi}{6}\right)$

(2) $r(t)=3\cos\left(2t-\frac{\pi}{3}\right)$

(3) $r(t)=\sin\left(t+\frac{\pi}{6}\right)+3\cos\left(2t-\frac{\pi}{3}\right)$

5.3　某系统的传递函数是 $G(s)=\frac{b}{1+as}$，实验测得其频率响应数据：当 $\omega=1$(rad/s) 时，幅频特性为 $M(\omega)=12\sqrt{2}$，相频特性为 $\theta(\omega)=-\frac{\pi}{4}$。试求参数 a 和 b 各取何值。

5.4　已知系统的开环传递函数如下：

(1) $G_k(s)=\frac{1}{(1+s)(1+2s)}$

(2) $G_k(s)=\frac{1}{s(1+s)(1+2s)}$

(3) $G_k(s)=\frac{1}{s^2(1+s)(1+2s)}$

绘制出各自的开环极坐标图（奈氏图）。如果 $G_k(j\omega)$ 与实轴相交，要确定出交点处的频率与相应的幅值大小。

5.5　已知某系统的传递函数为

$$G(s)=\frac{3.2}{(30s+1)^2(45s+1)}$$

当输入信号为 $r(t)=0.8\sin 0.1t$ 时，试求输出 $y(t)$ 的稳态响应。

5.6　若系统的单位阶跃响应为 $y(t)=1-1.8e^{-4t}+0.8e^{-9t}$ $(t\geqslant 0)$，试求系统的频率特性表达式。

5.7　单位负反馈系统的开环传递函数为 $G_k(s)=\frac{K}{s(Ts+1)}$，在正弦信号 $r(t)=\sin 10t$ 作用下，闭环系统的稳态响应 $y_s(t)=\sin\left(10t-\frac{\pi}{2}\right)$，试计算 K，T 的值。

5.8　已知系统传递函数如下：

(1) $G(s)=\frac{250}{s(s+5)(s+15)}$

(2) $G(s)=\frac{50}{s(s^2+s+1)}$

分别绘制各系统的幅相频率特性曲线。

5.9　已知系统开环幅相频率特性如图 5-44 所示，根据奈氏判据判别系统的闭环稳定性，并说明位于 s 右半平面的闭环极点个数。图中，p 为开环传递函数在 s 右半平面极点个数，v 是开环传递函数中积分环节$\left(\frac{1}{s}\right)$的个数。

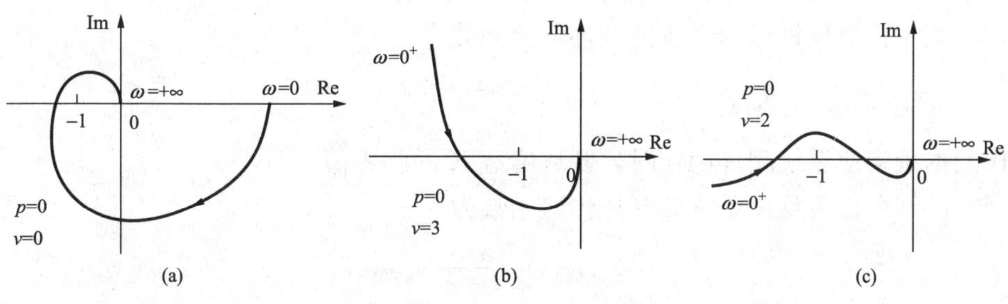

图 5-44　习题 5.9 图

5.10　由题图 5-45 所示的对数幅频渐近特性，确定各最小相位系统的传递函数。

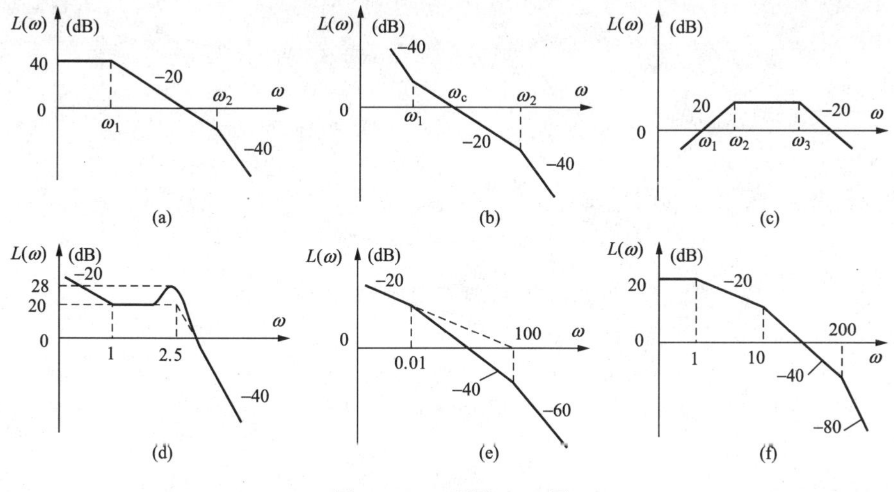

图 5-45　习题 5.10 图

5.11　已知系统开环传递函数如下：

(1) $G_k(s)=\dfrac{2}{(1+2s)(1+4s)}$

(2) $G_k(s)=\dfrac{10(s+0.2)}{s^2(s+0.1)}$

分别绘制各系统的近似对数幅频和对数相频特性曲线。

5.12　已知系统开环传递函数如下：

(1) $G_k(s)=\dfrac{8(s+0.1)}{s(s^2+4s+25)(s^2+s+1)}$

(2) $G_k(s)=\dfrac{200}{s^2(s+1)(10s+1)}$

分别绘制各系统的近似对数幅频特性曲线。

5.13　已知单位反馈系统的开环传递函数为

$$G_k(s)=\frac{K}{s(s+1)(0.1s+1)}$$

试计算：

（1）使得开环系统幅值裕量 K_g 为 20dB 的 K 值。

（2）使得开环系统的相角裕量 γ 为 60°的增益 K 值。

5.14 某单位负反馈延迟系统的开环传递函数为

$$G_k(s)=\frac{1}{s}e^{-\tau s}$$

试由奈氏判据确定使系统闭环稳定时，开环增益 K 的临界值。

5.15 已知单位负反馈系统的开环传递函数为

$$G_k(s)=\frac{as+1}{s^2}$$

试确定使相角裕量 $\gamma=45°$时的 a 值。

第六章 控制系统的校正

第一节 引 言

前面介绍了控制系统的数学描述方法和控制系统的时域分析、频域分析和根轨迹分析方法。运用这些知识，可对一个控制系统进行多方位的定性或定量的分析。分析结果通常要以某种性能指标的形式给出，例如时域的稳态误差、阶跃响应的上升时间、调整时间、超调量等；或用频域的相位裕量和幅值裕量、谐振峰值和谐振频率、带宽、穿越频率等性能指标。对于稳定的反馈系统，其性能或品质仍可能不令人满意。这就需要对原有的系统进行改造或设计，以使系统满足稳定性、准确性和暂态响应的各项技术要求。为达到所期望的系统性能，常用的方法就是在控制系统中加入校正环节或称补偿装置，使得经校正过的系统性能得到改善。校正环节也称为**校正器**或**补偿器**。从某种角度来看，校正环节也就是控制器。

校正环节在控制系统中的位置及其连接方式称为**校正方式**。校正环节的结构与参数，以及校正方式的确定，即是控制系统的**校正设计**问题。这种系统的设计又称为系统的**综合**。综合或设计问题是分析的逆问题。分析系统是根据已知系统结构、参数和输入信号确定系统的性能。设计系统则是根据期望的系统性能和若干系统结构及参数的约束条件求未定的系统结构及参数。

根据被控对象及其技术指标要求设计自动控制系统，需要进行大量的分析计算，需要考虑的问题是多方面的。既要保证所设计的系统有良好的性能，满足给定技术指标的要求，又要兼顾到便于实现，经济性好，可靠性高。在设计过程中，要注意理论分析与实践相结合，往往还要配合进行大量局部和整体的试验。

本章从控制的观点讨论设计问题，主要考虑如何使系统具有满意的动态性能——稳定、准确、快速。

第二节 系统的设计及校正问题

进行控制系统设计时，通常是先给定被控对象，之后再进行系统设计。进行系统设计工作之前，要详细了解对象的工作原理和特点，如哪些参量需要控制、哪些参量能够测量、可以通过哪些机构进行调整、对象的工作环境和干扰如何等。无论如何采用何种校正形式，对被控对象要作充分的了解，也就是必须尽可能准确地掌握被控对象的动态数学模型、明确对系统的性能要求，这些都是系统设计的主要依据。

一、性能指标

系统校正所依据的性能指标分为稳态性能指标与动态性能指标两大类。常见的性能指标有：

（1）稳态误差 e_{ss}；

（2）静态位置误差系数 K_p，静态速度误差系数 K_v，静态加速度误差系数 K_a；

（3）超调量 $\sigma_p\%$，上升时间 t_r，调节时间 t_s；

（4）开环穿越频率 ω_c，中频带宽度 h，相位裕量 γ，幅值裕量 K_g；

（5）谐振频率 ω_r，谐振峰值 M_r，截止频率 ω_b。

性能指标通常是由控制系统的使用单位或被控对象的设计制造单位或设计者由经验提出。一个具体系统对指标的要求应有所侧重，如调速系统对平稳性和稳态精度要求严格，而随动系统对快速性期望很高。

要求响应快，必须使运动部件具有较高的速度和加速度，则将承受过大的离心载荷和惯性载荷，如超过强度或能源功率的极限，这些部件就可能会被破坏，所期望的性能指标也就无法保证。性能指标在一定程度上决定了系统的工艺性、可靠性和成本。性能指标的提高要有根据，以不脱离实际为底线，通常要进行综合权衡。

除一般性能指标外，具体系统经常还有特殊的附加要求，如低速平稳性、对变负荷的适应性等，也必须在系统设计中给以针对性的考虑。

二、校正结构

控制系统的校正方式主要有四种：串联校正、并联校正、前馈校正和局部反馈校正。

1. 串联校正

串联校正装置一般接在系统误差测量点之后和放大器之前，串联接于系统前向通道之中。控制系统的串联校正如图 6－1 所示。未校正系统的闭环传递函数为

$$\Phi(s)=\frac{Y(s)}{R(s)}=\frac{G(s)}{1+G(s)H(s)}$$

引入校正环节 $G_A(s)$后，系统的闭环传递函数为

$$\Phi(s)=\frac{G_A(s)G(s)}{1+G_A(s)G(s)H(s)}$$

可以看出，由于 $G_A(s)$的影响，闭环系统的零、极点都将发生变化，从而改变了系统的性能。串联校正是最常用的一种校正方式。

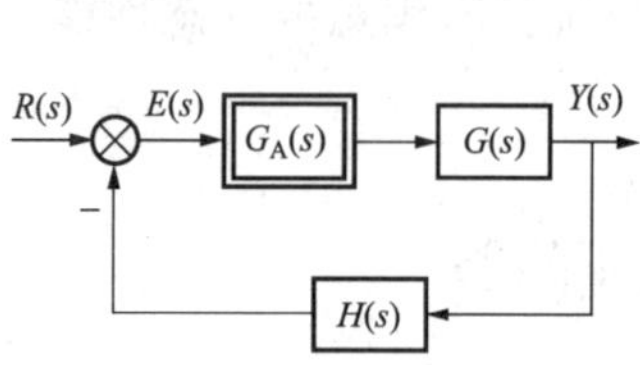

图 6－1 控制系统的串联校正

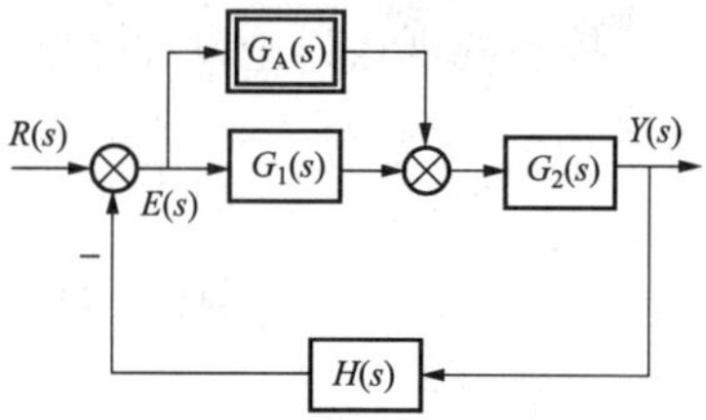

图 6－2 控制系统的并联校正

2. 并联校正

校正环节 $G_A(s)$与前向通道中的某一个或几个环节并联连接起来，这种校正方式称为并联校正。并联校正的连接方式如图 6－2 所示。

未校正系统的闭环传递函数为

$$\Phi(s)=\frac{Y(s)}{R(s)}=\frac{G_1(s)G_2(s)}{1+G_1(s)G_2(s)H(s)}$$

引入校正环节 $G_A(s)$后，系统的闭环传递函数为

$$\Phi(s)=\frac{[G_A(s)+G_1(s)]G_2(s)}{1+[G_A(s)+G_1(s)]G_2(s)H(s)}$$

由于 $G_A(s)$的引入，可以使闭环系统的零、极点都发生变化，从而达到改善控制系统性

能的目的，但并联校正方式在工业过程中较少应用。

3. 局部反馈校正

校正环节 $G_A(s)$ 以反馈的方式连接在前向通道的一个或几个环节两端，形成局部反馈校正。局部反馈校正的连接方式如图 6-3 所示。原系统的闭环传递函数为

$$\Phi(s)=\frac{Y(s)}{R(s)}=\frac{G_1(s)G_2(s)}{1+G_1(s)G_2(s)H(s)}$$

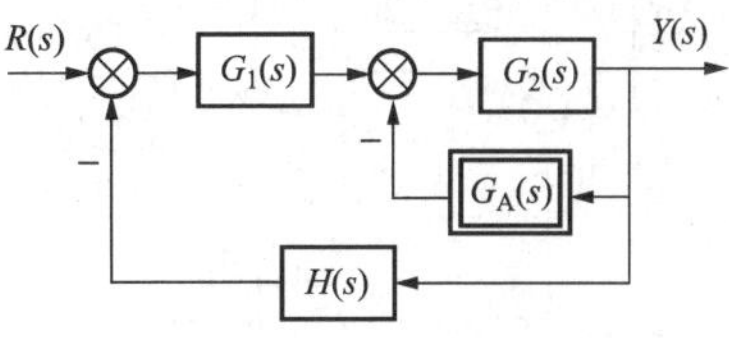

图 6-3　控制系统的局部反馈校正

加入校正环节后，系统的闭环传递函数为

$$\Phi(s)=\frac{Y(s)}{R(s)}=\frac{G_1(s)G_2(s)}{1+G_1(s)G_2(s)H(s)+G_A(s)G_2(s)}$$

可以看出，局部反馈校正并没有改变系统的闭环零点，但是改变了闭环极点的分布。

局部反馈校正装置 $G_A(s)$ 常采用的是比例环节和微分环节，有时也用惯性环节作局部反馈校正。

局部反馈校正引入了一个闭合回路，形成两个闭合回路，也常称为双回路校正或串级校正。有些情形下，甚至会引入更多的闭合回路，以期能更好地克服内扰的影响。这是一种常用的校正方式，尤其在被控对象有大惯性、大迟延特性的情况下，常会取得比单回路控制要好得多的控制品质。

4. 前馈校正

前馈校正或顺馈校正，是在系统主反馈回路之外采用的校正方式。前馈校正有两种形式，一种是以可测扰动为前馈信号的前馈，另一种是以设定值信号作为前馈信号。

扰动前馈校正设计又有两种方案，一种如图 6-4（a）所示，该方案以可测扰动 $N(s)$ 为输入，将输出直接作用于被控对象 $G_p(s)$。另一种前馈校正设计方案如图 6-4（b）所示，是以可测扰动 $N(s)$ 为输入，校正装置的输出影响控制偏差量，对扰动信号进行直接或间接测量并经变换后接入，形成一条附加的、能对扰动影响进行补偿的通道。

由于单纯的前馈校正是开环控制，控制精度不高。因此要想在保证调节精度的基础上，又能提高系统抗扰动能力，通常要将前馈校正与反馈控制结合起来，形成常见的前馈—反馈复合校正系统。

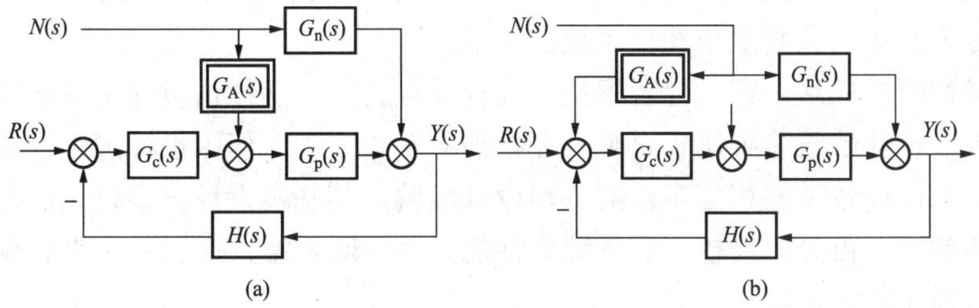

图 6-4　扰动前馈校正

（a）扰动前馈形式一；（b）扰动前馈形式二

前馈校正能有效地克服外部干扰对控制系统的影响，唯一的要求是外部干扰是可测量的。前馈校正的基本设计原则是完全补偿原则，即设计前馈校正环节，使扰动量对输出量的影响为零。

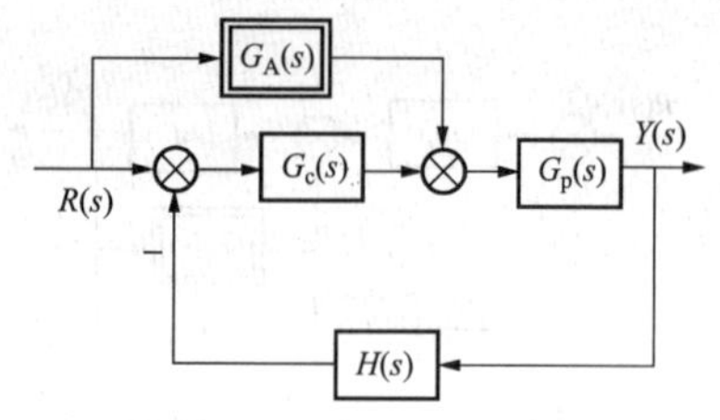

图 6-5 设定值前馈校正设计

若以给定值输入量作为前馈信号，则有图 6-5 所示的设定值前馈校正系统。这种方案中前馈校正环节的输出直接影响被控过程，其设计目的是使被控输出量能快速跟踪上给定输入量。

要实现扰动的完全补偿，必然会造成前馈校正装置 $G_A(s)$ 结构复杂，难于实现。在工程上，要从保证系统稳定性和易于实现等要求，对前馈校正装置进行简化处理后，采用比例（P）或比例微分（PD）环节来实现，只要能将扰动对输出的绝大部分不利影响抵消掉即可达设计目的。

5. 复合校正

单纯的前馈校正是开环控制，精度差，无法很好地完成控制任务。前馈—反馈复合校正方式就是在反馈控制回路中，加入前馈校正通路，使整个控制系统形成一个有机整体，如图 6-4 和图 6-5 所示。还有前馈—串级复合校正方案如图 6-6 所示。这些校正方式，因兼有前述各种校正方式的优点，能达到同时克服内扰和外扰，且能保证较高的控制精度，获得相当好的控制效果。

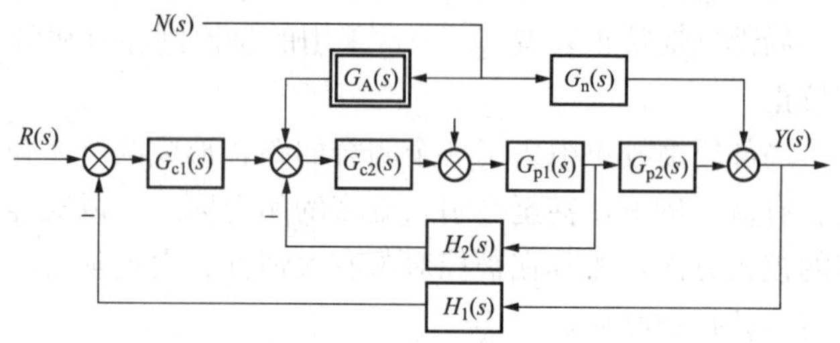

图 6-6 前馈—串级复合控制方案

三、设计校正环节的几点说明

在设计控制系统时，串联校正和局部反馈校正是最为常用的两种校正方式。究竟选择哪种方式，完全取决于系统中信号的性质、技术实现的方便性、可供选用的元件、抗扰性要求、经济性要求、环境使用条件，以及设计者的经验等因素。

一般地，对于单输入单输出的线性定常系统，如果给出的是时域性能指标，则可采用根轨迹法来设计；如果给出的是频域性能指标，则可用频域分析法来进行设计。

我们研究的线性系统校正方法主要有分析法和综合法两类，为简便起见并不失一般性，设计时仅考虑未校正对象是最小相位系统的情形。

分析法又称为试探法，即设计者根据工程设计经验，试探性地设计出易于实现的校正装置。采用分析法设计校正装置比较直观，在物理上易于实现。但因设计过程带有很大程度上的试探性，要求设计者掌握相当丰富的工程设计经验。其基本设计步骤是先试探地调整校正环节的结构和参数，再分析经校正后系统的性能，并不断重复这一过程，直到系统的性能指标达到期望值为止。

综合法又称为期望特性法。这种设计方法从闭环系统性能与开环系统特性密切相关这一概念出发，先选择合适的校正方式，并按照要求设计出校正装置，然后将校正后的系统与系统原有开环特性进行比较，从而确定校正方式、校正装置的形式和参数。综合法有广泛的物理意义，但设计出的校正装置可能相当复杂，在物理上难以准确实现。

由于控制技术的飞速发展和计算机技术在过程控制中的广泛应用，许多控制系统的校正环节都由计算机或者微机替代，校正设计的灵活性更大、成本更低，效果也明显优于模拟控制系统。另外，对费时费力的系统根轨迹分析及频率特性分析过程的手工计算和作图工作，完全可借助高速数字计算机作为辅助工具来进行求解，提高设计效率并缩短设计过程。

第三节 频域法串联校正

在前面章节中我们已经得到如下的结论：开环频率特性的低频段能表明闭环系统的稳态性能；中频段表明闭环系统的动态性能；高频段则表征了闭环系统的复杂性和对噪声的抑制性能。

因此，运用频域法进行控制系统校正设计时，就是在开环传递函数中加入频率特性形状合适的校正装置，使开环频率特性具有希望的形状：使低频段增益足够大，以保证对系统稳态误差的要求；中频段的对数幅频特性一般要求以－20dB/dec 的斜率穿越零分贝线，为使系统有适当的相角裕度和较好的动态性能，还要使中频段有足够的频带宽度；高频段增益尽可能地小，以最大程度地削弱噪声影响。若原系统的高频段已符合要求，则校正时可保持高频段形状不变，只对低频段和中频段进行设计，以简化校正装置的形式。

一、串联超前校正

1. 超前校正环节的对数频率特性

超前校正环节的传递函数为

$$G_c(s)=\frac{1+aTs}{1+Ts}(a>1) \tag{6.1}$$

绘制出超前校正环节的伯德图，如图 6－7 所示。

由于输出信号的相角比输入信号相角要超前，超前校正环节在频率 ω 在$\frac{1}{aT}$与$\frac{1}{T}$之间的输入信号有明显的相位超前作用。当频率为最大超前相角频率 $\omega=\omega_m$ 时，相角超前最大值是 φ_m，恰好位于两个转角频率 $\omega_1=\frac{1}{aT}$和 $\omega_2=\frac{1}{T}$的几何中点。

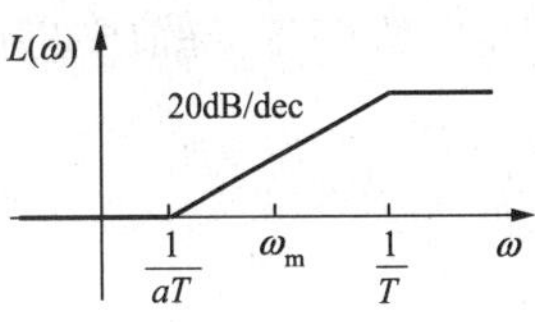

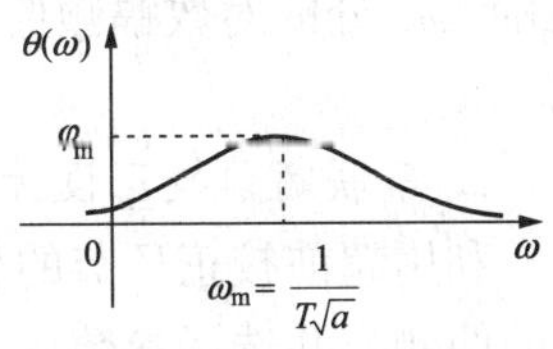

图 6－7 超前校正环节的伯德图

超前校正环节的相频特性为

$$\theta(\omega)=\tan^{-1}(aT\omega)-\tan^{-1}(T\omega) \tag{6.2}$$

因此，有

$$\tan\theta(\omega)=\frac{(a-1)T\omega}{1+aT^2\omega^2}$$

$$\theta(\omega)=\tan^{-1}\frac{(a-1)T\omega}{1+aT^2\omega^2} \tag{6.3}$$

$\theta(\omega)$取极大值时，显然上式对 ω 的导数为零，得最大超前角频率为

$$\omega=\omega_m=\frac{1}{T\sqrt{a}}$$

因此，有下式成立

$$\lg\omega_m=\frac{1}{2}(\lg\omega_1+\lg\omega_2)$$

显然，ω_m 恰好位于 $\omega_1=\frac{1}{aT}$和 $\omega_2=\frac{1}{T}$的几何中点。将 $\omega=\omega_m=\frac{1}{T\sqrt{a}}$代入式（6.3），得到最大超前相角为

$$\varphi_m = \theta(\omega_m) = \tan^{-1}\frac{(a-1)T\omega_m}{1+aT^2\omega_m^2}$$
$$= \tan^{-1}\frac{a-1}{2\sqrt{a}}$$
$$= \arcsin\frac{a-1}{a+1} \tag{6.4}$$

即有

$$a = \frac{1+\sin\varphi_m}{1-\sin\varphi_m} \tag{6.5}$$

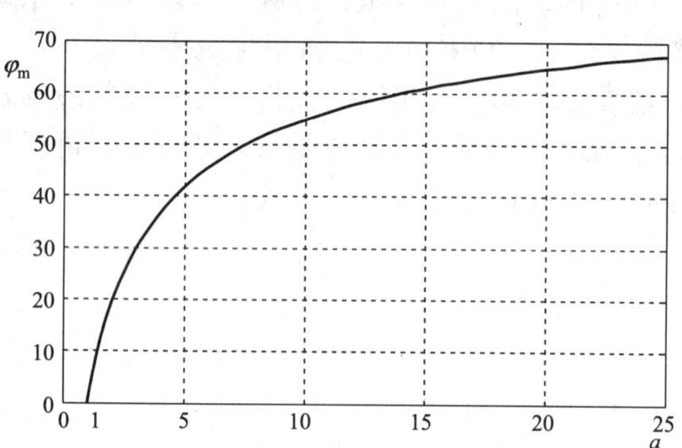

图 6-8 超前校正环节的 φ_m 与 a 的关系曲线

由式（6.4）可绘制 φ_m 与 a 的关系曲线如图 6-8 所示。从图中可以看出：φ_m 的取值仅与 a 有关，a 取值越大，则超前校正环节的微分作用越强。而当 $a>15$ 时，随着 a 增大，φ_m 几乎不增加。为保持较高的系统信噪比，实际选用的 a 值一般不大于 15。

超前校正环节的幅频特性为

$$M(\omega) = \sqrt{\frac{1+a^2T^2\omega^2}{1+T^2\omega^2}} \tag{6.6}$$

将 $\omega = \omega_m = \frac{1}{T\sqrt{a}}$ 代入上式并化简为

$$M(\omega_m) = \sqrt{a} \tag{6.7}$$

故 $\omega = \omega_m$ 处的对数幅频值为

$$L(\omega_m) = 20\lg M(\omega_m) = 10\lg a \tag{6.8}$$

2. 串联超前校正设计

利用超前校正环节的相角超前特性，使超前校正环节的转角频率选在待校正系统截止频率的两侧，并选择参数 a 和 T，使校正后的系统满足截止频率和相角裕量等性能指标的要求，从而改善闭环系统的动态性能。闭环系统的稳态性能要求，可通过选择已校正系统的开环增益来保证。针对未校正系统是最小相位系统的情形，具体设计步骤如下：

（1）根据稳态误差要求，确定开环增益 K。

（2）利用确定好的开环增益 K，绘制出未经校正时系统的伯德图，并求出幅值裕量 K_g 和相角裕量 γ。

（3）由下式确定满足期望相位裕量的超前相位角 φ_m

$$\varphi_m = \gamma' - \gamma + \Delta \tag{6.9}$$

其中，γ' 和 γ 分别是期望的相位裕量和未校正系统的相位裕量，而

$$\Delta = \angle[G(j\omega_{c1})H(j\omega_{c1})] - \angle[G(j\omega_{c2})H(j\omega_{c2})]$$

其中，ω_{c1} 和 ω_{c2} 分别为未校正系统和已校正系统的幅值穿越频率；Δ 为加入超前校正环节后，使幅值穿越频率由 ω_{c1} 移动到 ω_{c2} 所带来的相角滞后量，一般该滞后量为 $5°\sim10°$，因此式（6.9）可写成

$$\varphi_m = \gamma' - \gamma + (5°\sim10°)$$

(4)由下式计算校正参数 a

$$a=\frac{1+\sin\varphi_m}{1-\sin\varphi_m}$$

(5) 由作图法求出 ω_m，并用 ω_m 作为校正后的新的幅值穿越频率 ω_{c2}，即 $\omega_{c2}=\omega_m$。具体求出 ω_m 的方法是：作一离横轴为 $-10\lg a$ 的平行线，由该平行线与原 $L(\omega)$ 线交点处的频率即为 ω_m。

(6) 由 ω_m 求出参数 T

$$T=\frac{1}{\omega_m\sqrt{a}}$$

(7)确定校正环节的传递函数为

$$G_c(s)=\frac{1+aTs}{1+Ts}$$

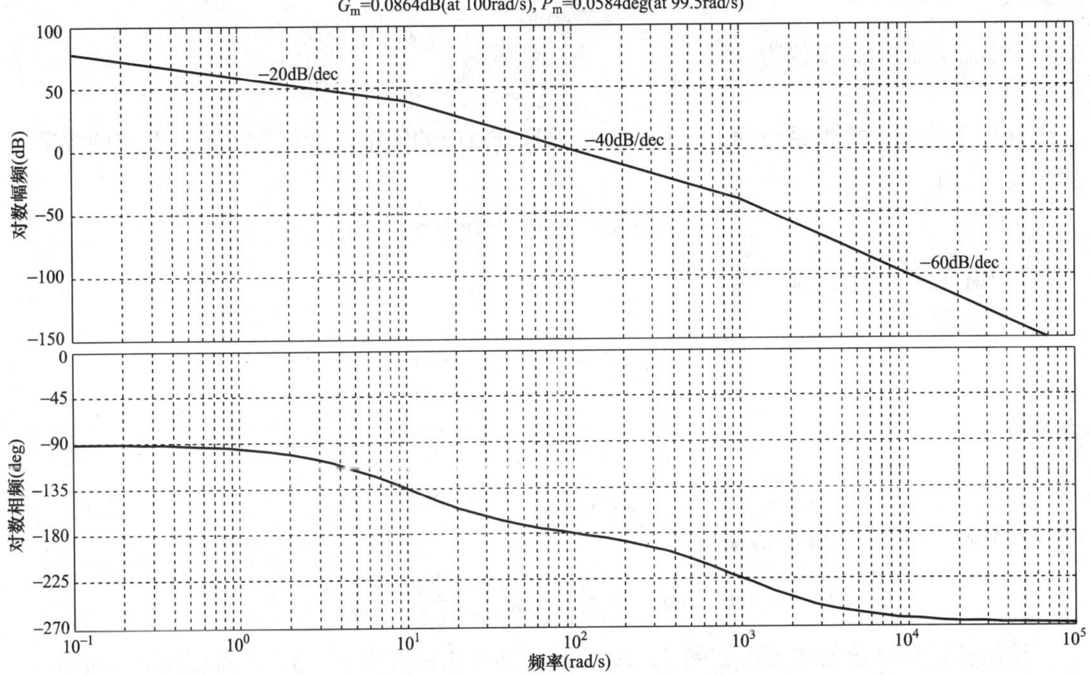

图 6-9　未校正系统的伯德图

(8) 校验校正后系统是否满足给出的性能指标要求。因在第 2 步中选择的 ω_c'(或 φ_m)具有一定的试探性，所以校验是必需的。如果校正后的系统满足要求，校正工作结束；如果校正后的系统不能满足指标要求，需要重新选定 ω_c'(或 φ_m)，跳回到第 2 步，重复以后的步骤，直到满足给定的频域性能指标要求为止。

(9) 根据超前校正环节的参数，确定超前校正环节的实现。可以用硬件实现，设计超前校正网络；也可以考虑用软件实现，编制相应的程序算法。

【例 6.1】　某控制系统的开环传递函数为

$$G_k(s)=\frac{K}{s(1+0.1s)(1+0.001s)}$$

设计校正环节，使系统满足下列性能指标要求：①相角裕度为 $\gamma'\geqslant45°$；②静态速度误差系统 $K_v=1000(s^{-1})$。

解 （1）给定的系统是 1 型系统，由稳态指标要求有

$$K_v=\lim_{s\to0}sG_k(s)=K=1000$$

（2）未校正系统的开环传递函数为

$$G_k(s)=\frac{1000}{s(1+0.1s)(1+0.001s)}$$

绘制未校正系统的伯德图，如图 6－9 所示，可见，$\omega_c=100$，$\gamma=0.06°$，系统处于临界稳定的边缘状态。

（3）根据 $\gamma'\geqslant45°$，$\gamma=0$，取 $\Delta=5°$，则有

$$\varphi_m=\gamma'-\gamma+\Delta=50°$$

根据式（6.5），有

$$a=\frac{1+\sin\varphi_m}{1-\sin\varphi_m}=7.55$$

$G_c(s)$ 在 ω_m 时的对数幅值为

$$L_c(\omega_m)=10\lg a=8.78(\text{dB})$$

在图中找到未校正系统的 $L(\omega)=-8.78\text{dB}$ 所对应的频率，就作为校正后系统的零分贝频率 ω_{c2}，即

$$\omega_m=\omega_{c2}=165.8(\text{rad/s})$$

（4）由 $T=\dfrac{1}{\omega_m\sqrt{a}}$ 计算可得

$$T=\frac{1}{\omega_m\sqrt{a}}=\frac{1}{165.8\sqrt{7.55}}=0.002\ 2$$

可得到

$$G_c(s)=\frac{1+aTs}{1+Ts}=\frac{1+0.016\ 7s}{1+0.002\ 2s}$$

（5）校正后系统的开环传递函数为

$$G'_k(s)=G_c(s)G_k(s)=\frac{1000(1+0.016\ 7s)}{s(1+0.002\ 2s)(1+0.1s)(1+0.001s)}$$

绘制校正后系统的伯德图如图 6－10 所示，其相角裕度为 $\gamma'=45°$，满足性能指标要求，设计完毕。

在［例 6.1］中，原系统经校正后，中频段斜率由－40dB/dec 变成－20dB/dec，系统相角裕度增大；使开环系统截止频率增大，从而闭环系统带宽也增大，使响应运度加快。图 6－11 是校正系统的尼氏图。由图可见，系统的谐振峰值由∞降为 3dB 左右，系统的相对稳定性也得到了改善，超调量大大减小。

应当指出：在有些情况下采用串联超前校正效果是不理想的。串联超前校正主要受以下两个因素的制约。

（1）闭环带宽要求。若未校正系统不稳定，为了得到规定的相角裕度，需要超前校正环节提供很大的相角超前量。这样，超前环节的 a 值必须选得很大，从而造成已校正系统带宽过大，使得通过系统的高频噪声电平很高，很可能使系统失控。

（2）在截止频率附近相角迅速减小的未校正系统，一般不宜采用串联超前校正。因为随

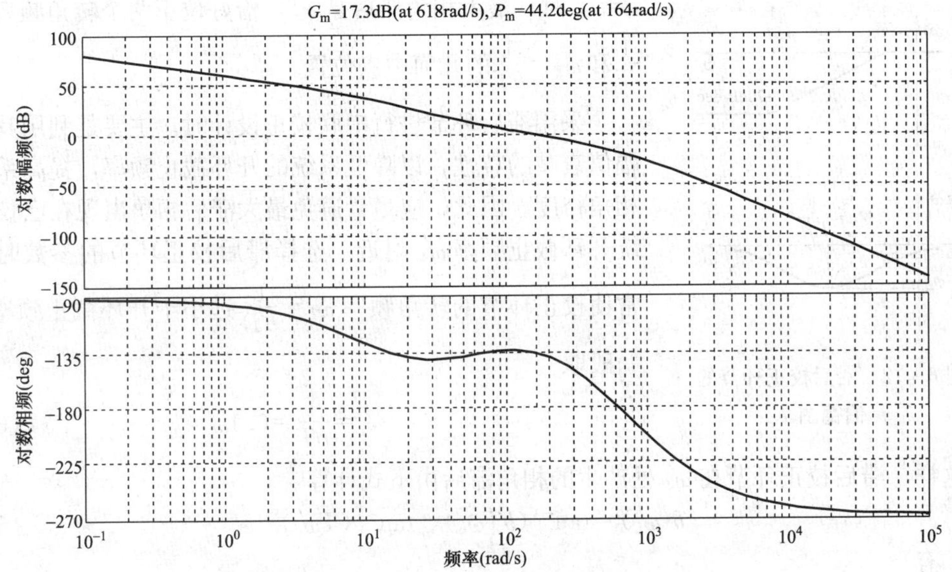

图 6-10　已校正系统的伯德图

着截止频率的增大，未校正系统相角迅速减小，使已校正系统的相角裕度改善不大，很难得到足够的相角超前量。在一般情况下，产生这种相角迅速减小的原因是：在未校正系统截止频率的附近，或有两个交接频率彼此靠近的惯性环节；或有两个交接频率彼此相等的惯性环节或有一个振荡环节。

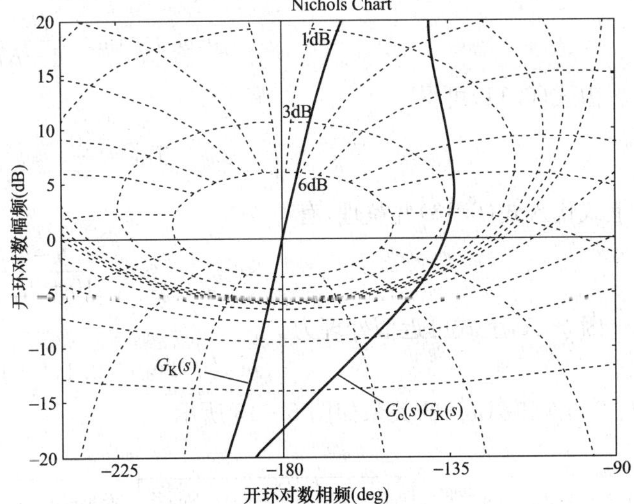

图 6-11　已校正系统的尼柯尔斯图

在上述情况下，系统可采用其他方法进行校正，例如，采用两级（或两级以上）的串联超前环节进行串联超前校正，或采用串联滞后校正，也可以采用微分局部反馈校正等方案。

二、串联滞后校正

1. 滞后校正环节的对数频率特性

滞后校正环节的传递函数为

$$G_c(s)=\frac{1+bTs}{1+Ts}(b<1) \tag{6.10}$$

可绘制滞后校正环节的伯德图，如图 6-12 所示。

显然，滞后环节对低频信号不产生衰减，仅对高频信号有削弱作用。b 值越小，通过校正环节的高频噪声电平越低。校正环节的相频特性呈滞后特性。当频率为最大滞后相角频率

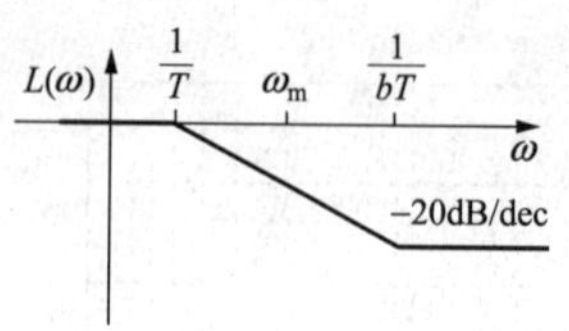

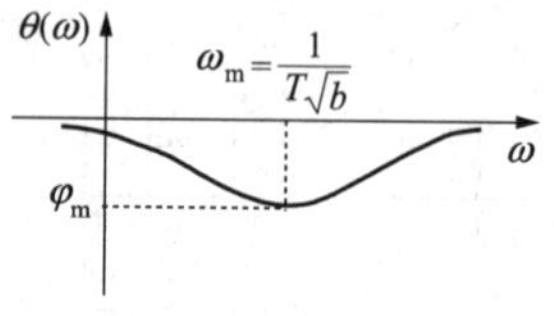

图 6-12 滞后校正环节的伯德图

$\omega=\omega_m$时，最大相角滞后是φ_m，恰好位于两个转角频率$\omega_1=\frac{1}{T}$和$\omega_2=\frac{1}{bT}$的几何中点位置。

采用滞后环节进行串联校正设计时，主要是利用其高频幅值衰减的特性，以降低系统的开环截止频率，提高系统的相角裕度。因此，应尽量避免最大滞后相角出现在已校正系统开环截止频率ω_c'附近。选择滞后校正环节的参数时，通常使校正环节的转角频率$\omega_2=\frac{1}{bT}$远小于开环截止频率ω_c'，一般取

$$\omega_2=\frac{1}{bT}=0.1\omega_c' \tag{6.11}$$

这样，滞后校正环节在ω_c'处产生的相角滞后由下式计算

$$\theta(\omega_c')=\tan^{-1}(bT\omega_c')-\tan^{-1}(T\omega_c') \tag{6.12}$$

因此，有

$$\tan\theta(\omega_c')=\frac{(b-1)T\omega_c'}{1+bT^2(\omega_c')^2}$$

$$\theta(\omega_c')=\tan^{-1}\frac{(b-1)T\omega_c'}{1+bT^2(\omega_c')^2} \tag{6.13}$$

由式(6.11)可得

$$T\omega_c'=\frac{10}{b}$$

将上式代入式(6.13)并整理，有

$$\theta(\omega_c')=\tan^{-1}\frac{b-1}{10+0.1b}$$

因$b<1$，上式可近似处理为

$$\theta(\omega_c')\approx\tan^{-1}0.1(b-1)$$

b与$20\lg b$和$\theta(\omega_c')$的关系如图 6-13 所示。

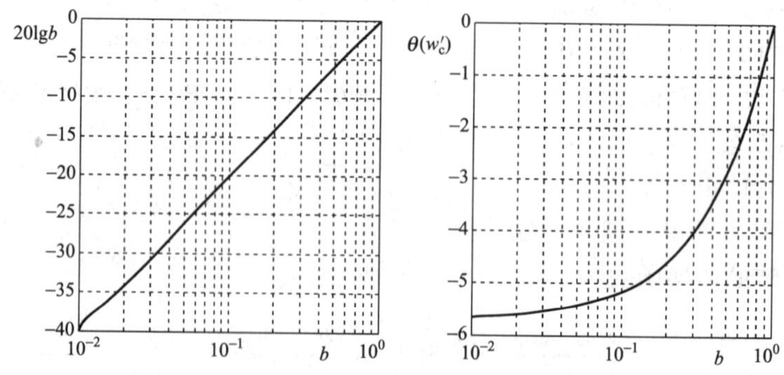

图 6-13 滞后校正环节关系曲线

2. 串联滞后校正设计

利用滞后校正环节的相角滞后特性，使高频幅值衰减，使已校正系统截止频率下降，从

而使系统有足够的相角裕度。因此，滞后校正环节的最大滞后相角应避免位于系统截止频率附近。在对系统的响应速度要求不高，而抑制噪声要求较高的场合，可考虑采用串联滞后校正。此外，如果未校正系统已具有满意的动态性能，仅稳态误差不满足指标要求，也可采用串联滞后校正以提高系统的稳态精度，同时保持其动态性能基本不变。

对单位反馈的最小相位系统，设计滞后校正的具体设计步骤如下：

(1) 根据稳态误差要求，确定开环增益 K；

(2) 利用确定好的开环增益 K，绘制未经校正系统的伯德图，确定未校正系统的幅值穿越频率 ω_c，相位裕量 γ 和增益裕量 GM；

(3) 根据相角裕度要求 γ'，确定已校正系统的截止频率 ω_c'。在 $\omega=\omega_c'$处，原系统的相位为

$$\varphi(\omega_c')=-180°+\gamma'+(5°\sim12°)$$

其中，γ'为期望的相位裕量，（$5°\sim12°$）为附加滞后校正环节后，在 $\omega=\omega_c'$处引起的相角滞后；

(4) 根据下式确定滞后环节的参数 b 和 T

$$20\lg b+L(\omega_c')=0 \tag{6.14}$$

$$\frac{1}{bT}=0.1\omega_c' \tag{6.15}$$

利用式（6.14）确定的 b，由式（6.15）计算出滞后环节的参数 T。如果 T 过大，难以实现，可将式（6.15）中的 0.1 适当加大，通常在 0.1～0.25 之间选取。

(5) 校验校正后系统的相角裕度和幅值裕度。如果校正后的系统满足要求，校正工作结束；如果校正后的系统不能满足指标要求，跳回到第（2）步，重复进行以后的步骤，直到满足给出的指标要求为止。

(6) 根据滞后校正环节的参数，确定滞后校正环节的实现。可以用硬件实现，设计滞后校正网络；也可以考虑用软件实现，编制相应的程序算法。

【例 6.2】　某控制系统的开环传递函数为

$$G_k(s)=\frac{K}{s(s+10)}$$

试设计串联滞后校正环节，使系统满足下列性能指标要求：

(1) 相角裕度为 $\gamma'\geqslant45°$；

(2) 静态速度误差系统 $K_v=40$。

解　(1) 由稳态指标要求 $K_v=\lim\limits_{s\to0}sG_k(s)=\dfrac{K}{10}=40$，得 $K=400$，未校正系统的开环传递函数为

$$G_k(s)=\frac{400}{s(s+10)}=\frac{40}{s(1+0.1s)}$$

(2) 绘制未校正系统的伯德图，如图 6-14 中虚线所示。可得，$\omega_c=18.8$ (rad/s)，$\gamma=28°$。

(3) 由 $\gamma'\geqslant45°$，取附加补偿相角为 6°，由

$$\varphi(\omega_c)=-180°+\gamma'+6°=-129°$$

由相频特性

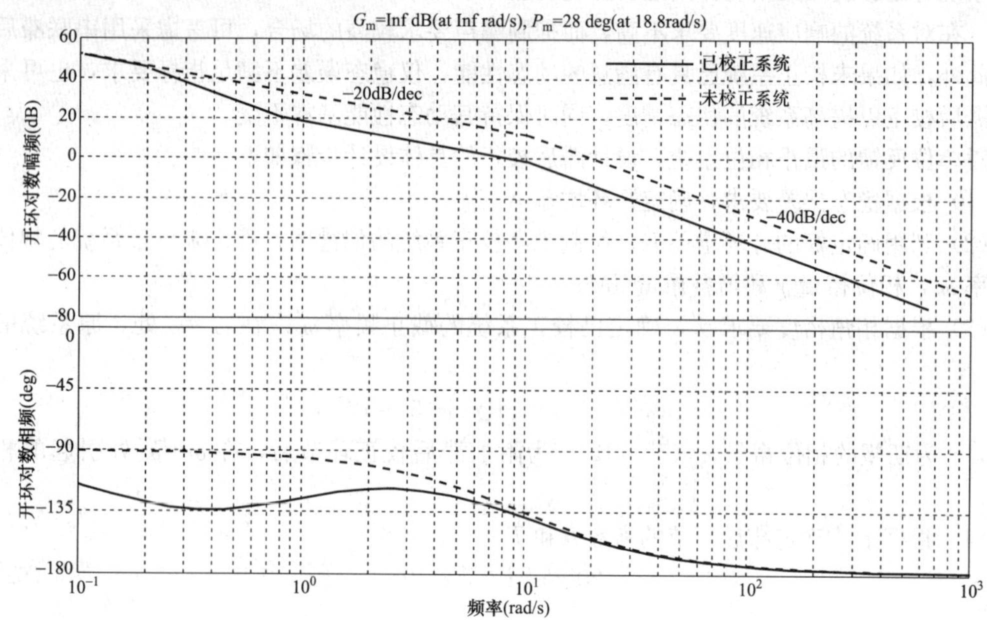

图 6-14 控制系统的滞后校正

$$-90°-\tan^{-1}0.1\omega_c'=-129°$$

可知 ω_c取值为 $\omega_c=8$。而在 $\omega=\omega_c=8$ 处，对应原系统的对数幅频值为

$$L(\omega_c')=14\text{dB}$$

又由 $20\lg b+L(\omega_c')=0$，得 $b=0.2$

由式（6.15）计算出滞后环节的参数 T

$$\frac{1}{bT}=0.1\omega_c', T=\frac{1}{0.1b\omega_c'}=6.25$$

因此得到的滞后校正环节为

$$G_c(s)=\frac{1+bTs}{1+Ts}=\frac{1+1.25s}{1+6.25s}$$

校正后的系统为

$$G_k'(s)=G_c(s)G_k(s)=\frac{40(1+1.25s)}{s(1+0.1s)(1+6.25s)}$$

其伯德图如图 6-14 中实线所示。可知校正后的系统相角裕度为 46.8°，满足系统要求。

该系统的尼氏图如图 6-15 所示。由图可知：校正后系统的相角裕量由 28°变为 46.8°，谐振峰值由 6dB 变为约 2dB 左右，相当于超调量由 40%下降至 20%，相对稳定性也得到提高。

滞后校正对控制系统的影响可总结如下：

（1）减小了开环频率特性在幅值穿越频率上的幅值，增大了相角裕量、减小了谐振峰值；

（2）降低了幅值穿越频率，从而减小了系统的频带宽度，进而使上升时间变长。而超调量减小得越多，上升时间也就会越长，可见，滞后校正不适合于要求增加频带宽度，提高快速性的场合；

(3) 系统在中频段和高频段的幅值有较大幅度的衰减，从而允许系统通过提高开环增益来改善系统的稳态性能。

三、串联滞后—超前校正

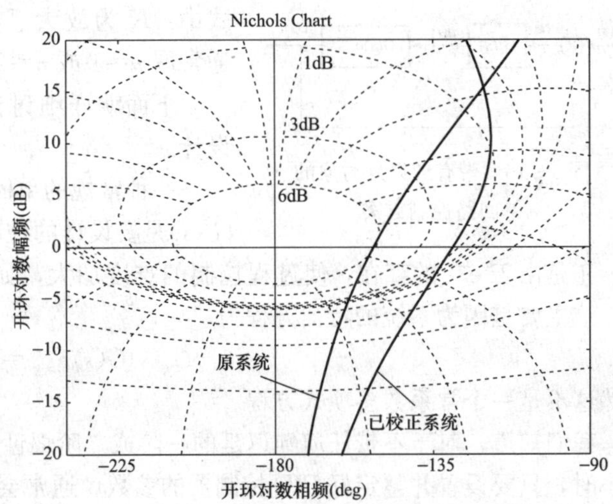

图 6-15　[例 6.2] 系统的尼柯尔斯图

由超前校正环节和滞后校正环节的特性可看出，超前校正可加快控制系统的反应速度，使系统的动态性能和相对稳定性提高，但它的缺点是使系统抗高频干扰的能力变差；而滞后校正能大幅度地提高系统稳态性能，但会使系统的反应速度变慢。将这两种方法结合起来，形成滞后—超前校正环节，就可同时改善系统的稳态性能和动态性能。在伯德图上采用滞后—超前校正时，滞后环节能将增益穿越频率向左移，从而减小了系统在增益穿越频率点的相位滞后。超前环节的作用是在新的增益穿越频率处提供一个相位超前量，以增大系统的相位裕量，使其满足动态性能要求。对于某些控制系统，当只有在超前校正与滞后校正的效果都不够满意时，才采用滞后—超前校正方案。因设计过程复杂，常常要经多次试探才能得到较为满意的结果。

第四节　控制系统的纯迟延校正

被控对象中含有大惯性、大时滞（或称纯迟延）特性的现象，在工业生产过程中普遍存在（如锅炉给水、汽温控制过程）。由于大时滞（额定时滞$\tau/T>0.6$）因素的影响，使控制作用无法及时得到体现，造成控制系统的过渡过程时间变长、超调量变大、控制品质变差，严重的甚至失去稳定性。克服大惯性大时滞对系统的不利影响，是改善大滞后过程控制质量的关键问题。自 20 世纪 50 年代以来，为很好地解决这一类问题，已有包括改进型 PID 算法、大林算法和史密斯预估补偿算法等成果。

带有纯迟延特性的被控对象的传递函数为

$$G_p(s)=G(s)e^{-\tau s} \tag{6.16}$$

式中：τ 为纯迟延时间，$G(s)$为被控对象中不含纯迟延的部分。

大部分热工控制对象都可以用一阶或二阶惯性环节加纯迟延的环节来等效近似处理。无自平衡能力对象的传递函数可表示为

$$G_p(s)=\frac{K}{s(1+Ts)^{n-1}}e^{-\tau s}$$

而有自平衡能力对象的传递函数可表示为

$$G_p(s)=\frac{K}{(1+Ts)^n}e^{-\tau s} \tag{6.17}$$

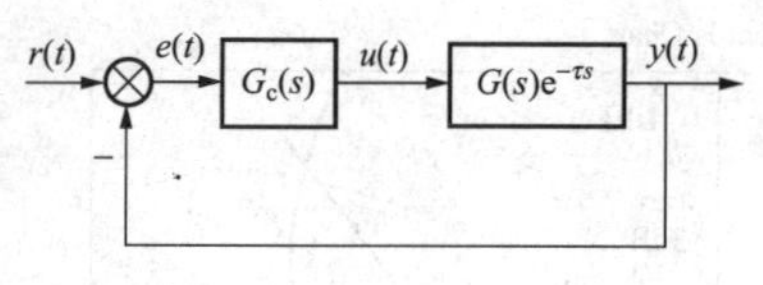

图 6 - 16 带有纯迟延对象的单回路控制方案

式中：K 为放大系数；T 为惯性时间常数；n 为阶次，通常取 $n=1$ 或 $n=2$。

下面就详细讨论针对大时滞对象的典型控制方案设计。

一种常规的单回路控制方案如图 6 - 16 所示。图中，$G_c(s)$是要设计的控制器或校正器。

正是由于 $e^{-\tau s}$的存在，使过程控制的难度加大，如图 6 - 16 所示的方案控制效果并不好。这主要是因为系统的特征方程为

$$1+G_c(s)G(s)e^{-\tau s}=0 \tag{6.18}$$

显然这不是一个常系数多项式方程。

我们知道，对于不带任何纯迟延的一阶或二阶惯性是容易控制的。当对象的迟延、惯性较小时，只要设置并整定好 PID 控制器的参数，通常会使控制系统达到较满意的控制品质。当对象的纯迟延τ较大时，常规的 PID 则无能为力。我们就从中得到启发，能否将如图 6 - 16 中对象的纯迟延置于控制回路之外。

史密斯（O. J. Smith）于 1957 年提出了史密斯预估补偿算法，可克服对象纯迟延的不利影响，使传统的 PID 控制设计在大时滞对象控制方面又有了用武之地。

连续系统史密斯预估补偿控制原理是：与被控对象 $G_p(s)$以并联的方式加上一个补偿环节，用来补偿被控制对象中纯迟延部分 $e^{-\tau s}$的不利影响，如图 6 - 17 所示。其中，$G_\tau(s)=G(s)(1-e^{-\tau s})$称为**史密斯预估器**或史密斯补偿器。这样，整个系统的传递函数为

$$\Phi(s)=\frac{G_c(s)G(s)e^{-\tau s}}{1+G_c(s)G(s)(1-e^{-\tau s})+G_c(s)G(s)e^{-\tau s}}=\frac{G_c(s)G(s)}{1+G_c(s)G(s)}e^{-\tau s} \tag{6.19}$$

这说明经史密斯预估补偿后，将 $e^{-\tau s}$完全置于闭环控制回路之外，不对系统的稳定性产生不利影响，相当于完全消除了纯滞后部分对控制系统的影响。这就将对大时滞对象的控制问题转化为对无时滞对象 $G(s)$的控制问题，而针对无纯迟延的受控对象 $G(s)$的控制器则较容易设计，比如采用常规 PID 控制器即可。

图 6 - 17 所示的只是原则方案，不易实现。我们将其等效地画成如图 6 - 18 的形式，将史密斯补偿器 $G_\tau(s)$以反馈的形式接在 $G_c(s)$的两端，便于工程实现。

由史密斯预估器 $G_\tau(s)$和控制器 $G_c(s)$一起所组成的补偿回路称为**纯滞后补偿器**。因图 6 - 17与图 6 - 18 完全等效，故经补偿后的系统闭环传递函数仍然为式（6.19）的形式。

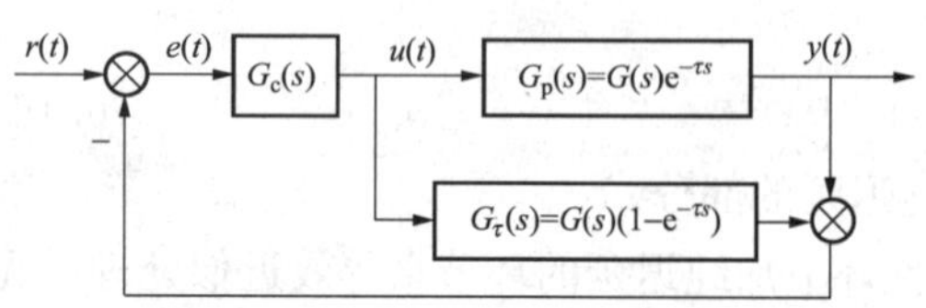

图 6 - 17 带史密斯预估补偿器的控制方案

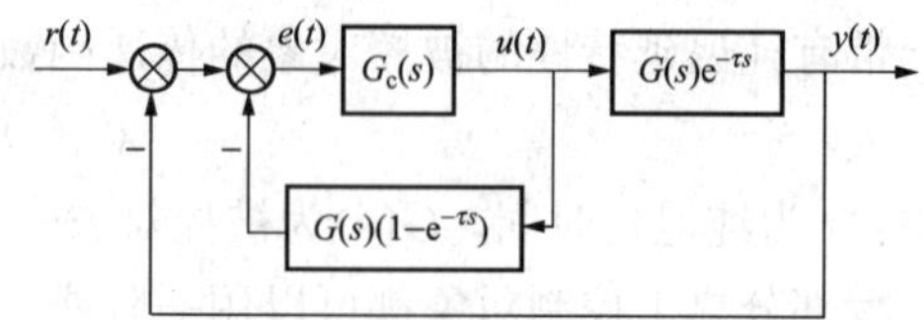

图 6 - 18 史密斯补偿器的实现方案

需要指出的是，实现史密斯预估补偿控制的关键是设计出可实现的史密斯预估器$G_\tau(s)$，而在计算机技术用于过程控制之前，单纯借助模拟仪表无法很好地实现。目前，借助微型计算机就可以方便地编制并实现纯滞后预估补偿数字控制算法。需要特别注意的是，采用史密斯补偿控制方案进行系统设计时，仍然对被控对象数学模型精度要求很高，在模型精度较差

时，控制效果并不理想，这时就需要对方案进一步加以改进。

小　　结

本章介绍了控制系统的综合和设计方法。给出了控制系统校正的典型结构和控制系统的设计过程。主要思路就是根据已有的经验和合适的方法进行多次试探的过程。

(1) 为改善系统的动态及稳态性能，要对系统的结构或参数进行调整和改变，就是校正。为进行校正而要附加的装置，就称为校正装置。

(2) 按照将校正装置加入系统的方式，可分为四种情形：串联校正、并联校正、局部反馈校正、前馈校正。其中，并联校正较少采用。前馈校正又有扰动前馈校正和给定前馈校正之分。采用扰动前馈校正时，要求扰动是可测量到的。

(3) 校正装置的特性分为三种：超前校正、滞后校正、滞后—超前校正。超前校正是利用超前校正装置的相角超前来增加相角裕量，改善系统的快速性，但会降低系统的抗干扰能力，超前校正装置相当于是一个 PD 控制器。而滞后校正利用滞后校正装置改善系统稳态性能，对系统的快速性不利，相当于是一个 PI 控制器。滞后—超前校正则结合了滞后校正和超前校正的优点，只有当对控制系统的稳态性能和动态性能都要求较高时采用，相当于是一个 PID 控制器。

(4) 局部反馈校正有串联校正和并联校正无法替代的优点，可削弱非线性特性和不希望出现的某环节特性的影响，提高对系统参数变化的不敏感性。还可通过设计局部反馈校正消除原系统中被局部反馈回路所包围部分的参数波动的影响，从而削弱内部扰动对控制系统的不利影响。

习　　题

6.1　已知系统的开环传递函数为

$$G_k(s)=\frac{K}{s(1+0.2s)}$$

试设计超前校正装置 $G_c(s)$，使系统满足如下性能指标：

(1) 静态速度误差系数 $k_v\geqslant 100$；

(2) 幅值穿越频率 $\omega_c>30$；

(3) 相角裕量 $\gamma'\geqslant 20°$。

6.2　某控制系统的开环传递函数为

$$G_k(s)=\frac{K}{s(s+2)}$$

设计超前校正环节，使系统满足下列性能指标要求：

(1) 相角裕度为 $\gamma'\geqslant 50°$；

(2) 增益裕量 $K_g'\geqslant 10\text{dB}$；

(3) 静态速度误差系统 $K_v=20(s^{-1})$。

6.3　某控制系统的开环传递函数为

$$G_k(s)=\frac{K}{s(s+1)(s+2)}$$

设计滞后校正环节，使系统满足下列性能指标要求：

（1）相角裕度为 $\gamma'\geqslant 40°$；

（2）增益裕量 $K'_g\geqslant 10\text{dB}$；

（3）静态速度误差系统 $K_v=5(s^{-1})$。

6.4　某控制系统的开环传递函数为

$$G_k(s)=\frac{K}{s(1+s)(1+0.5s)}$$

设计串联滞后—超前校正环节，使系统满足下列性能指标要求：

（1）相角裕度为 $\gamma'\geqslant 50°$；

（2）增益裕量 $K'_g\geqslant 10\text{dB}$；

（3）静态速度误差系统 $K_v=10(s^{-1})$。

6.5　控制系统开环传递函数

$$G_k(s)=\frac{10}{s(1+0.5s)(1+0.1s)}$$

试完成：（1）绘制系统伯德图，求取穿越频率和相角裕量；

（2）采用传递函数为 $G_c(s)=\frac{1+0.37s}{1+0.049s}$ 的串联超前校正时，绘制出校正后系统的伯德图，并求取穿越频率和相角裕量，讨论经校正后系统性能有何改进。

6.6　原系统如图 6-19 中实线所示，当加入反馈校正装置（图中虚线所示），使系统相角裕量 $\gamma=50°$，试求 K 和 T 的值。

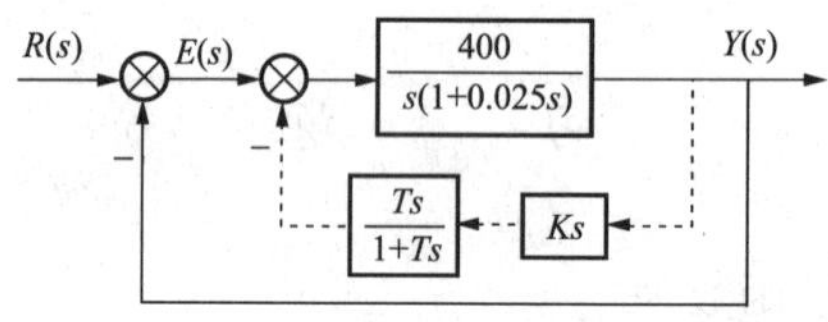

图 6-19　习题 6.6 图

第七章　离散控制系统

在之前各章节所讨论的控制系统中，所有信号都是时间连续信号（即在任意时刻的瞬时都对应有物理量值），这类也称为模拟信号，这类系统我们称之为**连续时间控制系统**或**模拟控制系统**。但在生产过程中，也有这样的物理量，它虽然也是时间函数，但只在特定时刻才有对应的物理量值，这样的物理量称为**时间离散量**。离散量可以是自然因素产生的，也可能是人为产生的，如由测量仪表得到的参数值是模拟量，而定时抄录的参数值则是离散量，这种定时抄录称为采样，得到的量值称为采样值。

控制系统中只要有某一处或某几处的物理量在时间上是离散的形式，即这些信号只是在离散的瞬间有值，则称为**离散控制系统**或**采样控制系统**。只有当离散时间信号在幅值上也是数字的（经量化处理后的二进制数）才可称为数字信号。这类信号通常是计算机或数字仪器所产生的，而相应的控制系统称为数字控制系统。但是，在现实的控制系统中通常是既含有模拟信号，又含有采样信号，还含有数字信号，但它们所采用的分析和设计方法是完全一致的，因此，我们这里只分析采样控制系统，也不对数字控制系统进行专门讨论。在这种意义上，本章所讨论离散控制系统是广义的，它包括了当系统中某些信号为采样信号或数字信号的情形。可以看出，在计算机控制系统中存在下面三种不同类型的信号。

（1）连续模拟信号：时间上是连续的、幅值上是模拟的信号。

（2）离散模拟信号：时间上离散、幅值上模拟的信号。

（3）数字信号：时间上离散、幅值上也是数字化的信号；即时间上离散、幅值可用一组二进制数表示的信号。

由于控制理论和软、硬件技术的飞速发展，计算机在控制精度、控制速度，以及性能价格比等方面都有明显的优越性。采用计算机控制取代传统模拟仪表控制系统，已在现代工业中成为主流。计算机只能处理时间上离散的数字信号，因此计算机控制系统实际上就是典型的采样控制系统。

图 7 - 1 所示的计算机控制系统中，离散时间给定值 $r^*(t)$ 在采样时刻被送入计算机，与量测及 A/D 变换后送入计算机的被控量 $y(t)$ 的采样信号 $y_1^*(t)$ 在计算机中进行比较，并根据一定的控制算法产生数字控制信号 $u^*(t)$，然后经 D/A 转换与信号保持环节后变换为执行机构能接收的连续时间模拟信号 $u(t)$，通过驱动执行机构，以使被控量 $y(t)$ 趋于期望值，使控制偏差 $e^*(t)$ 尽快趋于零，以满足控制系统的要求。

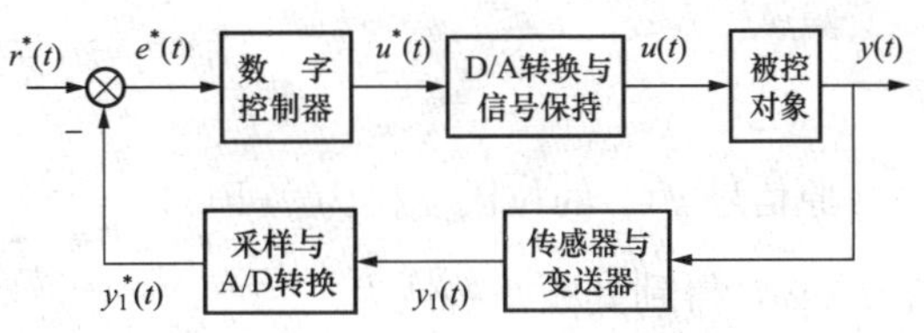

图 7 - 1　计算机控制系统示意图

显然，在计算机控制系统中，$r^*(t)$、$y^*(t)$、$u^*(t)$ 等均是采样信号。由于这些信号只是在某些离散的时刻取值，它们都属于离散时间信号，因此无法直接用连续控制系统的分析方法直接处理，而要采用离散时间系统的理论来分析和综合这类系统。也就是说，离散时间控制系统与连续时间控制系统还是有很大的差别。我们在本章将讨论离散控制系统的基本理论、数学工具和离散控制系统的常用分析与综合方法。在学习过程中应随时注意这些新方法与连续系统有关方法的联系与区别。

第一节 采样过程和采样定理

一、采样过程

采样过程，就是将模拟信号按一定时间采样成离散模拟信号的过程。图 7 - 1 所示的计算机控制系统只能每隔一定的时间间隔进行一次控制循环。在每次到采样时刻，首先是测量模拟信号（被控量）大小，即将各模拟输入量加到 A/D 转换器上，转换成数字信号后输入到计算机，计算机根据输入信号执行控制算法程序计算出控制量，然后输出控制量，再经过 D/A 转换器和保持环节，驱动执行机构，完成整个闭环控制过程。计算机系统能不断地重复这一过程。A/D 变换实际上包括了两个过程，一个是每隔时间间隔 T 采入模拟信号的瞬时值，完成采样过程，相应的时间间隔 T 称为**采样周期**。另一个是将采样所得的离散时间信号转换为数字信号的量化过程。

对采样过程来说，若在系统各处的采样周期 T 均相等，且 T 一直保持不变，则称这个采样过程为**等周期采样**。若系统在各处以两种或两种以上的采样周期进行采样则称为多速率采样。如果采样周期随时间改变会发生变化，则又称为变速率采样。本章中只讨论等周期采样，它也是最常见的采样形式。采样过程是由采样开关实现的，采样开关每隔时间 T 开闭一次，每次闭合的时间为τ，则 T 就称为采样周期，τ 为采样时间，τ 很短，一般$\tau \leqslant 0.1T$。在τ 时间内，信号不增不减得到传递，而在采样周期 T 中的其余$(T-\tau)$时间内，没有信号传递。这样就将连续时间信号 $f(t)$变成离散的采样信号 $f^*(t)$，如图 7 - 2 所示。

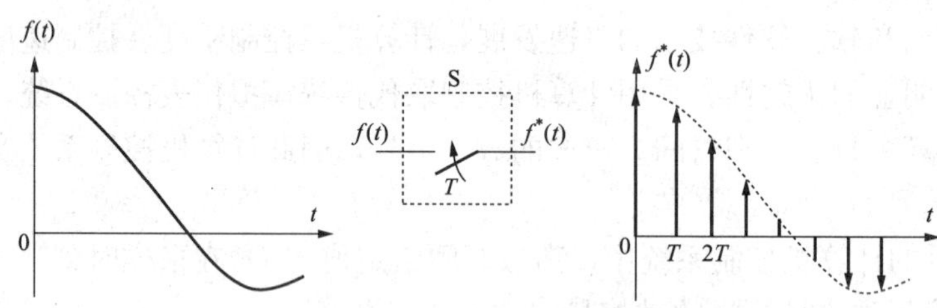

图 7 - 2 采样过程示意图

原信号 $f(t)$的拉氏变换为 $F(s)=\int_{-\infty}^{+\infty} f(t)\mathrm{e}^{-st}\mathrm{d}t$

令 $s=\mathrm{j}\omega$，得到其频率特性为

$$F(\mathrm{j}\omega)=\int_{-\infty}^{+\infty} f(t)\mathrm{e}^{-\mathrm{j}\omega t}\mathrm{d}t \tag{7.1}$$

其模$|F(\omega)|$称为 $f(t)$的频谱，能反映出各种谐波振幅随频率变化的分布情况。

通常采样持续时间τ 与采样周期 T 相比都很短，在理想采样开关的情况下可认为$\tau\to 0$。这时可以将采样信号 $f^*(t)$看成是一个有强度、无宽度的脉冲序列，即将 $f^*(t)$看成是单位

脉冲序列 $\delta_T(t)$ 被 $f(t)$ 调幅的结果，其中

$$\delta_T(t)=\sum_{k=0}^{+\infty}\delta(t-kT) \tag{7.2}$$

$\delta_T(t)$ 表示以 T 为周期的单位理想脉冲序列。

由输入信号 $f(t)$ 决定采样信号 $f^*(t)$ 的幅值，$\delta_T(t)$ 决定采样的时刻，则采样信号 $f^*(t)$ 可表示为

$$\begin{aligned}f^*(t)&=f(0)\delta(t)+f(T)\delta(t-T)+f(2T)\delta(t-2T)+\cdots+f(kT)\delta(t-kT)+\cdots\\&=\sum_{k=0}^{+\infty}f(kT)\delta(t-kT)\end{aligned} \tag{7.3}$$

二、采样定理

为找到 $F^*(s)$ 和 $F(s)$ 之间的关系，可将周期函数 $\delta_T(t)$ 展成傅立叶级数，其复数形式为

$$\delta_T(t)=\sum_{n=-\infty}^{+\infty}c_n e^{jn\omega_s t} \tag{7.4}$$

式中：n 为整数；采样角频率 $\omega_s=\dfrac{2\pi}{T}$；c_n 为傅立叶系数，其计算公式为

$$c_n=\frac{1}{T}\int_{-T/2}^{T/2}\delta_T(t)e^{-jn\omega_s t}dt=\frac{1}{T}\int_{0-}^{0+}\delta(t)dt=\frac{1}{T} \tag{7.5}$$

将式(7.5)代入式(7.4)，可得

$$\delta_T(t)=\frac{1}{T}\sum_{n=-\infty}^{+\infty}e^{jn\omega_s t} \tag{7.6}$$

将式(7.6)代入式(7.3)，得

$$f^*(t)=f(t)\delta_T(t)=f(t)\frac{1}{T}\sum_{n=-\infty}^{+\infty}e^{jn\omega_s t} \tag{7.7}$$

对上式两边同时取拉氏变换，得到采样信号 $f^*(t)$ 的拉氏变换为

$$F^*(s)=\frac{1}{T}\sum_{n=-\infty}^{+\infty}F(s-jn\omega_s) \tag{7.8}$$

令 $s=j\omega$，代入上式，可得采样信号 $f^*(t)$ 的频率特性为

$$\begin{aligned}F^*(j\omega)&=\frac{1}{T}\sum_{n=-\infty}^{+\infty}F(j\omega-jn\omega_s)\\&=\cdots+\frac{1}{T}F(j\omega+j2\omega_s)+\frac{1}{T}F(j\omega+j\omega_s)\\&\quad+\frac{1}{T}F(j\omega)+\frac{1}{T}F(j\omega-j\omega_s)+\frac{1}{T}F(j\omega-j2\omega_s)+\cdots\end{aligned} \tag{7.9}$$

显然，采样信号 $f^*(t)$ 的频谱 $|F^*(j\omega)|$ 是以 $j\omega_s$ 为周期的一个周期函数。

设连续信号 $f(t)$ 的频谱如图 7-3 (a) 所示，当 $\omega_s\geqslant 2\omega_{max}$ 时，采样信号 $f^*(t)$ 的频谱如图 7-3(b)所示，当 $\omega_s<2\omega_{max}$ 时，采样信号 $f^*(t)$ 的频谱如图 7-3(c)所示。

图中的 ω_{max} 表示连续信号 $f(t)$ 频谱中的最高频率。图 7-3(b)中对应 $n=0$ 的分量 $\dfrac{1}{T}F(j\omega)$ 称为主频谱，它与原连续信号的频谱相比，只是对应频率处的幅值降低为原幅值的

$\frac{1}{T}$，形状完全相同。采样信号 $f^*(t)$ 的频谱，除了主频谱外，还包含了无穷多个高频频谱，是由于采样而产生的附加频谱。

如果主频谱与附加频谱之间互不重叠，即 $\omega_s \geqslant 2\omega_{max}$，则有可能通过设计滤波器，将 $\omega > \omega_{max}$ 的高频附加频谱完全滤掉，使采样信号的频谱只保留主频谱 $\frac{1}{T}F(j\omega)$。这样，连续信号经采样后的采样信号，可以设法不失真地复现为原连续信号。

当 $\omega_s < 2\omega_{max}$ 时，则主频谱与高频附加频谱出现相互重叠现象，如图 7-3(c)所示，这就无法通过滤波的方法来不失真地复现出采样前的连续信号了。

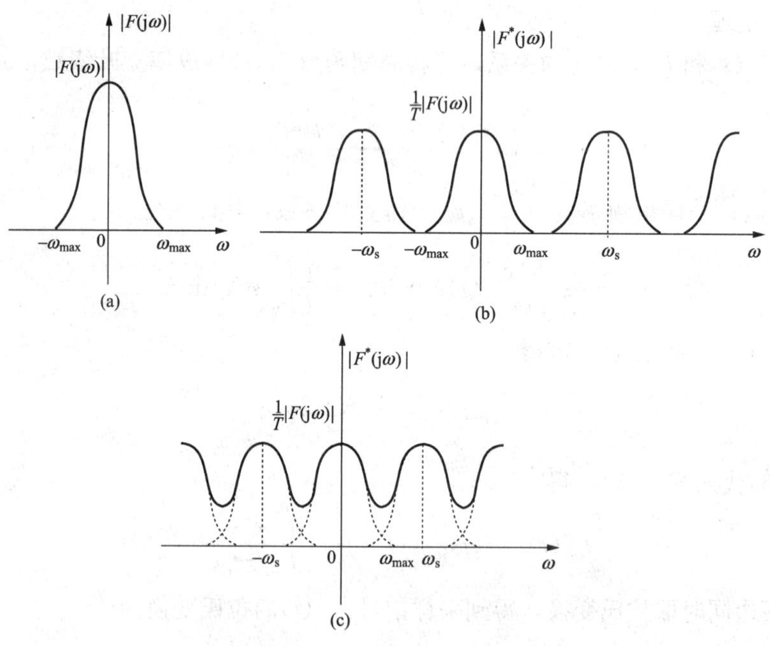

图 7-3 采样信号的频谱分析

(a) 连续信号；(b) 采样信号（$\omega_s \geqslant 2\omega_{max}$）；(c) 采样信号（$\omega_s < 2\omega_{max}$）

通过上述分析，有这样的结论：为能从采样信号中复现出原信号，需要使采样频率 ω_s 大于或等于两倍连续信号频谱中的最高频率 ω_{max}，这就是著名的**香农采样定理。**

香农采样定理是确定采样周期 T 的重要理论依据。采样频率 ω_s 不能过小，实际应用时常取 $\omega_s=(10\sim 20)\omega_{max}$。采样频率 ω_s 也不能过大，因为这样会造成计算机运算负担过重，实现困难，同时还会给系统带来高频干扰。需要注意的是，实际的非周期函数，其频谱中的最高频率是无限的，不过由于高频分量的幅值不大，因此通过低通滤波后的信号基本上能复现。此时，可考虑取频谱幅值降至最大值的 5%以下的频率为 ω_{max}。

【例 7.1】 设连续信号为 $f(t)=e^{-at}$，试按采样定理确定采样频率。

解 连续信号的拉氏变换为 $F(s)=\frac{1}{s+a}$，其频谱为

$$|F(j\omega)|=\frac{1}{\sqrt{\omega^2+a^2}}$$

若在$|F(\mathrm{j}\omega)|=0.05|F(0)|=\dfrac{0.05}{a}$处截断，则由下式可确定$\omega_{\max}$值

$$\frac{1}{\sqrt{\omega_{\max}^2+a^2}}=\frac{0.05}{a}$$

得到$\omega_{\max}\approx 19.975a(\mathrm{rad/s})$，故可选择采样频率为

$$\omega_s \geqslant 2\omega_{\max}=39.95a(\mathrm{rad/s}) \tag{7.10}$$

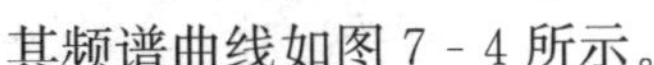
其频谱曲线如图 7 - 4 所示。

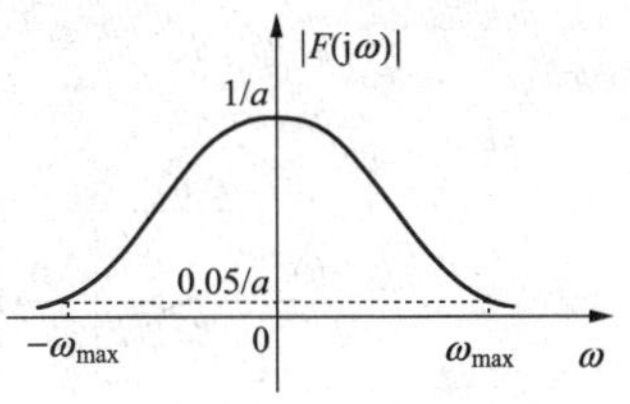

图 7 - 4　[例 7.1]频谱图

第二节　采样信号的保持

由计算机控制算法生成的控制量$u^*(t)$是时间离散信号，执行机构无法直接接收。因此要经过信号保持环节，使某一采样时刻的控制量能保持到下一采样时刻，将离散时间信号$u^*(t)$转换成连续时间信号$u(t)$，完成这种转换工作的装置称为保持器。在计算机控制系统的模拟量输出通道里，D/A 转换器负责将数字信号转换成模拟的离散时间信号，然后通过内部的输出寄存器充当信号保持器。如果 D/A 转换器内部无输出寄存器，则要另外设计硬件电路或选择集成采样保持器芯片，以实现信号保持器环节。从数学意义上讲，保持器的任务就是解决各采样时刻之间的插值问题。

一、零阶保持器

在采样时刻，连续信号的函数值应该与脉冲序列的脉冲强度相等，即在$t=kT$时刻，有

$$x(t)|_{t=kT}=x(kT)=x^*(kT) \qquad k=0,1,2,\cdots \tag{7.11}$$

在$t=kT+T$时刻，有

$$x(t)|_{t=(k+1)T}=x[(k+1)T]=x^*[(k+1)T] \tag{7.12}$$

我们用$x_h(t)$表示脉冲序列$x^*(t)$经保持后的连续时间信号。在将脉冲序列$x^*(t)$向连续时间信号$x_h(t)$转换的过程中，在采样时刻$t=kT$，$x^*(kT)$是已经得到的，而对处于采样时刻kT和相邻采样时刻$(k+1)T$之间的信号如何取值，就是保持器要解决的问题。信号保持的过程，就是信号外推的过程。在数字控制系统中，应用最为广泛的是零阶保持器，它具有常值外推功能，就是将任何一个采样时刻的采样值作为常数值保持到下一个相邻采样时刻到之前，保持时间是一个采样周期T。也就是说，保持器将当前采样时刻$t=kT$的采样值$x(kT)$不增不减地保持至下一相邻采样时刻$t=(k+1)T$到来之前，即有

$$x_h(kT+\tau)=x(kT) \quad 0\leqslant\tau<T \tag{7.13}$$

到下一个采样时刻$t=(k+1)T$时，则以$x[(k+1)T]$为常数值继续进行数据的外推处理。零阶保持器的输出$x_h(t)$是阶梯型的信号，如图 7 - 5 所示。

二、零阶保持器的数学模型

下面通过求取零阶保持器环节的单位脉冲响应，确定零阶保持器的传递函数。

当输入信号是单位离散脉冲$\delta(t)$，即$x(t)=\delta(t)=\begin{cases}1(t=0)\\0(t\neq 0)\end{cases}$，则其输出响应为

$$x_h(t)=1(t)-1(t-T) \tag{7.14}$$

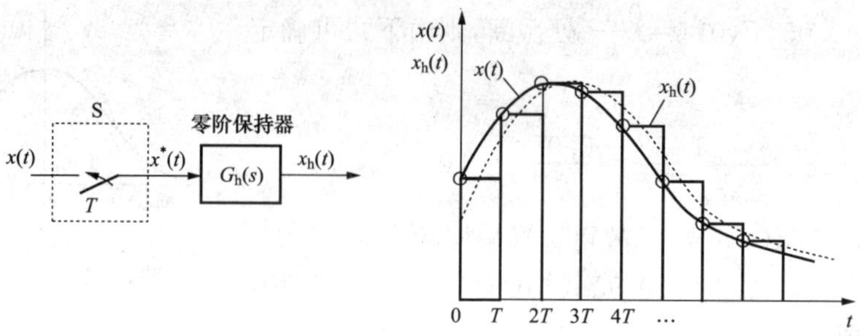

图 7-5 零阶保持器的工作原理示意图

对上式取拉氏变换，就得到零阶保持器的传递函数为

$$G_h(s)=\frac{X_h(s)}{X(s)}=\frac{1}{s}-\frac{e^{-Ts}}{s}=\frac{1-e^{-Ts}}{s} \tag{7.15}$$

三、零阶保持器的频率特性

将 $s=j\omega$ 代入式(7.15)，有

$$G_h(j\omega)=\frac{1-e^{-j\omega T}}{j\omega}=T\frac{\sin\frac{\omega T}{2}}{\frac{\omega T}{2}}e^{-j\frac{\omega T}{2}} \tag{7.16}$$

因此，零阶保持器的幅频特性和相频特性分别为

$$M(\omega)=T\left|\frac{\sin\frac{\omega T}{2}}{\frac{\omega T}{2}}\right| \tag{7.17}$$

$$\theta(\omega)=-\frac{\omega T}{2}+\alpha \tag{7.18}$$

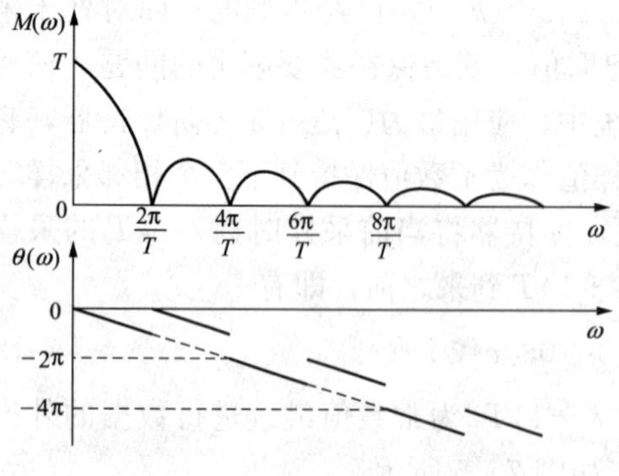

图 7-6 零阶保持器的频率特性

因 $\omega T>0$，考虑到 $\sin\frac{\omega T}{2}$ 符号的正负，取角度 $\alpha=\begin{cases}0, & \sin\frac{\omega T}{2}\geqslant 0\\ \pi, & \sin\frac{\omega T}{2}<0\end{cases}$。零阶保持器的频率特性如图 7-6 所示。

从幅频特性上看，零阶保持器是具有高频衰减特性的低通滤波器，当 $\omega\to 0$ 时，幅值为 T。

从相频特性看，零阶保持器有负的相位角，具有相位滞后特性，会对闭环系统稳定性产生不利影响。

与一阶保持器等其他类型的保持器相比，零阶保持器有实现简单、相位滞后小等优点，在采样控制系统中是应用最为广泛的保持器。

第三节 Z 变 换

如果用拉氏变换直接来分析采样控制系统，则系统的输出必然是关于 s 的超越函数，求其拉氏反变换的过程也相当繁琐。而运用 Z 变换法，则可使原来关于 s 的超越方程变成了一个以 z 为算子的代数方程，这一方法也是分析采样控制系统的主要数学工具。

一、Z 变换的定义

为标记方便，并在不引起误解的情况下，常将信号 $f(t)$在 $t=kT$ 时刻的采样值 $f^*(t)$与 $f(kT)$记作 $f(k)$，即

$$f(kT)\triangleq f(k) \tag{7.19}$$

在经典控制理论中，线性连续控制系统的动态特性采用微分方程来描述，拉氏变换是基本数学工具。对于线性离散系统，则采用差分方程来描述，主要的数学工具是 Z 变换。在离散系统中，Z 变换的作用与在连续系统中拉氏变换的地位是等同的。采用 Z 变换法解线性差分方程的实质，是将差分方程变为代数方程。

已知连续信号 $f(t)$的采样信号 $f^*(t)$可表示为

$$f^*(t)=\sum_{k=0}^{+\infty} f(kT)\delta(t-kT) \tag{7.20}$$

式中：T 表示采样周期［对于 $k<0$，有 $f(kT)=0$］。

对式（7.20）进行拉氏变换，得

$$F^*(s)=\sum_{k=0}^{+\infty} f(kT)\mathrm{e}^{-kTs} \tag{7.21}$$

引入变量 z,并令 $z=\mathrm{e}^{Ts}$,则式(7.21)可写成

$$F^*(s)=\sum_{k=0}^{+\infty} f(kT)z^{-k} \tag{7.22}$$

显然，上式的右侧是以 z 为自变量的函数，我们将其称为 $f^*(t)$的 Z 变换，记作 $F(z)$。

即对离散时间信号$\{f(kT):k=0,1,\cdots\}$，其 Z **变换**定义为

$$F(z)=\mathscr{Z}\{f(kT)\}=\sum_{k=0}^{+\infty} f(kT)z^{-k} \tag{7.23}$$

式中：z 是复变量。

可见，$F(z)$的意义是求 $f(t)$的采样信号 $f^*(t)$的 Z 变换。

在本书中，$Z[f(t)]$,$Z[F(s)]$,$Z[f^*(t)]$,$Z[F(s)]$都同样表示采样信号 $f^*(t)$的 Z 变换 $F(z)$，即有下面的关系成立

$$F(z)=\mathscr{Z}[f^*(t)]=\mathscr{Z}[f(kT)]=\mathscr{Z}[f(k)]=\mathscr{Z}[f(t)]=\mathscr{Z}[F(s)] \tag{7.24}$$

由 Z 变换的定义可知

$$F(z)=f(0)+f(T)z^{-1}+f(2T)z^{-2}+\cdots+f(kT)z^{-k}+\cdots \tag{7.25}$$

与采样信号

$$f^*(t)=f(0)\delta(t)+f(T)\delta(t-T)+f(2T)\delta(t-2T)+\cdots+f(kT)\delta(t-kT)+\cdots \tag{7.26}$$

相比较可知，只要求出信号的 Z 变换，即可得到采样信号在各采样瞬时的信号幅值大小。也就是说，在项 $f(kT)z^{-k}$中,z^{-k}可用来表示第 k 个采样时刻，系数 $f(kT)$表示采样序列在第

k 个采样时刻的幅值。

可以看出，Z 变换实质上是拉氏变换在某种意义上的一种推广，也称为**采样拉氏变换**或**离散拉氏变换**。离散序列 $x(kT)$ 一般记为 $x(k)$。

【例 7.2】 试求 $f(t)=1(t)$ 的 Z 变换，其中 $1(t)$ 为单位阶跃函数。

解 因 $f(kT)=1$，$k=0$，1，2，…，按照 Z 变换的定义，有

$$F(z)=\mathscr{Z}[f(t)]=1+z^{-1}+z^{-2}+\cdots=\frac{1}{1-z^{-1}}=\frac{z}{z-1}$$

或写成 $F(z)=\dfrac{1}{1-z^{-1}}$。

【例 7.3】 试求斜坡信号 $f(kT)=kT(k\geqslant 0)$ 的 Z 变换。

解 $$F(z)=0+Tz^{-1}+2Tz^{-2}+\cdots=T(z^{-1}+2z^{-2}+\cdots)=\frac{Tz}{(z-1)^2}$$

或写成 $F(z)=\dfrac{Tz^{-1}}{(1-z^{-1})^2}$。

除了按照定义式求取 Z 变换之外，还有部分分式展开法。部分分式展开法将时域函数 $f(t)$ 或传递函数 $F(s)$ 分解为若干典型函数组合的基础上，再通过查表 7 - 1，求出函数 $f(t)$ 的拉氏变换式和 Z 变换式。

【例 7.4】 试求 $x(t)=\sin\omega t$ 的 Z 变换式 $X(z)$。

解 由 $x(t)=\sin\omega t$，有

$$X(s)=\frac{\omega}{s^2+\omega^2}=\frac{-\frac{1}{2\mathrm{j}}}{s+\mathrm{j}\omega}+\frac{\frac{1}{2\mathrm{j}}}{s-\mathrm{j}\omega}$$

因此

$$X(z)=\mathscr{Z}[X(s)]=-\frac{1}{2\mathrm{j}}\times\frac{1}{1-\mathrm{e}^{-\mathrm{j}\omega T}z^{-1}}+\frac{1}{2\mathrm{j}}\times\frac{1}{1-\mathrm{e}^{\mathrm{j}\omega T}z^{-1}}=\frac{1}{2\mathrm{j}}\times\frac{(\mathrm{e}^{\mathrm{j}\omega T}-\mathrm{e}^{-\mathrm{j}\omega T})z^{-1}}{1-(\mathrm{e}^{\mathrm{j}\omega T}+\mathrm{e}^{-\mathrm{j}\omega T})z^{-1}+z^{-2}}$$

即

$$X(z)=\frac{z^{-1}\sin\omega T}{1-2z^{-1}\cos\omega T+z^{-2}}$$

二、Z 变换的性质

记 $t=kT$，$f(t)\approx f(kT)\triangleq f(k)$，$F(z)=\mathscr{Z}[f(k)]$，$G(z)=\mathscr{Z}[g(k)]$。

1. 线性性质

$$\mathscr{Z}[\alpha f(k)+\beta g(k)]=\alpha F(z)+\beta G(z) \tag{7.27}$$

2. 时移性质

$$\mathscr{Z}[f(t-nT)]=\mathscr{Z}\{f[(k-n)T]\}=z^{-n}F(z) \tag{7.28}$$

$$\mathscr{Z}[f(t+nT)]=\mathscr{Z}\{f[(k+n)T]\}=z^{n}F(z)-z^{n}\sum_{j=0}^{n-1}f(j)z^{-j} \tag{7.29}$$

3. 复域移位定理

$$\mathscr{Z}[\mathrm{e}^{\mp at}f(t)]=F(z\mathrm{e}^{\pm aT}) \tag{7.30}$$

4. 初值定理

$$f(0)=\lim_{z\to+\infty}(1-z^{-1})F(z)=\lim_{z\to+\infty}F(z) \tag{7.31}$$

5. 终值定理

当$(1-z^{-1})F(z)$在单位圆上或单位圆外无任何极点时，有

$$\lim_{k\to+\infty} f(kT)=\lim_{z\to 1}(1-z^{-1})F(z)=\lim_{z\to 1}(z-1)F(z) \tag{7.32}$$

6. 卷积定理

$$\mathscr{Z}[f*g]=\mathscr{Z}\left\{\sum_{n=0}^{k} f(n)g(k-n)\right\}=F(z)G(z) \tag{7.33}$$

关于Z变换的上述性质证明及Z变换具有的其他性质请参考相关教材。Z变换表见表7-1。

表7-1　　Z 变 换 表

$f(t)$或$f(kT)$	$F(s)$	$F(z)$
$\delta(t)$	1	1
$\delta(t-kT)$	e^{-kTs}	z^{-k}
$1(t)$	$\frac{1}{s}$	$\frac{z}{z-1}$
t	$\frac{1}{s^2}$	$\frac{Tz}{(z-1)^2}$
$\frac{1}{2}t^2$	$\frac{1}{s^3}$	$\frac{0.5T^2z(z+1)}{(z-1)^3}$
e^{-at}	$\frac{1}{s+a}$	$\frac{z}{z-e^{-aT}}$
$\sin\omega t$	$\frac{\omega}{s^2+\omega^2}$	$\frac{z\sin\omega T}{z^2-2z\cos\omega T+1}$
$\cos\omega t$	$\frac{s}{s^2+\omega^2}$	$\frac{z(z-\cos\omega T)}{z^2-2z\cos\omega T+1}$
te^{-at}	$\frac{1}{(s+a)^2}$	$\frac{Tze^{-aT}}{(z-e^{-aT})^2}$
$e^{-at}\sin\omega t$	$\frac{\omega}{(s+a)^2+\omega^2}$	$\frac{ze^{-aT}\sin\omega T}{z^2-2ze^{-aT}\cos\omega T+e^{-2aT}}$
$e^{-at}\cos\omega t$	$\frac{s+a}{(s+a)^2+\omega^2}$	$\frac{z^2-ze^{-aT}\cos\omega T}{z^2-2ze^{-aT}\cos\omega T+e^{-2aT}}$
a^k		$\frac{z}{z-a}$
$(-a)^k=a^k\cos k\pi$		$\frac{z}{z+a}$

三、Z反变换

已知Z变换式$F(z)$，求取相应的离散序列$f(k)$的过程称为Z反变换，记作$\mathscr{Z}^{-1}[F(z)]=f(k)$。Z反变换的定义式为

$$f(kT)=\frac{1}{2\pi j}\oint F(z)z^{k-1}dz \tag{7.34}$$

式中，积分周线包围 $F(z)$ 的全部奇点。

Z 反变换的方法有长除法、部分分式法、反演积分法等。作反变换时，我们假定信号序列是单边的，即当 $k<0$ 时，恒有 $f(k)=0$ 成立。下面就通过实例，分别采用长除法和部分分式法，介绍进行 Z 反变换的具体计算方法。

1. 长除法

已知 $F(z)$ 时，可直接进行长除，用分子除以分母，并将商按 z^{-1} 升幂排列得

$$F(z)=f_0+f_1z^{-1}+f_2z^{-2}+\cdots \tag{7.35}$$

可得到与 $\mathscr{Z}^{-1}[F(z)]$ 对应的离散序列为

$$f^*(t)=\{f_0,f_1,f_2,\cdots\} \tag{7.36}$$

这一计算过程可由计算机辅助进行。这一方法得到的是 $f^*(k)$ 在各个瞬时的数值解，而非解析解。

【例 7.5】 已知 $F(z)=\dfrac{z^{-1}}{(1-z^{-1})(1-0.2z^{-1})}$，试求 $f^*(t)$。

解 可将 $F(z)$ 改写为

$$F(z)=\frac{z^{-1}}{(1-z^{-1})(1-0.2z^{-1})}=\frac{z^{-1}}{1-1.2z^{-1}+0.2z^{-2}}$$

用长除法

$$\begin{array}{r l}
 & z^{-1}+1.2z^{-2}+1.24z^{-3}+1.248z^{-4}+\cdots \\
1-1.2z^{-1}+0.2z^{-2}\,\big) & z^{-1} \\
 & \underline{z^{-1}-1.2z^{-2}+0.2z^{-3}} \\
 & \quad 1.2z^{-2}-0.2z^{-3} \\
 & \quad \underline{1.2z^{-2}-1.44z^{-3}+0.24z^{-4}} \\
 & \qquad 1.24z^{-3}-0.24z^{-4} \\
 & \qquad \underline{1.24z^{-3}-1.488z^{-4}+0.248z^{-5}} \\
 & \qquad\quad 1.248z^{-4}-0.248z^{-5} \\
 & \qquad\qquad \cdots\ \cdots
\end{array}$$

可得，$F(z)=z^{-1}+1.2z^{-2}+1.24z^{-3}+1.248z^{-4}+\cdots$

因此有，$f^*(t)=\delta(t-T)+1.2\delta(t-2T)+1.24\delta(t-3T)+1.248\delta(t-4T)+\cdots$

即 $f(0)=0, f(T)=1, f(2T)=1.2, f(3T)=1.24, f(4T)=1.248,\cdots$

2. 部分分式法

与拉氏反变换的求取方法类似，也可采用部分分式展开法，再通过查表确定 $F(z)$ 的反变换式 $f^*(t)$ 或 $f(kT)$。由 Z 变换表可看出，$F(z)$ 表达式的分子项一般都有 (z)，为使计算顺利进行，进行部分分式展开时，分子项要注意保留一项 z。

【例 7.6】 已知 $F(z)=\dfrac{0.9z}{(z-1)(z-0.1)}$，用部分分式法求其 Z 反变换。

解 对 $F(z)$ 进行部分分式展开如下

$$F(z)=z\times\frac{0.9}{(z-1)(z-0.1)}=\frac{z}{z-1}-\frac{z}{z-0.1}$$

通过查表可得

$$f(kT)=1-0.1^k$$

因此有

$$f^*(t)=0.9\delta(t-T)+0.99\delta(t-2T)+0.999\delta(t-3T)+\cdots$$

这一运算结果的正确性可通过长除法进行验证。

上面介绍的求Z反变换的方法中，长除法（综合除法）得到的结果是开启式的，能清晰看出采样信号的强度及分布情况；而部分分式法则可给出封闭式的运算结果。

第四节　离散系统的数学模型

对连续系统，基本的数学模型是微分方程，求解微分方程时要用到拉氏变换这一数学工具，并引入了传递函数的概念，从而将复杂的微积分运算转化成相对简单的代数运算。传递函数还能反映出系统的固有特性。

对于离散系统，描述系统的基本数学模型是差分方程，完全可以仿照连续系统的处理方法，定义出脉冲传递函数。它与传递函数的作用和性质是相似的，只不过它是关于 z 的函数，运用的方法是Z变换和Z反变换，它所对应的时间函数是采样值，且只适用于采样时刻。Z变换法非常适宜于处理离散的采样数据，所以在离散控制系统的分析与设计中是非常有用的。随着数字计算机控制系统的广泛应用，Z变换的重要性也日益增加。

分析离散时间数据的计算机算法，导致差分方程的应用。借助Z变换法，可将线性定常系统的差分方程转换成代数方程，这就使得对离散系统特性的分析过程变得容易了。Z变换法也允许人们借鉴连续控制系统分析与设计的技术，如根轨迹和频率响应法等，对离散系统进行分析与设计。通常将 z 平面转换到 ω 平面，再运用频率响应法进行分析和设计。由于通过Z变换可得到离散过程的脉冲传递函数，这就可由特征方程利用代数判据进行闭环离散系统的稳定性分析，如利用朱利(Jury)稳定性判据。

一、差分方程

对于一个图7-7所示单输入输出的线性离散系统，设输入序列用 $x(k)$ 表示，输出序列用 $y(k)$ 表示。[注意：这里采用的都是简写的形式，已经省略了采样周期 T，如 $y(k)\triangleq y(kT)$ 等。] 显然，在某一采样时刻的输出 $y(k)$ 除了与该时刻的输入 $x(k)$ 有关，还与过去各采样时刻的输入值 $x(k-1)$，$x(k-2)$，…，$x(k-n)$ 也有关，也与该时刻以前的各输出值 $y(k-1)$，$y(k-2)$，…，$y(k-n)$ 有关，即有下面的方程成立

$$\begin{aligned}&y(k)+a_1y(k-1)+a_2y(k-2)+\cdots+a_ny(k-n)\\&=b_0x(k)+b_1x(k-1)+b_2x(k-2)+\cdots+b_nx(k-n)\end{aligned}\tag{7.37}$$

这就是 n 阶线性定常系统差分方程的一般形式，式中都假定 $t=kT$，且系数 a_i 和 b_i 都是实常数。可将上式写成如下的递推形式

$$\begin{aligned}y(k)=&b_0x(k)+b_1x(k-1)+b_2x(k-2)+\cdots+b_nx(k-n)\\&-a_1y(k-1)-a_2y(k-2)-\cdots-a_ny(k-n)\end{aligned}\tag{7.38}$$

显然，差分方程非常适合于在计算机上运用迭代算法求解。

二、脉冲传递函数

在连续系统的研究中，传递函数是一个相当重要的概念。在离散系统中也有类似的概念，这就是脉冲传递函数。

对式（7.37）两边同时进行Z变换并整理，得

$$Y(z)(1+a_1z^{-1}+\cdots+a_nz^{-n})=X(z)(b_0+b_1z^{-1}+\cdots+b_nz^{-n})$$

有

$$G(z)=\frac{Y(z)}{X(z)}=\frac{b_0+b_1z^{-1}+\cdots+b_nz^{-n}}{1+a_1z^{-1}+\cdots+a_nz^{-n}} \tag{7.39}$$

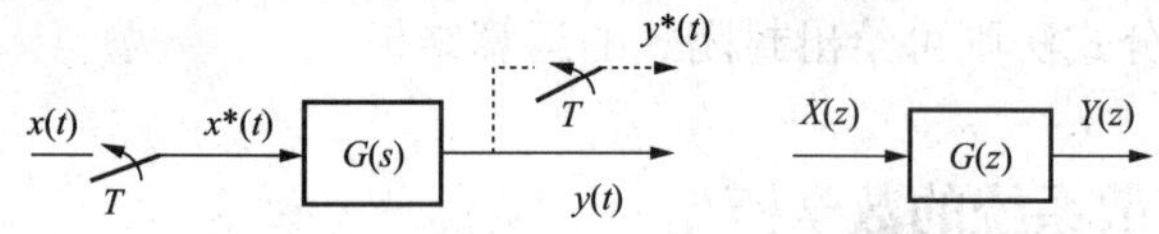

图 7-7 单输入输出线性采样系统

如图 7-7 所示，设系统输入信号 $x(t)$的采样信号 $x^*(t)$的 Z 变换函数为 $X(z)$，系统连续部分的输出为 $y(t)$。实际的采样系统，其输出量通常是连续信号 $y(t)$。为得到采样信号 $y^*(t)$与 $x^*(t)$之间的关系，在输出端虚设一个理想采样开关，它与输入采样开关同步工作，采样周期为 T。若 T 足够小，则可用 $y^*(t)$来描述 $y(t)$。设 $y^*(t)$的 Z 变换为 $Y(z)$，并设初始条件为零，则可有如下的定义。

定义 在零初始条件下，线性定常离散系统的输出采样函数 $y(k)$的 Z 变换 $Y(z)$与输入采样函数 $x(k)$的 Z 变换 $X(z)$之比，即

$$G(z)=\frac{Y(z)}{X(z)} \tag{7.40}$$

称为**脉冲传递函数**，又称 ***Z* 传递函数**或**离散传递函数**。

$G(z)$与连续系统的传递函数很类似，它仅由系统本身特点决定，与具体哪种输入信号无关。$G(z)$是一个关于 z 的有理函数，其分母多项式依然称为**特征多项式**，特征多项式的根称为系统的**极点**；分子多项式的根称为系统的**零点**。

【例 7.7】 已知系统的传递函数是

$$G(s)=\frac{1-\mathrm{e}^{-Ts}}{s}\frac{1}{s(s+1)}$$

试求其脉冲传递函数。

解

$$\begin{aligned}G(z)&=\mathscr{Z}[G(s)]=\mathscr{Z}\left[\frac{1-\mathrm{e}^{-Ts}}{s}\times\frac{1}{s(s+1)}\right]\\&=(1-z^{-1})\,\mathscr{Z}\left[\frac{1}{s^2(s+1)}\right]=(1-z^{-1})\,\mathscr{Z}\left[\frac{1}{s^2}-\frac{1}{s}+\frac{1}{s+1}\right]\\&=\frac{(T-1+\mathrm{e}^{-T})\,z^{-1}+(1-\mathrm{e}^{-T}-T\mathrm{e}^{-T})\,z^{-2}}{(1-z^{-1})(1-\mathrm{e}^{-T}z^{-1})}\end{aligned}$$

在计算的过程中，已经考虑了 $\mathrm{e}^{-Ts}=z^{-1}$，具体原因可参见下面一小节的有关说明。

三、串联环节的脉冲传递函数

因图 7-8 中(a)和(b)两个系统的采样开关位置不同，从而其系统结构也不同，故脉冲传递函数也不同。下面分别对这两种情形进行讨论。

1. 串联环节之间有理想采样器

图 7-8 中(a)，两个环节中间有一个同步采样开关。因为两个串联环节的输入信号都是离散的脉冲序列，显然有 $C(z)=R(z)G_1(z)$和 $Y(z)=C(z)G_2(z)$，因此 $Y(z)=R(z)G_1(z)G_2(z)$，所以这两个串联环节的脉冲传递函数为

$$G(z)=\frac{Y(z)}{R(z)}=G_1(z)G_2(z)$$

其中，$G_1(z)=\mathscr{Z}[G_1(s)]$，$G_2(z)=\mathscr{Z}[G_2(s)]$。可以看出：若两个串联环节之间存在采

样开关时，总的脉冲传递函数等于这两个串联环节脉冲传递函数的乘积。

2. 串联环节之间无理想采样器

图 7-8 中(b)，两个环节中间没有同步采样开关，这两个串联的连续环节可看作一个整体，其传递函数为

$$G(s)=G_1(s)G_2(s)$$

相应的脉冲传递函数为

$$G(z)=\mathscr{Z}[G(s)]=\mathscr{Z}[G_1(s)G_2(s)]$$

也可记为 $G(z)=\overline{G_1G_2}(z)$。一般地，有 $G_1(z)G_2(z)\neq\overline{G_1G_2}(z)$。

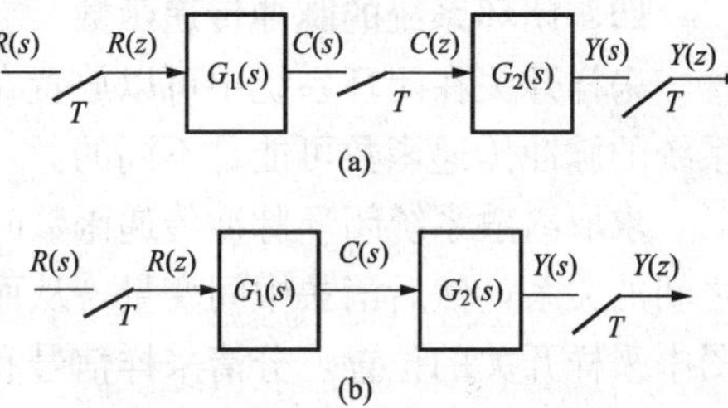

图 7-8　串联环节的脉冲传递函数

(a) 中间有理想采样器的串联环节；

(b) 中间无理想采样器的串联环节

上述结论可以很容易地推广到 n 个串联环节。

【例 7.8】　在图 7-8 所示的两个环节中，设 $G_1(s)=\dfrac{1}{s}$，$G_2(s)=\dfrac{a}{s+a}$，分别求出各自的脉冲传递函数 $G(z)$。

解　(1) 在图 7-8 的(a)中，$G_1(s)$和 $G_2(s)$之间有采样开关，因此有

$$G(z)=G_1(z)G_2(z)=\mathscr{Z}\left[\frac{1}{s}\right]\mathscr{Z}\left[\frac{a}{s+a}\right]=\frac{a}{(1-z^{-1})(1-\mathrm{e}^{-aT}z^{-1})}$$

(2) 在图 7-8 的(b)中，$G_1(s)$和 $G_2(s)$之间没有采样开关，因此有

$$G(z)=\overline{G_1G_2}(z)=\mathscr{Z}[G_1(s)G_2(s)]=\mathscr{Z}\left[\frac{a}{s(s+a)}\right]=\mathscr{Z}\left[\frac{1}{s}-\frac{1}{s+a}\right]$$

$$=\frac{(1-\mathrm{e}^{-aT})z^{-1}}{(1-z^{-1})(1-\mathrm{e}^{-aT}z^{-1})}$$

成立。显然，两种不同连接方式的计算结果是不同的。

在求取串联连接环节的脉冲传递函数时，当环节间用采样开关隔开，就可以分开求取，再相乘；若环节间没有采样开关，就要先按照连续系统环节连接计算方法求出位于两个采样开关之间部分的总的传递函数，再计算脉冲传递函数，即脉冲传递函数是两采样开关间的传递函数的 Z 变换。

串联环节之间虽然无采样开关，但却可分开计算 Z 变换的特例也是有的。比如对于含有 e^{-Ts}项的传递函数（T 为采样周期），在计算脉冲传递函数时，就可以将其直接提出来，简化运算过程。分析过程如下：设图 7-8 中 $G_1(s)=\mathrm{e}^{-Ts}$，有 $G_1(z)=z^{-1}$，图 7-8(a)可计算如下

$$G(z)=G_1(z)G_2(z)=z^{-1}G_2(z)$$

而图 7-8(b)可计算如下

$$G(z)=\overline{G_1G_2}(z)=\mathscr{Z}[\mathrm{e}^{-Ts}G_2(s)]$$

$$=\mathscr{Z}[g_2(t-T)]=z^{-1}\mathscr{Z}[g_2(t)]=z^{-1}G_2(z)$$

式中，$g_2(t)=\mathscr{L}^{-1}[G_2(s)]$，且用到了拉氏变换基本性质

$$g_2(t-T)=\mathscr{L}^{-1}[\mathrm{e}^{-Ts}G_2(s)]$$

然后又利用了 Z 变换的平移定理。可见，此时两个环节之间有无采样开关的结果是相同的。在带零阶保持器的采样系统分析时，会出现形如$(1-\mathrm{e}^{-Ts})$的因子，这样就可按照上述方法将该项变为$(1-z^{-1})$项并提出来，从而简化运算过程，即

$$\mathscr{Z}[(1-e^{-Ts})G(s)]=(1-z^{-1})G(z)$$

四、闭环系统的脉冲传递函数

采样开关在闭环系统中可以放置在不同位置，因此，即使闭环系统方框图相同，但采样系统的脉冲传递函数可能是不同的。

求取离散系统闭环脉冲传递函数时，计算原则是：先根据系统的结构列出系统各个变量之间的关系，然后消去中间变量，从而得到闭环脉冲传递函数。在整个分析过程要注意方框图中采样开关的位置，分清采样信号和连续时间信号的区别。

虽然被控量是连续量，但从计算机的角度来看，经采样后的输出量是一个时间离散量，通过Z变换也只能求出输出量的采样值。这就要求在输出端虚设一个同步的采样开关，即使这个采样开关并不存在。要注意的是，其他位置的信号不能做类似的假设。

如图 7 - 9 所示的系统，若不考虑采样开关，按连续系统可求出闭环系统的传递函数为

$$G(s)=\frac{G_1(s)}{1+G_1(s)H(s)} \tag{7.41}$$

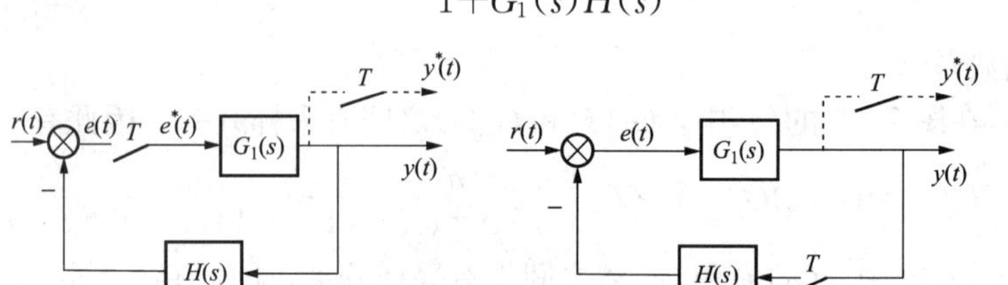

图 7 - 9　闭环采样系统的方框图

图 7 - 9(a)中，考虑采样开关对前向通道和闭合回路的影响，可写出输出的Z变换为

$$Y(z)=R(z)\frac{G_1(z)}{1+\overline{G_1H}(z)} \tag{7.42}$$

因此，该系统的闭环脉冲传递函数为

$$G(z)=\frac{Y(z)}{R(z)}=\frac{G_1(z)}{1+\overline{G_1H}(z)} \tag{7.43}$$

图 7 - 9（b）中，考虑采样开关对前向通道没有影响，可写出输出的Z变换为

$$Y(z)=\frac{\overline{RG_1}(z)}{1+\overline{G_1H}(z)} \tag{7.44}$$

可以看出，因对输入信号未进行采样，无法提出$R(z)$项，故该系统的脉冲传递函数不存在。

可以看出，通过先求出连续系统闭环传递函数，再根据采样开关位置对前向通道和闭合回路的影响，就可简捷地来确定系统的闭环脉冲传递函数。图 7 - 10 中给出了几种典型采样系统的方框图及其输出信号的Z变换，图中都省略了s，比如用G表示$G(s)$等。

分析可知，图 7 - 10 中的(a)、(b)、(e)三图的闭环系统存在脉冲传递函数，而(c)、(d)、(f)三图系统就不存在闭环脉冲传递函数。

【例 7.9】　考虑图 7 - 11 所示的系统，已知$T=0.1\text{s}$，$e^{-T}=0.905$，试计算系统的闭环脉冲传递函数。

解　令广义对象$G_1(s)=\dfrac{2(1-e^{-Ts})}{s(s+1)}$，则系统的闭环脉冲传递函数为

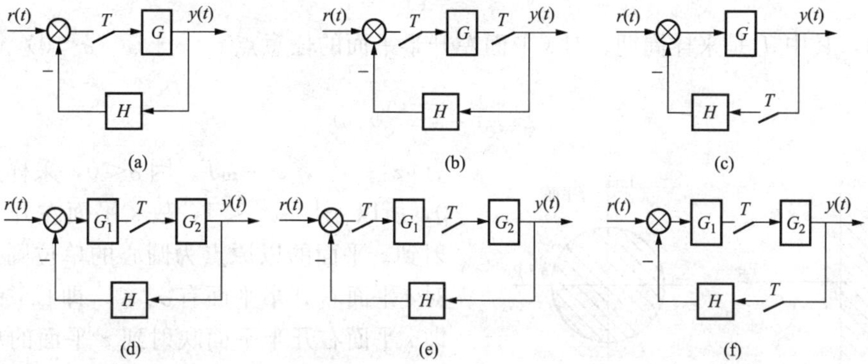

图 7 - 10　典型闭环采样系统

$(a)Y(z)=\frac{G(z)}{1+\overline{GH}(z)}R(z)$； $(b)Y(z)=\frac{G(z)}{1+G(z)H(z)}R(z)$； $(c)Y(z)=\frac{\overline{RG}(z)}{1+\overline{GH}(z)}$；

$(d)Y(z)=\frac{\overline{RG_1}(z)G_2(z)}{1+\overline{G_1G_2H}(z)}$； $(e)Y(z)=\frac{G_1(z)G_2(z)}{1+G_1(z)\overline{G_2H}(z)}R(z)$； $(f)Y(z)=\frac{\overline{RG_1}(z)G_2(z)}{1+\overline{G_1H}(z)G_2(z)}$

$$G(z)=\frac{\mathscr{Z}[G_1(s)]}{1+\mathscr{Z}[0.5G_1(s)]}=\frac{\mathscr{Z}\left[(1-e^{-Ts})\frac{2}{s(s+1)}\right]}{1+\mathscr{Z}\left[(1-e^{-Ts})\frac{1}{s(s+1)}\right]}$$

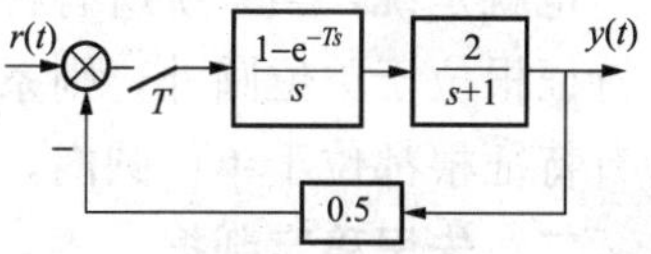

$$=\frac{2(1-z^{-1})\mathscr{Z}\left[\frac{1}{s(s+1)}\right]}{1+(1-z^{-1})\mathscr{Z}\left[\frac{1}{s(s+1)}\right]}$$

图 7 - 11　［例 7.9］系统方框图

因有

$$\mathscr{Z}\left[\frac{1}{s(s+1)}\right]=\mathscr{Z}\left[\frac{1}{s}-\frac{1}{s+1}\right]=\frac{0.095z^{-1}}{(1-z^{-1})(1-0.905z^{-1})}$$

由此可得

$$G(z)=\frac{0.19z^{-1}}{1-1.81z^{-1}+0.905z^{-2}}=\frac{0.19z}{z^2-1.81z+0.905}$$

第五节　离散系统的稳定性分析

采样系统与连续系统一样，只有保持闭环系统稳定才能正常工作，稳定的判定依据是零输入响应随时间增长而趋于零。

我们知道，线性定常连续时间系统的稳定性取决于系统闭环特征根是否全部落在 s 平面上的左半开平面，如果全部落在 s 左半开平面，则闭环系统稳定；否则不稳定。在得到控制系统的闭环特征方程后，可通过劳斯判据或古尔维茨判据等代数判据来判定，也可由频域判据（奈奎斯特判据）来判别。而采样系统的数学模型通常用脉冲传递函数，相应的特征多项式为关于 z 的代数多项式。采样系统的稳定性与闭环特征根在 z 平面上的分布之间也存在某种对应关系。

一、s 平面与 z 平面的映射关系

由 Z 变换定义知，s 平面与 z 平面的映射是由

$$z=\mathrm{e}^{Ts}$$

来确定的，其中 T 是采样周期。对 s 平面左开半平面的任意点 $s=\sigma+\mathrm{j}\omega$ ($\sigma<0$)，映射到 z 域中为

$$z=\mathrm{e}^{T(\sigma+\mathrm{j}\omega)}=\mathrm{e}^{T\sigma}\mathrm{e}^{\mathrm{j}\omega T}$$

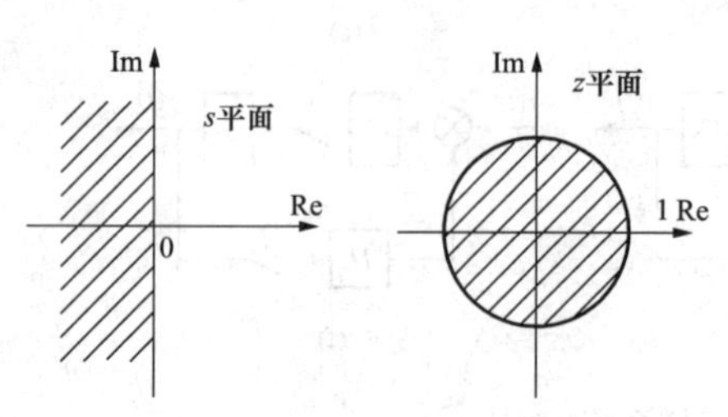

图 7 - 12　s 平面与 z 平面的映射关系

有 $|z|=\mathrm{e}^{\sigma T}$，$\angle z=\omega T$。因 $\sigma<0$，采样周期 $T>0$，所以 $|z|=\mathrm{e}^{\sigma T}<1$，故 s 平面左开半平面映射到 z 平面的以原点为圆心的单位圆内部。而对 s 平面右开半平面有 $\sigma>0$，即 $|z|=\mathrm{e}^{\sigma T}>1$，即 s 平面右开半平面映射到 z 平面的单位圆外部。而 s 平面的虚轴有 $\sigma=0$，即 $|z|=\mathrm{e}^{\sigma T}=1$，映射为 z 平面的单位圆的圆周，如图 7 - 12 所示。

通过上面的分析可知，离散系统闭环稳定的充分必要条件是：所有闭环特征根均位于 z 平面上以原点为圆心，半径为 1 的单位圆内，单位圆的圆周是稳定的边界。

也就是说，当系统所有特征根都分布在 z 平面的单位圆内，系统稳定；有一个或一个以上特征根位于单位圆外，则系统不稳定；如果有一个或一个以上特征根在单位圆上，其余的所有特征根都位于单位圆内，则系统处于临界稳定状态。

二、朱里稳定判据

对于低阶系统（一阶或二阶系统），可以直接求取其闭环特征根，然后判别系统的稳定性。而对于高阶系统（三阶及以上的系统），直接求取闭环特征根会相当困难。与连续系统的代数判据（包括劳斯判据和古尔维茨判据）相对应，采样系统可以运用朱里判据或舒尔—科恩判据来判别系统的稳定性。

对给定的特征方程 $P(z)=0$ 运用朱里判据检验稳定性时，要根据 $P(z)$ 的系数建立朱里表。假设特征多项式 $P(z)$ 是下面的形式

$$P(z)=a_0z^n+a_1z^{n-1}+\cdots+a_{n-1}z+a_n$$

由上面特征多项式的系数序列可写成朱里阵列表见表 7 - 2。

表 7 - 2　　朱里阵列表

行	z^0	z^1	z^2	z^3	…	z^{n-2}	z^{n-1}	z^n
1	a_n	a_{n-1}	a_{n-2}	a_{n-3}	…	a_2	a_1	a_0
2	a_0	a_1	a_2	a_3	…	a_{n-2}	a_{n-1}	a_n
3	b_{n-1}	b_{n-2}	b_{n-3}	b_{n-4}	…	b_1	b_0	
4	b_0	b_1	b_2	b_3	…	b_{n-2}	b_{n-1}	
5	c_{n-2}	c_{n-3}	c_{n-4}	c_{n-5}	…	c_0		
6	c_0	c_1	c_2	c_3	…	c_{n-2}		
⋮	⋮							
$2n-5$	p_3	p_2	p_1	p_0				
$2n-4$	p_0	p_1	p_2	p_3				
$2n-3$	q_2	q_1	q_0					

表中的前两行元素由 $P(z)$ 的系数组成，第一行按 z 的升幂顺序排列成，第二行则按 z 的降幂顺序排列。第三行到第 $2n-3$ 行元素，则按下列各式确定

$$b_k=\begin{vmatrix} a_n & a_{n-1-k} \\ a_0 & a_{k+1} \end{vmatrix} \quad k=0，1，2，\cdots，n-1$$

$$c_k=\begin{vmatrix} b_{n-1} & b_{n-2-k} \\ b_0 & b_{k+1} \end{vmatrix} \quad k=0，1，2，\cdots，n-2$$

$$\cdots$$

$$q_k=\begin{vmatrix} p_2 & p_{2-k} \\ p_0 & p_{k+1} \end{vmatrix} \quad k=0，1，2$$

表的最后一行有三个元素。

朱里稳定判据内容：如果满足下列全部四个条件，则由特征方程 $P(z)=0$ 所描述的系统是稳定的：

(1) $|a_n|<|a_0|$。

(2) $P(z)|_{z=1}>0$。

(3) $(-1)^n P(z)|_{z=-1}>0$。

(4) $|b_{n-1}|>|b_0|,|c_{n-2}|>|c_0|,\cdots,|q_2|>|q_0|$。

可以看出，在朱里表中，偶数行的计算系数是上一行系数的逆序排列。

【例 7.10】 检验下列特征方程的稳定性

$$P(z)=z^4-1.2z^3+0.07z^2+0.3z-0.08$$

解 该特征方程的各项系数为 $a_0=1$、$a_1=-1.2$、$a_2=0.07$、$a_3=0.3$、$a_4=-0.08$。

显然，有 $|a_4|<|a_0|$，第一个条件是满足的。

因 $P(1)=1-1.2+0.07+0.3-0.08=0.09>0$，第二个条件也是满足的。

因 $P(-1)=1+1.2+0.07-0.3-0.08=1.89>0$，且 $n=4$ 是偶数，第三个条件是满足的。建立朱里阵列表见表 7-3。显然，第四个条件也满足，因此该系统是稳定的。

表 7-3 **[例 7.10] 表**

行	z^0	z^1	z^2	z^3	z^4
1	−0.08	0.3	0.07	−1.2	1
2	1	−1.2	0.07	0.3	−0.08
3	−0.9936	1.176	−0.0756	−0.204	
4	−0.204	−0.0756	1.176	−0.9936	
5	0.9456	−1.184	0.315		

对 $P(z)$ 进行因式分解，有

$$P(z)=(z-0.8)(z-0.5)(z-0.4)(z+0.5)$$

可知，所有根都位于单位圆内，该闭环系统是稳定的。

三、ω 平面的劳斯判据

因采样系统的稳定性依赖于它的特征根在 z 平面上的位置，为能像连续系统那样，运用劳斯判据来判定特征方程根在复平面的位置，引入双线性变换，或称为 ω 变换，进而得到系统稳定性的结果。这也是检验离散系统稳定性的常用方法。双线性变换可由下式定义

$$z=\frac{\omega+1}{\omega-1}，\omega=\frac{z+1}{z-1} \tag{7.45}$$

令 $z=re^{j\theta}=r(\cos\theta+j\sin\theta)$，其中 $r<1$，代入式（7.45），并整理如下

$$\begin{aligned}\omega&=\frac{z+1}{z-1}=\frac{r(\cos\theta+j\sin\theta)+1}{r(\cos\theta+j\sin\theta)-1}\\&=\frac{r^2-1-j(2r\sin\theta)}{r^2-2r\cos\theta+1}\end{aligned}$$

因 $r<1$，分母项

$$r^2-2r\cos\theta+1=(r-1)^2+2r(1-\cos\theta)>0$$

因此 ω 的实部

$$\frac{r^2-1}{r^2-2r\cos\theta+1}<0$$

由上述分析过程可知，通过式（7.45）的双线性变换能将 z 平面的单位圆内部映射到 ω 平面的左半平面，而 z 平面单位圆边界映射为 ω 平面的虚轴，z 平面单位圆外部映射到右半 ω 平面。

这样，就可将双线性变换与劳斯判据相结合用来分析稳定性。首先用 $\frac{\omega+1}{\omega-1}$ 代替特征方程的 z，然后整理为关于 ω 的方程，就可以与连续系统一样，运用劳斯判据或古尔维茨判据来判别闭环系统的稳定性。

【例 7.11】 已知闭环系统的脉冲传递函数如下

$$G(z)=\frac{K(0.368z+0.264)}{z^2+(0.368K-1.368)z+(0.264K+0.368)}$$

试求使该系统稳定的 K 值范围。

解 该系统的特征方程为

$$z^2+(0.368K-1.368)z+(0.264K+0.368)=0$$

令 $z=\frac{\omega+1}{\omega-1}$，代入上式得

$$\left(\frac{\omega+1}{\omega-1}\right)^2+(0.368K-1.368)\frac{\omega+1}{\omega-1}+(0.264K+0.368)=0$$

整理成关于 ω 的方程为

$$0.632K\omega^2+(1.264-0.528K)\omega+(2.736-0.104K)=0$$

在 ω 平面运用劳斯判据，可得到使闭环系统稳定的 K 值范围为 $0<K<2.394$。

第六节 离散系统的稳态误差分析

对于稳定的线性系统，研究系统的稳态性能才有意义。在典型输入信号作用下，我们通常用系统响应的稳态误差作为控制精度的指标。

一、线性离散系统稳态误差

离散系统的控制偏差的脉冲序列 $e^*(t)$ 反映在采样时刻的系统希望输出与实际输出之差。当时间 $t=kT\to\infty$ 时，可以求取线性离散系统在采样点上的终值稳态误差 e_{ss}^*，即

$$e_{ss}^*=\lim_{t\to\infty}e^*(t) \tag{7.46}$$

若偏差信号的 Z 变换为 $E(z)$，在满足 Z 变换终值定理条件时，可利用 Z 变换的终值定理求

取离散系统的稳态误差e_{ss}^*，即

$$e_{ss}^*=\lim_{t\to\infty}e^*(t)=\lim_{z\to1}(z-1)E(z)=\lim_{z\to1}(1-z^{-1})E(z) \tag{7.47}$$

二、稳态误差系数

下面分析对于如图 7 - 13 所示的单位负反馈线性离散系统。$G_p(s)$是连续受控对象的传递函数，采样开关对误差信号 $e(t)$采样，得到误差信号的脉冲序列 $e^*(t)$。

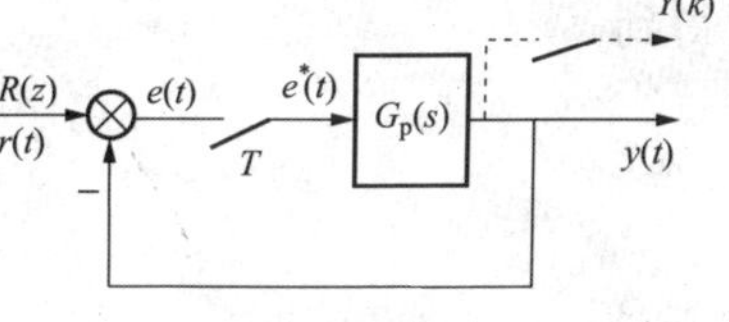

图 7 - 13　单位负反馈线性离散系统

该系统的开环脉冲传递函数是

$$G_p(z)=\mathscr{Z}[G_p(s)]$$

系统的闭环脉冲传递函数为

$$G(z)=\frac{Y(z)}{R(z)}=\frac{G_p(z)}{1+G_p(z)} \tag{7.48}$$

系统的误差脉冲传递函数为

$$\Phi_e(z)=\frac{E(z)}{R(z)}=\frac{1}{1+G_p(z)} \tag{7.49}$$

系统误差信号的 Z 变换为

$$E(z)=\Phi_e(z)R(z)=R(z)-Y(z) \tag{7.50}$$

如果 $\Phi_e(z)$的极点都在 z 平面的单位圆内，则离散系统是稳定的，可分析该系统的稳态误差。由 Z 变换的终值定理，由式（7.47）求出系统的稳态误差

$$e_{ss}^*=\lim_{t\to\infty}e^*(t)=\lim_{z\to1}(z-1)E(z)=\lim_{z\to1}(1-z^{-1})\frac{1}{1+G_p(z)}R(z) \tag{7.51}$$

分析连续系统时，我们按照开环传递函数 $G(s)$中包含积分环节$\left(\frac{1}{s}\right)$的个数 v 作为划分系统型别的标准，分别将 $v=0$，1，2 的系统称为 0 型、1 型和 2 型系统。由 Z 变换的定义 $z=e^{Ts}$可知，$s=0$ 对应离散系统的开环极点是 $z=1$，因此分析线性离散系统时，将开环脉冲传递函数 $G_p(z)$中含有$(z-1)$的个数 v 作为划分离散系统型别的标准，也就是将 $G_p(z)$中$v=0$，1，2 的系统依次称为 0 型、1 型和 2 型离散系统。

1. 单位阶跃输入时的稳态误差分析

当系统输入信号为单位阶跃 $r(t)=1(t)$时，其 Z 变换为 $R(z)=\frac{1}{1-z^{-1}}$，由式(7.51)可得到

$$e_{ss}=\lim_{z\to1}(1-z^{-1})\frac{R(z)}{1+G_p(z)}=\lim_{z\to1}\frac{1}{1+G_p(z)}$$
$$=\frac{1}{1+\lim\limits_{z\to1}G_p(z)}$$

定义 $K_p=\lim\limits_{z\to1}G_p(z)$为**位置误差系数**，对于 0 型系统，$G_p(z)$没有 $z=1$ 的极点，K_p 为有限值，

$$e_{ss}=\frac{1}{1+K_p}$$

对于 1 型或高于 1 型的系统，$G_p(z)$的分母项有一个或以上的$(1-z^{-1})$项，因此有 $K_p=\infty$，$e_{ss}=0$。显然，这些结论与连续系统是很类似的。

2. 单位速度输入时的稳态误差分析

当系统输入信号为单位速度信号 $r(t)=t$ 时，其Z变换为 $R(z)=\dfrac{Tz^{-1}}{(1-z^{-1})^2}$，由式(7.51)可得到

$$\begin{aligned}e_{ss}&=\lim_{z\to 1}(1-z^{-1})R(z)\frac{1}{1+G_p(z)}\\&=\lim_{z\to 1}\frac{T}{z-1}\frac{1}{1+G_p(z)}=\frac{T}{\lim\limits_{z\to 1}(z-1)G_p(z)}\end{aligned} \tag{7.52}$$

定义 $K_v=\lim\limits_{z\to 1}(z-1)G_p(z)$ 为**速度误差系数**，且有

$$e_{ss}=\frac{T}{K_v} \tag{7.53}$$

对于0型系统，$G_p(z)$ 的分母项不包含 $(1-z^{-1})$ 项，因此有 $K_v=0$，$e_{ss}=\infty$。

对于1型系统，$G_p(z)$ 的分母项有一个 $(1-z^{-1})$ 项，因此有 K_v 是一个有限值，稳态误差 e_{ss} 在采样点的始终保持一个常数值，$e_{ss}=\dfrac{T}{K_v}$。

对于2型或高于2型的系统，$G_p(z)$ 的分母项有两个或以上的 $(1-z^{-1})$ 项，因此有 $K_v=\infty$，$e_{ss}=0$。

3. 单位加速度输入时的稳态误差分析

当系统输入信号为单位加速度信号时，$r(t)=0.5t^2$，其Z变换为 $R(z)=\dfrac{0.5T^2z^{-1}(1+z^{-1})}{(1-z^{-1})^3}$，由式(7.51)可得到

$$\begin{aligned}e_{ss}&=\lim_{z\to 1}(1-z^{-1})R(z)\frac{1}{1+G_p(z)}\\&=\lim_{z\to 1}\frac{0.5T^2z^{-1}(1+z^{-1})}{(1-z^{-1})^2}\times\frac{1}{1+G_p(z)}=\frac{T^2}{\lim\limits_{z\to 1}(z-1)^2G_p(z)}\end{aligned} \tag{7.54}$$

定义 $K_a=\lim\limits_{z\to 1}(z-1)^2G_p(z)$ 为**加速度误差系数**，对于0型和1型系统，$G(z)$ 没有 $z=1$ 的极点，$K_a=0$，$e_{ss}=\infty$。

对于2型的系统，$G_p(z)$ 的分母项有两个 $(1-z^{-1})$ 项，因此有 K_a 为常数，$e_{ss}=\dfrac{T^2}{K_a}$。

【例7.12】 已知单位负反馈离散系统的开环传递函数为

$$G_k(z)=\frac{0.368z}{(z-1)(z-0.368)}$$

试判别该系统的稳定性，并确定该系统的静态误差系数。

解 系统的误差脉冲传递函数为

$$\Phi_e(z)=\frac{1}{1+G_k(z)}=\frac{z^2-1.368z+0.368}{z^2-z+0.368}$$

特征方程为

$$z^2-z+0.368=0$$

由于两个特征根都位于 z 平面的单位圆内，故系统是稳定的。

可看出，该系统是1型系统。由静态误差系数的定义，有

$$K_p=\lim_{z\to 1}G_k(z)=\infty$$

$$K_v=\lim_{z\to 1}(z-1)G_k(z)=0.582$$

$$K_a=\lim_{z\to 1}(z-1)^2G_k(z)=0$$

第七节 离散系统的动态响应分析

前面我们研究了离散系统稳定的充分必要条件是其全部闭环特征根，也就是闭环系统的全部极点都位于 z 平面的单位圆内。但在工程上，不仅要求系统是稳定的，而且还希望它具有良好的动态品质。与连续系统类似，离散系统的闭环极点和零点在 z 平面的分布对系统的动态响应起着决定的作用，因此有必要分析在不同输入信号作用下，离散系统的动态特性与输入的关系。

如果已知采样系统的闭环脉冲传递函数 $\Phi(z)=\dfrac{Y(z)}{R(z)}$，则不难求出在一定的输入信号 $r(t)$ 或 $r^*(t)$ 作用下，系统输出的 Z 变换 $Y(z)$，再经过 Z 反变换，即可求得系统输出的时间序列 $y^*(t)$ 或 $y(kT)$，即采样系统的过渡过程。有了输出信号 $y(kT)$，便可确定系统的稳态和动态性能指标，例如超调量、衰减比、调节时间，以及稳态误差等。

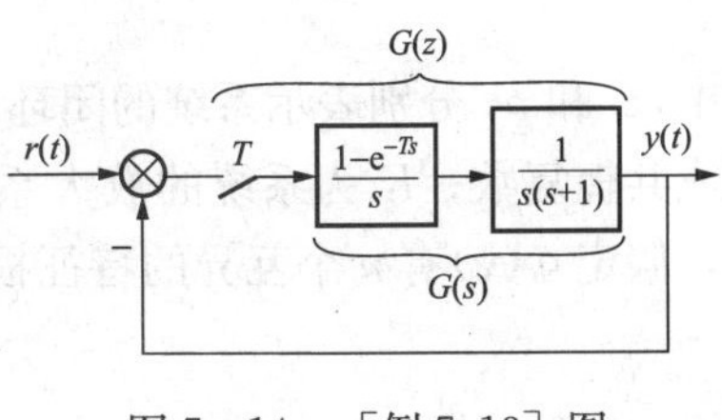

图 7 - 14 ［例 7.13］图

【例 7.13】 当采样周期 $T=1\text{s}$ 时，试求图 7 - 14 所示系统的单位阶跃响应。

解 先求该系统广义对象的 Z 变换。考虑到 $T=1\text{s}$

$$G(z)=\mathscr{Z}[G(s)]=\mathscr{Z}\left[\frac{1-e^{-Ts}}{s}\times\frac{1}{s(s+1)}\right]=\frac{0.368z+0.264}{(z-1)(z-0.368)}$$

系统的闭环脉冲传递函数为

$$\Phi(z)=\frac{G(z)}{1+G(z)}=\frac{0.368z+0.264}{z^2-z+0.632}$$

当输入是单位阶跃信号时，$r(t)=1(t)$，$R(z)=\dfrac{z}{z-1}$，因此输出的 Z 变换为

$$Y(z)=R(z)\Phi(z)=\frac{z(0.368z+0.264)}{(z-1)(z^2-z+0.632)}$$

$$=0.368z^{-1}+z^{-2}+1.4z^{-3}+1.4z^{-4}+1.147z^{-5}+\cdots+1.075z^{-10}+1.079z^{-11}+\cdots$$

因此有输出在各个采样时刻的值为

$y(0)=0,y(1)=0.368,y(2)=1,y(3)=y(4)=1.4,y(5)=1.147,\cdots,y(10)=1.075,y(11)=1.079,\cdots$由此可绘制出过渡过程曲线如图 7 - 15 所示。

可以看出，离散系统闭环特征方程与开环脉冲传递函数的关系，与连续系统的情形完全相同，只是离散系统的稳定边界是单位圆。下面讨论离散系统中闭环极点对过渡过程的影响。

研究离散系统闭环极点在 z 平面上位置与系统脉冲响应过渡过程之间的关系，可以定性地了解系统参数对动态性能的影响，这对系统分析和校正有重要的指导意义。通常闭环脉冲传递函数 $\Phi(z)$ 有下述的形式

$$\Phi(z)=K\frac{(z-z_1)(z-z_2)\cdots(z-z_m)}{(z-p_1)(z-p_2)\cdots(z-p_n)}=K\frac{N(z)}{P(z)} \tag{7.55}$$

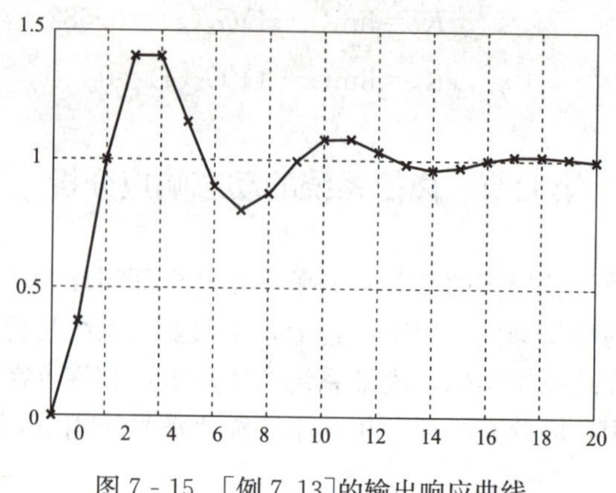

图 7-15 [例 7.13]的输出响应曲线

其 ，z_i 和 p_j 分别表示系统的闭环零点和闭环极点($i=1,\cdots,m;j=1,\cdots,n$)，它们可以是实 共轭复数；$K$ 为系统的放大系数。对于实际的物理系统，有 $n\geqslant m$ 成立。为讨论的方 ，假定 $\Phi(z)$ 有 n 个互异的特征根。则在单位脉冲信号作用下，输出的 Z 变换为

$$Y(z)=\Phi(z)R(z)=K\frac{N(z)}{P(z)} \tag{7.56}$$

进行部分分式展开，得

$$Y(z)=\sum_{j=1}^{n}\frac{C_j z}{z-p_j} \tag{7.57}$$

两边取 Z 反变换，得到输出量的采样值为

$$y(k)=\sum_{j=1}^{n}C_j p_j^k \qquad (k=0,1,2,\cdots) \tag{7.58}$$

显然，动态分量各子分量的形式完全取决于闭环极点的性质及在 z 平面上的分布情况。根据系统在 z 平面上的零、极点分布，也可以估计出系统的动态性能。先分析实数极点的情形：

(1)当 $p_j<-1$ 时，极点在单位圆外的负实轴上，对应的响应分量是正负交替的发散振荡；

(2)当 $p_j=-1$ 时，极点在单位圆与负实轴交点处，对应的响应分量是正负交替的等幅振荡；

(3)当 $-1<p_j<0$ 时，极点在单位圆内的负实轴上，对应的响应分量是正负交替的衰减振荡；

(4)当 $0<p_j<1$ 时，极点在单位圆内的正实轴上，对应的响应分量按指数规律衰减。极点越靠近原点，其值越小，衰减速度越快；

(5)当 $p_j=1$ 时，极点在单位圆与正实轴交点处，对应的响应分量是一个等幅序列，系统处于临界稳定状态；

(6)当 $p_j>1$ 时，极点在单位圆外的正实轴上，对应的响应分量是单向按指数规律发散，系统不稳定。

下面分析闭环极点是共轭复数的情形。若 p_j 为复数根，则其共轭复数 $\overline{p}_j$ 必然也是特征根。也就是说，复数根必然成对出现，即有 $p_j,\overline{p}_j=|p_j|e^{\pm j\theta_j}$。对应的动态响应分量呈现正弦振荡形式，振荡角频率与共轭复数极点的幅角 θ_j 有关，θ_j 越大，则振荡角频率越高。

(1) 当 $|p_j|>1$ 时，极点在单位圆外的 z 平面上，对应的响应分量呈发散振荡，系统不

稳定；

(2) 当 $|p_j|=1$ 时，极点恰好在单位圆上，对应的响应分量呈等幅振荡，系统处于稳定的边界；

(3) 当 $|p_j|<1$ 时，极点在单位圆内的 z 平面上，对应的响应分量呈衰减振荡，系统稳定。

系统的暂态响应与极点位置关系如图 7-16 和图 7-17 所示。其中，图 7-16 是实数极点的情形；图 7-17 是复数极点的情形。

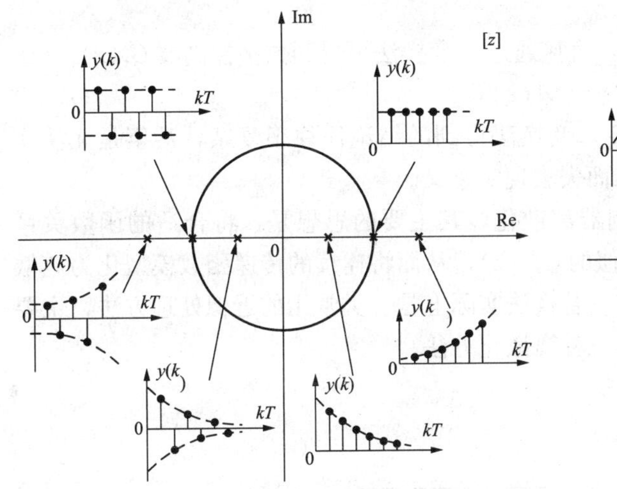

图 7-16 实数极点的单位脉冲响应

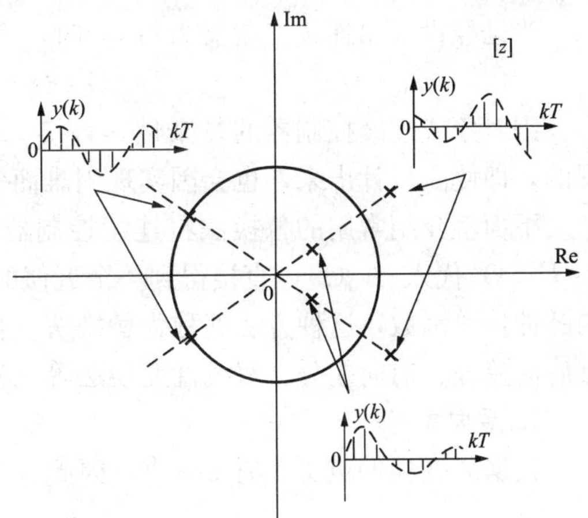

图 7-17 复数极点对应的单位脉冲响应

第八节 离散系统的设计

设计数字控制器主要有两类方法，一类是连续化设计方法，一类是离散化设计方法。

数字控制器的连续化设计方法，是立足于连续控制器的设计，再用合适的数字计算机控制算法来实现。具体来说，就是先将系统视为连续系统，采用连续系统的设计方法设计出连续控制器来（得到其传递函数或微分方程），再用合适的离散近似方法将之化成数字控制器（得到其脉冲传递函数或差分方程），并编制出相应的数字控制算法。以数字 PID 控制器为代表的连续化设计方法，可在被控对象的特性不太准确的情况时，充分利用技术成熟、鲁棒性较强的连续化设计技术（如 PID 控制器的设计技术），并将它移植到微机上予以实现，以期达到满意的控制效果。但因其最好的控制效果也要比与之对应连续系统的水平略差，无法充分发挥出计算机控制的优越性。另外，这种方法要求采样周期足够短，且只能实现较简单的控制算法。

数字控制器的离散化设计方法，就是将被控对象的模型离散化，采用解析法、z 域根轨迹法、W 频域法等在 z 域直接设计数字控制器，并由计算机编程实现。以最少拍控制系统设计为代表的离散化设计方法，可以充分发挥计算机控制的优点，能在最少个采样周期内就可达到在采样时刻无静差、控制器输出无纹波等目的。

离散化设计技术比连续化设计技术更具有一般意义，它完全是根据采样控制系统的特点进行分析和综合，并导出相应的控制规律和算法。离散化设计方法的缺点是鲁棒性不强，要求能得到被控对象精确的数学模型，且对不同类型输入信号的适应能力不足。当采样频率比系统的工作频率要高得多时，可采用连续化设计方法；如果采样频率与系统工作频率相差不多时，就要采用离散化设计方法了。

一、连续控制器的离散化

为设计出数字控制器，可以先设计出连续的控制器 $G_c(s)$，再将之离散化为 $G_c(z)$。连续控制器离散化实现的前提是采样频率比系统的工作频率要高得多($\omega_s \gg \omega_c$)，使由采样和保持所造成的影响可忽略不计。常用的离散化方法有直接 Z 变换法（脉冲响应不变法）、替换法、阶跃响应不变法、零极点匹配法等。

当已经设计出连续控制器为 $G_c(s)$时，直接通过 Z 变换法可得到数字控制器 $G_c(z)$

$$G_c(z) = \mathscr{Z}[G_c(s)] \tag{7.59}$$

因对象或连续控制器的复杂性，直接 $\mathscr{Z}$ 变换法得到的结论往往很复杂，甚至是无法实现的，即使能设计出来，也会因实现困难而失去现实意义。

下面就介绍常用的替换法将连续控制器离散化，其主要的思想是：将合适的函数关系 $s=F(z)$ 代入 $G_c(s)$，直接得到一个近似的 $G_c(z)$，从而将连续的传递函数模型化为离散的脉冲传递函数，这种方法就称为**替换法**。替换法实际上是一类常用的近似处理方法，主要有后向差分、前向差分、双线性变换法等三种离散化方法。

1. 后向差分

根据 Z 变换的定义，有 $z=e^{Ts}$，因此有

$$z=e^{Ts}=\frac{1}{e^{-Ts}}=\frac{1}{1-Ts+\frac{1}{2}T^2s^2-\cdots} \tag{7.60}$$

略去 s 的阶次高于二次以上的项，可近似得到 $z\approx\frac{1}{1-Ts}$，有

$$s=\frac{1-z^{-1}}{T} \tag{7.61}$$

因此采用后向差分求离散控制器的方法为

$$G_c(z)=G_c(s)\big|_{s=\frac{1-z^{-1}}{T}} \tag{7.62}$$

利用式(7.61)将 s 平面中的稳定区域映射到 z 平面上。因 s 平面的稳定区域由 $\mathrm{Re}(s)<0$ 给出，故 z 平面与之对应的稳定区域为

$$\mathrm{Re}\left(\frac{1-z^{-1}}{Tz}\right)=\mathrm{Re}\left(\frac{z^{-1}}{Tz}\right)<0 \tag{7.63}$$

其中，采样周期 $T>0$，将 $z=\sigma+j\omega$ 代入式（7.63），得

$$\mathrm{Re}\left[\frac{\sigma+j\omega-1}{T(\sigma+j\omega)}\right]=\mathrm{Re}\left[\frac{\sigma^2-\sigma+\omega^2+j\omega}{T(\sigma^2+\omega^2)}\right]=\frac{\sigma^2-\sigma+\omega^2}{T(\sigma^2+\omega^2)}<0$$

上式可写成

$$\left(\sigma-\frac{1}{2}\right)^2+\omega^2<\left(\frac{1}{2}\right)^2 \tag{7.64}$$

因此，s 域的稳定区域（左半开平面）映射到 z 平面的一个以 $\sigma=\frac{1}{2}$，$\omega=0$ 为中心，$\frac{1}{2}$为半径的圆，如图 7-18 所示。

后向差分变换法的主要特点如下：

(1) 变换公式 $s=\dfrac{1-z^{-1}}{T}$ 较简单，应用方便，但精度不高。

(2) 整个左半 s 平面不是映射为 z 平面的单位圆，而是映射到单位圆中的一个小圆，说明经离散化后的动态响应和频率响应特性有较大的畸变。为减小畸变，需要采用较小的采样周期 T。

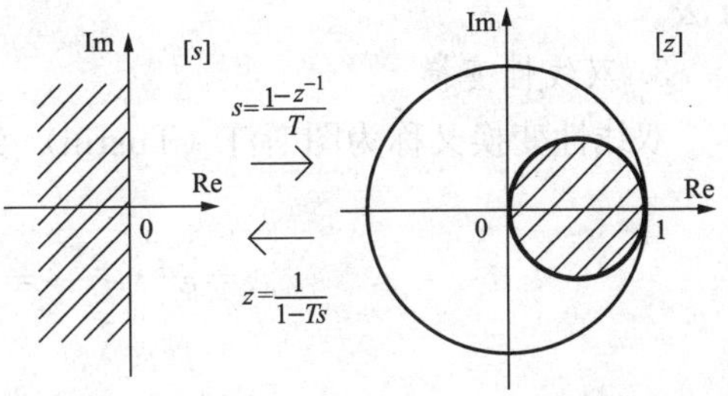

(3) 若连续控制器 $G_c(s)$ 稳定，则经变换后的数字控制器 $G_c(z)$ 一定也是稳定的。

图 7 - 18　后向差分的映射关系

2. 前向差分

按照 Z 变换的定义，有 $z=e^{Ts}$，因此有

$$z=e^{Ts}=1+Ts+\frac{1}{2}T^2s^2+\cdots \tag{7.65}$$

略去阶次高于二次以上的项，可近似得到 $z\approx1+Ts$，有

$$s=\frac{z-1}{T} \tag{7.66}$$

因此采用前向差分求离散控制器的方法为

$$G_c(z)=G_c(s)\big|_{s=\frac{z-1}{T}} \tag{7.67}$$

用式（7.66）将 s 平面中的稳定区域映射到 z 平面。因 s 平面的稳定区域由 Re（s）<0 给出，故 z 平面与之对应的稳定区域为

$$\mathrm{Re}\left(\frac{z-1}{T}\right)<0$$

其中，采样周期 $T>0$，将 $z=\sigma+j\omega$ 代入上式，得

$$\mathrm{Re}\left[\frac{\sigma+j\omega-1}{T}\right]=\frac{\sigma-1}{T}<0$$

上式可写成 $\sigma<1$。

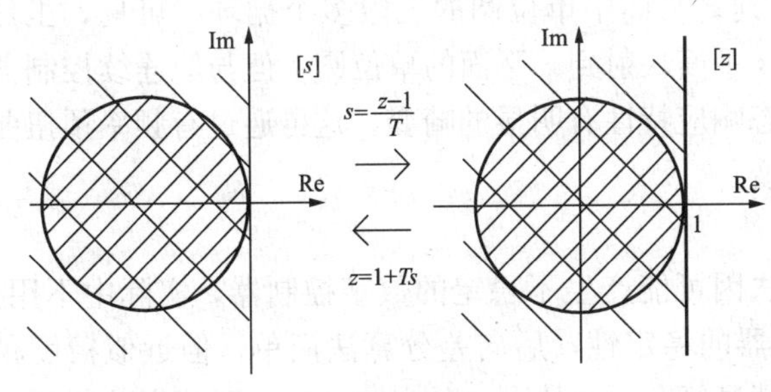

图 7 - 19　前向差分的映射关系

因此，s 域的稳定区域（左半开平面）映射到 z 平面上 Re(z)<1 的区域，如图 7 - 19 所示。映射说明左半 s 平面的极点可能映射到 z 平面的单位圆外，导致原来稳定的系统经前向差分法离散后，变为不稳定的系统。因 z 平面的单位圆经前向差分法映射到 s 平面上，是一个以 $\dfrac{1}{T}$ 为半径，$\left(-\dfrac{1}{T},0\right)$ 为圆心的圆，故只要减小采样周期 T，使 s 平面上半径为 $\dfrac{1}{T}$ 的这个圆能包含左半平面的几乎所有极点，则离散后的系统仍能保持稳定。

采用前向差分法无法保证控制器的稳定性，也就是说，即使连续控制器 $G_c(s)$ 稳定，则经变换后的数字控制器 $G_c(z)$ 不一定也是稳定的。因此确定数字控制器时通常不采用这一

方法。

3. 双线性变换

双线性变换又称为图斯汀（Tustin）变换。由Z变换的定义，有 $z=e^{Ts}$，因此有

$$z=e^{Ts}=\frac{e^{+\frac{Ts}{2}}}{e^{-\frac{Ts}{2}}}=\frac{1+\frac{Ts}{2}+\frac{1}{2}\left(\frac{Ts}{2}\right)^2+\cdots}{1-\frac{Ts}{2}+\frac{1}{2}\left(\frac{Ts}{2}\right)^2-\cdots} \tag{7.68}$$

略去分子和分母中阶次高于二次以上的项，可近似得到 $z\approx\frac{1+\frac{Ts}{2}}{1-\frac{Ts}{2}}$，即近似有

$$s=\frac{2}{T}\times\frac{1-z^{-1}}{1+z^{-1}} \tag{7.69}$$

因此采用双线性变换求离散控制器的方法为

$$G_c(z)=G_c(s)\big|_{s=\frac{2}{T}\times\frac{1-z^{-1}}{1+z^{-1}}} \tag{7.70}$$

由式(7.69)，左半 s 平面[$\mathrm{Re}(s)<0$]映射到区域

$$\mathrm{Re}\left(\frac{2}{T}\times\frac{1-z^{-1}}{1+z^{-1}}\right)=\mathrm{Re}\left(\frac{2}{T}\times\frac{z-1}{z+1}\right)<0$$

令 $z=\sigma+j\omega$，上式可化为

$$\mathrm{Re}\left(\frac{2}{T}\times\frac{z-1}{z+1}\right)=\mathrm{Re}\left(\frac{2}{T}\times\frac{\sigma+j\omega-1}{\sigma+j\omega+1}\right)=\frac{2}{T}\times\frac{\sigma^2+\omega^2-1}{(\sigma+1)^2+\omega^2}<0$$

因 $T>0$，$(\sigma+1)^2+\omega^2>0$，故只有

$$\sigma^2+\omega^2-1<0 \tag{7.71}$$

显然，双线性变换能将整个 s 平面的稳定区域映射到 z 平面以原点为圆心的单位圆内（在 z 平面中是稳定区域）。因此，对应稳定的连续控制器，双线性变换法得到的数字控制器也是稳定的。

由式(7.69)，可将 s 平面的 $j\omega$ 轴映射到 z 平面中单位圆的完整一周，这意味着无频率混叠。而定义式 $z=e^{Ts}$ 是将整个 $j\omega$ 轴映射到 z 平面中单位圆的无限多个循环。可见，虽然双线性变换与直接Z变换都可将整个左半 s 平面映射到 z 平面的单位圆，但与原连续控制器相比，双线性变换得到的数字控制器的动态响应特性有明显的畸变，这可通过有频率预扭曲的改进双线性变换法来减小频率响应的畸变。

4. 小结

前面的几种离散化方法中，前向差分法因可能产生不稳定的数字控制器，实际中不用。后向差分与双线性变换都能保证数字控制器的稳定性，后向差分算法简单，但近似精度稍差；双线性变换的近似程度较好，但计算稍显复杂。具体哪一种方法合适，要根据控制系统对控制器的性能要求来选择。在设计数字PID控制器时，常采用的就是后向差分或双线性变换法。

【例 7.14】 已知连续控制器为

$$G_c(s)=K_p\left(1+\frac{1}{T_i s}\right)$$

采样周期为 T，试分别采用后向差分与双线性变换法将其离散化为数字控制器。

解　(1) 用后向差分，令 $s=\frac{1-z^{-1}}{T}$，则

$$G_c(z)=G_c(s)\big|_{s=\frac{1-z^{-1}}{T}}=K_p\left(1+\frac{T}{T_i}\frac{1}{1-z^{-1}}\right)$$

即为所求的数字控制器。

(2) 用双线性变换，令 $s=\frac{2}{T}\times\frac{1-z^{-1}}{1+z^{-1}}$，则

$$G_c(z)=G_c(s)\Big|_{s=\frac{2}{T}\times\frac{1-z^{-1}}{1+z^{-1}}}=K_p\left(1+\frac{T}{2T_i}\times\frac{1+z^{-1}}{1-z^{-1}}\right)$$

即为所求的数字控制器。

二、数字控制器的连续化设计方法

PID控制在控制领域得到广泛应用。它的显著优点是：实现简单；参数调整容易；鲁棒性较强，能适应各种数学模型不是很精确的场合。最近，各种新型PID控制算法的不断涌现，更为这一传统的控制策略注入新的活力。

1. 数字PID控制器

连续PID控制器的微分方程为

$$u(t)=K_P\left[e(t)+\frac{1}{T_i}\int_0^t e(t)\mathrm{d}t+T_d\frac{\mathrm{d}e(t)}{\mathrm{d}t}\right] \tag{7.72}$$

其中，比例系数 $K_P=\frac{1}{\delta}$（δ 是比例带），T_i 是积分时间常数，T_d 是微分时间常数。连续PID控制器的传递函数为

$$G_c(s)=K_P\left(1+\frac{1}{T_i s}+T_d s\right) \tag{7.73}$$

下面利用后向差分求取数字PID控制器的近似脉冲传递函数。将 $s=\frac{1-z^{-1}}{T}$ 代入式(7.73)，得

$$G_c(z)=K_P\left[1+\frac{T}{T_i}\frac{1}{1-z^{-1}}+\frac{T_d}{T}(1-z^{-1})\right] \tag{7.74}$$

通常，定义积分系数 $K_I=K_P\frac{T}{T_i}$，微分系数 $K_D=K_P\frac{T_d}{T}$，则数字PID控制器的脉冲传递函数为

$$G_c(z)=\frac{U(z)}{E(z)}=K_P+K_I\frac{1}{1-z^{-1}}+K_D(1-z^{-1}) \tag{7.75}$$

2. 增量式PID算法

为实现数字PID控制算法，可将式 (7.75) 整理为

$$U(z)(1-z^{-1})=E(z)\{K_P(1-z^{-1})+K_I+K_D(1-2z^{-1}+z^{-2})\}$$

上式两边同时进行Z反变换，得

$$\begin{aligned}\Delta u(k)=u(k)-u(k-1)=&K_P[e(k)-e(k-1)]\\&+K_Ie(k)+K_D[e(k)-2e(k-1)+e(k-2)]\end{aligned} \tag{7.76}$$

式 (7.76) 的计算结果所对应的是控制量增量，因此将式 (7.76) 称为**增量式PID**。可以看出，增量式PID由控制器的比例作用、积分作用、微分作用三个部分的增量所组成，

即可表示为

$$\Delta u(k)=\Delta u_P(k)+\Delta u_I(k)+\Delta u_D(k)$$

其中，$\Delta u_P(k)=K_P[e(k)-e(k-1)]$，$\Delta u_I(k)=K_I e(k)$，$\Delta u_D(k)=K_D[e(k)-2e(k-1)+e(k-2)]$。

3. 位置式 PID 算法

假定所有信号都是单边的，即当 $t<0$ 时，系统中任何参量都为零，当前时刻为 $t=kT$。分别令 $k=0$，1，…，由式（7.76）进行如下递推可得

$$u(0)=K_P e(0)+K_I e(0)+K_D e(0)$$

$$u(1)-u(0)=K_P[e(1)-e(0)]+K_I e(1)+K_D[e(1)-2e(0)]$$

$$u(2)-u(1)=K_P[e(2)-e(1)]+K_I e(2)+K_D[e(2)-2e(1)+e(0)]$$

……

$$u(k)-u(k-1)=K_P[e(k)-e(k-1)]+K_I e(k)+K_D[e(k)-2e(k-1)+e(k-2)]$$

将上列各式累加起来，可得

$$u(k)=K_P e(k)+K_I\sum_{j=0}^{k}e(j)+K_D[e(k)-e(k-1)] \tag{7.77}$$

因为式（7.77）的输出 $u(k)$ 对应着执行机构的实际位置（比如阀门或挡板的开度等），故称之为**位置式** PID。可以看出，位置式 PID 由控制器的比例作用、积分作用、微分作用三个部分所组成，即可表示为

$$u(k)=u_P(k)+u_I(k)+u_D(k)$$

其中，$u_P(k)=K_P e(k)$，$u_I(k)=K_I\sum_{j=0}^{k}e(j)$，$u_D(k)=K_D[e(k)-e(k-1)]$。

由式（7.77）可看出：采用位置式 PID 算法时，因为要累加偏差 $e(i)$，要占用较多的存贮单元，而且在微机受到噪声或扰动冲击时，可能会对执行机构产生较大的冲击。实际上，如果确实需要控制量的位置式输出 $u(k)$，可先由式（7.76）求出控制量的增量 $\Delta u(k)$，再按下式进行计算

$$u(k)=u(k-1)+\Delta u(k) \tag{7.78}$$

而由式（7.76）可以看出，增量式 PID 算法与位置式 PID 算法相比，具有以下优点：

（1）增量算法不需要做累加计算，控制量增量的大小仅与最近几次误差的采样值有关，计算误差对控制量的计算结果影响较小。而位置式算法要用到过去所有误差的累加值，容易产生大的累加误差。

（2）增量式算法得出的是控制量的增量，例如阀门控制时，只需要输出阀门开度的变化部分，误动作影响小，必要时通过逻辑判断限制或禁止本次输出，不会严重影响系统的工作。而位置算法的输出是控制量的全量输出，误动作影响大。

（3）采用增量算法，易于实现手动/自动方式的双向无扰动切换。

三、数字控制器的离散化设计方法

如果单纯地用数字 PID 控制器去模仿模拟调节器，控制品质只会与模拟调节系统的控制效果相当，而不会更好。因此必须发挥计算机运算速度快、逻辑判断功能强、编程灵活等优势，才能在控制性能上超过模拟调节器。

1. 数字控制器的离散化设计

在图 7-20 所示的控制器的直接数字设计原理框图中，$G_p(s)$ 是被控对象的连续传递函

数，$G_h(s)=\frac{1-e^{-Ts}}{s}$ 是零阶保持器的传递函数，T 为采样周期。画出图 7-20 等效方框图，如图 7-21 所示。在图中，$D(z)$是数字控制器的脉冲传递函数，$E(z)$为误差信号 $e(t)$的 Z 变换，$R(z)$为输入信号 $r(t)$的 Z 变换，$Y(z)$为输出量 $y(t)$的 Z 变换。

定义广义对象的脉冲传递函数为

$$G(z)=\mathscr{Z}[G_h(s)G_p(s)]=(1-z^{-1})\mathscr{Z}\left[\frac{1}{s}G_p(s)\right] \tag{7.79}$$

可得图 7-21 对应的闭环脉冲传递函数为

$$\Phi(z)=\frac{Y(z)}{R(z)}=\frac{D(z)G(z)}{1+D(z)G(z)} \tag{7.80}$$

为讨论方便，我们定义一个误差脉冲传递函数

$$\Phi_e(z)=\frac{E(z)}{R(z)}=\frac{R(z)-Y(z)}{R(z)}=\frac{1}{1+D(z)G(z)} \tag{7.81}$$

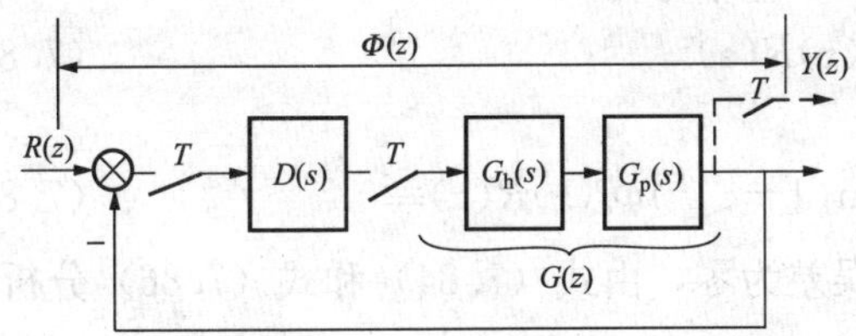

图 7-20 控制器的直接数字设计原理框图

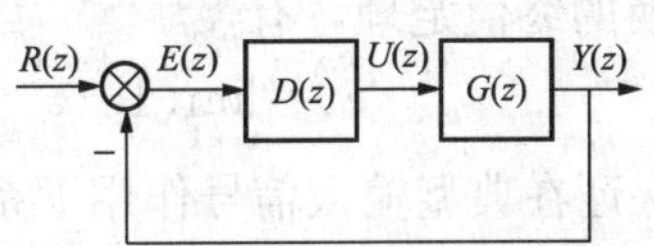

图 7-21 图 7-20 的等效方框图

显然，有下面的恒等式成立

$$\Phi(z)+\Phi_e(z)\equiv 1$$

由式（7.80）可求得

$$D(z)=\frac{1}{G(z)}\frac{\Phi(z)}{1-\Phi(z)}=\frac{1}{G(z)}\frac{\Phi(z)}{\Phi_e(z)} \tag{7.82}$$

若已知 $G_p(s)$，且可根据对控制系统性能指标要求构造出 $\Phi(z)$，则可由式（7.82）求得 $D(z)$。由此可得出数字控制器的离散化设计步骤如下：

(1) 根据控制系统的性能指标要求和其他约束条件，确定期望的闭环脉冲传递函数 $\Phi(z)$。

(2) 根据式（7.79）求广义对象的脉冲传递函数 $G(z)$。

(3) 根据式（7.82）求取数字控制器的脉冲传递函数 $D(z)$。

(4) 根据 $D(z)$求取控制算法的递推计算公式，由 $D(z)$编制出控制算法程序。

这种设计方法称为离散设计法。显然，设计过程中的第一步是最为关键的。求出 $D(z)$后就可编写出相应的控制算法程序。

2. 有纹波最少拍控制器的设计

在数字随动控制系统中，要求系统的输出值尽快地跟踪给定值的变化，最少拍控制就是为满足这一要求的一种离散化设计方法。

所谓最少拍控制，就是当给定值是典型输入信号时，要求闭环系统在最少个采样周期内在采样时刻达到无稳态误差，输出量跟踪上给定输入量。闭环脉冲传递函数具有以下形式

$$\Phi(z)=\phi_1 z^{-1}+\phi_2 z^{-2}+\cdots+\phi_N z^{-N} \tag{7.83}$$

式中，N 是可能情况下的最小正整数，这一形式表明闭环系统的脉冲响应在 N 个采样周期后变为零，从而意味着系统在 N 拍之内能达到稳态。

也就是说，最少拍系统闭环特性 $\Phi(z)$ 的选择必须满足：稳定性、快速性（最少拍）、零稳态误差和数字控制器物理可实现等条件。

典型输入信号可以是单位阶跃信号 $r(t)=1(t)$、单位速度信号 $r(t)=t$ 或单位加速度信号 $r(t)=\frac{1}{2}t^2$。它们的 Z 变换依次为 $\frac{1}{1-z^{-1}}$、$\frac{Tz^{-1}}{(1-z^{-1})^2}$ 和 $\frac{0.5T^2z^{-1}\ (1+z^{-1})}{(1-z^{-1})^3}$。可以看出，$R(z)$ 具有如下的形式

$$R(z)=\frac{A(z^{-1})}{(1-z^{-1})^M} \tag{7.84}$$

式中：$A(z^{-1})$ 为不包含（$1-z^{-1}$）的关于 z^{-1} 的多项式。M 是与输入信号有关的整数，对于单位阶跃输入，$M=1$；对于单位速度输入，$M=2$；对于单位加速度输入，$M=3$。

（1）零稳态误差条件。由式（7.81）可知，误差信号为

$$E(z)=\Phi_e(z)R(z) \tag{7.85}$$

由 Z 变换的终值定理，有

$$e_{ss}=\lim_{z\to 1}(1-z^{-1})E(z)=\lim_{z\to 1}(1-z^{-1})\Phi_e(z)R(z)\equiv 0 \tag{7.86}$$

为保证在典型输入信号作用下系统的稳态误差为零，由式（7.84）和式（7.86）分析可知，需要满足的条件为

$$\Phi_e(z)=1-\Phi(z)=(1-z^{-1})^M F(z) \tag{7.87}$$

其中，$F(z)$ 是不包含 $(1-z^{-1})$ 项的关于 z^{-1} 的多项式，$F(z)$ 的一般形式是

$$F(z)=1+f_1z^{-1}+f_2z^{-2}+\cdots+f_mz^{-m} \tag{7.88}$$

常取 $F(z)=1$，这样按式（7.87）计算出的 $\Phi(z)$ 是最简单的。当然，选取的 $F(z)$ 还要保证满足下面的几个条件才行。

（2）$D(z)$ 的物理可实现条件。为使设计出的 $D(z)$ 是物理可实现的，要求用 (z^{-1}) 表示的 $D(z)$ 多项式中分子项阶次要小于或等于分母阶次。否则，在计算 $u(k)$ 时，要用到 $e(k+1)$ 等未来时刻的偏差量值，这通常是无法得到的。

设被控对象的脉冲传递函数有如下形式

$$G(z)=Kz^{-l}\frac{1+a_1z^{-1}+\cdots}{1+b_1z^{-1}+b_2z^{-2}+\cdots} \tag{7.89}$$

表明 $G(z)$ 的纯滞后为 z^{-l}，由 $D(z)$ 的计算公式

$$D(z)=\frac{1}{G(z)}\frac{\Phi(z)}{1-\Phi(z)} \tag{7.90}$$

可以看出，如果不采取措施，$G(z)$ 的延迟因子 z^{-l} 会使 $D(z)$ 的分子项阶次高于分母项 l 次。为避免出现这种情况，要求闭环传递函数 $\Phi(z)$ 将 $G(z)$ 中的全部迟延因子抵消掉，即要求闭环特性 $\Phi(z)$ 包含 z^{-l} 项，或 $\Phi(z)$ 具有如下的形式

$$\Phi(z)=z^{-l}(1+c_1z^{-1}+\cdots) \tag{7.91}$$

（3）$D(z)$ 稳定性条件。因有下式成立

$$\Phi(z)=D(z)G(z)\Phi_e(z) \tag{7.92}$$

虽然 $D(z)$ 和 $G(z)$ 总是成对出现的，但却不允许它们的零点、极点互相对消。这是因为，简单地利用 $D(z)$ 的零点去对消 $G(z)$ 中的不稳定极点，虽然从理论上可以得到一个稳定

的闭环系统，但是这种稳定是建立在零极点完全对消的基础上的。当系统的参数产生漂移，或辨识的参数有误差时，这种零极点对消不可能准确实现，从而将引起闭环系统不稳定。上述分析说明，在单位圆外或圆上 $D(z)$ 和 $G(z)$ 不能对消零极点，但并不意味含有这种现象的系统不能补偿成稳定的系统，只是在选择 $\Phi(z)$ 或 $\Phi_e(z)$ 时必须加一个约束条件，这个约束条件称为**稳定性条件**。

由

$$D(z)=\frac{1}{G(z)}\frac{\Phi(z)}{\Phi_e(z)} \tag{7.93}$$

可以看出，如果 $\Phi(z)$ 包含了广义对象 $G(z)$ 所有不稳定的零点；$\Phi_e(z)$ 包含了 $G(z)$ 所有不稳定的极点，即可满足稳定性条件。

设 $\overline{G}(z)$ 是 $G(z)$ 中不包含单位圆外或单位圆上的零、极点部分，则 $G(z)$ 可写成

$$G(z)=\frac{\prod_{i=1}^{u}(1-b_i z^{-1})}{\prod_{i=1}^{v}(1-a_i z^{-1})}\overline{G}(z) \tag{7.94}$$

式中：$\prod_{i=1}^{u}(1-b_i z^{-1})$ 表示广义对象 $G(z)$ 在单位圆外或单位圆上的 u 个零点；$\prod_{i=1}^{v}(1-a_i z^{-1})$ 表示 $G(z)$ 在单位圆外或单位圆上的 v 个极点。

根据 $D(z)$ 稳定性条件，$\Phi(z)$ 和 $\Phi_e(z)$ 应具有如下的形式

$$\Phi(z)=F_1(z)\prod_{i=1}^{u}(1-b_i z^{-1}) \tag{7.95}$$

$$\Phi_e(z)=F_2(z)\prod_{i=1}^{v}(1-a_i z^{-1}) \tag{7.96}$$

其中，$F_1(z)$ 是关于 z^{-1} 的多项式，且不包含 $G(z)$ 中的不稳定零点；$F_2(z)$ 也是关于 z^{-1} 的多项式，且不包含 $G(z)$ 中的不稳定极点。$F_1(z)$ 和 $F_2(z)$ 也有式（7.88）的形式。

下面通过举例说明最少拍的设计过程。

【例 7.15】　图 7-20 所示的计算机控制系统中，已知 $G_h(s)=\frac{1-e^{-Ts}}{s}$，$G_p(s)=\frac{10}{s(1+0.025s)}$，采样周期 $T=0.025$s，设计针对单位速度输入的最少拍系统，给出设计结果并进行仿真。

解　先计算带有零阶保持器的广义对象的脉冲传递函数

$$\begin{aligned}G(z)&=\mathscr{Z}\left[\frac{1-e^{-Ts}}{s}G_p(s)\right]=(1-z^{-1})\mathscr{Z}\left[\frac{400}{s^2(s+40)}\right]\\&=(1-z^{-1})\mathscr{Z}\left[\frac{10}{s^2}-\frac{0.25}{s}+\frac{0.25}{s+40}\right]\\&=\frac{0.092z^{-1}(1+0.717z^{-1})}{(1-z^{-1})(1-0.368z^{-1})}\end{aligned}$$

由零稳态误差条件知，$\Phi_e(z)=(1-z^{-1})^2$，可以看出，$G(z)$ 无不稳定的零点项，不稳定的极点项只有 $(1-z^{-1})$ 一个，即零稳态误差条件中已经满足了稳定性要求

由 $D(z)$ 物理可实现条件知，$\Phi(z)=z^{-1}(b_0+b_1 z^{-1})$

由恒等式 $\Phi(z)+\Phi_e(z)=1$，进行计算知，$b_0=2, b_1=-1$。故 $\Phi(z)=2z^{-1}-z^{-2}$。

设计的数字控制器 $D(z)$ 为

$$D(z)=\frac{1}{G(z)}\times\frac{\Phi(z)}{1-\Phi(z)}=\frac{21.739(1-0.368z^{-1})(1-0.5z^{-1})}{(1-z^{-1})(1+0.717z^{-1})}$$

设计结果如下：

1）输出量

$$Y(z)=R(z)\Phi(z)=\frac{Tz^{-1}}{(1-z^{-1})^2}(2z^{-1}-z^{-2})=\frac{0.05z^{-2}(1-0.5z^{-1})}{(1-z^{-1})^2}$$

利用长除法得

$$Y(z)=0.05z^{-2}+0.075z^{-3}+0.1z^{-4}+0.125z^{-5}+\cdots$$

有 $y(0)=y(1)=0, y(2)=0.05, y(3)=0.075, y(4)=0.1, y(5)=0.125, \cdots$

$$R(z)=0.025z^{-1}+0.05z^{-2}+0.075z^{-3}+0.1z^{-4}+0.125z^{-5}+\cdots$$

比较说明，只需 2 拍（两个采样周期）输出就能跟踪上给定输入量。

2）偏差量

$$E(z)=R(z)\Phi_e(z)=\frac{Tz^{-1}}{(1-z^{-1})^2}(1-z^{-1})^2=Tz^{-1}=0.025z^{-1}$$

$$e(0)=0, e(1)=0.025, e(2)=e(3)=\cdots=0$$

可以看出，只需 2 拍，误差为零，过渡过程结束。

3）控制量

$$U(z)=D(z)E(z)=\frac{0.544z^{-1}(1-0.368z^{-1})(1-0.5z^{-1})}{(1-z^{-1})(1+0.717z^{-1})}$$

利用长除法得

$$U(z)=0.544z^{-2}+0.075z^{-3}+0.1z^{-4}+\cdots$$

易知，$u(0)=u(1)=0, u(2)=0.544, u(3)=0.075, u(4)=0.1, \cdots$，不停地波动。仿真曲线如图 7-22 所示。

3. 最少拍无纹波控制器的设计

按最少拍有纹波系统设计的控制器，其系统的输出值跟踪输入值后，在非采样点有纹波存在。原因在于数字控制器的输出序列 $u(k)$ 经过若干拍后，不为常值或零，而是振荡收敛的。非采样时刻的这种纹波现象不仅会造成非采样时刻有偏差，而且浪费执行机构的功率，增加机械磨损，因此必须消除。

要使系统的稳态输出无纹波，就要求稳态时的控制信号 $u(k)$ 为常数或零。控制信号 $u(k)$ 的 Z 变换为

$$U(z)=E(z)D(z)=R(z)\Phi_e(z)\frac{1}{G(z)}\times\frac{\Phi(z)}{\Phi_e(z)}=R(z)\frac{\Phi(z)}{G(z)} \tag{7.97}$$

无纹波系统也是最少拍系统，即使系统经过有限个采样周期后，在采样时刻稳态误差为零。此外，无纹波系统还要求控制信号 $u(k)$ 在经有限拍后为常数或零，那么 $U(z)$ 只能是关于 z^{-1} 的有限多项式。因此式（7.97）中的 $\Phi(z)$ 必须包含 $G(z)$ 的分子多项式，即 $\Phi(z)$ 必须包含 $G(z)$ 的所有零点。这样，原来最少拍有纹波系统设计时确定 $\Phi(z)$ 的式（7.95）应修改为

$$\Phi(z)=F_1(z)\prod_{i=1}^{m}(1-b_iz^{-1}) \tag{7.98}$$

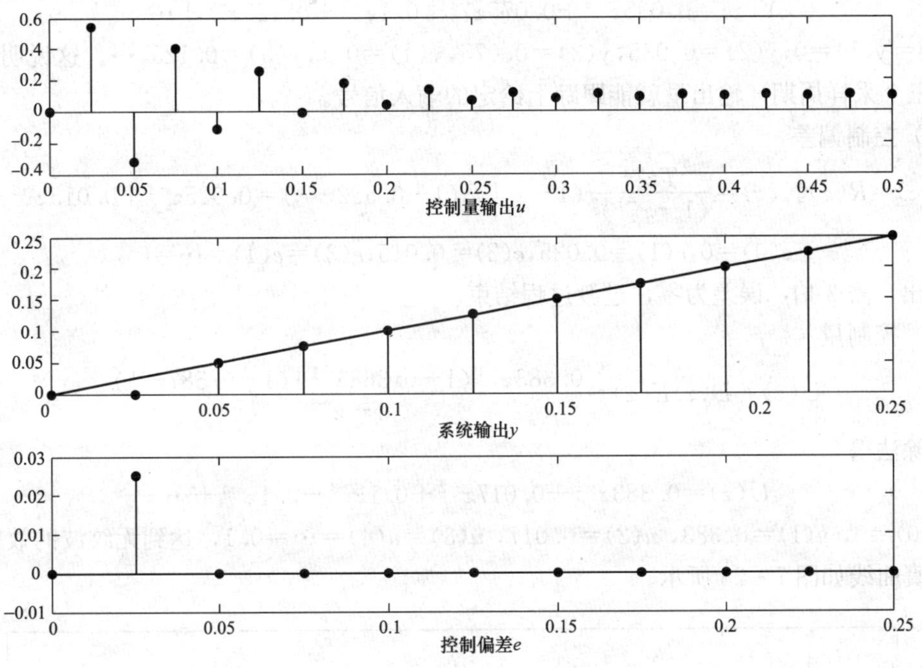

图 7 - 22 ［例 7.15］仿真曲线

式中，$\prod_{i=1}^{m}(1-b_i z^{-1})$ 为$G(z)$的所有零点数；b_1，b_2，…，b_m 为$G(z)$的所有零点。

【例 7.16】 对［例 7.15］中的系统，重新设计无纹波的最少拍数字控制器 $D(z)$，给出设计结果并进行仿真。

解 在［例 7.15］中已求出广义对象的 Z 变换为

$$G(z)=\frac{0.092z^{-1}(1+0.717z^{-1})}{(1-z^{-1})(1-0.368z^{-1})}$$

按照无纹波条件、零稳态误差条件、稳定性条件和物理可实现条件，并确保 $\Phi(z)$与 $\Phi_e(z)$ 的最大负幂次相同，可写出

$$\Phi(z)=z^{-1}(1+0.717z^{-1})(b_0+b_1z^{-1})$$
$$\Phi_e(z)=(1-z^{-1})^2(1+az^{-1})$$

将之代入 $\Phi_e(z)+\Phi(z)=1$，可求得：$b_0=1.408$，$b_1=-0.826$，$a=0.592$，即

$$\Phi(z)=z^{-1}(1+0.717z^{-1})(1.408-0.826z^{-1})$$
$$\Phi_e(z)=(1-z^{-1})^2(1+0.592z^{-1})$$

进而得到数字控制器为

$$D(z)=\frac{1}{G(z)}\frac{\Phi(z)}{1-\Phi(z)}=\frac{15.304(1-0.368z^{-1})(1-0.587z^{-1})}{(1-z^{-1})(1+0.592z^{-1})}$$

设计结果如下。

（1）输出量

$$Y(z)=R(z)\Phi(z)=\frac{0.035z^{-2}(1-0.587z^{-1})(1+0.717z^{-1})}{(1-z^{-1})^2}$$

利用长除法得

$$Y(z)=0.035z^{-2}+0.075z^{-3}+0.1z^{-4}+0.125z^{-5}+\cdots$$

有 $y(0)=y(1)=0, y(2)=0.035, y(3)=0.075, y(4)=0.1, y(5)=0.125,\cdots$。这说明，只需3拍（三个采样周期）输出量就能跟踪上给定的输入信号。

（2）控制偏差

$$E(z)=R(z)\Phi_e(z)=\frac{Tz^{-1}}{(1-z^{-1})^2}(1-z^{-1})^2(1+0.592z^{-1})=0.025z^{-1}+0.015z^{-2}$$

$$e(0)=0, e(1)=0.025, e(2)=0.015, e(3)=e(4)=\cdots=0$$

可以看出，需3拍，误差为零，过渡过程结束。

（3）控制量

$$U(z)=D(z)E(z)=\frac{0.383z^{-1}(1-0.368z^{-1})(1-0.587z^{-1})}{1-z^{-1}}$$

利用长除法得

$$U(z)=0.383z^{-1}+0.017z^{-2}+0.1z^{-3}+0.1z^{-4}+\cdots$$

易知 $u(0)=0$，$u(1)=0.383$，$u(2)=0.017$，$u(3)=u(4)=\cdots=0.1$，达到无纹波的效果。

仿真曲线如图7-23所示。

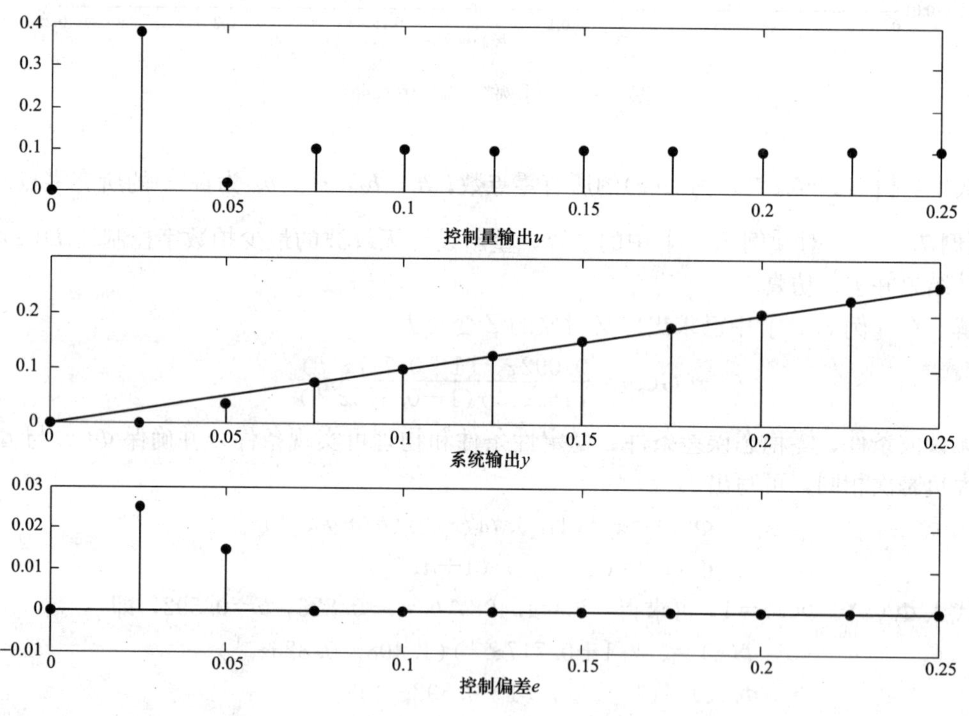

图7-23 ［例7.16］仿真曲线

注意：无纹波系统的调整时间与有纹波最少拍相比要增加若干拍，增加的拍数等于 $G(z)$ 在单位圆内的零点数。

由本例与上例比较可以看出，有纹波系统的调整时间为两个采样周期；而无纹波系统的调整时间为三个采样周期，比有纹波系统调整时间增加一拍，这是因为 $G(z)$ 在单位圆内有一个零点。

4. 最少拍控制器的局限性及改进措施

（1）最少拍控制器对典型输入的适应性差。最少拍控制器的设计目的就是使系统对某一典型输入的响应为最少拍，但对于其他类型的典型输入则不一定为最少拍，甚至会产生较大的超调和静差。一般来说，针对一种典型的输入函数 $R(z)$ 设计，数字控制器 $D(z)$，用于阶次较低的输入函数 $R(z)$ 时，系统将出现较大的超调，响应时间也会增加（即不再是最少拍），但在采样时刻的稳态误差能保证为零。当一种典型的最少拍特性用于阶次较高的输入信号时，输出将不能完全跟踪输入，以致产生稳态误差。由此可见，一种典型的最少拍闭环脉冲传递函数 $\Phi(z)$ 只适应一种特定的输入而不能适应于各种输入量。

实际工程系统的输入常常是很复杂的，甚至是随机的，最少拍系统对输入信号的敏感性限制了它的实际应用。这时可考虑采用下面换接程序的方法进行改进。

所谓换接程序，就是利用计算机的逻辑功能，根据实际情况，在多个事先设计好的控制器方案之间进行选择，以期达到更好的控制效果。比如，按速度输入信号设计的最少拍系统对阶跃输入有很大的超调，就可以在系统刚投入时（此时偏差较大），用按阶跃输入设计的最少拍控制器来运行；当系统的偏差量小到一定程度时，再切换到按速度输入设计的跟踪程序。可以看出，采用计算机处理程序换接的灵活性是很大的。

（2）最少拍设计时并未考虑执行器的饱和现象。如果计算出的控制量超出执行机构可接受范围，就称为出现执行器饱和现象。当出现执行器饱和时，响应时间会增加，不再是最少拍，显然系统无法达到预期设计目的。

四、数字控制器 $D(z)$ 的实现

本节讨论数字控制器脉冲传递函数 $D(z)$ 的实现方法，通常可用软件方法实现，也可用硬件来实现。利用软件实现时，得到的是有关的微机算法程序，并通过实时数值计算来实现；利用硬件实现时，则要使用数字加法器、乘法器及时间延迟元件（按采样周期 T 节拍工作的移位寄存器），由这类电路组成专用处理器。数字控制器的软件实现比用硬件实现要灵活，下面就重点讨论数字控制器的软件实现。一般地，计算机控制系统中的数字控制器就是某种形式的数字滤波器。

用于控制领域的信号处理必须实时进行，下面用几种不同的框图实现来讨论用延迟环节、加法器和乘法器实现数字控制器。

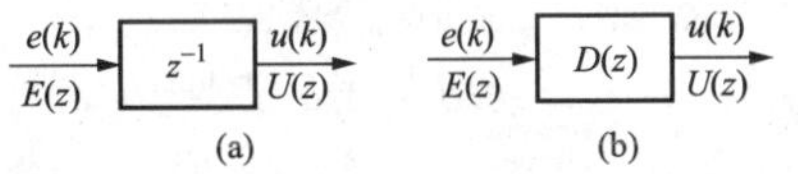

e(k) E(z) → [z^{-1}] → u(k) U(z)　(a)

e(k) E(z) → [D(z)] → u(k) U(z)　(b)

图 7-24　离散环节

（a）单位时间延迟环节；

（b）离散环节的一般形式

先分析框图 7-24（a）中所示的单位时间延迟环节，脉冲传递函数 z^{-1} 代表一个时间单位的延迟，输出量与输入量的关系是

$$U(z)=E(z)z^{-1}$$

由 Z 变换的迟延定理可知，$u(k)=e(k-1)$。

如图 7-24（b），下面假定输出量 $U(z)$ 和输入量 $E(z)$ 之间的脉冲传递函数为

$$D(z)=\frac{U(z)}{E(z)}=\frac{b_0+b_1z^{-1}+b_2z^{-2}+\cdots+b_mz^{-m}}{1+a_1z^{-1}+a_2z^{-2}+\cdots+a_nz^{-n}}(m\leqslant n) \tag{7.99}$$

其中，系数 a_i 和 $b_j(i=1,2,\cdots,m;j=0,1,\cdots,n)$ 都是实数（某些系数可能是零）。

1. 直接实现形式

系数 a_i 和 b_j 在框图中作为乘法器，如图 7-25 所示的实现称为直接实现。由式（7.99）

得

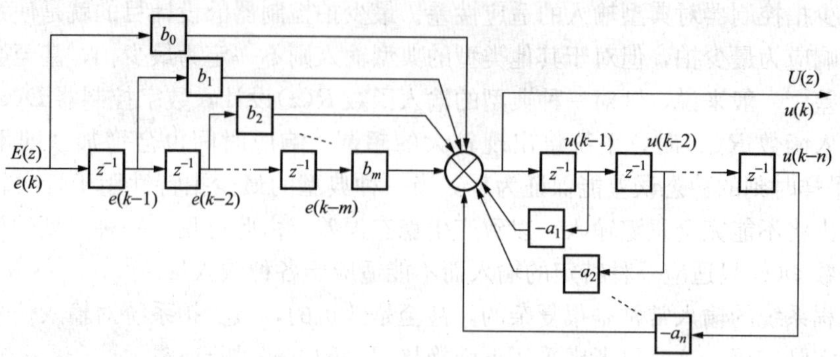

图 7-25 数字控制器的直接实现形式

$$\begin{aligned}U(z)=&-a_1z^{-1}U(z)-a_2z^{-2}U(z)-\cdots-a_nz^{-n}U(z)\\&+b_0E(z)+b_1z^{-1}E(z)+b_2z^{-2}E(z)+\cdots+b_mz^{-m}E(z)\end{aligned}$$

上式两边同时进行 Z 反变换，得到数字控制器的直接实现形式为

$$\begin{aligned}u(k)=&-a_1u(k-1)-a_2u(k-2)-\cdots-a_nu(k-n)\\&+b_0e(k)+b_1e(k-1)+\cdots+b_me(k-m)\end{aligned}\tag{7.100}$$

2. 直接规范实现形式

显然，直接实现形式的延迟环节个数为 $n+m$，为简化算法，在实现时总是试图用最少数量的延迟器来实现设计出的数字控制器。分析可知，延迟器的个数最少可减少到 n 个。使用延迟器数目最少的实现方式称为**直接规范实现形式**。需要注意的是，如果式（7.99）中，分子或分母项有一个是常数时，则直接实现形式与直接规范实现形式具有相同的框图和延迟器数目。

将式（7.99）改写为下面的形式

$$\begin{aligned}D(z)=&\frac{U(z)}{X(z)}\frac{X(z)}{E(z)}\\=&(b_0+b_1z^{-1}+b_2z^{-2}+\cdots+b_mz^{-m})\frac{1}{1+a_1z^{-1}+a_2z^{-2}+\cdots+a_nz^{-n}}\end{aligned}$$

其中，$X(z)$作为中间变量，满足下面的等式约束

$$\frac{U(z)}{X(z)}=b_0+b_1z^{-1}+b_2z^{-2}+\cdots+b_mz^{-m}\tag{7.101}$$

$$\frac{X(z)}{E(z)}=\frac{1}{1+a_1z^{-1}+a_2z^{-2}+\cdots+a_nz^{-n}}\tag{7.102}$$

由式（7.102）得 $X(z)(1+a_1z^{-1}+a_2z^{-2}+\cdots+a_nz^{-n})=E(z)$，运用 Z 反变换，得到中间变量 $x(k)$为

$$x(k)=e(k)-a_1x(k-1)-a_2x(k-2)-\cdots-a_nx(k-n)\tag{7.103}$$

由式（7.101）得 $U(z)=X(z)(b_0+b_1z^{-1}+b_2z^{-2}+\cdots+b_mz^{-m})$，运用 Z 反变换，得到控制输出变量 $u(k)$为

$$u(k)=b_0x(k)+b_1x(k-1)+\cdots+b_mx(k-m)\tag{7.104}$$

数字控制器的直接规范实现形式的框图如图 7-26 所示。显然，该实现方法仅占用 n 个

延迟器 z^{-1}。系统设计时，应该优先选择占用延迟器少的方案，因为这样可以节省数字控制器所占用的存储空间。

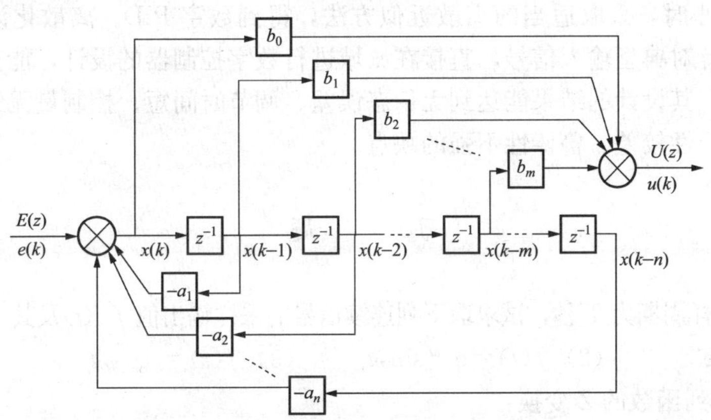

图 7-26 数字控制器的直接规范实现形式

小 结

本章重点讨论了离散控制系统的分析、综合方法，这是计算机控制技术的理论基础。

本书将采样控制系统和数字控制系统视为同一类型，统称为离散控制系统。如果系统中的信号均为时间连续的，称为连续控制系统；若出现时间离散的信号，这通常是由于对连续信号进行采样而得到，就称为采样控制系统。采样控制系统具有提高控制精度、简化结构和实现数字计算机复杂控制等优点；但通常也会使系统的稳定性下降、振荡性增强。采样系统的分析与综合问题的分析方法与连续系统非常相似，且更为方便和易于掌握。

离散系统要求信号采样频率符合采样定理要求，还要求系统中有符合要求的外推装置，如零阶保持器等。

离散系统所要研究的主要问题也是系统的控制性能分析，主要数学工具是 Z 变换。离散系统采用的数学模型是差分方程和脉冲传递函数，分别相当于连续系统的微分方程和传递函数。Z 变换只能反映采样点的瞬时信息，不能描述采样间隔中的状态，故使用 Z 变换分析系统时，当采样周期 T 足够小时，得到的响应 $y^*(t)$ 与 $y(t)$ 接近，否则会因频率混叠，带来较大的误差。香农定理给出的采样角频率只是一个底限，实际中的采样角频率 ω_s 要比 $2\omega_{max}$ 大得多。

离散系统稳定性的判别要依据特征根在 z 平面的分布情况，当且仅当全部闭环特征根在单位圆内时，系统稳定。单位圆是临界稳定边界，有一个或更多特征根位于单位圆上或单位圆外时系统不稳定。得到采样系统的闭环特征方程后，稳定性可以直接用朱里判据来判别；也可以通过 Z－W 变换，再用劳斯判据来判别稳定性。

与连续系统一样，离散系统的稳态误差与系统的型别、参数及输入信号有关。计算过程要用到 Z 变换的终值定理，计算方法与连续系统类似。

离散系统的时域分析可以通过 Z 变换、Z 反变换及输入信号和环节脉冲传递函数的关系，得出输出量的 Z 变换式，再通过长除法得到准确的采样值。

数字控制器的设计方法有连续化设计方法和离散化设计方法这两类。连续化设计方法以数字 PID 为代表，其思路是将系统视为连续系统，根据经验设计出连续 PID 控制器来，在采样周期 T 足够小时，采取适当的离散近似方法，得到数字 PID。离散化设计方法以最少拍设计为代表，针对典型输入信号，直接在 z 域进行数字控制器的设计，能充分发挥出数字计算机的优越性。其设计的结果能达到无稳态误差、调节时间短、控制量无纹波等优点，但也有对输入的适应性较差、鲁棒性不强的缺点。

习　　题

7.1 已知采样周期为 T 秒，试求取下列连续信号的采样输出值 $f^*(t)$ 及其 Z 变换 $F(z)$：

（1）$f(t)=te^{-at}$　　（2）$f(t)=e^{-at}\sin\omega t$　　（3）$f(t)=t\cos\omega t$

7.2 试求下列函数的 Z 变换：

（1）$f(t)=1-e^{-at}$

（2）$f(t)=e^{-at}\cos bt$

（3）$f(t)=t^2e^{-3t}$

（4）$f(t)=te^{-at}$

7.3 已知信号的拉氏变换如下，试求这些信号的 Z 变换（假定采样周期为 T）：

（1）$F(s)=\dfrac{s+3}{(s+1)(s+2)}$

（2）$F(s)=\dfrac{1}{(s+2)^2}$

（3）$F(s)=\dfrac{1}{s^2(s+a)}$

（4）$F(s)=\dfrac{e^{-nTs}}{s+a}$

7.4 试求下列函数的 Z 反变换（假定采样周期为 T）：

（1）$F(z)=\dfrac{z(1-e^{-T})}{(z-1)(z-e^{-T})}$

（2）$F(z)=\dfrac{z}{(z-1)^2(z-2)}$

（3）$F(z)=\dfrac{2z(z^2-1)}{(z^2+1)^2}$

（4）$F(z)=\dfrac{0.5+3z+0.6z^2+z^3+3z^4+4z^5}{z^5}$

7.5 试求下列函数的初值和终值：

（1）$F(z)=\dfrac{z^2}{(z-0.8)(z-0.1)}$

（2）$F(z)=\dfrac{1+0.3z^{-1}+0.1z^{-2}}{1-4.2z^{-1}+5.6z^{-2}-2.4z^{-3}}$

7.6 试求解下列差分方程，结果以 $f(k)$ 表示：

（1）$f(k+2)+2f(k+1)+f(k)=u(k)$，其中 $f(0)=f(1)=0, u(k)=k$　$(k=0,1,2,\cdots)$

(2) $f(k+2)+5f(k+1)+6f(k)=\cos\frac{k\pi}{2}$, $(k=0,1,2,\cdots)$其中 $f(0)=0, f(1)=1$

7.7 试求图 7-27 系统的脉冲传递函数，假定采样开关是同步工作的，采样周期为 T。

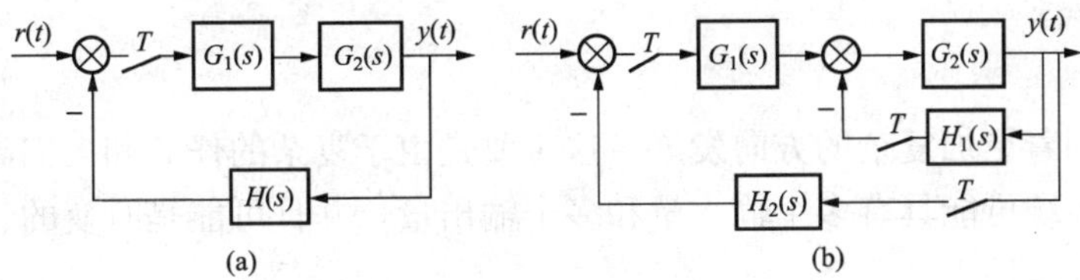

图 7-27 习题 7.7 图

7.8 试求图 7-28 系统的开环脉冲传递函数 $G(z)$ 及闭环脉冲传递函数 $\Phi(z)$。

(1) 采样周期 $T=1\text{s}$；

(2) 采样周期 $T=0.5\text{s}$。

7.9 已知系统如图 7-29 所示，$T=1\text{s}$，试完成：

(1) 当 $K=8$ 时，分析系统的稳定性；

(2) 求出 K 的临界稳定值。

图 7-28 习题 7.8 图　　图 7-29 习题 7.9 图

7.10 已知系统如图 7-30 所示，试求 $T=1\text{s}$ 及 $T=0.5\text{s}$ 时，系统临界稳定的 K 值，并讨论采样周期 T 对稳定性的影响。

7.11 系统如图 7-31 所示，试求该系统的稳态误差。已知 $K=10, T=0.2\text{s}$，输入信号为

$$r(t)=1+t+t^2$$

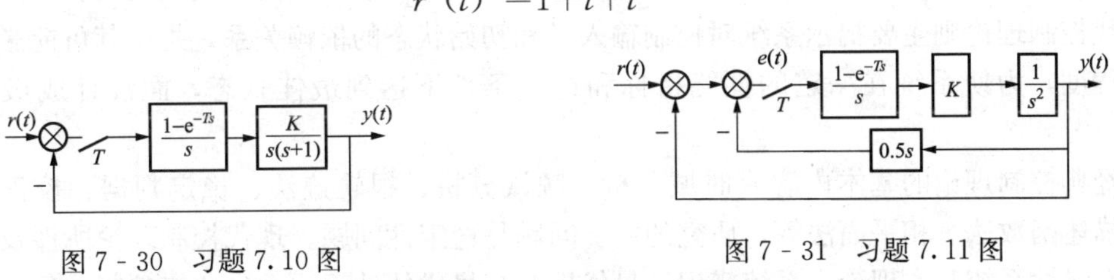

图 7-30 习题 7.10 图　　图 7-31 习题 7.11 图

7.12 试写出数字 PID 的位置式与增量式算式，并分析各自的特点。

7.13 如图 7-20 所示的计算机控制系统中，已知 $G_h(s)=\frac{1-e^{-Ts}}{s}, G_p(s)=\frac{10}{s(s+1)}$，采样周期 $T=1\text{s}$，试完成：

(1) 设计针对单位速度输入的有纹波最少拍系统，并给出设计结果。

(2) 设计针对单位速度输入的无纹波最少拍系统，并给出设计结果。

第八章　现代控制理论初步

控制系统正朝着更加复杂的方向发展，这主要是由于复杂的任务和人们高精度的要求所引起。复杂控制系统可能具有多个输入量和多个输出量，并且可能是时变的、非线性的，也可能有一定的不确定性。

经典控制系统所研究的系统，主要是单输入单输出的、可用常微分方程或传递函数模型加以描述的线性定常系统。这种描述是一种外部描述，仅能表示某个单变量输出与输入之间的关系，而无法完全表示出系统所有变量的动态特性。从能否完全揭示系统的全部运动状态的角度来说，用微分方程或传递函数来描述一个系统有其不足之处。现代控制理论大约是从1960年左右开始发展起来，该方法是建立在状态这一概念之上的。采用状态空间法分析系统时，系统的动态特性是由一个由状态变量构成的微分方程组来描述的。这样，就能反映系统全部独立变量的运动变化过程，而且可方便地处理初始条件。在设计系统时，也不只局限于输入量、输出量、扰动量等。通过适当改进补充及计算机进行辅助分析设计，状态空间法还可适用于采样系统、非线性系统、时变系统、多变量系统、随机系统等。

经典控制理论主要处理单变量的线性定常问题，反映到数学上就是单变量的常系数微分方程问题，因此拉氏变换就是其主要数学工具，数学模型是传递函数。现代控制理论要处理多变量问题，因此矩阵和向量空间是其主要数学基础。

现代控制理论本质上是一种时域方法，建立在状态变量描述方法的基础上；而传统控制理论则是一种复频域方法，它是以系统的输入—输出特性为研究的依据。经典控制理论着眼于系统的输出，而现代控制理论则着眼于系统的状态。

经典控制理论是在给定一类特定输入的情况下，分析系统的输出响应。在综合问题上，是根据给定的某种指标来设计系统的校正网络。总之经典控制理论着眼于系统的外部联系。而现代控制理论则主要揭示系统对控制输入量和初始状态的依赖关系，指出其可能影响的性质和程度，为使系统在一定的性能指标和约束条件下达到最佳状态，而设计成最优控制系统。

经典控制理论的基本内容有时域分析、频域分析、根轨迹法、稳定判据、校正环节设计、描述函数法、相平面法等，研究的主要问题是稳定性问题。现代控制理论所涉及的基本内容有线性系统基本理论、系统辨识、最优控制与最优估计问题、自适应控制及鲁棒控制设计、智能控制等，研究的主要问题是最优化问题。状态空间法也是现代控制系统的基础部分，本章将介绍控制系统状态空间描述与设计的基础知识。

第一节　状态空间法基本概念

状态和状态空间等概念，在质点和刚体的古典力学就曾得到应用。在经典控制理论中，相平面的概念实质上就是一类特殊的二维状态空间。在20世纪60年代左右，经Kalman等人将状态和状态空间的概念加以发展，并用于控制过程描述和应用，标志着现代控制理论的出现。之后现代控制理论得到迅速的发展，并在宇航、军事、工业生产过程控制等高、精、尖技术领域发挥其强大的威力。

一、几个重要概念

在介绍控制系统的状态空间法之前，要理解状态、状态变量、状态向量和状态空间等概念。

1. 状态

所谓的状态，是指系统中的独立变量。比如分析质点作直线运动时，此系统的状态就可能是每一时刻质点的位置、速度、加速度等。而对于 RLC 电路，任何时刻的电路电流 $i(t)$，电感电压 $u_L(t)$，电容电压 $u_C(t)$，电阻电压 $u_R(t)$ 及它们的各阶导数都可被选择作为状态。状态能反映出系统的运动状况。

2. 状态变量

系统的状态变量是指能确定动态系统运动状态的数目最少的一组变量。如果至少需要 n 个变量 x_1、x_2、…、x_n 才能完全描述动态系统的行为，则这 n 个变量就是一组**状态变量**。也就是说，只要知道了所有状态变量在 $t=t_0$ 时的初始值和 $t \geqslant t_0$ 时的控制输入量 $\boldsymbol{u}(t)$，就能够完全确定系统在任何时间 $t \geqslant t_0$ 时的行为。

应当指出，状态这个定义不仅适用于物理系统，还适用于生物学系统、经济学系统、社会学系统和其他一些系统。

状态变量未必全都是物理上可测量的或可观察的量。某些不代表物理量的变量，它们可能既不能直接测量到，又不能直接观察到，但是却可以被选作状态变量。这种在选择状态变量方面的**自由性**，是状态空间法的一个优点。但是就实用观点而言，要尽可能选择那些容易测量的量作为状态变量，这样会便于以后的分析与设计，因为极点配置技术或最优控制律的设计都要用到所有具有适当加权的状态变量作为反馈。

3. 状态向量

如果完全描述一个给定系统的行为需要 n 个状态变量，那么这 n 个状态变量可以看作是向量 $\boldsymbol{x}$ 的 n 个分量，该向量 $\boldsymbol{x}$ 就称为**状态向量**。因此，状态向量也是一种向量，在本书中，状态向量通常也可简称为状态。一旦 $t=t_0$ 时的状态向量给定，并且给出 $t \geqslant t_0$ 时的控制输入量 $\boldsymbol{u}(t)$，则任意时间 $t \geqslant t_0$ 时的系统状态向量 $\boldsymbol{x}(t)$ 就可唯一确定。

4. 状态空间

设 n 个状态变量为 x_1、x_2、…、x_n，则由 x_1 轴、x_2 轴、…、x_n 轴所组成的 n 维空间就称为**状态空间**。状态在任何时刻的取值都可以用状态空间中的一点来表示。

5. 状态空间方程

在状态空间分析中涉及三种类型的变量：输入变量、输出变量和状态变量，它们包含在动态系统的模型中。我们将会看到，对于一个给定的系统，其状态空间模型不是唯一的。但是，对于同一系统，其各个不同的状态空间表达式中状态变量的数目是相同的。

动态系统必定包含着记忆元件，它在 $t \geqslant t_0$ 时能够记忆输入量的值。因为在连续时间控制系统中，积分器被作为记忆装置，所以这些积分器的输出量可以看作变量，这些变量确定了动态系统的内部状态。因此，积分器的输出量可以作为状态变量。能够完全确定系统动态特性的状态变量数目，等于系统中包含的积分器数目。

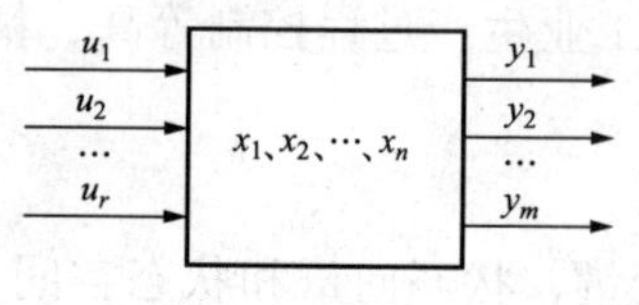

图 8 - 1　复杂系统的框图表示

二、连续系统的状态空间模型

假设多输入、多输出系统中含 n 个积分器，且有 r 个输入量 $u_1(t)$、$u_2(t)$、…、$u_r(t)$和 m 个输出量 $y_1(t)$、$y_2(t)$、…、$y_m(t)$。定义积分器的 n 个输出量为状态变量：$x_1(t)$、$x_2(t)$、…、$x_n(t)$。图 8 - 1 就表示了这样一个由一些互相制约的部分构成的整体。方框的外部表示系统环境，环境对系统的作用就是系统的输入，系统对环境的作用就是系统的输出。于是可以用下列方程描述该系统

$$\begin{aligned}
\dot{x}_1(t)&=f_1(x_1,x_2,\cdots,x_n;u_1,u_2,\cdots,u_r;t)\\
\dot{x}_2(t)&=f_2(x_1,x_2,\cdots,x_n;u_1,u_2,\cdots,u_r;t)\\
&\cdots\\
\dot{x}_n(t)&=f_n(x_1,x_2,\cdots,x_n;u_1,u_2,\cdots,u_r;t)
\end{aligned}$$

系统的输出量 $y_1(t),y_2(t),\cdots,y_m(t)$可以表示为

$$\begin{aligned}
y_1(t)&=g_1(x_1,x_2,\cdots,x_n;u_1,u_2,\cdots,u_r;t)\\
y_2(t)&=g_2(x_1,x_2,\cdots,x_n;u_1,u_2,\cdots,u_r;t)\\
&\cdots\\
y_m(t)&=g_m(x_1,x_2,\cdots,x_n;u_1,u_2,\cdots,u_r;t)
\end{aligned}$$

如果定义矢量 $\boldsymbol{x}=[x_1\ x_2\cdots x_n]^{\mathrm{T}}$，$\boldsymbol{y}=[y_1\ y_2\cdots y_m]^{\mathrm{T}}$，$\boldsymbol{f}=[f_1\ f_2\cdots f_n]^{\mathrm{T}}$，$\boldsymbol{g}=[g_1\ g_2\cdots g_m]^{\mathrm{T}}$，则该系统的状态空间模型可写成

$$\dot{\boldsymbol{x}}(t)=\boldsymbol{f}(\boldsymbol{x},\boldsymbol{u},t) \tag{8.1}$$

$$\boldsymbol{y}(t)=\boldsymbol{g}(\boldsymbol{x},\boldsymbol{u},t) \tag{8.2}$$

式（8.1）为**状态方程**，式（8.2）则称为**输出方程**。这种数学模型，就反映了系统变量间的因果关系和变换关系。如果向量函数 $\boldsymbol{f}$ 和（或）$\boldsymbol{g}$ 中显含时间 t，则该系统称为**时变系统**。如果向量函数 $\boldsymbol{f}$ 和（或）$\boldsymbol{g}$ 中都不显含时间 t，即 $\boldsymbol{f}$ 和（或）$\boldsymbol{g}$ 都不随时间变化而发生改变，则该系统称为**定常系统**或**时不变系统**。

如果式（8.1）和式（8.2）围绕着运动状态进行线性化，则有下列线性状态方程和输出方程：

$$\dot{\boldsymbol{x}}(t)=\boldsymbol{A}(t)\boldsymbol{x}(t)+\boldsymbol{B}(t)\boldsymbol{u}(t) \tag{8.3}$$

$$\boldsymbol{y}(t)=\boldsymbol{C}(t)\boldsymbol{x}(t)+\boldsymbol{D}(t)\boldsymbol{u}(t) \tag{8.4}$$

式中：$\boldsymbol{A}(t)$为系统矩阵；$\boldsymbol{B}(t)$为输入矩阵；$\boldsymbol{C}(t)$为输出矩阵；$\boldsymbol{D}(t)$为直联矩阵。

系统矩阵 $\boldsymbol{A}$ 表示了系统内部各状态变量间的耦合关系，它取决于被控系统的作用原理、结构和参数；输入矩阵 $\boldsymbol{B}$ 表示各输入量如何影响各状态变量；输出矩阵 $\boldsymbol{C}$ 表示状态变量对输出的转换关系；直联矩阵 $\boldsymbol{D}$ 反应了输入对输出的直接作用，通常很少有输入量直接作用到输出端，这样 $\boldsymbol{D}$ 阵为全零阵。

当式（8.3）、式（8.4）是定常系统时，状态空间模型可化为

$$\dot{\boldsymbol{x}}(t)=\boldsymbol{A}\boldsymbol{x}(t)+\boldsymbol{B}\boldsymbol{u}(t) \tag{8.5}$$

$$\boldsymbol{y}(t)=\boldsymbol{C}\boldsymbol{x}(t)+\boldsymbol{D}\boldsymbol{u}(t) \tag{8.6}$$

由式（8.5）、式（8.6）描述的是线性定常系统，也是本章研究的主要内容。显然，矩阵方程的形式与时变系统仍保持一致。由式（8.5）、式（8.6）所描述系统的框图如图 8 - 2 所示。

若为单输入单输出系统，则 $\boldsymbol{B}$ 和 $\boldsymbol{C}$ 就是向量的形式，$\boldsymbol{D}$ 阵也蜕化为标量。平时，为便于书写，常将线性系统的状态空间模型简记为下面四联矩阵的形式

$$\sum(\boldsymbol{A},\boldsymbol{B},\boldsymbol{C},\boldsymbol{D}) \text{ 或} \left[\begin{array}{c|c}\boldsymbol{A} & \boldsymbol{B}\\ \hline \boldsymbol{C} & \boldsymbol{D}\end{array}\right]$$

【例 8.1】　图 8-3 所示的 RLC 电路系统，试建立描述该系统动态过程的状态空间表达式。已知输入信号是 $u(t)$，输出信号是电容两端的电压信号 $u_C(t)$。

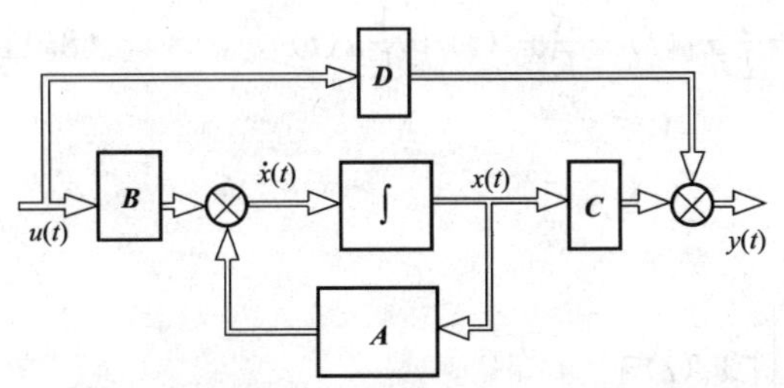

图 8-2　线性系统框图

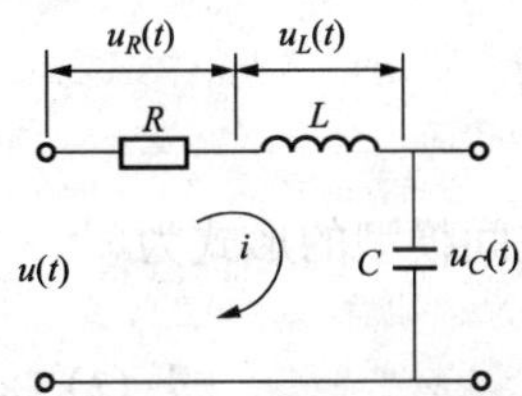

图 8-3　[例 8.1] 的 RLC 电路系统

解　设电流量 $i(t)$ 为中间变量，由电路原理可建立起该 RLC 电路动态方程如下

$$u_R(t)+u_L(t)+u_C(t)=u(t)$$

其中

$$i(t)R+L\frac{\mathrm{d}i(t)}{\mathrm{d}t}+u_C(t)=u(t)$$

$$i(t)=C\frac{\mathrm{d}u_C(t)}{\mathrm{d}t}$$

若选择 $u_C(t)$ 和 $\frac{\mathrm{d}u_C(t)}{\mathrm{d}t}$ 为状态变量，即

$$x_1(t)=u_C(t)$$

$$x_2(t)=\frac{\mathrm{d}u_C(t)}{\mathrm{d}t}$$

有下面的关系成立

$$\dot{x}_1(t)=x_2(t)$$

$$\dot{x}_2(t)=-\frac{1}{LC}x_1(t)-\frac{R}{L}x_2(t)+\frac{1}{LC}u(t)$$

而输出量为

$$y(t)=u_C(t)=x_1(t)$$

写成状态空间模型的形式为

$$\begin{bmatrix}\dot{x}_1(t)\\ \dot{x}_2(t)\end{bmatrix}=\begin{bmatrix}0 & 1\\ -\frac{1}{LC} & -\frac{R}{L}\end{bmatrix}\begin{bmatrix}x_1(t)\\ x_2(t)\end{bmatrix}+\begin{bmatrix}0\\ \frac{1}{LC}\end{bmatrix}u(t) \tag{8.7}$$

$$y(t)=\begin{bmatrix}1 & 0\end{bmatrix}\begin{bmatrix}x_1(t)\\ x_2(t)\end{bmatrix} \tag{8.8}$$

可见，状态空间模型能深入到系统内部，它既能描述系统的外部行为，又能描述系统的内部

行为和性能。

应该看到，状态变量的选择具有一定的自由性。在例 8.1 中，如果选择 $u_C(t)$和 $i(t)$为状态变量，即

$$x_1(t)=u_C(t),\quad x_2(t)=i(t) \tag{8.9}$$

则有下面的关系式成立

$$\dot{x}_1(t)=\frac{1}{C}x_2(t) \tag{8.10}$$

$$\dot{x}_2(t)=-\frac{1}{L}x_1(t)-\frac{R}{L}x_2(t)+\frac{1}{L}u(t) \tag{8.11}$$

而输出量为

$$y(t)=u_C(t)=x_1(t)$$

写成状态空间模型的形式为

$$\begin{bmatrix}\dot{x}_1(t)\\ \dot{x}_2(t)\end{bmatrix}=\begin{bmatrix}0 & \frac{1}{C}\\ -\frac{1}{L} & -\frac{R}{L}\end{bmatrix}\begin{bmatrix}x_1(t)\\ x_2(t)\end{bmatrix}+\begin{bmatrix}0\\ \frac{1}{L}\end{bmatrix}u(t) \tag{8.12}$$

$$y(t)=\begin{bmatrix}1 & 0\end{bmatrix}\begin{bmatrix}x_1(t)\\ x_2(t)\end{bmatrix} \tag{8.13}$$

显然，这两种状态空间模型是不同的，但它们所描述的电路系统却是相同的，不同之处只是选择的状态变量不同。这也说明了状态空间模型的非唯一性。虽然状态变量的选择是自由的，但是选取状态变量的个数要与系统的维数相同，通常要将输出量也定义为状态变量中的一个分量。

在实际系统中，控制输入信号 $u(t)$会驱动系统状态的变化，而状态的变化又进一步决定输出信号的变化。如果说状态方程刻画出系统运动的内部过程，而输出方程则表达了系统内部运动与外部的联系。

三、离散系统的状态空间模型

假设多输入、多输出系统中包含 n 个单位时滞 z^{-1}，且有 r 个输入量 $u_1(k),u_2(k),\cdots,u_r(k)$和 m 个输出量 $y_1(k),y_2(k),\cdots,y_m(k)$。定义积分器的 n 个输出量为状态变量：$x_1(k),x_2(k),\cdots,x_n(k)$。与连续系统相同，控制输入会影响系统的状态，系统状态会影响系统的输出量。于是可以用下列差分方程组描述该系统

$$\begin{aligned}x_1(k+1)&=f_1(x_1,x_2,\cdots,x_n;u_1,u_2,\cdots,u_r;kT)\\ x_2(k+1)&=f_2(x_1,x_2,\cdots,x_n;u_1,u_2,\cdots,u_r;kT)\\ &\cdots\\ x_n(k+1)&=f_n(x_1,x_2,\cdots,x_n;u_1,u_2,\cdots,u_r;kT)\end{aligned}$$

系统的输出量 $y_1(k),y_2(k),\cdots,y_m(k)$可以表示为

$$\begin{aligned}y_1(k)&=g_1(x_1,x_2,\cdots,x_n;u_1,u_2,\cdots,u_r;kT)\\ y_2(k)&=g_2(x_1,x_2,\cdots,x_n;u_1,u_2,\cdots,u_r;kT)\\ &\cdots\\ y_m(k)&=g_m(x_1,x_2,\cdots,x_n;u_1,u_2,\cdots,u_r;kT)\end{aligned}$$

如果定义矢量

$$\boldsymbol{x}(k)=\begin{bmatrix}x_1(k)\\x_2(k)\\\vdots\\x_n(k)\end{bmatrix},\ \boldsymbol{f}[\boldsymbol{x}(k),\boldsymbol{u}(k),kT]=\begin{bmatrix}f_1[x_1(k),\cdots,x_n(k);u_1(k),\cdots,u_r(k);kT]\\f_2[x_1(k),\cdots,x_n(k);u_1(k),\cdots,u_r(k);kT]\\\vdots\\f_n[x_1(k),\cdots,x_n(k);u_1(k),\cdots,u_r(k);kT]\end{bmatrix},$$

$$\boldsymbol{y}(k)=\begin{bmatrix}y_1(t)\\y_2(t)\\\vdots\\y_m(t)\end{bmatrix},\ \boldsymbol{g}[\boldsymbol{x}(k),\boldsymbol{u}(k),kT]=\begin{bmatrix}g_1[x_1(k),\cdots,x_n(k);u_1(k),\cdots,u_r(k);kT]\\g_2[x_1(k),\cdots,x_n(k);u_1(k),\cdots,u_r(k);kT]\\\vdots\\g_n[x_1(k),\cdots,x_n(k);u_1(k),\cdots,u_r(k);kT]\end{bmatrix},$$

$$\boldsymbol{u}(k)=\begin{bmatrix}u_1(k)\\u_2(k)\\\vdots\\u_r(k)\end{bmatrix}$$

则该系统的状态空间模型可写成

$$\boldsymbol{x}(k+1)=\boldsymbol{f}[\boldsymbol{x}(k),\boldsymbol{u}(k),kT] \tag{8.14}$$

$$\boldsymbol{y}(k)=\boldsymbol{g}[\boldsymbol{x}(k),\boldsymbol{u}(k),kT] \tag{8.15}$$

如果向量函数 $\boldsymbol{f}$ 和（或）$\boldsymbol{g}$ 中显含时间 $t=kT$，则该系统称为**时变系统**。如果在向量函数中都不显含时间 kT，即 $\boldsymbol{f}$ 和（或）$\boldsymbol{g}$ 都不随时间变化而发生改变，则该系统称为**定常系统或时不变系统**。

如果式（8.14）和式（8.15）围绕着运行状态进行线性化，则有下列线性化状态方程和输出方程

$$\boldsymbol{x}(k+1)=\boldsymbol{\Phi}(k)\boldsymbol{x}(k)+\boldsymbol{\Gamma}(k)\boldsymbol{u}(k) \tag{8.16}$$

$$\boldsymbol{y}(k)=\boldsymbol{C}(k)\boldsymbol{x}(k)+\boldsymbol{D}(k)\boldsymbol{u}(k) \tag{8.17}$$

式中：$\boldsymbol{\Phi}(k)$为系统矩阵；$\boldsymbol{\Gamma}(k)$为输入矩阵；$\boldsymbol{C}(k)$为输出矩阵；$\boldsymbol{D}(k)$为直联矩阵。当控制输入不直接对输出量产生影响时，$\boldsymbol{D}(k)$阵为全零阵。

当由式（8.16）和式（8.17）给出的是定常系统时，离散系统状态空间模型可化为

$$\boldsymbol{x}(k+1)=\boldsymbol{\Phi}\boldsymbol{x}(k)+\boldsymbol{\Gamma}\boldsymbol{u}(k) \tag{8.18}$$

$$\boldsymbol{y}(k)=\boldsymbol{C}\boldsymbol{x}(k)+\boldsymbol{D}\boldsymbol{u}(k) \tag{8.19}$$

由式（8.18）和式（8.19）所描述系统的框图如图 8-4 所示。

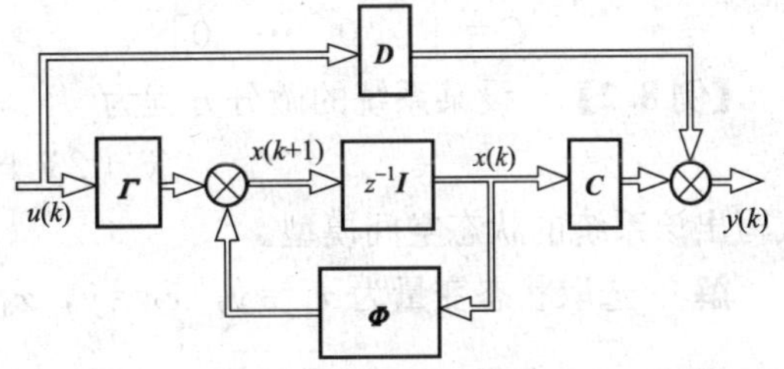

图 8-4 离散系统的状态空间描述框图

四、传递函数模型转化为状态空间模型

1. 传递函数中无零点的情形

当单输入—单输出系统的动态过程由如下微分方程描述时

$$y^{(n)}(t)+a_1y^{(n-1)}(t)+\cdots+a_{n-1}\dot{y}(t)+a_ny(t)=b_0u(t) \tag{8.20}$$

式中：$y^{(n)}(t),y^{(n-1)}(t),\cdots,\dot{y}(t),y(t)$表示系统的输出信号及其各阶导数；$u(t)$为系统的输入信号；$a_j(j=1,2,\cdots,n)$为常系数。该系统的传递函数为

$$G(s)=\frac{Y(s)}{U(s)}=\frac{b_0}{s^n+a_1s^{n-1}+\cdots+a_{n-1}s+a_n}$$

如果已知初始条件 $y(0),\dot{y}(0),\cdots,y^{(n-1)}(0)$及 $t\geqslant0$ 时刻的输入信号 $u(t)$，则该系统在

任何 $t\geqslant 0$ 时刻的行为就能完全确定，因此可选择 $y(t),\dot{y}(t),\cdots,y^{(n-1)}(t)$ 为状态变量，即有（为方便起见，下面采用的是省略时间 t 的记法）

$$\begin{aligned} x_1&=y\\ x_2&=\dot{y}\\ &\cdots\\ x_{n-1}&=y^{(n-2)}\\ x_n&=y^{(n-1)} \end{aligned}$$

并考虑到式（8.20），有如下一组关系成立

$$\begin{aligned} \dot{x}_1&=x_2\\ \dot{x}_2&=x_3\\ &\cdots\\ \dot{x}_{n-1}&=x_n\\ \dot{x}_n&=-a_1x_n-\cdots-a_{n-1}x_2-a_nx_1+b_0u \end{aligned}$$

这样，就可写出系统的状态空间模型为

$$\dot{\boldsymbol{x}}=\boldsymbol{A}\boldsymbol{x}+\boldsymbol{B}\boldsymbol{u}$$
$$\boldsymbol{y}=\boldsymbol{C}\boldsymbol{x}$$

其中，状态

$$\boldsymbol{x}=\begin{bmatrix}x_1 & x_2 & \cdots & x_n\end{bmatrix}^{\mathrm{T}}$$

各系数矩阵

$$\boldsymbol{A}=\begin{bmatrix}0 & 1 & 0 & \cdots & 0 & 0\\ 0 & 0 & 1 & \cdots & 0 & 0\\ \vdots & \vdots & \vdots & & \vdots & \vdots\\ 0 & 0 & 0 & \cdots & 0 & 1\\ -a_n & -a_{n-1} & -a_{n-2} & \cdots & -a_2 & -a_1\end{bmatrix},\quad \boldsymbol{B}=\begin{bmatrix}0\\0\\\vdots\\0\\b_0\end{bmatrix}$$

$$\boldsymbol{C}=\begin{bmatrix}1 & 0 & \cdots & 0\end{bmatrix}$$

【例 8.2】 设某系统的微分方程为

$$\dddot{y}+2\ddot{y}+3\dot{y}+y=5u$$

试写出该系统的状态空间模型。

解 选取状态变量为 $x_1=y$，$x_2=\dot{y}$，$x_3=\ddot{y}$，则有如下的关系

$$\begin{aligned} \dot{x}_1&=x_2\\ \dot{x}_2&=x_3\\ \dot{x}_3&=-2x_3-3x_2-x_1+5u\\ y&=x_1 \end{aligned}$$

因此有

$$\dot{\boldsymbol{x}}=\begin{bmatrix}0 & 1 & 0\\ 0 & 0 & 1\\ -1 & -3 & -2\end{bmatrix}\boldsymbol{x}+\begin{bmatrix}0\\0\\5\end{bmatrix}\boldsymbol{u}$$

$$\boldsymbol{y}=\begin{bmatrix}1 & 0 & 0\end{bmatrix}\boldsymbol{x}$$

这就是所求的状态空间模型的形式。

2. 传递函数中有零点的情形

系统的微分方程的一般形式为

$$y^{(n)}+a_1y^{(n-1)}+\cdots+a_{n-1}\dot{y}+a_ny=b_0u^{(n)}+b_1u^{(n-1)}+\cdots+b_{n-1}\dot{u}+b_nu \tag{8.21}$$

该系统的传递函数为

$$G(s)=\frac{Y(s)}{U(s)}=\frac{b_0s^n+b_1s^{n-1}+\cdots+b_{n-1}s+b_n}{s^n+a_1s^{n-1}+\cdots+a_{n-1}s+a_n} \tag{8.22}$$

此时就不能简单地选择 $y^{(n)}(t),\cdots,\dot{y}(t),y(t)$ 为状态变量，这是因为采用该方法时，最后一个微分方程中将包含输入信号 $u(t)$ 的各阶导数项，这将使状态空间的运动出现无穷大的跃变，方程解的存在性和唯一性受到破坏。因此，选择状态变量的原则就是使导出的一阶微分方程组中不能包含 $u(t)$ 的导数项。

在传递函数中含有零点时，主要有两种方法。这里介绍的是第一种方法，另外一种方法就是将传递函数化为可控标准形，见后面有关章节的内容。

将状态变量取为输出 y 与输入 u 的各阶导数的适当组合，这里选择下面的 n 个变量作为状态变量

$$\begin{aligned}
&x_1=y-\beta_0u\\
&x_2=\dot{x}_1-\beta_1u=\dot{y}-\beta_0\dot{u}-\beta_1u\\
&x_3=\dot{x}_2-\beta_2u=\ddot{y}-\beta_0\ddot{u}-\beta_1\dot{u}-\beta_2u\\
&\cdots\\
&x_n=\dot{x}_{n-1}-\beta_{n-1}u=y^{(n-1)}-\beta_0u^{(n-1)}-\beta_1u^{(n-2)}-\cdots-\beta_{n-2}\dot{u}-\beta_{n-1}u
\end{aligned}$$

上式中的各待定系数 $\beta_j(j=0,1,\cdots,n)$ 由下面的关系进行计算

$$\begin{bmatrix}1 & & & & & \\ a_1 & 1 & & & O & \\ a_2 & a_1 & 1 & & & \\ \vdots & & \ddots & \ddots & & \\ \vdots & & & \ddots & 1 & \\ a_n & a_{n-1} & \cdots & \cdots & a_1 & 1\end{bmatrix}\begin{bmatrix}\beta_0\\ \beta_1\\ \beta_2\\ \vdots\\ \beta_{n-1}\\ \beta_n\end{bmatrix}=\begin{bmatrix}b_0\\ b_1\\ b_2\\ \vdots\\ b_{n-1}\\ b_n\end{bmatrix} \tag{8.23}$$

这样，就可保证系统可列写出状态空间模型的形式。

因有下面的微分方程组成立

$$\begin{aligned}
\dot{x}_1&=x_2+\beta_1u\\
\dot{x}_2&=x_3+\beta_2u\\
&\cdots\\
\dot{x}_{n-1}&=x_n+\beta_{n-1}u\\
\dot{x}_n&=-a_nx_1-\cdots-a_2x_{n-1}-a_1x_n+\beta_nu
\end{aligned}$$

可写出该系统的状态空间模型为

$$\begin{aligned}\dot{x}&=Ax+Bu\\ y&=Cx+Du\end{aligned}$$

其中，状态向量 $\boldsymbol{x}=[x_1\ x_2\cdots\ x_n]^{\mathrm{T}}$，且有

$$A=\begin{bmatrix}0&1&0&\cdots&0&0\\0&0&1&\cdots&0&0\\\vdots&\vdots&\vdots&&\vdots&\vdots\\0&0&0&\cdots&0&1\\-a_n&-a_{n-1}&-a_{n-2}&\cdots&-a_2&-a_1\end{bmatrix},\ B=\begin{bmatrix}\beta_1\\\beta_2\\\vdots\\\beta_n\end{bmatrix}$$

$$C=\begin{bmatrix}1&0&\cdots&0\end{bmatrix},\ D=\beta_0=b_0$$

【例 8.3】 设一个系统的微分方程描述为

$$\dddot{y}+7\ddot{y}+9\dot{y}+2y=\ddot{u}+4\dot{u}+u$$

试写出该系统的状态空间模型。

解 易知各项常系数为

$$a_1=7, a_2=9, a_3=2$$

$$b_0=0, b_1=1, b_2=4, b_3=1$$

由关系式（8.23）可知

$$\beta_0=0, \beta_1=1, \beta_2=-3, \beta_3=13$$

可写出该系统的状态空间模型为

$$\dot{x}=\begin{bmatrix}0&1&0\\0&0&1\\-2&-9&-7\end{bmatrix}x+\begin{bmatrix}1\\-3\\13\end{bmatrix}u$$

$$y=\begin{bmatrix}1&0&0\end{bmatrix}x$$

五、差分方程转化为离散状态空间模型

离散时间系统的状态空间模型方法，完全与连续系统的相关内容相对应。设系统的差分方程为

$$\begin{aligned}&y(k)+a_1y(k-1)+\cdots+a_{n-1}y(k-n+1)+a_ny(k-n)\\&=b_0u(k)+b_1u(k-1)+\cdots+b_{n-1}u(k-n+1)+b_nu(k-n)\end{aligned}\tag{8.24}$$

其中：k 表示 kT 时刻，T 为采样周期；$y(k)$，$u(k)$ 分别表示 kT 时刻的输出量和输入量；a_1，a_2，…，a_n 和 b_1，b_2，…，b_n 是常系数。则相应的系统脉冲传递函数为

$$G(z)=\frac{b_0+b_1z^{-1}+\cdots+b_nz^{-n}}{1+a_1z^{-1}+\cdots+a_nz^{-n}}\tag{8.25}$$

则仿照前面的方法，可得到离散时间系统的状态空间模型为

$$\boldsymbol{x}(k+1)=\begin{bmatrix}0&1&0&\cdots&0\\0&0&1&\cdots&0\\\vdots&\vdots&\vdots&&\vdots\\0&0&0&\cdots&1\\-a_n&-a_{n-1}&-a_{n-2}&\cdots&-a_1\end{bmatrix}\boldsymbol{x}(k)+\begin{bmatrix}\beta_1\\\beta_2\\\vdots\\\beta_n\end{bmatrix}\boldsymbol{u}(k)$$

$$\boldsymbol{y}(k)=\begin{bmatrix}1&0&0&\cdots&0\end{bmatrix}\boldsymbol{x}(k)+\beta_0\boldsymbol{u}(k)$$

式中，系数 $\beta_i(i=0,1,\cdots,n)$ 由下式给出

$$\begin{bmatrix} 1 & & & & & \\ a_1 & 1 & & & & \\ a_2 & a_1 & 1 & & & \\ \vdots & & \ddots & \ddots & & \\ a_{n-1} & & & \ddots & 1 & \\ a_n & a_{n-1} & \cdots & \cdots & a_1 & 1 \end{bmatrix} \begin{bmatrix} \beta_0 \\ \beta_1 \\ \beta_2 \\ \vdots \\ \beta_{n-1} \\ \beta_n \end{bmatrix} = \begin{bmatrix} b_0 \\ b_1 \\ b_2 \\ \vdots \\ b_{n-1} \\ b_n \end{bmatrix} \tag{8.26}$$

因分析的方法与前述方法完全相同，此处不再赘述。

六、控制系统的状态变量图

所谓状态变量图，就是只用积分环节、比例环节和相加点三种图形符号表示出的控制系统结构图。由状态变量图可以清晰地看出系统状态变量之间的相互关系，系统的状态变量图可以根据系统的微分方程或传递函数方框图画出。图 8 - 5 中给出了状态变量图的三种基本图形符号。

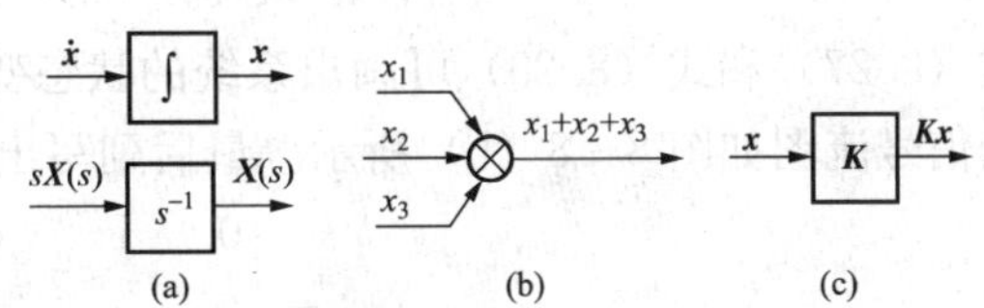

图 8 - 5 状态变量图的三种基本图形

(a) 积分环节；(b) 相加点；(c) 比例环节

状态变量图的一个重要特点是，每一个积分环节的输出都可代表该系统的一个状态变量。

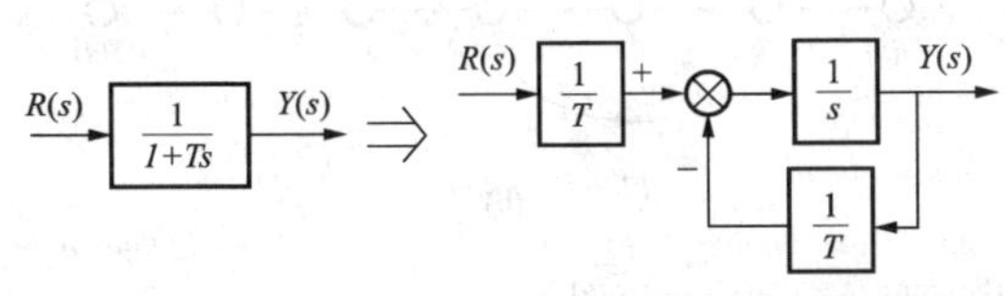

图 8 - 6 一阶惯性环节的状态变量图

因控制系统主要由比例、积分、一阶惯性环节、二阶振荡环节等典型环节所构成，只要能画出这些典型环节的状态变量图，就可方便地由系统方框图绘制出状态变量图来。一阶惯性环节和二阶振荡环节的状态变量图可分别按照图 8 - 6 和图 8 - 7 的方法绘出。

当画出整个系统的状态变量图后，只要将每个积分环节的输出作为系统的状态变量，可由状态变量图直接得到系统的状态方程和输出方程（即状态空间模型）。有了状态变量图，就可从中明确地看出状态变量的物理意义。如果只给出了系统的总的传递函数，也可通过绘制系统的状态变量图的方法列写出系统的状态空间模型。另外，我们可以很方便地将状态变量图改画成信号流图的形式。

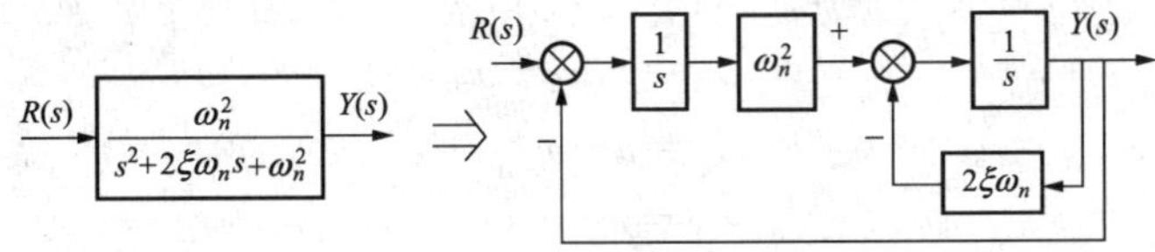

图 8 - 7 二阶振荡环节的状态变量图

【例 8.4】 已知系统的传递函数为

$$\frac{Y(s)}{U(s)}=\frac{s^2+4s+3}{s(s^2+6s+8)}$$

试绘出该系统的状态变量图，并列写出系统的状态空间模型。

解 将闭环传递函数改写成

$$\frac{Y(s)}{U(s)}=\frac{s^{-1}+4s^{-2}+3s^{-3}}{1+6s^{-1}+8s^{-2}}$$

令

$$Y(s)=(s^{-1}+4s^{-2}+3s^{-3})N(s) \tag{8.27}$$

$$U(s)=(1+6s^{-1}+8s^{-2})N(s) \tag{8.28}$$

由式（8.28）得

$$N(s)=U(s)-6s^{-1}N(s)-8s^{-2}N(s) \tag{8.29}$$

由式（8.27）和式（8.29）可画出系统的状态变量图，如图 8 - 8（a）所示，进而可画出系统的信号流图如图 8 - 8（b）所示。最后列写出系统的状态空间模型为

$$\dot{\boldsymbol{x}}=\begin{bmatrix}0&1&0\\0&0&1\\0&-8&-6\end{bmatrix}\boldsymbol{x}+\begin{bmatrix}0\\0\\1\end{bmatrix}\boldsymbol{u}$$

$$\boldsymbol{y}=[3\quad 4\quad 1]\boldsymbol{x}$$

可以看出，这与系统的可控标准形是一致的。

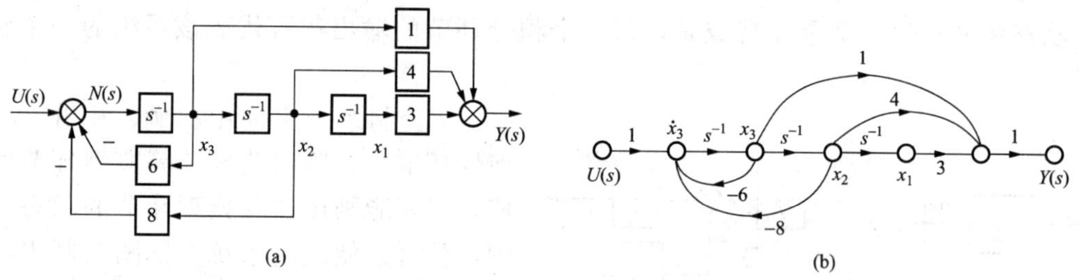

图 8 - 8 ［例 8.4］的状态变量图和信号流图

（a）状态变量图；（b）信号流图

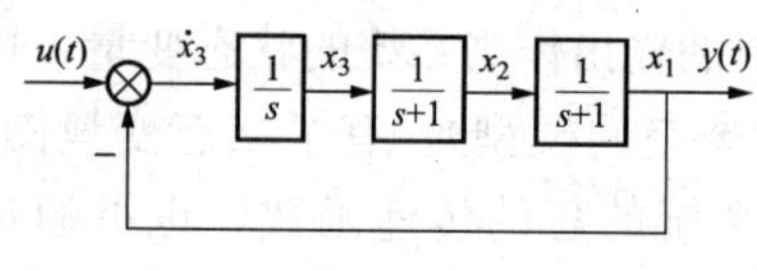

图 8 - 9 ［例 8.5］图

【例 8.5】 如图 8 - 9 所示的系统，试选择合适的状态，并建立起其状态空间模型。

解 因系统的阶次为 3，故应取三个状态变量，这里选择如图中的 x_1，x_2 和 x_3 作为状态变量，显然有 $y=x_1$ 成立。由拉氏变换性质可知，有下面的微分方程成立

$$\dot{x}_1=-x_1+x_2$$

$$\dot{x}_2=-x_2+x_3$$

$$\dot{x}_3=u-x_1$$

$$y=x_1$$

这样，就可写出系统的状态空间模型为

$$\dot{\boldsymbol{x}}=\begin{bmatrix}-1&1&0\\0&-1&1\\-1&0&0\end{bmatrix}\boldsymbol{x}+\begin{bmatrix}0\\0\\1\end{bmatrix}\boldsymbol{u}$$

$$\boldsymbol{y}=[1\quad 0\quad 0]\boldsymbol{x}$$

第二节　状态方程的解

建立起控制系统的状态空间模型，就为分析系统的行为和特性提供了可能性。对系统进行分析的目的，就是揭示系统状态的运动规律和基本特性。下面我们通过求解状态方程来研究系统的状态运动规律。

一、线性定常齐次状态方程的解

线性定常齐次状态方程的解，又称自由解或零输入响应，是指当控制输入量 $u(t)$ 为零，由初始状态引起的自由运动。此时的状态方程化为齐次状态方程

$$\dot{\boldsymbol{x}}(t)=\boldsymbol{A}\boldsymbol{x}(t) \tag{8.30}$$

其解为 t 的向量幂级数

$$\boldsymbol{x}(t)=\boldsymbol{b}_0+\boldsymbol{b}_1t+\boldsymbol{b}_2t^2+\cdots+\boldsymbol{b}_nt^n+\cdots \tag{8.31}$$

式中，$\boldsymbol{x}$，$\boldsymbol{b}_j$（$j=0$，1，…）均为 n 维向量，则有下面的恒等关系

$$\begin{aligned}\dot{\boldsymbol{x}}(t)&=\boldsymbol{b}_1+2\boldsymbol{b}_2t+3\boldsymbol{b}_3t^2+\cdots+n\boldsymbol{b}_nt^{n-1}+\cdots\\&=\boldsymbol{A}(\boldsymbol{b}_0+\boldsymbol{b}_1t+\boldsymbol{b}_2t^2+\cdots+\boldsymbol{b}_nt^n+\cdots)\end{aligned}$$

比较系数，则有

$$\begin{aligned}\boldsymbol{b}_1&=\boldsymbol{A}\boldsymbol{b}_0\\\boldsymbol{b}_2&=\frac{1}{2}\boldsymbol{A}^2\boldsymbol{b}_0\\&\cdots\\\boldsymbol{b}_n&=\frac{1}{n!}\boldsymbol{A}^n\boldsymbol{b}_0\\&\cdots\end{aligned}$$

又因 $\boldsymbol{x}(0)=\boldsymbol{b}_0$，故

$$\begin{aligned}\boldsymbol{x}(t)&=\left(\boldsymbol{I}+\boldsymbol{A}t+\frac{1}{2}\boldsymbol{A}^2t^2+\cdots+\frac{1}{n!}\boldsymbol{A}^nt^n+\cdots\right)x(0)\\&=\left(\sum_{n=0}^{+\infty}\frac{1}{n!}\boldsymbol{A}^nt^n\right)\boldsymbol{x}(0)\end{aligned} \tag{8.32}$$

定义矩阵指数函数 $\mathrm{e}^{\boldsymbol{A}t}$ 为

$$\mathrm{e}^{\boldsymbol{A}t}=\sum_{n=0}^{+\infty}\frac{1}{n!}\boldsymbol{A}^nt^n \tag{8.33}$$

故有

$$\boldsymbol{x}(t)=\mathrm{e}^{\boldsymbol{A}t}\boldsymbol{x}(0) \tag{8.34}$$

二、状态转移矩阵

由式（8.34）可以看出，$\boldsymbol{x}(t)$是由 $\boldsymbol{x}(0)$转移而得到的。对于线性定常系统，可定义 $\mathrm{e}^{\boldsymbol{A}t}$ 为状态转移矩阵，并记作 $\boldsymbol{\Phi}(t)$，即有

$$\boldsymbol{\Phi}(t)=\mathrm{e}^{\boldsymbol{A}t} \tag{8.35}$$

因此式（8.34）也可写成

$$\boldsymbol{x}(t)=\boldsymbol{\Phi}(t)\boldsymbol{x}(0) \tag{8.36}$$

1. 状态转移矩阵的性质

(1) 组合性质

$$\boldsymbol{\Phi}(t)\boldsymbol{\Phi}(\tau)=\boldsymbol{\Phi}(t+\tau)\text{或 } \mathrm{e}^{\boldsymbol{A}t}\mathrm{e}^{\boldsymbol{A}\tau}=\mathrm{e}^{\boldsymbol{A}(t+\tau)} \tag{8.37}$$

这意味着从$-\tau$转移到0，再从0转移到t的过程，即

$$\boldsymbol{\Phi}(t-0)\boldsymbol{\Phi}[0-(-\tau)]=\boldsymbol{\Phi}(t+\tau) \tag{8.38}$$

(2) 当$\tau=-t$时，有

$$\boldsymbol{\Phi}(0)=\boldsymbol{\Phi}(t-t)=\boldsymbol{I}\text{ 或 } \mathrm{e}^{\boldsymbol{A}(t-t)}=\boldsymbol{I} \tag{8.39}$$

(3) 状态转移矩阵的逆

$$[\boldsymbol{\Phi}(t)]^{-1}=\boldsymbol{\Phi}(-t)\text{或}[\mathrm{e}^{\boldsymbol{A}t}]^{-1}=\mathrm{e}^{-\boldsymbol{A}t} \tag{8.40}$$

这表明，状态转移矩阵的逆意味着时间的逆转，利用该性质，可在已知$\boldsymbol{x}(t)$的情况下，计算出小于时刻t的$\boldsymbol{x}(t_0)(t_0<t)$。

(4) 对于状态转移矩阵，有

$$\dot{\boldsymbol{\Phi}}(t)=\boldsymbol{A}\boldsymbol{\Phi}(t)=\boldsymbol{\Phi}(t)\boldsymbol{A} \tag{8.41}$$

或

$$\frac{\mathrm{d}}{\mathrm{d}t}\mathrm{e}^{\boldsymbol{A}t}=\boldsymbol{A}\mathrm{e}^{\boldsymbol{A}t}=\mathrm{e}^{\boldsymbol{A}t}\boldsymbol{A} \tag{8.42}$$

这说明，$\boldsymbol{\Phi}(t)$或$\mathrm{e}^{\boldsymbol{A}t}$矩阵和$\boldsymbol{A}$阵是可以交换的。

(5) 对于两个$n\times n$的方阵$\boldsymbol{A}$和$\boldsymbol{B}$，当且仅当$\boldsymbol{AB}=\boldsymbol{BA}$时，有$\mathrm{e}^{\boldsymbol{A}t}\mathrm{e}^{\boldsymbol{B}t}=\mathrm{e}^{(\boldsymbol{A}+\boldsymbol{B})t}$；当$\boldsymbol{AB}\neq\boldsymbol{BA}$时，有$\mathrm{e}^{\boldsymbol{A}t}\mathrm{e}^{\boldsymbol{B}t}\neq\mathrm{e}^{(\boldsymbol{A}+\boldsymbol{B})t}$。

这说明，只有当方阵$\boldsymbol{A}$和$\boldsymbol{B}$可交换时，它们的矩阵指数函数与其和的矩阵指数函数相等，否则就不相等，这一点与标量指数函数的性质是有所不同的。

2. 状态转移矩阵的计算

(1) 由$\boldsymbol{\Phi}(t)$或$\mathrm{e}^{\boldsymbol{A}t}$的定义式直接计算，即

$$\Phi(t)=\mathrm{e}^{\boldsymbol{A}t}=\sum_{n=0}^{+\infty}\frac{1}{n!}A^n t^n \tag{8.43}$$

【例 8.6】 已知$\boldsymbol{A}=\begin{bmatrix}0 & 1\\ -2 & -3\end{bmatrix}$，试求状态转移矩阵$\mathrm{e}^{\boldsymbol{A}t}$。

解 由定义式

$$\begin{aligned}\mathrm{e}^{\boldsymbol{A}t}&=\boldsymbol{I}+\boldsymbol{A}t+\frac{1}{2!}\boldsymbol{A}^2t^2+\cdots+\frac{1}{n!}\boldsymbol{A}^nt^n+\cdots\\&=\begin{bmatrix}1 & 0\\ 0 & 1\end{bmatrix}+\begin{bmatrix}0 & 1\\ -2 & -3\end{bmatrix}t+\begin{bmatrix}0 & 1\\ -2 & -3\end{bmatrix}^2\frac{t^2}{2!}+\begin{bmatrix}0 & 1\\ -2 & -3\end{bmatrix}^3\frac{t^3}{3!}+\cdots\\&=\begin{bmatrix}1-t^2+t^3+\cdots & t-\frac{3}{2}t^2-\frac{7}{6}t^3+\cdots\\ -2t+3t^2-\frac{7}{3}t^3+\cdots & 1-3t+\frac{7}{2}t^2-\frac{5}{2}t^3+\cdots\end{bmatrix}\end{aligned}$$

可见，该方法具有易于编程的优点，适于用计算机辅助求解。能得到数值解但很难得到解析形式的结果。

(2) 用拉氏反变换法，即

$$\boldsymbol{\Phi}(t)=\mathrm{e}^{\boldsymbol{A}t}=\mathscr{L}^{-1}[(s\boldsymbol{I}-\boldsymbol{A})^{-1}] \tag{8.44}$$

证明：已知$\dot{\boldsymbol{x}}=\boldsymbol{A}\boldsymbol{x}$；$\boldsymbol{x}(0)=\boldsymbol{x}_0$，式(8.30)两边取拉氏变换，有

$$s\boldsymbol{X}(s)-\boldsymbol{x}(0)=\boldsymbol{A}\boldsymbol{X}(s)$$

整理为

$$\boldsymbol{X}(s)=(s\boldsymbol{I}-\boldsymbol{A})^{-1}\boldsymbol{x}(0)$$

两边再取拉氏反变换，得到齐次微分方程的解为

$$\boldsymbol{x}(t)=\mathscr{L}^{-1}[(s\boldsymbol{I}-\boldsymbol{A})^{-1}]\boldsymbol{x}(0)$$

这也证明了式(8.44)的成立。

【例 8.7】 计算例 8.6 中 $\boldsymbol{A}$ 阵的状态转移矩阵 $e^{\boldsymbol{A}t}$。

解　因 $(s\boldsymbol{I}-\boldsymbol{A})=\begin{bmatrix} s & -1 \\ 2 & s+3 \end{bmatrix}$，有

$$(s\boldsymbol{I}-\boldsymbol{A})^{-1}=\begin{bmatrix} \dfrac{s+3}{s^2+3s+2} & \dfrac{1}{s^2+3s+2} \\ -\dfrac{2}{s^2+3s+2} & \dfrac{s}{s^2+3s+2} \end{bmatrix}$$

$$=\begin{bmatrix} \dfrac{2}{s+1}+\dfrac{-1}{s+2} & \dfrac{1}{s+1}+\dfrac{-1}{s+2} \\ \dfrac{-2}{s+1}+\dfrac{2}{s+2} & \dfrac{-1}{s+1}+\dfrac{2}{s+2} \end{bmatrix}$$

故

$$e^{\boldsymbol{A}t}=\mathscr{L}^{-1}[(s\boldsymbol{I}-\boldsymbol{A})^{-1}]=\begin{bmatrix} 2e^{-t}-e^{-2t} & e^{-t}-e^{-2t} \\ -2e^{-t}+2e^{-2t} & -e^{-t}+2e^{-2t} \end{bmatrix} \tag{8.45}$$

可见，该方法可得到解析形式的计算结果。

三、非齐次方程的解

状态空间模型中，状态变量的初始值可直接包含在非零的初始条件向量 $x(0)$ 中，这一点要优于控制系统的传递函数模型描述。我们通常考虑初始时间 $t_0=0$。而无论我们使用传递函数的形式，还是零极点的形式，总是隐含了零初始条件。对于下面状态方程

$$\dot{\boldsymbol{x}}(t)=\boldsymbol{A}\boldsymbol{x}(t)+\boldsymbol{B}\boldsymbol{u}(t) \tag{8.46}$$

两边进行拉氏变换，得

$$s\boldsymbol{X}(s)-\boldsymbol{x}(0)=\boldsymbol{A}\boldsymbol{X}(s)+\boldsymbol{B}\boldsymbol{U}(s)$$

$$\boldsymbol{X}(s)=(s\boldsymbol{I}-\boldsymbol{A})^{-1}\boldsymbol{x}(0)+(s\boldsymbol{I}-\boldsymbol{A})^{-1}\boldsymbol{B}\boldsymbol{U}(s)$$

两端取拉氏反变换，得状态方程的解为

$$\boldsymbol{x}(t)=\mathscr{L}^{-1}[(s\boldsymbol{I}-\boldsymbol{A})^{-1}]\boldsymbol{x}(0)+\mathscr{L}^{-1}[(s\boldsymbol{I}-\boldsymbol{A})^{-1}\boldsymbol{B}\boldsymbol{U}(s)] \tag{8.47}$$

利用拉氏变换的卷积性质，还可将上式写成

$$\begin{aligned}\boldsymbol{x}(t)&=e^{\boldsymbol{A}t}x(0)+\int_0^t e^{\boldsymbol{A}(t-\tau)}\boldsymbol{B}\boldsymbol{u}(\tau)\,d\tau \\ &=\boldsymbol{\Phi}(t)\boldsymbol{x}(0)+\int_0^t \boldsymbol{\Phi}(t-\tau)\boldsymbol{B}\boldsymbol{u}(\tau)\,d\tau\end{aligned} \tag{8.48}$$

当 $t_0\neq 0$ 时，状态变量 $\boldsymbol{x}(t)$ 对任意输入 $\boldsymbol{u}(t)$ 和初始条件 $\boldsymbol{x}(t_0)$ 的全响应为

$$\boldsymbol{x}(t)=e^{\boldsymbol{A}(t-t_0)}\boldsymbol{x}(t_0)+\int_{t_0}^t e^{\boldsymbol{A}(t-\tau)}\boldsymbol{B}\boldsymbol{u}(\tau)\,d\tau \tag{8.49}$$

其中，$e^{\boldsymbol{A}t}$ 为状态转移矩阵。

可见，非齐次状态方程的解包括两个部分，第一部分是系统自由运动引起的，它是系统初始状态的转移，称作零输入响应；第二部分是由控制输入引起的，它与输入信号的性质和

大小有关，称为零状态响应。这说明，只要知道系统的初始状态 $\boldsymbol{x}(t_0)$ 和 $t \geqslant t_0$ 的输入函数，就可求出系统在任意时刻 t 的状态。因输入信号是人为控制的，可根据极点配置方法或最优控制律来选择 $u(t)$，使系统的状态在状态空间中按照最优轨线运动。

【例 8.8】 已知系统的状态方程为

$$\dot{\boldsymbol{x}}=\begin{bmatrix}0 & 1\\ -2 & -3\end{bmatrix}\boldsymbol{x}+\begin{bmatrix}0\\ 1\end{bmatrix}\boldsymbol{u}$$

输入 $\boldsymbol{u}(t)$ 为单位阶跃函数；初值 $\boldsymbol{x}(0)=\begin{bmatrix}1\\ 0\end{bmatrix}$，试求系统的状态 $\boldsymbol{x}(t)$。

解 （1）已知 $\boldsymbol{x}(0)=\begin{bmatrix}1\\ 0\end{bmatrix}$，由例 8.7 已求得系统的状态转移矩阵为

$$\boldsymbol{\Phi}(t)=\begin{bmatrix}2\mathrm{e}^{-t}-\mathrm{e}^{-2t} & \mathrm{e}^{-t}-\mathrm{e}^{-2t}\\ -2\mathrm{e}^{-t}+2\mathrm{e}^{-2t} & -\mathrm{e}^{-t}+2\mathrm{e}^{-2t}\end{bmatrix}$$

$$\boldsymbol{\Phi}(t)\boldsymbol{x}(0)=\begin{bmatrix}2\mathrm{e}^{-t}-\mathrm{e}^{-2t}\\ -2\mathrm{e}^{-t}+2\mathrm{e}^{-2t}\end{bmatrix}$$

（2）当 $u(t)=1(t)$ 时，有 $U(s)=\dfrac{1}{s}$

$$(s\boldsymbol{I}-\boldsymbol{A})^{-1}\boldsymbol{B}U(s)=\begin{bmatrix}\dfrac{1}{s(s+1)(s+2)}\\ \dfrac{1}{(s+1)(s+2)}\end{bmatrix}$$

$$\mathscr{L}^{-1}[(s\boldsymbol{I}-\boldsymbol{A})^{-1}\boldsymbol{B}U(s)]=\begin{bmatrix}0.5-\mathrm{e}^{-t}+0.5\mathrm{e}^{-2t}\\ \mathrm{e}^{-t}-\mathrm{e}^{-2t}\end{bmatrix}$$

由式（8.47）可得系统的状态为

$$\begin{aligned}\boldsymbol{x}(t)&=\boldsymbol{\Phi}(t)\boldsymbol{x}(0)+L^{-1}[(s\boldsymbol{I}-\boldsymbol{A})^{-1}\boldsymbol{B}U(s)]\\ &=\begin{bmatrix}0.5+\mathrm{e}^{-t}-0.5\mathrm{e}^{-2t}\\ -\mathrm{e}^{-t}+\mathrm{e}^{-2t}\end{bmatrix}\end{aligned}$$

由上面的计算结果可绘制出状态的响应曲线如图 8-10 所示。

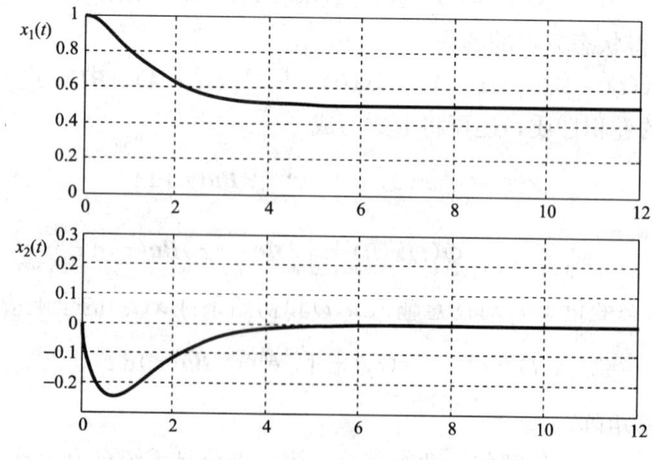

图 8-10 ［例 8.8］的状态响应曲线

四、离散系统状态方程的解

求解离散系统状态方程时，主要有下面两种方法

1. 迭代法求解

对离散系统

$$\boldsymbol{x}(k+1)=\boldsymbol{\Phi x}(k)+\boldsymbol{\Gamma u}(k) \tag{8.50}$$

$$\boldsymbol{y}(k)=\boldsymbol{Cx}(k)+\boldsymbol{Du}(k) \tag{8.51}$$

若 $t_0=0$，且初值 $x(0)$已知，通过反复迭代，并进行数学归纳，可求出状态方程的解析解为

$$\boldsymbol{x}(k)=\boldsymbol{\Phi}^k\boldsymbol{x}(0)+\sum_{j=0}^{k-1}\boldsymbol{\Phi}^{k-j-1}\boldsymbol{\Gamma u}(j)\qquad k=1,2,3,\cdots \tag{8.52}$$

由上式可以看出，线性离散系统非齐次状态方程的解与连续系统的情形是类似的，也由两部分组成。第一部分是由初始状态引起的响应，是系统运动的自由分量；第二部分是由各采样时刻的输入信号引起的响应，是系统运动的强迫分量。另外，第 k 个采样时刻的状态只与前$(k-1)$采样时刻的控制输入量有关，而与第 k 个采样时刻的输入无关。

2. Z 变换法求解

若 $t_0=0$，且初值 $x(0)$已知，对线性离散系统状态方程的式（8.50）两边取 Z 变换，得

$$z\boldsymbol{X}(z)-z\boldsymbol{x}(0)=\boldsymbol{\Phi X}(z)+\boldsymbol{\Gamma U}(z) \tag{8.53}$$

于是

$$\boldsymbol{X}(z)=(z\boldsymbol{I}-\boldsymbol{\Phi})^{-1}z\boldsymbol{x}(0)+(z\boldsymbol{I}-\boldsymbol{\Phi})^{-1}\boldsymbol{\Gamma U}(z) \tag{8.54}$$

两边再取 Z 反变换，得到线性离散系统非齐次状态方程的解

$$\boldsymbol{x}(k)=\mathscr{Z}^{-1}[(z\boldsymbol{I}-\boldsymbol{\Phi})^{-1}z]\boldsymbol{x}(0)+Z^{-1}[(z\boldsymbol{I}-\boldsymbol{\Phi})^{-1}\boldsymbol{\Gamma U}(z)] \tag{8.55}$$

比较式（8.52）和式（8.55）可知，有下面的关系成立

$$\boldsymbol{\Phi}^k=Z^{-1}[(z\boldsymbol{I}-\boldsymbol{\Phi})^{-1}z] \tag{8.56}$$

$$\sum_{j=0}^{k-1}\boldsymbol{\Phi}^{k-j-1}\boldsymbol{\Gamma u}(j)-Z^{-1}[(z\boldsymbol{I}-\boldsymbol{\Phi})^{-1}\boldsymbol{\Gamma U}(z)] \tag{8.57}$$

其中，矩阵 $\boldsymbol{\Psi}(k)=\boldsymbol{\Phi}^k$ 称为**状态转移矩阵**，也称**基本矩阵**。状态转移矩阵包含了由式（8.50）所定义系统的自由运动的全部信息。

这两种方法中，由迭代法得到的是数值解，适合于用计算机编程实现，但结果不是封闭的；而由 Z 变换法求得的是封闭的解析解。

第三节　连续系统状态空间模型的离散化

有些系统是完全离散的，其输入量、中间变量、输出量等都是离散信息；有些系统则是局部离散的，比如其输入量、被控对象所传送的信号、输出量等都是连续信息，仅系统中的计算机传送处理离散信号，这时，连续部分在采样点上的数据才是有用信息，要将连续部分离散化。为研究方便，不论完全的或局部的离散系统，都假定采样是等周期进行的，且在采样间隔内，各变量均保持常值。

如果采用计算机来计算状态 $\boldsymbol{x}(t)$和输出 $\boldsymbol{y}(t)$，就必须将连续状态方程化为离散状态方程。在进行离散化处理时，可以假想输入变量 $\boldsymbol{u}(t)$是经过采样开关和零阶保持电路。这样输入变量 $\boldsymbol{u}(t)$只是在采样瞬时，即 $t=kT$ 时变化，而在两个采样瞬时之间保持常数值，即

$$\boldsymbol{u}(t)=\boldsymbol{u}(kT) \quad kT \leqslant t<(k+1)T \tag{8.58}$$

1. 状态方程离散化过程

设线性定常连续状态方程和输出方程为

$$\dot{\boldsymbol{x}}(t)=\boldsymbol{A}\boldsymbol{x}(t)+\boldsymbol{B}\boldsymbol{u}(t) \tag{8.59}$$

$$\boldsymbol{y}(t)=\boldsymbol{C}\boldsymbol{x}(t)+\boldsymbol{D}\boldsymbol{u}(t) \tag{8.60}$$

状态方程式(8.59)的解为

$$\boldsymbol{x}(t)=\mathrm{e}^{\boldsymbol{A}t}\boldsymbol{x}(0)+\int_0^t \mathrm{e}^{\boldsymbol{A}(t-\tau)}\boldsymbol{B}\boldsymbol{u}(\tau)\mathrm{d}\tau$$

取 $t=(k+1)T$ 和 $t=kT$，有

$$\boldsymbol{x}(k+1)=\mathrm{e}^{\boldsymbol{A}(k+1)T}\boldsymbol{x}(0)+\mathrm{e}^{\boldsymbol{A}(k+1)T}\int_0^{(k+1)T} \mathrm{e}^{-\boldsymbol{A}\tau}\boldsymbol{B}\boldsymbol{u}(\tau)\mathrm{d}\tau \tag{8.61}$$

$$\boldsymbol{x}(k)=\mathrm{e}^{\boldsymbol{A}kT}x(0)+\mathrm{e}^{\boldsymbol{A}kT}\int_0^{kT} \mathrm{e}^{-\boldsymbol{A}\tau}\boldsymbol{B}\boldsymbol{u}(\tau)\mathrm{d}\tau \tag{8.62}$$

式(8.61)减去式(8.62)与 $\mathrm{e}^{\boldsymbol{A}T}$ 的乘积，得

$$\boldsymbol{x}(k+1)-\mathrm{e}^{\boldsymbol{A}T}\boldsymbol{x}(k)=\mathrm{e}^{\boldsymbol{A}(k+1)T}\int_{kT}^{(k+1)T} \mathrm{e}^{-\boldsymbol{A}\tau}\boldsymbol{B}\boldsymbol{u}(\tau)\mathrm{d}\tau \tag{8.63}$$

将式(8.58)代入式(8.63)中，并考虑到在一个采样周期内 $\boldsymbol{u}(k)$ 是保持不变的，故对式(8.63)中的积分上下限可作如下改动

$$\boldsymbol{x}(k+1)=\mathrm{e}^{\boldsymbol{A}T}\boldsymbol{x}(k)+\mathrm{e}^{\boldsymbol{A}T}\int_{kT}^{(k+1)T} \mathrm{e}^{\boldsymbol{A}(kT-\tau)}\boldsymbol{B}u(kT)\mathrm{d}\tau$$

令 $\lambda=kT-\tau$，有 $\tau=kT$ 时 $\lambda=0$，$\tau=(k+1)T$ 时 $\lambda=-T$，及 $\mathrm{d}\lambda=-\mathrm{d}\tau$，整理为

$$\boldsymbol{x}(k+1)=\mathrm{e}^{\boldsymbol{A}T}\boldsymbol{x}(k)+\left[\int_0^T \mathrm{e}^{\boldsymbol{A}\lambda}\boldsymbol{B}d\lambda\right]\boldsymbol{u}(k) \tag{8.64}$$

连续状态方程式(8.59)的离散化形式为

$$\boldsymbol{x}(k+1)=\boldsymbol{\Phi}\boldsymbol{x}(k)+\boldsymbol{\Gamma}\boldsymbol{u}(k) \tag{8.65}$$

输出方程的离散形式为

$$\boldsymbol{y}(k)=\boldsymbol{C}\boldsymbol{x}(k)+\boldsymbol{D}\boldsymbol{u}(k) \tag{8.66}$$

式(8.64)与式(8.65)比较知

$$\boldsymbol{\Phi}=\mathrm{e}^{\boldsymbol{A}T}=\mathrm{e}^{\boldsymbol{A}t}\big|_{t=T} \tag{8.67}$$

$$\Gamma=\int_0^T \mathrm{e}^{\boldsymbol{A}\lambda}\boldsymbol{B}\mathrm{d}\lambda=\left(\int_0^T \mathrm{e}^{\boldsymbol{A}\lambda}\mathrm{d}\lambda\right)\boldsymbol{B} \tag{8.68}$$

其中，$\mathrm{e}^{\boldsymbol{A}t}=\mathscr{L}^{-1}[(s\boldsymbol{I}-\boldsymbol{A})^{-1}]$ 为状态转移矩阵，我们称 $\mathrm{e}^{\boldsymbol{A}T}$ 为矩阵指数。

【例 8.9】 已知线性定常系统为

$$\dot{\boldsymbol{x}}=\begin{bmatrix}0 & 1\\0 & -2\end{bmatrix}\boldsymbol{x}+\begin{bmatrix}0\\1\end{bmatrix}\boldsymbol{u}$$

采样周期取 $T=1\mathrm{s}$，试求取该系统的离散状态空间表达式。

解 首先求 $\mathrm{e}^{\boldsymbol{A}t}$

$$|s\boldsymbol{I}-\boldsymbol{A}|=\begin{vmatrix}s & -1\\0 & s+2\end{vmatrix}=s(s+2)$$

$$(s\boldsymbol{I}-\boldsymbol{A})^{-1}=\frac{1}{s(s+2)}\begin{bmatrix}s+2 & 1\\0 & s\end{bmatrix}=\begin{bmatrix}\dfrac{1}{s} & \dfrac{1}{s(s+2)}\\0 & \dfrac{1}{s+2}\end{bmatrix}$$

$$e^{At}=\mathscr{L}^{-1}[(s\boldsymbol{I}-\boldsymbol{A})^{-1}]=\begin{bmatrix}1 & 0.5(1-e^{-2t})\\0 & e^{-2t}\end{bmatrix}$$

再求 Φ 和 Γ

$$\boldsymbol{\Phi}=e^{AT}=\begin{bmatrix}1 & 0.432\\0 & 0.135\end{bmatrix};\boldsymbol{\Gamma}=\begin{bmatrix}0.284\\0.432\end{bmatrix}$$

故离散状态空间表达式为

$$\boldsymbol{x}(k+1)=\begin{bmatrix}1 & 0.432\\0 & 0.135\end{bmatrix}\boldsymbol{x}(k)+\begin{bmatrix}0.284\\0.432\end{bmatrix}\boldsymbol{u}(k)$$

分析可知，第一，系统离散化不改变系统的时变性或定常性。即时变系统离散化后仍为时变系统，而定常系统离散化后仍为定常系统。第二，考虑到连续系统的状态转移矩阵必然是非奇异的，因此不管连续系统矩阵 $\boldsymbol{A}(t)$ 或 $\boldsymbol{A}$ 是否为非奇异，但离散化系统的矩阵 $\boldsymbol{\Phi}(k)$ 或 $\boldsymbol{\Phi}$ 必为非奇异。

2. 由脉冲传递函数法将连续状态方程离散化

在求取线性定常连续系统状态方程离散化时，可以先写出连续系统的传递函数；然后考虑带零阶保持器，将传递函数变换为脉冲传递函数，以完成离散化过程；最后由得到的脉冲传递函数，按照前面介绍的方法，可写出各种标准形的离散状态方程。

【例 8.10】　已知连续系统

$$G(s)=\frac{Y(s)}{U(s)}=\frac{1}{s(s+2)}$$

当采样周期为 $T=1\text{s}$ 时，试求其离散状态方程。

解　先用零阶保持器将连续系统离散化，求出其脉冲传递函数

$$\begin{aligned}G(z)&=\mathscr{Z}\left[\frac{1-e^{-\tau s}}{s}G(s)\right]=(1-z^{-1})\mathscr{Z}\left[\frac{1}{s^2(s+2)}\right]\\&=(1-z^{-1})\mathscr{Z}\left[\frac{0.5}{s^2}-\frac{0.25}{s}+\frac{0.25}{s+2}\right]\\&=(1-z^{-1})\left[\frac{0.5z^{-1}}{(1-z^{-1})^2}-\frac{0.25}{1-z^{-1}}+\frac{0.25}{1-0.135z^{-1}}\right]\\&=\frac{0.284z^{-1}+0.149z^{-2}}{(1-z^{-1})(1-0.135z^{-1})}=\frac{0.284z+0.149}{z^2-1.135z+0.135}\end{aligned}$$

然后就可写出该系统可控标准形的离散状态空间表达式为

$$\begin{bmatrix}x_1(k+1)\\x_2(k+1)\end{bmatrix}=\begin{bmatrix}0 & 1\\-0.135 & 1.135\end{bmatrix}\begin{bmatrix}x_1(k)\\x_2(k)\end{bmatrix}+\begin{bmatrix}0\\1\end{bmatrix}u(k)$$

$$y(k)=[0.149\quad 0.284]\begin{bmatrix}x_1(k)\\x_2(k)\end{bmatrix}$$

第四节　可控性与可观性分析

在经典控制理论中，用传递函数描述系统的输入—输出特性，被控量就是输出量，只要系统是因果系统并且稳定，输出量就可以被控制，而且输出量总是可以被测量的，在理论上和实践上均不涉及能否控制和能否观测的问题。

现代控制理论采用的是状态空间模型，用状态方程描述输入 $u(t)$ 引起状态 $x(t)$ 的变化过程；用输出方程描述由状态 $x(t)$ 变化引起输出 $y(t)$ 的变化。输出量是系统的外部变量，是可测量到的，而状态变量是系统的内部变量，这就存在一个问题：系统内部的所有状态是否可受输入量的控制和是否可由系统输出量反映出来。可控性指的是控制作用对被控系统的全部状态进行控制的可能性；可观性指的是由系统量测输出值确定系统全部状态的可能性。在现代控制理论中，系统设计的关键问题就是对状态的控制和观测。状态向量的每个分量能否被输入所控制，状态值能否通过输出量的量测来得到，这些完全取决于被控系统的内部特性。

可控性和可观性的概念在现代控制理论和实践两方面都有很重要的地位，是由美国科学家卡尔曼在 20 世纪 60 年代初最先提出的。在通过状态反馈来任意配置系统特征值时，解的存在性也与系统可控性条件密切相关。可观性的概念则定义了通过可测量的输出变量来观测或估计状态变量的条件。可控性和可观性条件分别决定了状态反馈设计与状态观测器设计的存在性。在最优控制中，可控性条件决定着最优解的存在性；在最优估计中，可观性条件也决定着状态最优估计值的存在性。这是现代控制理论有别于经典控制理论的根本之处。因在后面的推导过程中，要用到著名的凯莱—哈密尔顿定理，下面就介绍这一定理。

凯莱—哈密尔顿定理（Cayley-Hamilton Theorem）：任何 $n\times n$ 维的方阵 $\boldsymbol{A}$ 都满足它自己的特征方程。

若已经得到状态空间模型中的系数矩阵 $\boldsymbol{A}$，则系统的特征方程为

$$\boldsymbol{P}(s)=|s\boldsymbol{I}-\boldsymbol{A}|=s^n+a_1s^{n-1}+\cdots+a_{n-1}s+a_n=0 \tag{8.69}$$

根据凯莱—哈密尔顿定理，有下式成立

$$\boldsymbol{P}(\boldsymbol{A})=\boldsymbol{A}^n+a_1\boldsymbol{A}^{n-1}+\cdots+a_{n-1}\boldsymbol{A}+a_n\boldsymbol{I}=0 \tag{8.70}$$

一、状态可控性的概念

可控性是讨论系统的状态（或输出）与控制作用间的关系。我们要解决的问题是：要满足哪些条件，系统才可以施加控制的。

设线性连续系统的状态方程为

$$\dot{\boldsymbol{x}}(t)=\boldsymbol{A}(t)\boldsymbol{x}(t)+\boldsymbol{B}(t)\boldsymbol{u}(t) \tag{8.71}$$

式中，$\boldsymbol{x}(t)$ 为 n 维状态向量；$\boldsymbol{u}(t)$ 是 r 维控制向量。$\boldsymbol{A}$，$\boldsymbol{B}$ 为适当维数的时变矩阵。

定义：若线性系统 $\sum[\boldsymbol{A}(t),\boldsymbol{B}(t)]$ 对初始时刻 t_0，存在另一时刻 $t_f(t_f>t_0)$，对初始状态 $\boldsymbol{x}(t_0)=\boldsymbol{x}_0$，可以找到一个无约束的控制向量 $\boldsymbol{u}(t)$，能在有限时间 (t_f-t_0) 内将系统的状态由初值 $\boldsymbol{x}(t_0)$ 转移到任意指定的终值 $\boldsymbol{x}(t_f)$，则称系统在 t_0 时刻的状态 $\boldsymbol{x}(t_0)$ 是可控的。如果系统在状态空间中的每一个状态都可控，就称系统在 (t_0,t_f) 时间间隔内是状态完全可控的，或称系统是可控的。

若状态 $\boldsymbol{x}(t_0)$ 的一个或一个以下的分量满足上述条件，则此系统称为不可控系统。

在以后的讨论中，为方便起见，并不失一般性，通常设系统的初值为 $\boldsymbol{x}(0)$，且 $\boldsymbol{x}(0)$ 可在状态空间的任意位置，终值通常指定为 $\boldsymbol{x}(t_f)=0$，即以状态空间的原点为系统终值。

二、可控性矩阵秩判据

判别系统状态是否完全可控，有多种判据，如格兰姆矩阵判据、PBH 秩判据等，这里介绍的是可控性矩阵秩判据。

线性定常连续系统 $\sum(\boldsymbol{A},\boldsymbol{B})$ 状态完全可控的充分必要条件是可控性矩阵满秩，即有

$$\text{rank}[\boldsymbol{B}\quad \boldsymbol{AB}\quad \cdots\quad \boldsymbol{A}^{n-1}\boldsymbol{B}]=n \tag{8.72}$$

成立。其中，n 为矩阵 $\boldsymbol{A}$ 的维数，$\boldsymbol{M}=[\boldsymbol{B}\quad \boldsymbol{AB}\quad \cdots\quad \boldsymbol{A}^{n-1}\boldsymbol{B}]$ 称为系统的可控性矩阵。

证明：已知状态方程式(8.71)的解为

$$x(t_f)=e^{\boldsymbol{A}(t_f-t_0)}\boldsymbol{x}(t_0)+\int_{t_0}^{t_f}e^{\boldsymbol{A}(t_f-\tau)}\boldsymbol{Bu}(\tau)d\tau \tag{8.73}$$

在下面的讨论中，设系统的初值为 $\boldsymbol{x}(0)$，终值为 $\boldsymbol{x}(t_f)=0$，即终端状态为状态空间的原点。有

$$0=e^{\boldsymbol{A}t_f}\boldsymbol{x}(0)+\int_0^{t_f}e^{\boldsymbol{A}(t_f-\tau)}\boldsymbol{Bu}(\tau)d\tau$$

$$\boldsymbol{x}(0)=-\int_0^{t_f}e^{-\boldsymbol{A}\tau}\boldsymbol{Bu}(\tau)d\tau \tag{8.74}$$

利用凯莱—哈密尔顿定理，有

$$P(\boldsymbol{A})=\boldsymbol{A}^n+a_1\boldsymbol{A}^{n-1}+\cdots+a_{n-1}\boldsymbol{A}+a_n\boldsymbol{I}=0$$

成立。因此

$$\boldsymbol{A}^n=-(a_1\boldsymbol{A}^{n-1}+\cdots+a_{n-1}A+a_n\boldsymbol{I})$$

即 $\boldsymbol{A}^n$ 可由 $\boldsymbol{A}$ 的各低次幂(幂次小于或等于 $n-1$)的线性组合形式来表示。而

$$\boldsymbol{A}^{n+1}=-(a_1\boldsymbol{A}^n+\cdots+a_{n-1}\boldsymbol{A}^2+a_n\boldsymbol{A})$$

可看出，$\boldsymbol{A}^{n+1}$ 也可由 $\boldsymbol{A}$ 的各低次幂(幂次小于或等于 $n-1$)的线性组合形式来表示。

同理，$\boldsymbol{A}^{n+2}$，$\boldsymbol{A}^{n+3}$，…也都可用 $\boldsymbol{A}^{n-1}$，$\boldsymbol{A}^{n-2}$，…，$\boldsymbol{I}$ 的线性组合构成。

可将 $e^{-\boldsymbol{A}\tau}$ 表示为

$$e^{-\boldsymbol{A}\tau}=\boldsymbol{I}-\boldsymbol{A}\tau+\frac{1}{2}\boldsymbol{A}^2\tau^2-\cdots+\frac{1}{n!}\boldsymbol{A}^n(-\tau)^n+\frac{1}{(n+1)!}\boldsymbol{A}^{n+1}(-\tau)^{n+1}+\cdots$$

$$=\alpha_0(\tau)\boldsymbol{I}+\alpha_1(\tau)\boldsymbol{A}+\cdots+\alpha_{n-1}(\tau)\boldsymbol{A}^{n-1}=\sum_{i=0}^{n-1}\alpha_i(\tau)\boldsymbol{A}^i \tag{8.75}$$

将式(8.75)代入式(8.74)中，得

$$x(0)=-\sum_{i=0}^{n-1}\left[\boldsymbol{A}^i\boldsymbol{B}\int_0^{t_f}\alpha_i(\tau)\boldsymbol{u}(\tau)d\tau\right]$$

因上式中的 t_f 为固定值，故每个积分项都是定积分，是一个确定常数，令

$$\int_0^{t_f}\alpha_i(\tau)\boldsymbol{u}(\tau)d\tau=\beta_i$$

则有

$$\boldsymbol{x}(0)=-\sum_{i=0}^{n-1}[\boldsymbol{A}^i\boldsymbol{B}\beta_i]$$

$$=-[\boldsymbol{B}\quad \boldsymbol{AB}\quad \cdots\quad \boldsymbol{A}^{n-1}\boldsymbol{B}]\begin{bmatrix}\beta_0\\ \beta_1\\ \vdots\\ \beta_{n-1}\end{bmatrix}$$

因系统是可控的，即对于任意给定的初始状态 $\boldsymbol{x}(0)$，都要求由上式可解出 $\beta_i(i=0,1,\cdots,n-1)$ 来，这就要求系统的可控性矩阵 $\boldsymbol{M}$ 满秩，即

$$\text{rank}[\boldsymbol{M}]=\text{rank}[\boldsymbol{B}\,\boldsymbol{AB}\cdots\boldsymbol{A}^{n-1}\boldsymbol{B}]=n$$

虽然这里仅讨论了输入量是一维的情形，但当有多个控制量输入时，上式也是成立的。

【例 8.11】 系统的状态方程为

$$\begin{cases}\dot{\boldsymbol{x}}=\begin{bmatrix}1&2&1\\0&1&1\\1&0&3\end{bmatrix}\boldsymbol{x}+\begin{bmatrix}1\\1\\0\end{bmatrix}\boldsymbol{u}\\ \boldsymbol{y}=\begin{bmatrix}0&1&1\end{bmatrix}\boldsymbol{x}\end{cases}$$

试判断该系统的可控性。

解　先求出系统的可控性矩阵为

$$\boldsymbol{M}=[\boldsymbol{B}\quad \boldsymbol{AB}\quad \boldsymbol{A}^2\boldsymbol{B}]=\begin{bmatrix}1&3&6\\1&1&2\\0&1&6\end{bmatrix}$$

因有 $\text{rank}[\boldsymbol{M}]=3$，所以该系统状态完全可控。

三、输出可控性

在实际的控制系统设计中，需要控制的可能只是输出量，而不是系统的全部状态。对于系统的输出，状态完全可控性即不是必要的，也不是充分的。因此，有必要重新定义输出完全可控性。

下面我们考虑系统

$$\begin{cases}\dot{\boldsymbol{x}}=\boldsymbol{Ax}+\boldsymbol{Bu}\\ \boldsymbol{y}=\boldsymbol{Cx}+\boldsymbol{Du}\end{cases}\tag{8.76}$$

其中，$\boldsymbol{x}\in R^n$ 为状态向量，$\boldsymbol{u}\in R^r$ 为控制向量，$\boldsymbol{y}\in R^m$ 为输出向量，$\boldsymbol{A}$，$\boldsymbol{B}$，$\boldsymbol{C}$，$\boldsymbol{D}$ 为适当维的常数阵。

1. 输出可控性的定义

如果能构造一个无约束的控制向量 $\boldsymbol{u}(t)$，在有限的时间间隔内，能使任意给定的初始输出 $\boldsymbol{y}(t_0)$转移到任一最终输出 $\boldsymbol{y}(t_f)$，则称系统的输出是完全可控的。

2. 输出可控性判据

输出完全可控的充分必要条件是：当且仅当输出可控性矩阵

$$\boldsymbol{M}_0=[\boldsymbol{CB},\boldsymbol{CAB},\boldsymbol{CA}^2\boldsymbol{B},\cdots,\boldsymbol{CA}^{n-1}\boldsymbol{B},\boldsymbol{D}]\tag{8.77}$$

的秩等于输出量的维数，即

$$\text{rank}[\boldsymbol{M}_0]=m\tag{8.78}$$

【例 8.12】　已知系统的状态空间模型为

$$\dot{\boldsymbol{x}}=\begin{bmatrix}0&1\\-1&-2\end{bmatrix}\boldsymbol{x}+\begin{bmatrix}1\\-1\end{bmatrix}\boldsymbol{u}$$

$$\boldsymbol{y}=[1\quad 0]\boldsymbol{x}$$

试判断该系统的状态可控性和输出可控性。

解　（1）系统的状态可控性矩阵为

$$\boldsymbol{M}=[\boldsymbol{B}\quad \boldsymbol{AB}]=\begin{bmatrix}1&-1\\-1&1\end{bmatrix}$$

显然，$\text{rank}[\boldsymbol{M}]=1<2$，故该系统的状态不完全可控。

（2）输出可控性矩阵为

$$\boldsymbol{M}_0=[\boldsymbol{CB}\quad \boldsymbol{CAB}\quad \boldsymbol{D}]=[1\ -1\ 0]$$

因 $\text{rank}[\boldsymbol{M}_0]=1=m$，$m$ 为系统输出变量的维数，故输出是可控的。

四、系统状态的可观性

在现代控制理论中，控制系统的反馈信息是由系统状态的线性组合构成的。因并非所有的状态都是物理上可测量到的，于是就要考虑能否通过系统的输出量获取全部状态变量的估计信息。如果能得到状态的估计值，就可以不必用状态的真实值，而只用这个估计值来进行状态反馈或最优控制的设计了。

考虑系统

$$\begin{cases}\dot{\boldsymbol{x}}=\boldsymbol{Ax}+\boldsymbol{Bu}\\ \boldsymbol{y}=\boldsymbol{Cx}+\boldsymbol{Du}\end{cases} \tag{8.79}$$

1. 系统状态的可观性定义

如果在有限的时间区间$[t_0,t_f]$内，根据输入向量$\boldsymbol{u}(t)$和测量到的输出向量$\boldsymbol{y}(t)$，能够唯一地确定系统在t_0时刻的第i个状态值$x_i(t_0)$，则称状态x_i在$[t_0,t_f]$内是可观测的；若系统的全部状态$\boldsymbol{x}(t)$都在$[t_0,t_f]$上可观测，就称该系统的状态是完全可观测的，或简称该系统是可观的。若有一个或一个以上的状态变量无法满足上面的条件，就称该系统是不可观的。

2. 系统状态可观性判据

与判断系统状态可控性类似，判别系统状态可观性也有多种方法，这里只讨论最常用的可观性矩阵秩判据。

线性定常连续系统状态完全可观测的充分必要条件是

$$\mathrm{rank}[\boldsymbol{N}]=n \tag{8.80}$$

其中：n是矩阵$\boldsymbol{A}$的维数；$\boldsymbol{N}$，称为系统的可观性矩阵，$\boldsymbol{N}=\begin{bmatrix}\boldsymbol{C}\\ \boldsymbol{CA}\\ \vdots\\ \boldsymbol{CA}^{n-1}\end{bmatrix}$。

可以证明，经非奇异线性相似变换后，系统的可控性和可观性是不变的。

【例 8.13】 试确定［例 8.11］系统状态的可观性。

解 系统的可观性矩阵为

$$\boldsymbol{N}=\begin{bmatrix}\boldsymbol{C}\\ \boldsymbol{CA}\\ \boldsymbol{CA}^2\end{bmatrix}=\begin{bmatrix}0 & 1 & 1\\ 1 & 1 & 4\\ 5 & 3 & 14\end{bmatrix}$$

因 $\mathrm{rank}[N]=3=n$，故该系统的状态是完全可观的。

第五节 将系统的传递函数化为状态空间模型

为获得传递函数的状态空间表达式，有多种方法。本节将介绍状态空间的可控标准形、可观测标准形、对角线标准形。

考虑由下式定义的系统

$$y^{(n)}+a_1y^{(n-1)}+\cdots+a_{n-1}y'+a_ny=b_0u^{(n)}+b_1u^{(n-1)}+\cdots+b_{n-1}u'+b_nu \tag{8.81}$$

式中，u为输入，y为输出。考虑零初始条件，对上式两边进行拉氏变换，并整理可得

$$\frac{Y(s)}{U(s)}=\frac{b_0s^n+b_1s^{n-1}+\cdots+b_{n-1}s+b_n}{s^n+a_1s^{n-1}+\cdots+a_{n-1}s+a_n} \tag{8.82}$$

一、可控标准形

因传递函数可整理为

$$G(s)=\frac{Y(s)}{U(s)}=b_0+\frac{(b_1-a_1b_0)s^{n-1}+\cdots+(b_{n-1}-a_{n-1}b_0)s+(b_n-a_nb_0)}{s^n+a_1s^{n-1}+\cdots+a_{n-1}s+a_n}$$

$$=b_0+\frac{Y_1(s)}{U(s)} \tag{8.83}$$

令 $\bar{b}_i=(b_i-a_ib_0),i=1,2,\cdots,n$，则有

$$Y_1(s)=[\bar{b}_1s^{n-1}+\cdots+\bar{b}_{n-1}s+\bar{b}_n]W(s) \tag{8.84}$$

$$U(s)=(s^n+a_1s^{n-1}+\cdots+a_{n-1}s+a_n)W(s) \tag{8.85}$$

取状态变量如下

$$x_1=\omega(t),\ x_2=\dot{\omega}(t),\cdots,\ x_n=\omega^{(n-1)}(t) \tag{8.86}$$

其中，$\omega(t)=\mathscr{L}^{-1}[W(s)]$。对式（8.84）与式（8.85）两边进行拉氏反变换，有如下微分方程成立

$$y_1(t)=\bar{b}_1x_n+\cdots+\bar{b}_{n-1}x_2+\bar{b}_nx_1$$

$$u(t)=\dot{x}_n+a_1x_n+\cdots+a_{n-1}x_2+a_nx_1$$

又有

$$\dot{x}_1=x_2,\cdots,\ \dot{x}_{n-1}=x_n$$

$$y=y_1+b_0u$$

可写成状态空间模型形式如下：

$$\dot{x}=A_cx+B_cu \tag{8.87}$$

$$y=C_cx+D_cu \tag{8.88}$$

其中，状态 $\boldsymbol{x}=[x_1\quad x_2\quad \cdots\quad x_n]^{\mathrm{T}}$，系数矩阵

$$\boldsymbol{A}_c=\begin{bmatrix}0 & 1 & 0 & \cdots & 0 & 0\\ 0 & 0 & 1 & \cdots & 0 & 0\\ \vdots & \vdots & \vdots & \vdots & \vdots & \vdots\\ 0 & 0 & 0 & \cdots & 0 & 1\\ -a_n & -a_{n-1} & -a_{n-2} & \cdots & -a_2 & -a_1\end{bmatrix},\ \boldsymbol{B}_c=\begin{bmatrix}0\\0\\ \vdots\\0\\1\end{bmatrix}$$

$$\boldsymbol{C}_c=[\bar{b}_n\quad \bar{b}_{n-1}\quad \cdots\quad \bar{b}_1],\ \boldsymbol{D}_c=b_0$$

我们称有式（8.87）～（8.88）形式的状态空间表达式为系统的**可控标准形**。在讨论控制系统设计的极点配置方法时，这种可控标准形是很重要的。图 8 - 11 就是取状态 x_1 及其各阶导数为状态变量绘制的可控标准形的信号流图，其特点是：n 个积分环节串联在一起，除第一级外，每级的输入都是上一级的输出，且没有其他输入信号；各积分环节的输出直接汇聚到输出端，连同控制输入的直联通道一起线性叠加构成输出信号；各积分环节的输出均反馈到第一级积分的输入

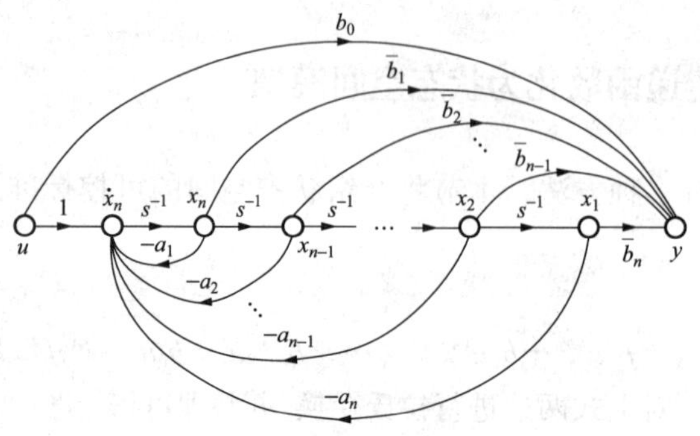

图 8 - 11　可控标准形状态图

端，构成 n 个相互接触的回环。显然，每个积分环节的输出都作为一个状态变量。

当 $b_0=0$，即无直联通道时，状态方程不变，式（8.88）的输出方程可写成如下形式：

$$\boldsymbol{y}=[b_n \quad b_{n-1} \quad \cdots \quad b_1]\,\boldsymbol{x} \tag{8.89}$$

二、可观测标准形

下列状态空间表达式为系统的可观测标准形

$$\dot{\boldsymbol{x}}=\boldsymbol{A}_o\boldsymbol{x}+\boldsymbol{B}_o\boldsymbol{u} \tag{8.90}$$

$$\boldsymbol{y}=\boldsymbol{C}_o\mathbf{x}+\boldsymbol{D}_o\boldsymbol{u} \tag{8.91}$$

其中

$$\boldsymbol{A}_o=\begin{bmatrix} 0 & 0 & \cdots & 0 & 0 & -a_n \\ 1 & 0 & \cdots & 0 & 0 & -a_{n-1} \\ \vdots & \vdots & & \vdots & \vdots & \vdots \\ 0 & 0 & \cdots & 1 & 0 & -a_2 \\ 0 & 0 & \cdots & 0 & 1 & -a_1 \end{bmatrix},\ \boldsymbol{B}_o=\begin{bmatrix} b_n-a_nb_0 \\ b_{n-1}-a_{n-1}b_0 \\ \vdots \\ b_2-a_2b_0 \\ b_1-a_1b_0 \end{bmatrix}$$

$$\boldsymbol{C}_o=[0 \quad 0 \quad \cdots \quad 0 \quad 1],\ \boldsymbol{D}_o=b_0$$

易知，由上式给出的系数矩阵与由式（8.87）、式（8.88）给出的可控标准形的系数矩阵之间有如下的对偶关系

$$\boldsymbol{A}_o=\boldsymbol{A}_c^{\mathrm{T}},\ \boldsymbol{B}_o=\boldsymbol{C}_c^{\mathrm{T}},\ \boldsymbol{C}_o=\boldsymbol{B}_c^{\mathrm{T}},\ \boldsymbol{D}_o=\boldsymbol{D}_c \tag{8.92}$$

如图 8-12 所示为可观标准形的信号流图。

按图中所选的状态变量及输出有下列关系成立

$$\begin{aligned} \dot{x}_1&=-a_nx_n+\bar{b}_nu \\ \dot{x}_2&=x_1-a_{n-1}x_n+\bar{b}_{n-1}u \\ &\cdots \\ \dot{x}_{n-1}&=x_{n-2}-a_2x_n+\bar{b}_2u \\ \dot{x}_n&=x_{n-1}-a_1x_n+\bar{b}_1u \\ y&=x_n+b_0u \end{aligned}$$

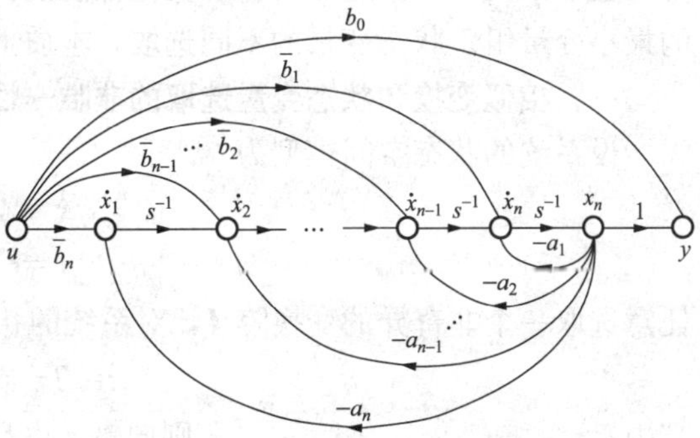

图 8-12 可观标准形的信号流图

三、对角标准形

通过将传递函数进行部分分式展开，可以将复杂的函数分解为多个一次函数的叠加。

考虑由式（8.82）定义的传递函数，下面仅讨论当该系统只含 n 个互异特征根的情形，这时有

$$\frac{Y(s)}{U(s)}=\frac{b_0s^n+b_1s^{n-1}+\cdots+b_{n-1}s+b_n}{(s+p_1)(s+p_2)\cdots(s+p_n)}=b_0+\frac{c_1}{s+p_1}+\frac{c_2}{s+p_2}+\cdots+\frac{c_n}{s+p_n} \tag{8.93}$$

式中：c_1，…，c_n 均为实数，可由留数定理确定。

我们取 n 个状态变量的拉氏变换为

$$X_i(s)=\frac{1}{s+p_i}U(s) \quad (i=1,2,\cdots,n) \tag{8.94}$$

拉氏反变换后，有

$$\dot{x}_i=-p_ix_i+u \qquad (i=1,\ 2,\ \cdots,\ n) \tag{8.95}$$

$$y=c_1x_1+\cdots+c_nx_n+b_0u \tag{8.96}$$

该系统的状态空间表达式的对角标准形由下式给出

$$\begin{bmatrix}\dot{x}_1\\ \dot{x}_2\\ \vdots\\ \dot{x}_n\end{bmatrix}=\begin{bmatrix}-p_1 & & & \\ & -p_2 & & \\ & & \ddots & \\ & & & -p_n\end{bmatrix}\begin{bmatrix}x_1\\ x_2\\ \vdots\\ x_n\end{bmatrix}+\begin{bmatrix}1\\ 1\\ \vdots\\ 1\end{bmatrix}u \tag{8.97}$$

$$y=\begin{bmatrix}c_1 & c_2 & \cdots & c_n\end{bmatrix}\begin{bmatrix}x_1\\ x_2\\ \vdots\\ x_n\end{bmatrix}+b_0u \tag{8.98}$$

根据式（8.97）、式（8.98）画出的对角标准形的方框图如图 8－13 所示。可看出，这是一种并联解耦的结构。

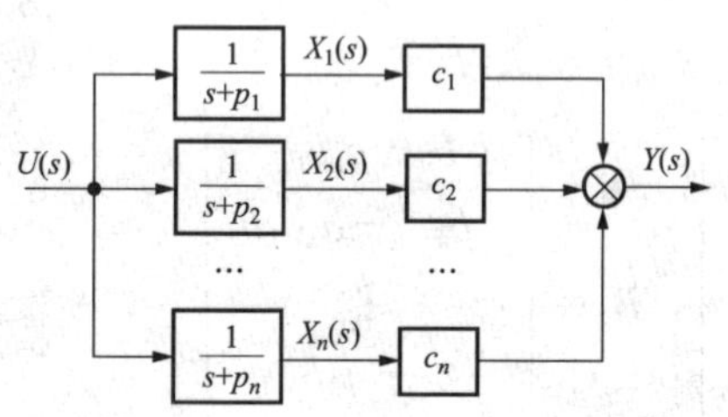

图 8－13 对角标准形的方框图表示

第六节 状态空间模型的相似变换

我们已经知道，对于同一个给定的动态系统，状态变量的选取不是唯一的。尽管状态变量的选取不同，但所选择的状态变量都能表征系统的状态和性能，都是能确定系统运动规律的最小变量组。状态变量的不同选取，本质上是状态向量的一种线性变换，称为相似变换。

一、相似变换和状态变量选取的非唯一性

设系统的状态空间模型为

$$\dot{\boldsymbol{x}}=\boldsymbol{A}\boldsymbol{x}+\boldsymbol{B}\boldsymbol{u} \tag{8.99}$$

$$\boldsymbol{y}=\boldsymbol{C}\boldsymbol{x}+\boldsymbol{D}\boldsymbol{u} \tag{8.100}$$

任意选取一个非奇异的变换阵 $\boldsymbol{T}$，对系统的状态变量 x_1，x_2，…，x_n 进行线性变换，取

$$\boldsymbol{x}=T\boldsymbol{z} \text{ 或 } \boldsymbol{z}=T^{-1}\boldsymbol{x} \tag{8.101}$$

其中，$\boldsymbol{z}=[z_1 \quad z_2 \quad \cdots \quad z_n]^{\mathrm{T}}$，则向量 $\boldsymbol{z}$ 也是式（8.99）、式（8.100）的一组状态向量。

将式（8.101）代入式（8.99）、式（8.100），并整理得

$$\dot{\boldsymbol{z}}=\boldsymbol{T}^{-1}\boldsymbol{A}\boldsymbol{T}\boldsymbol{z}+\boldsymbol{T}^{-1}\boldsymbol{B}\boldsymbol{u} \tag{8.102}$$

$$\boldsymbol{y}=\boldsymbol{C}\boldsymbol{T}\boldsymbol{z}+\boldsymbol{D}\boldsymbol{u} \tag{8.103}$$

将式（8.99）、式（8.100）与下面的状态空间模型对比

$$\dot{\boldsymbol{z}}=\widetilde{\boldsymbol{A}}\boldsymbol{z}+\widetilde{\boldsymbol{B}}\boldsymbol{u} \tag{8.104}$$

$$\boldsymbol{y}=\widetilde{\boldsymbol{C}}\boldsymbol{z}+\widetilde{\boldsymbol{D}}\boldsymbol{u} \tag{8.105}$$

显然有 $\widetilde{\boldsymbol{A}}=\boldsymbol{T}^{-1}\boldsymbol{A}\boldsymbol{T}$，$\widetilde{\boldsymbol{B}}=\boldsymbol{T}^{-1}\boldsymbol{B}$，$\widetilde{\boldsymbol{C}}=\boldsymbol{C}\boldsymbol{T}$，$\widetilde{\boldsymbol{D}}=\boldsymbol{D}$。

$\boldsymbol{A}$ 与 $\widetilde{\boldsymbol{A}}$ 在数学上称为相似矩阵，在线性代数中已经证明，相似矩阵的特征值不变，即

$$|s\boldsymbol{I}-\boldsymbol{A}|=|s\boldsymbol{I}-\boldsymbol{T}^{-1}\boldsymbol{A}\boldsymbol{T}| \tag{8.106}$$

由式（8.106）可知，系统的特征根完全一样，所以状态向量 $\boldsymbol{z}$ 和状态向量 $\boldsymbol{x}$ 一样，同样是该系统的状态向量。由 T 阵的选择情况看，只要 T 是非奇异的，总可找到一组新的状

态变量，因此，满足要求的状态变量有无穷多组，同一系统的状态空间模型也有无穷多种。

二、状态空间模型化为可控标准形

设系统的状态空间模型为

$$\dot{\boldsymbol{x}}=\boldsymbol{A}\boldsymbol{x}+\boldsymbol{B}\boldsymbol{u} \tag{8.107}$$

$$\boldsymbol{y}=\boldsymbol{C}\boldsymbol{x}+\boldsymbol{D}\boldsymbol{u} \tag{8.108}$$

则 $\boldsymbol{A}$ 阵的特征方程为

$$|s\boldsymbol{I}-\boldsymbol{A}|=s^n+a_{n-1}s^{n-1}+\cdots+a_1s+a_0=0$$

可以采用相似变换，将该系统化为可控标准形，对应的相似变换阵 $\boldsymbol{T}$ 可取为

$$\boldsymbol{T}=\boldsymbol{M}\boldsymbol{W} \tag{8.109}$$

其中，$\boldsymbol{M}$ 为可控阵，$\boldsymbol{W}$ 为汉克尔阵，取值如下

$$\boldsymbol{M}=[\boldsymbol{B}\quad \boldsymbol{A}\boldsymbol{B}\quad \boldsymbol{A}^2\boldsymbol{B}\ \cdots\ \boldsymbol{A}^{n-1}\boldsymbol{B}] \tag{8.110}$$

$$\boldsymbol{W}=\begin{bmatrix} a_1 & a_2 & \cdots & a_{n-1} & 1 \\ a_2 & a_3 & \cdots & 1 & 0 \\ \vdots & \vdots & & \vdots & \vdots \\ a_{n-1} & 1 & \cdots & 0 & 0 \\ 1 & 0 & \cdots & 0 & 0 \end{bmatrix}_{n\times n} \tag{8.111}$$

则有

$$\widetilde{\boldsymbol{A}}=\boldsymbol{T}^{-1}\boldsymbol{A}\boldsymbol{T}=\begin{bmatrix} 0 & 1 & 0 & \cdots & 0 & 0 \\ 0 & 0 & 1 & \cdots & 0 & 0 \\ \vdots & \vdots & \vdots & & \vdots & \vdots \\ 0 & 0 & 0 & \cdots & 0 & 1 \\ -a_0 & -a_1 & -a_2 & \cdots & -a_{n-2} & -a_{n-1} \end{bmatrix}_{n\times n}$$

$$\widetilde{\boldsymbol{B}}=\boldsymbol{T}^{-1}\boldsymbol{B}=[0\quad 0\quad \cdots\quad 1]^{\mathrm{T}}$$

由于矩阵 $\boldsymbol{W}$ 的行列式非零，故 $\boldsymbol{W}$ 总是可逆的。在化为可控标准形的过程中，要求 $\boldsymbol{T}^{-1}$ 存在，也就要求矩阵 $\boldsymbol{M}$ 的逆矩阵存在，即要求 $\boldsymbol{M}$ 阵满秩。

三、状态空间模型化为可观标准形

可控标准形的对偶变换是可观标准形。为将非标准形式的状态空间模型化为可观标准形，只需做如下的相似变换，相似变换矩阵为

$$\boldsymbol{T}=(\boldsymbol{W}\boldsymbol{N})^{-1} \tag{8.112}$$

其中，汉克尔矩阵 $\boldsymbol{W}$ 的取值同式（8.111），$\boldsymbol{N}$ 阵称为可观性矩阵，即

$$\boldsymbol{N}=\begin{bmatrix} \boldsymbol{C} \\ \boldsymbol{C}\boldsymbol{A} \\ \cdots \\ \boldsymbol{C}\boldsymbol{A}^{n-1} \end{bmatrix}_{n\times n} \tag{8.113}$$

【例 8.14】 考虑线性系统

$$\begin{cases} \dot{\boldsymbol{x}}=\begin{bmatrix} 1 & 1 & 1 \\ 0 & 1 & 3 \\ 1 & 1 & 0 \end{bmatrix}\boldsymbol{x}+\begin{bmatrix} 1 \\ 0 \\ 1 \end{bmatrix}\boldsymbol{u} \\ \boldsymbol{y}=[1\quad 1\quad 0]\boldsymbol{x} \end{cases}$$

试将该状态空间模型化为可控标准形和可观标准形。

解 系统的特征方程为

$$|s\boldsymbol{I}-\boldsymbol{A}|=\begin{vmatrix}s-1 & -1 & -1\\ 0 & s-1 & -3\\ -1 & -1 & s\end{vmatrix}=s^3-2s^2-3s+1=0$$

显然有汉克尔矩阵 $\boldsymbol{W}$ 为

$$\boldsymbol{W}=\begin{bmatrix}-3 & -2 & 1\\ -2 & 1 & 0\\ 1 & 0 & 0\end{bmatrix}$$

（1）先将状态空间模型化为可控标准形。可控阵为

$$\boldsymbol{M}=[\boldsymbol{B}\quad \boldsymbol{AB}\quad \boldsymbol{A}^2\boldsymbol{B}]=\begin{bmatrix}1 & 2 & 6\\ 0 & 3 & 6\\ 1 & 1 & 5\end{bmatrix}$$

显然 $\boldsymbol{M}$ 阵满秩，系统状态完全可控。由式（8.109）取相似变换阵为

$$\boldsymbol{T}=\boldsymbol{MW}=\begin{bmatrix}-1 & 0 & 1\\ 0 & 3 & 0\\ 0 & -1 & 1\end{bmatrix}$$

得到状态空间模型的可控标准形为

$$\begin{cases}\dot{\boldsymbol{z}}=\boldsymbol{A}_c\boldsymbol{z}+\boldsymbol{B}_c\boldsymbol{u}\\ \boldsymbol{y}=\boldsymbol{C}_c\boldsymbol{z}\end{cases}$$

其中，$\boldsymbol{A}_c=\boldsymbol{T}^{-1}\boldsymbol{AT}=\begin{bmatrix}0 & 1 & 0\\ 0 & 0 & 1\\ -1 & 3 & 2\end{bmatrix}$，$\boldsymbol{B}_c=\boldsymbol{T}^{-1}\boldsymbol{B}=\begin{bmatrix}0\\ 0\\ 1\end{bmatrix}$，$\boldsymbol{C}_c=[-1\ 3\ 1]$。

（2）下面将状态空间模型化为可观标准形。可观阵为

$$\boldsymbol{N}=\begin{bmatrix}\boldsymbol{C}\\ \boldsymbol{CA}\\ \boldsymbol{CA}^2\end{bmatrix}=\begin{bmatrix}1 & 1 & 0\\ 1 & 2 & 4\\ 5 & 7 & 7\end{bmatrix}$$

显然 $\boldsymbol{N}$ 阵满秩，系统状态完全可观测。由式（8.112）取相似变换阵为

$$\boldsymbol{T}=(\boldsymbol{WN})^{-1}=\begin{bmatrix}-4 & -1 & 0\\ 4 & 1 & 1\\ -1 & 0 & 0\end{bmatrix}$$

得到状态空间模型的可观标准形为

$$\begin{cases}\dot{\boldsymbol{z}}=\boldsymbol{A}_o\boldsymbol{z}+\boldsymbol{B}_o\boldsymbol{u}\\ \boldsymbol{y}=\boldsymbol{C}_o\boldsymbol{z}\end{cases}$$

其中，$\boldsymbol{A}_o=\boldsymbol{T}^{-1}\boldsymbol{AT}=\begin{bmatrix}0 & 0 & -1\\ 1 & 0 & 3\\ 0 & 1 & 2\end{bmatrix}$，$\boldsymbol{B}_o=\boldsymbol{T}^{-1}\boldsymbol{B}=\begin{bmatrix}-1\\ 3\\ 1\end{bmatrix}$，$\boldsymbol{C}_o=[0\ 0\ 1]$。

只要 $\boldsymbol{A}_o$ 和 $\boldsymbol{C}_o$ 为可观标准形即可，$\boldsymbol{B}_o$ 可以是任意形式的。与前面的结论比较可知，系统的可控标准形与可观标准形是一种互为对偶的关系。

四、状态空间模型化为对角标准形

定理：对于线性定常系统，若 **A** 阵的特征值$\lambda_1,\lambda_2,\cdots,\lambda_n$互不相同，则必存在一非奇异矩阵 T，可通过线性变换将 **A** 阵化为对角标准形

$$\boldsymbol{A}=\boldsymbol{T}^{-1}\boldsymbol{A}\boldsymbol{T}=\text{diag}\{\lambda_1,\lambda_2,\cdots,\lambda_n\} \tag{8.114}$$

设与 **A** 的特征值$\lambda_1,\lambda_2,\cdots,\lambda_n$对应的特征向量依次是$T_1,T_2,\cdots,T_n$，则相似变换阵 $\boldsymbol{T}$ 由下式给出

$$\boldsymbol{T}=[T_1\ \ T_2\ \ \cdots\ \ T_n] \tag{8.115}$$

【例 8.15】 试将状态方程

$$\dot{\boldsymbol{x}}=\begin{bmatrix}1 & 2\\ 2 & -2\end{bmatrix}\boldsymbol{x}+\begin{bmatrix}1\\ 2\end{bmatrix}\boldsymbol{u}$$

变换为对角标准形。

解　(1) 求系统的特征值

$$|\lambda\boldsymbol{I}-\boldsymbol{A}|=\begin{vmatrix}\lambda-1 & -2\\ -2 & \lambda+2\end{vmatrix}=\lambda^2+\lambda-6=0$$

得到$\lambda_1=2,\lambda_2=-3$。

(2) 下面求相似变换阵 $\boldsymbol{T}$。

当$\lambda_1=2$时，对应的特征向量为$\boldsymbol{T}_1=\begin{bmatrix}t_{11}\\ t_{21}\end{bmatrix}$，由

$$(\lambda_1\boldsymbol{I}-\boldsymbol{A})\boldsymbol{T}_1=0$$

得 $t_{11}=2t_{21}$，这里取 $t_{21}=1$，则 $t_{11}=2$，故 $\boldsymbol{T}_1=\begin{bmatrix}2\\ 1\end{bmatrix}$。

用同样的方法，可得到与$\lambda_2=-3$对应的一个特征向量为 $\boldsymbol{T}_2=\begin{bmatrix}-1\\ 2\end{bmatrix}$。相似变换阵为

$$\boldsymbol{T}=[\boldsymbol{T}_1\ \boldsymbol{T}_2]=\begin{bmatrix}2 & -1\\ 1 & 2\end{bmatrix}$$

(3) 因有

$$\widetilde{\boldsymbol{A}}=\boldsymbol{T}^{-1}\boldsymbol{A}\boldsymbol{T}=\begin{bmatrix}2 & 0\\ 0 & -3\end{bmatrix},\ \widetilde{\boldsymbol{B}}=\boldsymbol{T}^{-1}\boldsymbol{B}=\begin{bmatrix}0.8\\ 0.6\end{bmatrix}$$

经相似变换后的状态方程为

$$\dot{\boldsymbol{z}}=\begin{bmatrix}2 & 0\\ 0 & -3\end{bmatrix}\boldsymbol{z}+\begin{bmatrix}0.8\\ 0.6\end{bmatrix}\boldsymbol{u}$$

通过求解特征向量的方法可得到相似变换阵 T，但随着系统维数增加，计算特征向量难度会加大。

五、连续系统状态空间模型化为传递函数（阵）

在已知系统的状态空间模型后，假定所有变量的初始值为零，可得到系统的传递函数模型。对于单输入一单输出系统，得到的结果是传递函数，而对于多输入一多输出系统，得到的结果是传递函数阵。考虑系统

$$\dot{\boldsymbol{x}}=\boldsymbol{A}\boldsymbol{x}+\boldsymbol{B}\boldsymbol{u} \tag{8.116}$$

$$\boldsymbol{y}=\boldsymbol{C}\boldsymbol{x}+\boldsymbol{D}\boldsymbol{u} \tag{8.117}$$

考虑到零初始条件，对两边同时进行拉氏变换，有

$$s\boldsymbol{X}(s)=\boldsymbol{AX}(s)+\boldsymbol{BU}(s) \tag{8.118}$$

$$\boldsymbol{Y}(s)=\boldsymbol{CX}(s)+\boldsymbol{DU}(s) \tag{8.119}$$

有

$$\boldsymbol{X}(s)=(s\boldsymbol{I}-\boldsymbol{A})^{-1}\boldsymbol{BU}(s)$$

代入式（8.119），得

$$\boldsymbol{Y}(s)=\boldsymbol{C}(s\boldsymbol{I}-\boldsymbol{A})^{-1}\boldsymbol{BU}(s)+\boldsymbol{DU}(s) \tag{8.120}$$

故该系统以 $\boldsymbol{y}$ 为输出，$\boldsymbol{u}$ 为输入的传递函数为

$$\boldsymbol{G}(s)=\frac{\boldsymbol{Y}(s)}{\boldsymbol{U}(s)}=\boldsymbol{C}(s\boldsymbol{I}-\boldsymbol{A})^{-1}\boldsymbol{B}+\boldsymbol{D} \tag{8.121}$$

几点说明：

(1) 式(8.121)可写成

$$\boldsymbol{G}(s)=\frac{\boldsymbol{C}\mathrm{adj}(s\boldsymbol{I}-\boldsymbol{A})\boldsymbol{B}+\boldsymbol{D}\,|s\boldsymbol{I}-\boldsymbol{A}|}{|s\boldsymbol{I}-\boldsymbol{A}|} \tag{8.122}$$

可见，状态空间表达式中系统矩阵 A 的特征多项式和传递函数（阵）中的分母多项式等价，即系统的特征方程可写成

$$P(s)=|s\boldsymbol{I}-\boldsymbol{A}|=0$$

正是这个原因，系统特征根与系统极点实际上是同一个概念，可用于分析系统的固有性能。

(2) 传递函数的不变性。即对系统进行相似变换，并不会改变系统的传递函数。分析过程如下：

对系统

$$\dot{\boldsymbol{x}}=\boldsymbol{Ax}+\boldsymbol{Bu}$$
$$\boldsymbol{y}=\boldsymbol{Cx}+\boldsymbol{Du}$$

以非奇异变换阵 T 进行相似变换，得

$$\dot{\boldsymbol{z}}=\widetilde{\boldsymbol{A}}\boldsymbol{z}+\widetilde{\boldsymbol{B}}\boldsymbol{u}$$
$$\boldsymbol{y}=\widetilde{\boldsymbol{C}}\boldsymbol{z}+\widetilde{\boldsymbol{D}}\boldsymbol{u}$$

对应关系为

$$\widetilde{\boldsymbol{A}}=\boldsymbol{T}^{-1}\boldsymbol{AT},\widetilde{\boldsymbol{B}}=\boldsymbol{T}^{-1}\boldsymbol{B},\widetilde{\boldsymbol{C}}=\boldsymbol{CT},\widetilde{\boldsymbol{D}}=\boldsymbol{D} \tag{8.123}$$

对应的传递函数(阵)可写成

$$\begin{aligned}\widetilde{\boldsymbol{G}}(s)&=\widetilde{\boldsymbol{C}}(s\boldsymbol{I}-\widetilde{\boldsymbol{A}})^{-1}\widetilde{\boldsymbol{B}}+\widetilde{\boldsymbol{D}}=\boldsymbol{CT}(s\boldsymbol{T}^{-1}\boldsymbol{T}-\boldsymbol{T}^{-1}\boldsymbol{AT})^{-1}\boldsymbol{T}^{-1}\boldsymbol{B}+\boldsymbol{D}\\&=\boldsymbol{CT}\left[\boldsymbol{T}^{-1}(s\boldsymbol{I}-\boldsymbol{A})\boldsymbol{T}\right]^{-1}\boldsymbol{T}^{-1}\boldsymbol{B}+\boldsymbol{D}=\boldsymbol{C}(s\boldsymbol{I}-\boldsymbol{A})^{-1}\boldsymbol{B}+\boldsymbol{D}\\&=\boldsymbol{G}(s)\end{aligned} \tag{8.124}$$

六、离散系统状态空间模型化为脉冲传递函数（阵）

单输入—单输出的离散时间系统可以将状态空间模型转化为脉冲传递函数，把方法扩展到多输入—多输出的离散系统得到的则是脉冲传递函数矩阵。本节我们研究的就是状态空间表达式和脉冲传递函数（阵）表达式之间的关系。

对于线性定常的离散时间系统

$$x(k+1)=\boldsymbol{\Phi}x(k)+\boldsymbol{\Gamma}u(k) \tag{8.125}$$

$$y(k)=Cx(k)+Du(k) \tag{8.126}$$

对式（8.125）和式（8.126）取Z变换，得

$$zX(z)-zx(0)=\boldsymbol{\Phi}X(z)+\boldsymbol{\Gamma}U(z)$$

$$Y(z)=CX(z)+DU(z)$$

注意到脉冲传递函数的定义要求以零初始条件为前提，这里假定初始状态 $x(0)$ 为零值，则有下面的关系成立

$$\begin{aligned}X(z) &= (zI-\boldsymbol{\Phi})^{-1}\boldsymbol{\Gamma}U(z)\\ Y(z) &= CX(z)+DU(z)\\ &= C(zI-\boldsymbol{\Phi})^{-1}\boldsymbol{\Gamma}U(z)+DU(z)\\ &= [C(zI-\boldsymbol{\Phi})^{-1}\boldsymbol{\Gamma}+D]U(z)\end{aligned}$$

这样，我们称

$$G(z)=\frac{Y(z)}{U(z)}=C(zI-\boldsymbol{\Phi})^{-1}\boldsymbol{\Gamma}+D \tag{8.127}$$

为**脉冲传递函数（矩阵）**，它能表征离散系统的输入—输出动态特性。

由于（$zI-\boldsymbol{\Phi}$）的逆矩阵可写成

$$(zI-\boldsymbol{\Phi})^{-1}=\frac{\operatorname{adj}(zI-\boldsymbol{\Phi})}{|zI-\boldsymbol{\Phi}|} \tag{8.128}$$

故脉冲传递函数矩阵由下式给出

$$G(z)=C\frac{\operatorname{adj}(zI-\boldsymbol{\Phi})}{|zI-\boldsymbol{\Phi}|}\boldsymbol{\Gamma}+D \tag{8.129}$$

显然，系统的极点由下面的特征方程给出

$$|zI-\boldsymbol{\Phi}|=0 \tag{8.130}$$

或

$$z^n+a_1z^{n-1}+\cdots+a_{n-1}z+a_n=0 \tag{8.131}$$

式中的系数 a_i 完全由 Φ 阵的元素所决定。由 z 平面与 s 平面的关系式

$$z=e^{Ts}$$

可知，离散系统的稳定区域是单位圆内，即如果特征方程式（8.130）得到的特征根全部位于 z 平面的单位圆内，则该系统是稳定的。

【例 8.16】　对于离散系统

$$\begin{bmatrix}x_1(k+1)\\x_2(k+1)\end{bmatrix}=\begin{bmatrix}0 & 1\\-0.16 & -1\end{bmatrix}\begin{bmatrix}x_1(k)\\x_2(k)\end{bmatrix}+\begin{bmatrix}0\\1\end{bmatrix}u(k)$$

$$y(k)=[1\quad 1]\begin{bmatrix}x_1(k)\\x_2(k)\end{bmatrix}$$

试求其脉冲传递函数。

解　由式（8.127）可以写出系统的脉冲传递函数为

$$\begin{aligned}G(z)&=C(zI-\boldsymbol{\Phi})^{-1}\boldsymbol{\Gamma}+D\\ &=[1\ 1]\begin{bmatrix}z & -1\\0.16 & z+1\end{bmatrix}^{-1}\begin{bmatrix}0\\1\end{bmatrix}+[0]\end{aligned}$$

$$=[1\ 1]\begin{bmatrix}\dfrac{\frac{4}{3}}{z+0.2}-\dfrac{\frac{1}{3}}{z+0.8} & \dfrac{\frac{5}{3}}{z+0.2}-\dfrac{\frac{5}{3}}{z+0.8}\\ -\dfrac{\frac{4}{15}}{z+0.2}+\dfrac{\frac{4}{15}}{z+0.8} & -\dfrac{\frac{1}{3}}{z+0.2}+\dfrac{\frac{4}{3}}{z+0.8}\end{bmatrix}\begin{bmatrix}0\\1\end{bmatrix}$$

$$=\frac{\frac{4}{3}}{z+0.2}-\frac{\frac{1}{3}}{z+0.8}=\frac{z+1}{(z+0.2)(z+0.8)}$$

与连续系统相同，通过相似变换，离散系统的脉冲传递函数（阵）也能保持不变，证明过程如下。

对系统

$$\boldsymbol{x}(k+1)=\boldsymbol{\Phi x}(k)+\boldsymbol{\Gamma u}(k) \tag{8.132}$$

$$\boldsymbol{y}(k)=\boldsymbol{Cx}(k)+\boldsymbol{Du}(k) \tag{8.133}$$

利用非奇异的相似变换阵 $\boldsymbol{P}$，定义新的状态向量 $z(k)$，即有

$$\boldsymbol{x}(k)=\boldsymbol{P}z(k)$$

则有

$$z(k+1)=\hat{\boldsymbol{\Phi}}z(k)+\hat{\boldsymbol{\Gamma}}\boldsymbol{u}(k) \tag{8.134}$$

$$\boldsymbol{y}(k)=\hat{\boldsymbol{C}}z(k)+\hat{\boldsymbol{D}}\boldsymbol{u}(k) \tag{8.135}$$

其中，系数矩阵之间满足下面的关系

$$\hat{\boldsymbol{\Phi}}=\boldsymbol{P}^{-1}\boldsymbol{\Phi P}$$

$$\hat{\boldsymbol{\Gamma}}=\boldsymbol{P}^{-1}\boldsymbol{\Gamma}$$

$$\hat{\boldsymbol{C}}=\boldsymbol{CP}$$

$$\hat{\boldsymbol{D}}=\boldsymbol{D}$$

而脉冲传递函数（阵）$\boldsymbol{G}(z)$与$\hat{\boldsymbol{G}}(z)$是相同的,因

$$\begin{aligned}\hat{\boldsymbol{G}}(z)&=\hat{\boldsymbol{C}}(z\boldsymbol{I}-\hat{\boldsymbol{\Phi}})^{-1}\hat{\boldsymbol{\Gamma}}+\hat{\boldsymbol{D}}=\boldsymbol{CP}(z\boldsymbol{I}-\boldsymbol{P}^{-1}\boldsymbol{\Phi P})^{-1}\boldsymbol{P}^{-1}\boldsymbol{\Gamma}+\boldsymbol{D}\\&=\boldsymbol{C}[\boldsymbol{P}(z\boldsymbol{I}-\boldsymbol{P}^{-1}\boldsymbol{\Phi P})\boldsymbol{P}^{-1}]^{-1}\boldsymbol{\Gamma}+\boldsymbol{D}\\&=\boldsymbol{C}(z\boldsymbol{I}-\boldsymbol{\Phi})^{-1}\boldsymbol{\Gamma}+\boldsymbol{D}=\boldsymbol{G}(z)\end{aligned}$$

可见，系统的脉冲传递函数阵不依赖于系统状态空间模型所选择的特定状态向量 $\boldsymbol{x}(k)$。

第七节　状态反馈控制

一个性能优良的闭环控制系统应该具有满意的动态响应、较强的抑制或消除扰动的能力、精确跟踪参考输入指令、消除多个控制通道之间的耦合效应，为此要在控制系统中引入了各种类型的控制器。对于多变量系统而言，在状态空间中设计这些控制器，就是现代控制系统设计的重要内容。本节主要介绍状态反馈控制的设计问题。我们知道，闭环系统的稳定性和响应品质与闭环极点（特征值）的分布位置密切相关，经典控制理论可通过调整开环增益及引入串、并联校正装置来配置闭环极点，在状态空间设计中则广泛采用状态变量反馈来配置闭环极点，因其能提供更多的校正信息，是各种现代控制器设计的基础。

本节将介绍一种称为**极点配置技术**（Pole placement or Pole assignment technique）的

设计方法。假定所有的状态变量都可以测量和反馈，则有这样的结论：若所研究的系统是状态完全可控的，则可利用状态反馈的方法，经过一个适当的状态反馈增益矩阵，就可将闭环系统的极点放置在任何期望的位置。

对于线性定常系统，要根据动态响应或频率响应要求（如稳定性、衰减率、带宽等），确定出期望的闭环极点 $s=p_1$，$s=p_2$，…，$s=p_n$。

一、极点任意配置的充分必要条件

设控制系统的状态方程为

$$\dot{\boldsymbol{x}}=\boldsymbol{A}\boldsymbol{x}+\boldsymbol{B}\boldsymbol{u} \tag{8.136}$$

其中，$\boldsymbol{x}(t)\in R^n$ 为状态向量，$\boldsymbol{u}(t)\in R^r$ 为控制向量，$\boldsymbol{A},\boldsymbol{B}$ 是适当维的系数矩阵。

假定控制信号 $\boldsymbol{u}(t)$ 幅值是无界的，若选择控制信号 $\boldsymbol{u}(t)$ 为

$$\boldsymbol{u}(t)=\boldsymbol{v}(t)-\boldsymbol{K}\boldsymbol{x}(t) \tag{8.137}$$

式中，$K\in R^{r\times n}$ 是状态反馈增益矩阵。于是该系统就成为一个闭环控制系统，如图 8 - 14 所示。这个闭环系统的状态方程变为

$$\dot{\boldsymbol{x}}(t)=(\boldsymbol{A}-\boldsymbol{B}\boldsymbol{K})\boldsymbol{x}(t)+\boldsymbol{B}\boldsymbol{v} \tag{8.138}$$

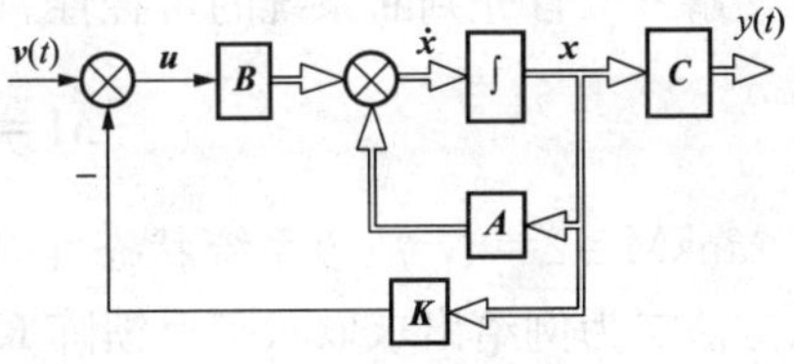

图 8 - 14 状态反馈控制系统框图

其中，$(\boldsymbol{A}-\boldsymbol{B}\boldsymbol{K})$ 的特征值就是加入状态反馈后，系统闭环极点 $p_1,p_2,\cdots,p_n$。这些闭环极点是根据对系统动态响应或频率响应的要求，完全人为地预先指定的。

下面我们不加证明地指出：极点可任意配置的充分必要条件是系统状态完全可控。

二、状态反馈阵 K 的计算方法

方法一：如果系统的阶次 n 比较低，则直接将

$$\boldsymbol{K}=[k_1\ k_2\cdots\ k_n] \tag{8.139}$$

代入状态反馈系统的特征方程

$$\lambda(s)=|s\boldsymbol{I}-(\boldsymbol{A}-\boldsymbol{B}\boldsymbol{K})|=0 \tag{8.140}$$

并将该特征方程与期望的特征方程

$$s^n+\alpha_{n-1}s^{n-1}+\cdots+\alpha_1 s+\alpha_0=0 \tag{8.141}$$

比较同幂次项的系数，可直接得到状态反馈增益阵 K。

方法二：状态反馈增益阵 K 可由下式给出

$$\boldsymbol{K}=[(\alpha_0-a_0)(\alpha_1-a_1)\cdots(\alpha_{n-1}-a_{n-1})](\boldsymbol{M}\boldsymbol{W})^{-1} \tag{8.142}$$

其中，a_i 是如下式所示的原系统特征方程的各项系数，即

$$|s\boldsymbol{I}-\boldsymbol{A}|=s^n+a_{n-1}s^{n-1}+\cdots+a_1 s+a_0=0 \tag{8.143}$$

而 α_i 则是如下式所示的状态反馈控制系统期望的特征方程的各项系数，即

$$|s\boldsymbol{I}-(\boldsymbol{A}-\boldsymbol{B}\boldsymbol{K})|=s^n+\alpha_{n-1}s^{n-1}+\cdots+\alpha_1 s+\alpha_0=0 \tag{8.144}$$

矩阵 $\boldsymbol{M}$ 是系统的可控性矩阵，$\boldsymbol{W}$ 是系统的汉克尔矩阵，分别由式（8.110）和式（8.111）给出。

如果系统的状态方程是可控标准形，因相似变换阵 $\boldsymbol{T}=\boldsymbol{M}\boldsymbol{W}$ 是单位阵，状态反馈增益矩阵 $\boldsymbol{K}$ 可很方便地由下式给出

$$\boldsymbol{K}=[(\alpha_0-a_0)(\alpha_1-a_1)\cdots(\alpha_{n-1}-a_{n-1})] \tag{8.145}$$

方法三：可用著名的阿克曼公式(Ackermann's formula)写出所要求的状态反馈增益矩

阵 $\boldsymbol{K}$

$$\boldsymbol{K}=[0 \cdots 0\ 1]\boldsymbol{M}^{-1}\lambda(\boldsymbol{A}) \tag{8.146}$$

其中,可控性矩阵 $\boldsymbol{M}$ 由式(8.110)给出,而 $\lambda(\boldsymbol{A})$ 由下式给出

$$\lambda(\boldsymbol{A})=\boldsymbol{A}^n+\alpha_{n-1}\boldsymbol{A}^{n-1}+\cdots+\alpha_1\boldsymbol{A}+\alpha_0\boldsymbol{I} \tag{8.147}$$

而 α_i 则是引入状态反馈后,期望闭环系统特征方程的系数,即下式的系数

$$|s\boldsymbol{I}-(\boldsymbol{A}-\boldsymbol{BK})|=s^n+\alpha_{n-1}s^{n-1}+\cdots+\alpha_1 s+\alpha_0=0 \tag{8.148}$$

【例 8.17】 设某系统的状态空间模型为

$$\dot{\boldsymbol{x}}=\begin{bmatrix}1 & 3\\0 & -1\end{bmatrix}x+\begin{bmatrix}0\\1\end{bmatrix}\boldsymbol{u}$$

$$\boldsymbol{y}=[1\ 1]\boldsymbol{x}$$

试设计状态反馈,使闭环极点配置在 $-1\pm \mathrm{j}$。

解 首先判断系统的可控性。因可控性矩阵

$$\boldsymbol{M}=[\boldsymbol{B}\quad \boldsymbol{AB}]=\begin{bmatrix}0 & 3\\1 & -1\end{bmatrix}$$

有 rankM$=2=n$,故该系统状态完全可控,可通过状态反馈任意配置闭环系统极点。下面以方法二为例给出求取状态反馈阵 $\boldsymbol{K}$ 的方法。

原系统特征方程为

$$|s\boldsymbol{I}-\boldsymbol{A}|=s^2-1=0$$

有汉克尔矩阵

$$\boldsymbol{W}=\begin{bmatrix}0 & 1\\1 & 0\end{bmatrix}$$

引入状态反馈后,期望闭环系统的特征方程为

$$\lambda(s)=(s+1-\mathrm{j})(s+1+\mathrm{j})=s^2+2s+2=0$$

这样,状态反馈增益阵 $\boldsymbol{K}$ 可由下式给出

$$\begin{aligned}\boldsymbol{K}&=[2-(-1)\quad 2-0](\boldsymbol{MW})^{-1}\\&=[3\quad 2]\left(\begin{bmatrix}0 & 3\\1 & -1\end{bmatrix}\begin{bmatrix}0 & 1\\1 & 0\end{bmatrix}\right)^{-1}=[5/3\quad 2]\end{aligned}$$

采用这三种方法所得到的结论是完全一致的,其他两种方法的计算留给读者完成。

第八节 状态观测器设计

采用状态反馈控制的前提是必须得到系统的全部状态。在实际生产过程中,状态变量信号并非都能获得,其原因主要是:部分状态变量不是物理量,因此,没有办法进行检测;有些状态变量虽然是物理量,但因检测技术的原因而无法得到;为了得到状态变量的信息,需要无穷带宽的检测变送器,而实际的检测变送器有一定的带宽。因此,实际应用中,只有输入变量、输出变量和一部分状态变量可以获得。于是就要设法构造出状态观测器,或者状态估计器、状态重构器,来重构状态。

观测器的设计思想是采用被控系统的输入和输出来估计出系统的状态,从而使状态反馈能够得以实现。对于确定性系统,可采用状态观测器得到状态变量的信号;对于随机系统,

要采用状态估计器得到状态变量的估计值。

状态观测器存在的充分必要条件是：系统的状态是完全可观的。这里讨论的状态观测器维数与系统的维数相同，都是 n，这种状态观测器称为**全维状态观测器**。

一、全维观测器的设计

对于确定性系统，设原系统的状态空间模型为

$$\dot{\boldsymbol{x}}(t) = \boldsymbol{A}\boldsymbol{x}(t) + \boldsymbol{B}\boldsymbol{u}(t)$$
$$\boldsymbol{y}(t) = \boldsymbol{C}\boldsymbol{x}(t)$$

可虚构出一个动态方程与原系统相同的观测系统

$$\dot{\hat{\boldsymbol{x}}}(t) = \boldsymbol{A}\hat{\boldsymbol{x}}(t) + \boldsymbol{B}\boldsymbol{u}(t)$$
$$\hat{\boldsymbol{y}}(t) = \boldsymbol{C}\hat{\boldsymbol{x}}(t), \hat{\boldsymbol{x}}(0) = \boldsymbol{x}_0$$

式中，$\hat{\boldsymbol{x}}$，$\hat{\boldsymbol{y}}$ 是观测系统的状态向量观测值与输出向量观测值。观测系统与原始系统的结构是完全一样的，如果它们的初始状态也相同，且在同一 $\boldsymbol{u}(t)$ 的作用下，显然会有 $\hat{\boldsymbol{x}} = \boldsymbol{x}$ 成立。但是原系统的初始状态可能无法知道，只能进行估计，估计的状态初始值与真实值之间可能会不同。此外，原系统中也可能存在着各类扰动因素，故简单的开环状态观测器方案并不实用，难以实现所需的状态反馈。

考虑到对于可观测的被控对象，状态估计误差$(\boldsymbol{x} - \hat{\boldsymbol{x}})$的存在必导致输出误差$(\boldsymbol{y} - \hat{\boldsymbol{y}})$的存在，而被控对象的输出量 $\boldsymbol{y}$ 总是可以用传感器测得，于是可根据闭环控制的原理，将$(\boldsymbol{y} - \hat{\boldsymbol{y}})$反馈到 $\dot{\hat{\boldsymbol{x}}}$ 处，通过反馈，使$(\boldsymbol{y} - \hat{\boldsymbol{y}})$尽快逼近于零，从而使$(\boldsymbol{x} - \hat{\boldsymbol{x}})$尽快逼近零。有了这种闭环形式的状态观测器方案，就可用 $\hat{\boldsymbol{x}}$ 来形成状态反馈。

按照上述原理可构造出全维状态观测器的框图如图 8 - 15 所示。状态观测器部分有两个输入，即 $\boldsymbol{u}$ 和 $\boldsymbol{y}$，在它们的联合作用下，使状态的估计值 $\hat{\boldsymbol{x}}$ 尽快地逼近 $\boldsymbol{x}$。状态观测器中含有 n 个积分器，每个积分器的输出都是 $\hat{x}$ 的一个分量。观测器的输出就是 $\hat{\boldsymbol{x}}$，L 是状态观测器反馈矩阵，它将$(\boldsymbol{y} - \hat{\boldsymbol{y}})$反馈到 $\dot{\hat{\boldsymbol{x}}}$ 处。通过配置观测器的极点，可以提高其动态性能，使状态估计误差$(\boldsymbol{x} - \hat{\boldsymbol{x}})$尽快逼近于零。

由图 8 - 15，可写出全维状态观测器的状态方程和输出方程为

$$\dot{\hat{\boldsymbol{x}}} = \boldsymbol{A}\hat{\boldsymbol{x}} + \boldsymbol{B}\boldsymbol{u}(t) + \boldsymbol{L}(\boldsymbol{y} - \hat{\boldsymbol{y}})$$
$$\hat{\boldsymbol{y}} = \boldsymbol{C}\hat{\boldsymbol{x}}$$

即有

$$\dot{\hat{\boldsymbol{x}}} = (\boldsymbol{A} - \boldsymbol{L}\boldsymbol{C})\hat{\boldsymbol{x}} + \boldsymbol{B}\boldsymbol{u} + \boldsymbol{L}\boldsymbol{y} \tag{8.149}$$

式中，$(\boldsymbol{A} - \boldsymbol{L}\boldsymbol{C})$称为**观测器矩阵**。状态估计的误差方程可整理为

$$\dot{\boldsymbol{x}} - \dot{\hat{\boldsymbol{x}}} = (\boldsymbol{A} - \boldsymbol{L}\boldsymbol{C})(\boldsymbol{x} - \hat{\boldsymbol{x}})$$

其解为

$$(\boldsymbol{x} - \hat{\boldsymbol{x}}) = \mathrm{e}^{(\boldsymbol{A}-\boldsymbol{L}\boldsymbol{C})(t-t_0)}[\boldsymbol{x}(t_0) - \hat{\boldsymbol{x}}(t_0)] \tag{8.150}$$

当 $\boldsymbol{x}(t_0) \neq \hat{\boldsymbol{x}}(t_0)$ 时，$(\boldsymbol{x} - \hat{\boldsymbol{x}})$ 就不为零。但只要$(\boldsymbol{A} - \boldsymbol{L}\boldsymbol{C})$的特征值全具有负实部，$(\boldsymbol{x} - \hat{\boldsymbol{x}})$ 总会按指数规律衰减于零，即总可满足

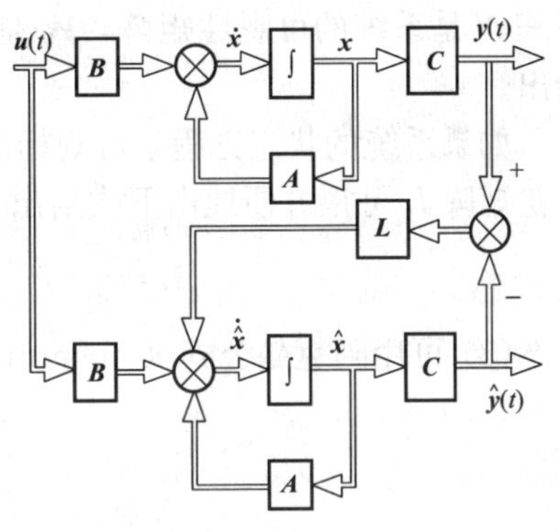

图 8 - 15　全维状态观测器设计

$$\lim_{t\to\infty}(\hat{\boldsymbol{x}}-\boldsymbol{x})=0$$

其衰减速度完全取决于（$\boldsymbol{A}-\boldsymbol{LC}$）的特征值配置。

选择$\boldsymbol{L}$阵参数进行观测器极点配置时，要注意在衰减的快速性与滤除噪声、防饱和效应之间进行折中考虑，通常希望观测器的响应速度比闭环系统的响应速度至少要快4～5倍。

定理：若被控对象（$\boldsymbol{A}$，$\boldsymbol{B}$，$\boldsymbol{C}$）可观测，则其状态可由

$$\dot{\hat{\boldsymbol{x}}}=(\boldsymbol{A}-\boldsymbol{LC})\hat{\boldsymbol{x}}+\boldsymbol{Bu}+\boldsymbol{Ly} \tag{8.151}$$

所示的全维状态观测器给出估计值，矩阵$\boldsymbol{L}$按照状态误差衰减速率的需求来选择，观测器极点可任意配置。

对于被控对象中含有不可观测的状态变量时，只要不可观测子系统是稳定的，则观测器是可稳定的，只是不可观测子系统的极点不再能任意配置，只能任意配置可观测子系统的极点。

二、观测反馈阵$\boldsymbol{L}$的计算方法

与极点配置设计的方法类似，通常有下面三种方法来确定观测器反馈增益阵$\boldsymbol{L}$。

（1）如果系统的阶次n比较低，则将

$$\boldsymbol{L}=[l_1 \quad l_2 \quad \cdots \quad l_n]^{\mathrm{T}} \tag{8.152}$$

代入观测反馈系统的特征方程

$$\lambda(s)=|s\boldsymbol{I}-(\boldsymbol{A}-\boldsymbol{LC})|=0 \tag{8.153}$$

并将该特征方程与期望的特征方程

$$(s-p_1)\cdots(s-p_n)=s^n+\alpha_{n-1}s^{n-1}+\cdots+\alpha_1 s+\alpha_0=0 \tag{8.154}$$

比较式中z的同幂次项的系数，可直接得到观测器增益阵L。

（2）观测器增益阵$\boldsymbol{L}$可由下式给出

$$\boldsymbol{L}=(\boldsymbol{WN})^{-1}\begin{bmatrix}\alpha_0-a_0\\ \alpha_1-a_1\\ \cdots\\ \alpha_{n-1}-a_{n-1}\end{bmatrix} \tag{8.155}$$

其中，a_i是如下式所示的原系统特征方程的系数，即

$$|s\boldsymbol{I}-\boldsymbol{A}|=s^n+a_{n-1}s^{n-1}+\cdots+a_1 s+a_0=0 \tag{8.156}$$

而α_i则是如下式所示的状态反馈控制系统期望的特征方程的系数，即

$$|s\boldsymbol{I}-(\boldsymbol{A}-\boldsymbol{LC})|=s^n+\alpha_{n-1}s^{n-1}+\cdots+\alpha_1 s+\alpha_0=0 \tag{8.157}$$

矩阵$\boldsymbol{N}$是系统的可观性矩阵，$\boldsymbol{W}$是系统的汉克尔矩阵，分别由式（8.113）和式（8.111）给出。

如果系统的状态方程是可观标准形，因相似变换阵$\boldsymbol{T}=(\boldsymbol{WN})^{-1}$是单位阵，观测器反馈增益矩阵$L$可很方便地由下式给出

$$\boldsymbol{L}=\left[(\alpha_0-a_0)\ (\alpha_1-a_1)\cdots(\alpha_{n-1}-a_{n-1})\right]^{\mathrm{T}} \tag{8.158}$$

（3）可用阿克曼公式（Ackermann's formula）写出所要求的观测器增益阵

$$\boldsymbol{L}=\lambda(\boldsymbol{A})\boldsymbol{N}^{-1}\begin{bmatrix}0\\ \cdots\\ 0\\ 1\end{bmatrix} \tag{8.159}$$

其中，可观性矩阵 **N** 由式（8.113）给出，而 λ（**A**）由下式给出

$$\lambda(\mathbf{A}) = \mathbf{A}^n + \alpha_{n-1}A^{n-1} + \cdots + \alpha_1\mathbf{A} + \alpha_0\mathbf{I} \tag{8.160}$$

而 $\boldsymbol{\alpha}_i$ 则是观测器系统期望特征方程的系数，即下式的系数

$$|s\mathbf{I} - (\mathbf{A} - \mathbf{LC})| = s^n + \boldsymbol{\alpha}_{n-1}\boldsymbol{s}^{n-1} + \cdots + \boldsymbol{\alpha}_1\boldsymbol{s} + \boldsymbol{\alpha}_0 = 0 \tag{8.161}$$

【例 8.18】 设某系统的状态空间模型为

$$\dot{\boldsymbol{x}} = \begin{bmatrix} 1 & 3 \\ 0 & -1 \end{bmatrix} x + \begin{bmatrix} 0 \\ 1 \end{bmatrix} u$$

$$\boldsymbol{y} = [1 \quad 1]\boldsymbol{x}$$

试设计全维状态观测器，使观测器极点配置在−2，−2。

解 首先判别系统的可观性。可观性矩阵为

$$\boldsymbol{N} = \begin{bmatrix} \boldsymbol{C} \\ \boldsymbol{CA} \end{bmatrix} = \begin{bmatrix} 1 & 1 \\ 1 & 2 \end{bmatrix}$$

因有 rank$\boldsymbol{N}=2=n$，故该系统状态完全可观测，其观测器极点可任意配置。下面采用方法三（Ackermann 公式）来计算状态观测反馈阵 L。期望闭环系统的特征方程为

$$\lambda(s) = (s+2)(s+2) = s^2 + 4s + 4 = 0$$

将 A 阵代入上式有

$$\lambda(\mathbf{A}) = \mathbf{A}^2 + 4\mathbf{A} + 4\mathbf{I} = \begin{pmatrix} 9 & 12 \\ 0 & 1 \end{pmatrix}$$

由 Ackermann 公式写出所求的测量反馈增益阵 L 为

$$\mathbf{L} = \lambda(\mathbf{A})\mathbf{N}^{-1}\begin{bmatrix} 0 \\ 1 \end{bmatrix} = \begin{pmatrix} 9 & 12 \\ 0 & 1 \end{pmatrix}\begin{bmatrix} 1 & 1 \\ 1 & 2 \end{bmatrix}^{-1}\begin{bmatrix} 0 \\ 1 \end{bmatrix} = \begin{bmatrix} 3 \\ 1 \end{bmatrix}$$

采用这三种方法所得到的结论是完全一致的。

三、带全维状态观测器的状态反馈系统

设可控可观的被控对象为

$$\dot{\boldsymbol{x}}(t) = \boldsymbol{Ax}(t) + \boldsymbol{Bu}(t)$$

$$\boldsymbol{y}(t) = \boldsymbol{Cx}(t)$$

引入如图 8-16 所示的状态估计值反馈控制规律

$$\boldsymbol{u} = \boldsymbol{v} - \boldsymbol{K}\hat{\boldsymbol{x}}$$

则状态反馈子系统状态方程为

$$\dot{\boldsymbol{x}} = \boldsymbol{Ax} + \boldsymbol{B}(\boldsymbol{v} - \boldsymbol{K}\hat{\boldsymbol{x}}) = \boldsymbol{Ax} - \boldsymbol{BK}\hat{\boldsymbol{x}} + \boldsymbol{Bu} \tag{8.162}$$

全维状态观测器的状态方程为

$$\begin{aligned} \dot{\hat{\boldsymbol{x}}} &= \boldsymbol{A}\hat{\boldsymbol{x}} + \boldsymbol{Bu} - \boldsymbol{L}(\hat{\boldsymbol{y}} - \boldsymbol{y}) \\ &= (\boldsymbol{A} - \boldsymbol{BK} - \boldsymbol{LC})\hat{\boldsymbol{x}} + \boldsymbol{LCx} + \boldsymbol{Bv} \end{aligned} \tag{8.163}$$

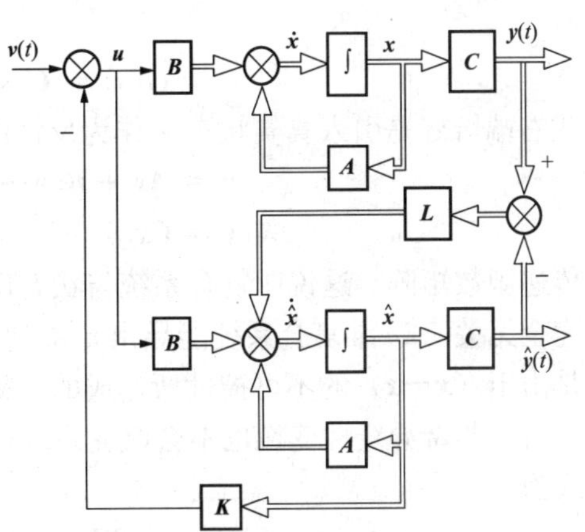

图 8-16　观测状态反馈控制系统

带全维状态观测器的状态反馈系统包含式（8.162）和式（8.163）两个子系统，它是一个 $2n$ 维的复合系统，它将状态的估计值视为状态的一部分，则复合系统的状态空间表达式可

化为

$$\begin{bmatrix}\dot{\boldsymbol{x}}\\\dot{\hat{\boldsymbol{x}}}\end{bmatrix}=\begin{bmatrix}\boldsymbol{A} & -\boldsymbol{BK}\\\boldsymbol{LC} & \boldsymbol{A}-\boldsymbol{BK}-\boldsymbol{LC}\end{bmatrix}\begin{bmatrix}\boldsymbol{x}\\\hat{\boldsymbol{x}}\end{bmatrix}+\begin{bmatrix}\boldsymbol{B}\\\boldsymbol{B}\end{bmatrix}\boldsymbol{v} \tag{8.164}$$

$$\boldsymbol{y}=[\boldsymbol{C}\quad \boldsymbol{0}]\begin{bmatrix}\boldsymbol{x}\\\hat{\boldsymbol{x}}\end{bmatrix} \tag{8.165}$$

因状态的估计误差为

$$\boldsymbol{e}=\boldsymbol{x}-\hat{\boldsymbol{x}} \tag{8.166}$$

则有

$$\dot{\boldsymbol{e}}=(\boldsymbol{A}-\boldsymbol{LC})\boldsymbol{e} \tag{8.167}$$

可知，$\boldsymbol{e}$ 的变化量与 $\boldsymbol{u}$、$\boldsymbol{v}$ 完全无关，即无论施加什么控制作用，$\boldsymbol{e}$ 总是衰减到零，这正是希望的全维状态观测器的重要性质。

为便于研究，下面就将状态估计误差 $\boldsymbol{e}$ 增广为状态，则复合系统的状态空间表达式为

$$\begin{bmatrix}\dot{\boldsymbol{x}}\\\dot{\boldsymbol{e}}\end{bmatrix}=\begin{bmatrix}\boldsymbol{A}-\boldsymbol{BK} & \boldsymbol{BK}\\0 & \boldsymbol{A}-\boldsymbol{LC}\end{bmatrix}\begin{bmatrix}\boldsymbol{x}\\\boldsymbol{e}\end{bmatrix}+\begin{bmatrix}\boldsymbol{B}\\0\end{bmatrix}\boldsymbol{v} \tag{8.168}$$

$$\boldsymbol{y}=[\boldsymbol{C}\quad 0]\begin{bmatrix}\boldsymbol{x}\\\boldsymbol{e}\end{bmatrix} \tag{8.169}$$

实际上，因

$$\begin{bmatrix}\boldsymbol{x}\\\hat{\boldsymbol{x}}\end{bmatrix}=\begin{bmatrix}\boldsymbol{I}_n & 0\\\boldsymbol{I}_n & -\boldsymbol{I}_n\end{bmatrix}\begin{bmatrix}\boldsymbol{x}\\\boldsymbol{e}\end{bmatrix} \tag{8.170}$$

可见，两种复合系统表示方法之间是一种非奇异相似变换的关系。

因非奇异线性变换不会改变系统的传递函数阵，故由式（8.168）、式（8.169）组成的复合系统的传递函数阵 $\boldsymbol{G}(s)$ 为

$$\boldsymbol{G}(s)=[\boldsymbol{C}\quad 0]\begin{bmatrix}s\boldsymbol{I}-(\boldsymbol{A}-\boldsymbol{BK}) & -\boldsymbol{BK}\\0 & s\boldsymbol{I}-(\boldsymbol{A}-\boldsymbol{LC})\end{bmatrix}^{-1}\begin{bmatrix}\boldsymbol{B}\\0\end{bmatrix} \tag{8.171}$$

利用分块矩阵求逆公式

$$\begin{bmatrix}\boldsymbol{R} & S\\0 & \boldsymbol{T}\end{bmatrix}^{-1}=\begin{bmatrix}\boldsymbol{R}^{-1} & \boldsymbol{R}^{-1}-\boldsymbol{ST}^{-1}\\0 & T^{-1}\end{bmatrix} \tag{8.172}$$

故有

$$G(s)=\boldsymbol{C}[s\boldsymbol{I}-(\boldsymbol{A}-\boldsymbol{BK})]^{-1}\boldsymbol{B} \tag{8.173}$$

上式右端恰好是引入真实状态 x 作为反馈的状态反馈系统

$$\begin{cases}\dot{\boldsymbol{x}}=\boldsymbol{Ax}+\boldsymbol{B}(\boldsymbol{v}-\boldsymbol{Kx})=(\boldsymbol{A}-\boldsymbol{BK})\boldsymbol{x}+\boldsymbol{Bv}\\\boldsymbol{y}=\boldsymbol{Cx}\end{cases}$$

的传递函数矩阵。这说明复合系统与状态反馈子系统具有相同的传递特性，与状态观测器设计完全无关。$2n$ 维复合系统能导出 n 维的传递函数阵，说明其中必然含有零极点对消。这里是由于（$\boldsymbol{x}-\hat{\boldsymbol{x}}$）的不可控性所造成的，被对消的极点是观测器的极点。

由于非奇异线性变换也不会改变系统的特征值，由式（8.168）可求出复合系统特征多项式为

$$\det\begin{bmatrix}s\boldsymbol{I}-(\boldsymbol{A}-\boldsymbol{BK}) & -\boldsymbol{BK}\\\boldsymbol{0} & s\boldsymbol{I}-(\boldsymbol{A}-\boldsymbol{LC})\end{bmatrix}=\det[s\boldsymbol{I}-(\boldsymbol{A}-\boldsymbol{BK})]\det[s\boldsymbol{I}-(\boldsymbol{A}-\boldsymbol{LC})] \tag{8.174}$$

说明复合系统特征值由状态反馈子系统和全维状态观测器子系统的特征值组合而成，且两部分特征值相互独立，彼此互不影响，因而状态反馈矩阵 $\boldsymbol{K}$ 和观测器增益矩阵 $\boldsymbol{L}$，可根据各自的要求分开独立进行设计，即有下面的定理成立。

定理：（分离定理）若被控系统的状态是可控且可观的，用状态估计值构成状态反馈时，其闭环极点配置与状态观测器设计可分开独立进行，即状态反馈矩阵 $\boldsymbol{K}$ 和观测器增益矩阵 $\boldsymbol{L}$ 的设计可分开独立进行，彼此间是互不影响的。

值得指出，只有当 $\lim\limits_{t\to\infty}(\boldsymbol{x}-\hat{\boldsymbol{x}})=0$ 时，即稳态时有 $\boldsymbol{x}=\hat{\boldsymbol{x}}$，这时将估计值的状态反馈到系统的动态方程才与采用真实状态的状态反馈系统动态方程具有相同的形式。而在过渡过程当中，二者的动态响应并不完全等同。

【例 8.19】　设某系统的状态空间模型为

$$\dot{\boldsymbol{x}}=\begin{bmatrix}1 & 3\\0 & -1\end{bmatrix}\boldsymbol{x}+\begin{bmatrix}0\\1\end{bmatrix}\boldsymbol{u}$$

$$\boldsymbol{y}=[1\quad 1]x$$

用全维状态观测器构成状态反馈系统，使观测器极点配置在－2，－2；使状态反馈系统极点配置在－1±j。求所需状态反馈阵 $\boldsymbol{K}$ 和观测器反馈阵 $\boldsymbol{L}$。

解　按分离定理，状态反馈阵 $\boldsymbol{K}$ 可根据系统极点配置需求单独设计。在［例 8.17］和［例 8.18］中已经分别设计了状态反馈阵 $\boldsymbol{K}$ 和观测器反馈阵 $\boldsymbol{L}$ 为

$$\boldsymbol{K}=[5/3\quad 2],\boldsymbol{L}=\begin{bmatrix}3\\1\end{bmatrix}$$

小　　结

(1) 本章介绍了现代控制理论的初步知识。经典控制理论采用的基本数学模型是传递函数；现代控制理论采用的则是状态空间模型。这两种数学模型之间有一定的内在联系，在一定的条件下可以相互转换。表征系统输入输出模型的传递函数是唯一的，而其状态空间模型则不是唯一的。选择不同的状态变量，就可得到不同形式的动态方程组，这种选择可以有无穷多种。也就是说，同一系统有无穷多个状态空间表达式。

(2) 由传递函数转换为状态空间模型称为状态空间的实现。一个可实现的传递函数，其状态向量的维数可以大于或等于传递函数的阶次。本书中只讨论最小实现，即状态空间表达式的维数等于传递函数的阶次。

(3) 由状态方程求取系统的状态响应，其关键问题是如何求解系统的状态转移矩阵 e^{At}。

(4) 可控性和可观性是被控系统的两个重要特性，系统闭环极点和状态观测器极点的任意配置，都与这两个特性密切相关。传递函数只能表示出系统中既可控又可观部分的子系统，它不能反映系统中的可控不可观、可观不可控、不可控不可观的子系统，从而深刻地揭示了系统的传递函数模型与状态空间模型之间的一个根本区别。

(5) 状态反馈也是一种常用的校正方法，能取得理想的效果。当状态变量不能被测量到时，就要考虑设计状态观测器，给出真实状态的估计值来，以用于状态反馈系统。

习　题

8.1 系统的微分方程为

$$2\dddot{y}+4\ddot{y}+\dot{y}=6u$$

试写出该系统的状态空间表达式，并画出状态变量图。

8.2 已知系统 $\dot{\boldsymbol{x}}=\boldsymbol{A}\boldsymbol{x}$ 的状态转移矩阵为

$$e^{\boldsymbol{A}t}=\begin{bmatrix}2e^{-t}-e^{-2t} & -2e^{-t}+2e^{-2t}\\ e^{-t}-e^{-2t} & -e^{-t}+2e^{-2t}\end{bmatrix}$$

试求矩阵 $\boldsymbol{A}$。

8.3 已知某二维系统的状态方程为 $\dot{\boldsymbol{x}}=\boldsymbol{A}\boldsymbol{x}$，当

$$\boldsymbol{x}(0)=\begin{bmatrix}2\\1\end{bmatrix}\text{时，有 }\boldsymbol{x}(t)=\begin{bmatrix}2e^{-t}\\e^{-t}\end{bmatrix}$$

$$\boldsymbol{x}(0)=\begin{bmatrix}1\\1\end{bmatrix}\text{时，有 }\boldsymbol{x}(t)=\begin{bmatrix}(1+2t)e^{-t}\\(1+t)e^{-t}\end{bmatrix}$$

试求系统的状态转移矩阵 $e^{\boldsymbol{A}t}$ 和矩阵 $\boldsymbol{A}$。

8.4 试求下列状态空间表达式的解 $\boldsymbol{x}(t)$ 和输出响应 $\boldsymbol{y}(t)$：

$$\dot{\boldsymbol{x}}=\begin{bmatrix}0 & 1\\-2 & -3\end{bmatrix}\boldsymbol{x}+\begin{bmatrix}2\\0\end{bmatrix}\boldsymbol{u}$$

$$\boldsymbol{y}=[1\quad 2]\boldsymbol{x}$$

初始状态为 $\boldsymbol{x}(0)=\begin{bmatrix}0\\1\end{bmatrix}$，输入 $\boldsymbol{u}(t)=e^{-t}(t\geqslant 0)$。

8.5 已知连续系统为

$$\dot{\boldsymbol{x}}=\begin{bmatrix}0 & 1\\0 & 2\end{bmatrix}\boldsymbol{x}+\begin{bmatrix}0\\1\end{bmatrix}\boldsymbol{u}$$

$$\boldsymbol{y}=[1\quad 0]\boldsymbol{x}$$

试求其离散状态空间表达式，设采样周期 $T=1\text{s}$。

8.6 判别下面系统的可控性和可观性，并求出传递函数 $G(s)=\dfrac{Y(s)}{U(s)}$。

(1) $\dot{\boldsymbol{x}}=\begin{bmatrix}1 & 2 & -1\\0 & 1 & 0\\0 & -4 & 3\end{bmatrix}\boldsymbol{x}+\begin{bmatrix}0\\0\\1\end{bmatrix}\boldsymbol{u}$

$\boldsymbol{y}=[1\quad -1\quad 1]\boldsymbol{x}$

(2) $\dot{\boldsymbol{x}}=\begin{bmatrix}-1 & 1 & 0\\0 & -1 & 0\\0 & 0 & -2\end{bmatrix}\boldsymbol{x}+\begin{bmatrix}1\\0\\1\end{bmatrix}\boldsymbol{u}$

$\boldsymbol{y}=[1\quad 0\quad 0]\boldsymbol{x}$

8.7 已知连续系统为

$$\dot{\boldsymbol{x}}=\begin{bmatrix}-1 & 1\\1 & -2\end{bmatrix}\boldsymbol{x}+\begin{bmatrix}1\\0\end{bmatrix}\boldsymbol{u}$$

$$y=[2\quad 1]x$$

试判别该系统是否渐近稳定。

8.8　设系统的状态方程为

$$\dot{x}=\begin{bmatrix}0 & 1 & 0\\0 & -1 & 1\\0 & -1 & 10\end{bmatrix}x+\begin{bmatrix}0\\0\\10\end{bmatrix}u$$

此系统能否用状态反馈任意配置闭环极点？如果能，求取状态反馈增益阵 K 使闭环极点位于 -10、$-1\pm\sqrt{3}\mathrm{j}$，并画出状态变量图。

8.9　设系统的状态方程为

$$\dot{x}=\begin{bmatrix}0 & 1\\-2 & -3\end{bmatrix}x+\begin{bmatrix}0\\1\end{bmatrix}u$$

$$y=[3\quad 1]x$$

讨论当状态反馈阵 K 如何取值时，会改变系统的可观测性。

8.10　已知系统的状态方程为

$$\dot{x}=\begin{bmatrix}-2 & -3\\4 & -9\end{bmatrix}x+\begin{bmatrix}3\\1\end{bmatrix}u$$

试设计状态反馈阵 K，使闭环极点位于 $-1\pm2\mathrm{j}$。

8.11　设系统的状态空间模型为

$$\dot{x}=\begin{bmatrix}0 & 1\\0 & 0\end{bmatrix}x+\begin{bmatrix}0\\1\end{bmatrix}u$$

$$y=[1\quad 0]x$$

试设计全维状态观测器，使闭环极点位于 -1，-2，并画出状态变量图。

8.12　已知系统的状态空间表达式为

$$\dot{x}=\begin{bmatrix}1 & 0 & 0\\3 & -1 & 1\\0 & 2 & 0\end{bmatrix}x+\begin{bmatrix}2\\1\\1\end{bmatrix}u$$

$$y=[0\quad 0\quad 1]x$$

试设计全维状态观测器，使闭环极点位于 -3，-4，-5。

8.13　设系统的传递函数是

$$G(s)=\frac{Y(s)}{U(s)}=\frac{s^2+9s+20}{s^3+6s^2+11s+6}$$

试建立起该系统的可控标准形、可观标准形和对角标准形的状态空间表达式，并绘制出系统的状态变量图。

8.14　设系统的状态空间表达式为

$$\dot{x}=\begin{bmatrix}-1 & 0 & 0\\1 & -2 & 1\\0 & 5 & 0\end{bmatrix}x+\begin{bmatrix}1\\0\\1\end{bmatrix}u$$

$$y=[0\quad 1\quad 1]x$$

试求相似变换矩阵 T，将该系统化为可控标准形。

附录　拉普拉斯变换

拉普拉斯变换，简称拉氏变换，是自动控制系统分析的基本数学工具。运用拉普拉斯变换，我们可以将许多普通函数，如正弦信号、阶跃信号和指数函数等，转变为关于复变量 s 的代数函数。复杂的微、积分运算，都转化成在复平面内的代数运算。

我们规定：

(1) $f(t)$是关于时间 t 的函数，并且当 $t<0$ 时，$f(t)=0$。也就是说，信号 $f(t)$只在 $t\in[0^+,+\infty)$上才有定义。

(2) s 是复变量。

(3) $F(s)$为 $f(t)$可求的拉普拉斯变换。

于是，$f(t)$的拉普拉斯变换定义为

$$F(s)=\mathscr{L}[f(t)]\triangleq\int_0^{\infty}f(t)\mathrm{e}^{-st}\mathrm{d}t \qquad (附 1.1)$$

需要指出的是，本书中提到的拉氏变换都是指单边拉氏变换（即当 $t<0$ 时，任何信号都为 0)。

一、拉普拉斯变换的性质

下面都用 $F(s)$表示 $f(t)$的拉普拉斯变换，即 $F(s)=\mathscr{L}[f(t)]$。

1. 线性性质

若 $\mathscr{L}[f_i(t)]=F_i(s),a_i\in R$，则有

$$\mathscr{L}\left[\sum_{i=1}^{n}a_if_i(t)\right]=\sum_{i=1}^{n}a_iF_i(s) \qquad (附 1.2)$$

2. 微分性质

$f(t)$微分函数的拉普拉斯变换为

$$\mathscr{L}\left[\frac{\mathrm{d}}{\mathrm{d}t}f(t)\right]=sF(s)-f(0) \qquad (附 1.3)$$

对于高阶导数，有

$$\mathscr{L}\left[\frac{\mathrm{d}^2}{\mathrm{d}t^2}f(t)\right]=s^2F(s)-sf(0)-f'(0)$$

$$\mathscr{L}\left[\frac{\mathrm{d}^3}{\mathrm{d}t^3}f(t)\right]=s^3F(s)-s^2f(0)-sf'(0)-f''(0)$$

$$\cdots \qquad (附 1.4)$$

如果在零初始条件下，即 $f(t)$以及其各阶次的导数在 $t=0$ 时刻的初值均为零，则有下式成立

$$\mathscr{L}[f^{(n)}(t)]=s^nF(s) \qquad n=0,1,2,3,\cdots \qquad (附 1.5)$$

3. 积分性质

$f(t)$积分函数的拉普拉斯变换为

$$\mathscr{L}\left[\int_{-\infty}^{t}f(t)\mathrm{d}t\right]=\frac{1}{s}F(s)+\frac{1}{s}f^{(-1)}(0) \qquad (附 1.6)$$

其中，$f^{(-1)}(0) \triangleq \int_{-\infty}^{0} f(t)\mathrm{d}t$。

如果在零初始条件下，即 $f(t)$ 及其各重的积分值在 $t=0$ 时刻均为零，则有下式成立

$$\mathscr{L}\Big[\underbrace{\int\cdots\int}_{n} f(t)(\mathrm{d}t)^n\Big] = \frac{1}{s^n}F(s) \qquad n = 0,1,2,3\cdots \tag{附 1.7}$$

4. 时滞性质

$$\mathscr{L}[f(t-\tau)]=\mathrm{e}^{-\tau s}F(s) \qquad \tau \geqslant 0 \tag{附 1.8}$$

这一性质对于分析带有时滞的信号时非常有用。

5. 复域平移定理

$$\mathscr{L}[\mathrm{e}^{-at}f(t)]=F(s+a) \tag{附 1.9}$$

证明：假设 $f(t)$ 的拉普拉斯变换为 $F(s)$，则 $\mathrm{e}^{-at}f(t)$ 的拉氏变换可进行如下计算

$$\mathscr{L}[\mathrm{e}^{-at}f(t)] = \int_0^{\infty} \mathrm{e}^{-at}f(t)\mathrm{e}^{-st}\mathrm{d}t = F(s+a)$$

6. 尺度变换定理

在进行实际物理系统分析时，常需要将给定的时间函数标准化，尺度变换性质恰好为此提供了方便

$$\mathscr{L}[f(at)]=\frac{1}{a}F\left(\frac{s}{a}\right) \tag{附 1.10}$$

7. 初值定理

若 $f(t)$ 及其导数都存在拉普拉斯变换，则有下式成立

$$\lim_{t\to 0_+} f(t)=\lim_{s\to\infty} sF(s) \tag{附 1.11}$$

用初值定理来初步检验数学模型的准确性是非常方便的。

8. 终值定理

终值定理与初值定理之间是一种对偶关系。若 $f(t)$ 及其导数 $f'(t)$ 都存在拉普拉斯变换，$\lim\limits_{t\to\infty} f(t)$ 存在，且除了在原点处有唯一极点外，$sF(s)$ 在包含 $\mathrm{j}\omega$ 轴的右半 s 平面内是解析的，则有

$$\lim_{t\to\infty} f(t)=\lim_{s\to 0} sF(s) \tag{附 1.12}$$

终值定理常用来检验系统的稳态控制精度，即对控制系统进行稳态误差分析。

当 $f(t)=\sin\omega t$ 时，因 $sF(s)=\frac{s\omega}{s^2+\omega^2}$ 在 $s=\pm\mathrm{j}\omega$ 处有极点，$\lim\limits_{t\to\infty} f(t)$ 不存在，在这种情况下，终值定理是无效的。只有满足终值定理的存在条件时，才能运用该定理来解决问题。

9. 卷积性质

两个函数卷积的拉普拉斯变换为

$$\mathscr{L}[f_1(t)*f_2(t)]=F_1(s)F_2(s) \tag{附 1.13}$$

其中的卷积 $f_1(t)*f_2(t)$ 由下式进行计算

$$f_1(t)*f_2(t)=\int_0^t f_1(t-\tau)f_2(\tau)\mathrm{d}\tau \tag{附 1.14}$$

卷积性质表明，时域信号 $f_1(t)$ 与 $f_2(t)$ 的卷积的拉氏变换，等于复域 $F_1(s)$ 与 $F_2(s)$ 的乘积。

可以看出，拉普拉斯变换的性质与傅里叶变换的性质类似，这是因为拉普拉斯变换是傅里叶变换的推广。一些常用函数的拉氏变换见附表 1 - 1。

附表 1 - 1 **常用函数的拉氏变换**

序　号	原函数 $f(t)$	拉氏变换 $F(s)$
1	$\delta(t)$	1
2	$\delta(t-\tau)$	$e^{-\tau s}$
3	$1(t)$	$\frac{1}{s}$
4	t	$\frac{1}{s^2}$
5	$\frac{1}{2}t^2$	$\frac{1}{s^3}$
6	e^{-at}	$\frac{1}{s+a}$
7	te^{-at}	$\frac{1}{(s+a)^2}$
8	$1-e^{-at}$	$\frac{a}{s(s+a)}$
9	$\sin\omega t$	$\frac{\omega}{s^2+\omega^2}$
10	$\cos\omega t$	$\frac{s}{s^2+\omega^2}$
11	$t^n(n=1,2,\cdots)$	$\frac{n!}{s^{n+1}}$
12	$t^n e^{-at}(n=1,2,\cdots)$	$\frac{n!}{(s+a)^{n+1}}$
13	$\frac{1}{b-a}(e^{-at}-e^{-bt})$	$\frac{1}{(s+a)(s+b)}$
14	$e^{-at}\sin\omega t$	$\frac{\omega}{(s+a)^2+\omega^2}$
15	$e^{-at}\cos\omega t$	$\frac{s+a}{(s+a)^2+\omega^2}$
16	$t-\frac{1}{a}+\frac{1}{a}e^{-at}$	$\frac{a}{s^2(s+a)}$
17	$1-e^{-at}+ate^{-at}$	$\frac{a^2}{s(s+a)^2}$
18	$\frac{\omega_n}{\sqrt{1-\xi^2}}e^{-\xi\omega_n t}\sin(\omega_n\sqrt{1-\xi^2}\,t)$	$\frac{\omega_n^2}{s^2+2\xi\omega_n s+\omega_n^2}$
19	$-\frac{1}{\sqrt{1-\xi^2}}e^{-\xi\omega_n t}\sin(\omega_n\sqrt{1-\xi^2}t-\beta)$，	$\frac{s}{s^2+2\xi\omega_n s+\omega_n^2}$
20	$1-\frac{1}{\sqrt{1-\xi^2}}e^{-\xi\omega_n t}\sin(\omega_n\sqrt{1-\xi^2}t+\beta)$	$\frac{\omega_n^2}{s(s^2+2\xi\omega_n s+\omega_n^2)}$

注　$\beta=\arctan\frac{\sqrt{1-\xi^2}}{\xi}$。

二、拉普拉斯反变换及应用

已知拉普拉斯变换 $F(s)$求时间函数 $f(t)$的反变换过程，称为拉普拉斯反变换，其定义式为

$$f(t)=\mathscr{L}^{-1}[F(s)]=\frac{1}{2\pi j}\int_{c-j\infty}^{c+j\infty}F(s)e^{st}ds \qquad \forall t>0 \qquad (附 1.15)$$

拉普拉斯反变换的反演积分计算较复杂，实际中很少采用。通常可以用查表法和部分分式法相结合来进行求解，下面就讨论这种方法。

假设 $F(s)$有 n 个互异的极点 $-p_1,\cdots,-p_n$，由高等数学的知识可知，$F(s)$能展开成下列部分分式之和

$$F(s)=\frac{B(s)}{A(s)}=\sum_{i=1}^{n}\frac{k_i}{s+p_i} \qquad (附 1.16)$$

其中，常数 $k_i(i=1,2,\cdots,n)$称为极点 $s=-p_i$ 处的留数，其计算方法如下

$$k_i=\left[\frac{B(s)}{A(s)}(s+p_i)\right]_{s=-p_i} \qquad (附 1.17)$$

这样，运用拉氏变换的线性性质并结合查表可知

$$f(t)=L^{-1}[F(s)]=\sum_{i=1}^{n}\mathscr{L}^{-1}\left[\frac{k_i}{s+p_i}\right]=\sum_{i=1}^{n}k_i e^{-p_i t} \qquad (附 1.18)$$

【附例 1.1】 已知 $F(s)=\frac{1}{(s+1)(s+2)}$，试求 $F(s)$的拉氏反变换式 $f(t)$。

解 对 $F(s)$进行部分分式展开，有

$$F(s)=\frac{1}{(s+1)(s+2)}=\frac{1}{s+1}-\frac{1}{s+2}$$

于是

$$f(t)=\mathscr{L}^{-1}[F(s)]=e^{-t}-e^{-2t}$$

参考文献

[1] 陈绍炳，于向军. 热工过程自动控制原理. 南京：东南大学出版社，2003.
[2] 晁勤，等. 自动控制原理. 重庆：重庆大学出版社，2001.
[3] 顾晓栋，徐耀文. 电厂热工过程自动调节. 北京：电力工业出版社，1981.
[4] 胡寿松. 自动控制原理（修订版）. 北京：国防工业出版社，1984.
[5] 蒋大明，戴胜华. 自动控制原理. 北京：北方交通大学出版社，2003.
[6] 罗万金. 电厂热工过程自动调节. 北京：水利电力出版社，1991.
[7] 吕震中，等. 计算机控制技术与系统. 北京：中国电力出版社，1996.
[8] 林文孚，胡燕. 单元机组自动控制技术. 北京：中国电力出版社，2004.
[9] 鄢景华. 自动控制原理. 哈尔滨：哈尔滨工业大学出版社，1996.
[10] 钱学森，宋健. 工程控制论. 北京：科学出版社，1980.
[11] 孙虎章. 自动控制原理（第二版）. 北京：中央广播电视大学出版社，1994.
[12] 翁思义，杨平. 自动控制原理. 北京：中国电力出版社，2001.
[13] 吴麒. 自动控制原理（上、下册）. 北京：清华大学出版社，1992.
[14] 王划一. 自动控制原理. 北京：国防工业出版社，2001.
[15]〔日〕绪方胜彦. 现代控制工程. 卢伯英，等. 北京：科学出版社，1976.
[16] 杨献勇. 热工过程自动控制. 北京：清华大学出版社，2000.
[17] 于海生，等. 微型计算机控制技术. 北京：清华大学出版社，1999.
[18] 于希宁，刘红军. 火电厂自动控制理论基础. 北京：中国电力出版社，2001.
[19] 张晋格. 自动控制原理. 哈尔滨：哈尔滨工业大学出版社，2003.
[20] 周建民. 热工过程自动调节. 北京：兵器工业出版社，1992.
[21] 薛定宇. 反馈控制系统设计与分析—Matlab 语言应用. 北京：清华大学出版社，2000.
[22] 徐薇莉，曹柱中，田作华. 自动控制理论与设计（新世纪版）. 上海交通大学出版社，2005.
[23] 张汉全，肖建，汪晓宁. 自动控制理论. 成都：西南交通大学出版社，2000.